石油钻采技术标准化培训教程

钻井施工

《钻井施工》编写组 编

石油工业出版社

内容提要

本书以钻井作业施工过程为主线,分为六大部分,主要介绍了钻前准备、钻井液使用与维护、井控操作、钻井施工、固井与完井、钻井事故及复杂问题预防与处理等内容。

本书可作为油田技术人员及岗位人员的培训和参考用书。

图书在版编目(CIP)数据

钻井施工/《钻井施工》编写组编.—北京:石油工业出版社,2019.4

石油钻采技术标准化培训教程

ISBN 978-7-5183-3097-3

Ⅰ.①钻… Ⅱ.①钻… Ⅲ.①油气钻井-工程施工-技术培训-教材 Ⅳ.①TE24

中国版本图书馆 CIP 数据核字(2019)第 007241 号

出版发行:石油工业出版社
(北京安定门外安华里2区1号楼 100011)
网　址:www.petropub.com
编辑部:(010)64523547　图书营销中心:(010)64523633
经　销:全国新华书店
印　刷:北京晨旭印刷厂

2019年4月第1版　2019年4月第1次印刷
787×1092毫米　开本:1/16　印张:24.75
字数:630千字

定价:80.00元
(如出现印装质量问题,我社图书营销中心负责调换)
版权所有,翻印必究

《石油钻采技术标准化培训教程》
编 委 会

主　　任：徐兆明

副 主 任：郑　贵　张　荣

委　　员：（按姓氏笔画排序）

于永庆　于海欣　王　明　王　鑫　刘　博

许国庆　孙巍巍　李　娜　肖　枫　张兆欣

张振波　赵　丹　赵勇辉　姚　笛　袁海滨

贾　兴　曹　晗　崔智敏　梁喜明　臧庆伟

潘振宏　魏苏义

《石油钻采技术标准化培训教程》编审组

主　　任：王志恒

副 主 任：张汉沛　季海军

委　　员：（按姓氏笔画排序）

　　　　　马庆万　王钦胜　王艳华　文　华　平　莉

　　　　　吕　昕　刘中华　齐志民　孙长跃　苏延昌

　　　　　李志华　李利民　李金亮　李姗梅　单红宇

　　　　　赵忠山　魏珂玢

《钻井施工》编写组

主　　编：李　娟

副 主 编：刘　传

成　　员：孙巍巍　唐明月　李志华　曹　晗　金　辉

主　　审：代文清

序

伴随着经济全球化深入发展，标准化在便利经贸往来、支撑产业发展、促进科技进步、规范社会治理中的作用日益凸显，支撑和引领着经济社会各领域的发展。新时代推动标准化新发展，新修订的《中华人民共和国标准化法》，在我国标准化发展进程中具有里程碑式的重要意义，标准化工作成为国家治理体系和治理能力现代化的重要基础。

标准化工作的主要任务是制定标准、组织实施标准，以及对标准的制定、实施进行监督。标准的宣传、贯彻和实施，是标准化活动的重要环节，有计划、有组织地开展标准宣贯工作，是保障标准贯彻实施的有效途径。

中国石油天然气集团有限公司始终坚持标准与产业发展相结合、标准与质量提升相结合，坚定不移地贯彻落实标准化战略，非常重视标准的宣贯，每年根据需要制订宣贯计划，组织各专标委进行重点标准宣贯。为了加强标准的系统宣贯，让更多一线人员能够学习掌握标准的技术内容和使用要求，还在大庆建立了"中国石油标准化培训基地"。

本丛书编委会借鉴以往标准宣贯和培训经验，组织一线专家和培训教师，经分析研究，制订了比较系统、科学、实用的标准宣贯和操作培训教材的编写方案和计划，于2015年全面启动了本丛书的编写工作，聘请了具有丰富教学和实践经验的老师和专家进行本丛书的编写与审核。目前，已形成了五个分册，包括《勘探开发流程》《钻井施工》《采油作业》《油气集输》《油田水处理及注水》。

本丛书对相关标准条文进行解读，对标准使用的技术关键和经验进行梳理，从标准的条款要求到现场工程实例进行全面翔实的讲解，具有系统性、实用性、权威性、专业性等特点，对标准实施起到了有力的指导和推动作用。本丛书非常适合从事石油钻采工作的相关人员学习使用，同时也是钻采标准化操作的培训用书。

本丛书提倡标准化意识的形成，便于标准使用者更好地理解标准，推广行之有效的工程技术和工艺，为标准化操作的培训和标准宣贯工作奠定了基础。

《石油钻采技术标准化培训教程》编委会
2019年1月

前　言

　　本书是基于"管理标准化、操作标准化、现场标准化"理念，编写的一本标准化操作培训教程。在本书编写之初，做了大量的企业调研，聘请行业、企业专家座谈，一起分析钻井作业施工工作过程，梳理一线技术人员及操作人员所需的标准化技术知识和技能，因此在本书中不仅体现了理论知识的完整，而且在关键节点处还有机地融入执行标准，既阐明了对员工上岗的要求，又使员工在执行标准时，知其然，知其所以然。

　　本书以钻井作业施工过程为主线，分为六大部分，主要介绍了钻前准备、钻井液使用与维护、井控操作、钻井施工、固井与完井、钻井事故及复杂问题预防与处理等内容。本书理论、技能相结合，难易适度，完全符合先进性、科学性和适用性的设计理念，不仅可以作为钻井行业一线操作员工的培训用书，也可以作为钻井技术专业教学教材，以及矿场技术人员的参考用书。

　　本书由行业、企业专家和高校教师共同完成，是一本真正体现校企合作的工学结合教材。大庆职业学院李娟任主编，并编写了绪论、第一章、第五章和第六章；大庆职业学院刘传编写了第二章和第三章；大庆职业学院孙巍巍编写了第四章的第一、二、三节；大庆油田有限责任公司钻井一公司唐明月编写了第四章的第四、五节；大庆油田有限责任公司钻井三公司李志华、储运销售分公司曹晗及技术监督中心金辉共同编写了第四章的第六节。

　　本书在编写过程中，得到大庆油田多位专家的大力支持，在此一并感谢。

　　由于编者的经验不足、水平有限，书中如有错误和不妥之处，敬请批评指正。

《钻井施工》编写组

2019 年 1 月

目 录

绪论 …………………………………………………………………………… (1)

第一章　钻前准备 …………………………………………………………… (13)

第一节　各种作业指导书的下达 …………………………………………… (13)

第二节　钻井设备的准备及仪器仪表安装 ………………………………… (24)

第三节　钻井配套物资的准备 ……………………………………………… (53)

第四节　钻具准备 …………………………………………………………… (58)

第五节　常用工具准备 ……………………………………………………… (89)

第六节　井口准备与井场布置 ……………………………………………… (97)

第二章　钻井液使用与维护 ………………………………………………… (103)

第一节　钻井液的组成与功用 ……………………………………………… (103)

第二节　钻井液的配浆材料 ………………………………………………… (109)

第三节　钻井液性能测定 …………………………………………………… (131)

第四节　复杂地层的钻井液技术 …………………………………………… (137)

第三章　井控操作 …………………………………………………………… (145)

第一节　安装井控设备 ……………………………………………………… (145)

第二节　保持井内压力平衡 ………………………………………………… (168)

第三节　发现溢流与关井 …………………………………………………… (177)

第四节　压井 ………………………………………………………………… (185)

第四章　钻井施工 …………………………………………………………… (192)

第一节　钻进施工过程 ……………………………………………………… (192)

第二节　直井钻井施工 ……………………………………………………… (202)

第三节　定向井钻井施工 …………………………………………………… (226)

第四节　取心钻井施工 ……………………………………………………… (240)

第五节　欠平衡钻井施工 …………………………………………………… (253)

第六节　深井与超深井钻井施工 …………………………………………… (267)

第五章　固井与完井 …………………………………………………………… (273)
　　第一节　井身结构及套管柱 ………………………………………………… (273)
　　第二节　下套管和注水泥 …………………………………………………… (284)
　　第三节　提高固井质量的措施 ……………………………………………… (303)
　　第四节　特殊固井技术 ……………………………………………………… (311)
　　第五节　完井技术 …………………………………………………………… (320)
第六章　钻井事故及复杂问题预防与处理 …………………………………… (330)
　　第一节　井漏事故的预防与处理 …………………………………………… (330)
　　第二节　卡钻事故的预防与处理 …………………………………………… (334)
　　第三节　钻具事故和落物事故的预防与处理 ……………………………… (362)
参考文献 ………………………………………………………………………… (380)
附录　钻井施工过程中执行标准目录 ………………………………………… (381)

绪　　论

油气钻井是油气勘探与油气开发的主要手段。直观了解地下情况、证实已探明的油气储量、把地下的石油和天然气开采出来，都要通过钻井来实现。一个国家在钻井技术上的进步程度，往往反映了这个国家石油工业的发展状况；而钻井工程质量优劣和钻井速度快慢，直接关系到钻井成本的高低、油气勘探开发的综合经济效益及石油工业的发展速度。

一、油气钻井的发展

我国是世界上最早发现、开采和利用石油与天然气的国家，至少有两千多年历史。但是由于种种历史原因，曾一度未能得到持续发展。新中国成立以后，我国的石油钻井技术蓬勃发展起来。

钻井技术的发展可分为四个阶段：(1)人工掘井；(2)顿钻；(3)旋转钻；(4)井底动力钻。到目前为止，旋转钻井方法仍然是石油钻井的主要方法，而顶驱钻井和复合钻井技术在深井、超深井中得到了越来越广泛的应用。

从20世纪90年代开始，定向丛式井和水平井技术得到长足发展。尤其是水平井钻井技术，在整装油田开发、薄油藏、块状底水油藏、特低渗透油藏、老油田剩余油挖潜及相关领域获得广泛应用与大面积的推广。此外小直径井、大直径深井、大位移井、欠平衡钻井和连续油管钻井技术日益成熟起来。这些工艺技术的发展，不仅直接提高了钻井效率，同时也必将为提高油田产量、提高采收率做出贡献。

二、油气井的分类

1. 按钻井目的分类

按目的不同，油气井可以分为探井、生产井和注水井等。

1）探井

探井是为了探明地下的地质构造情况，验证地球物理勘探成果，寻找油、气田而钻的井。探井一般有四大类：

(1)参数井：了解一个地区(盆地或凹陷)生油岩和储集岩存在和分布情况的井。

(2)预探井：了解一个圈闭中是否含有油气和储集岩分布情况的井。

(3)评价井：在预探井发现含油气储集层后，为探明这个圈闭(油气藏)含油气面积和地质储量所钻的井。

(4)资料井：为获得油气藏油层参数，使用特殊工具钻取岩心进行检测与分析所钻的井。

2）生产井

生产井是油田开发时，用来采出油气而钻的井。根据开发方案，生产井可分为：

(1)开发井：油田开发初期布的第一批用来采出油气的井。

(2)调整井：在原有井网基础上，为改善油田开发效果，而补充钻的一些零散井或成批成排的加密井。

3）注水井

注水井是为了补充地层能量、提高采收率而用来向油层内注水的井。根据注水方式,可分为：
(1) 正注井：从油管向地层注水的井。
(2) 反注井：从套管向地层注水的井。

4）其他井

(1) 更新井：为了注采系统完善,需要钻的新井。
(2) 观察井：专门用来观察油田地下动态的井。
(3) 检查井：为了检查油层开发效果而钻的井。

2. 按井斜角不同分类

(1) 直井：设计轨道是一条铅垂线,井口与井底在同一条铅垂线上的井。
(2) 定向井：沿着预先设计的井眼轨道钻达目的层,井口与井底不在同一条铅垂线上的井。
(3) 水平井：沿着预先设计的井眼轨道钻至井斜角接近90°,以达到或近似水平进入目的层,并在水平段延伸油层厚度的6倍以上的井。
(4) 分支井和多底井。

3. 按井深（H）不同分类

(1) 浅井：$H \leqslant 2500\text{m}$。
(2) 中深井：$2500\text{m} < H \leqslant 4500\text{m}$。
(3) 深井：$4500\text{m} < H \leqslant 6000\text{m}$。
(4) 超深井：$H > 6000\text{m}$。

三、油气钻井施工的基本过程

油气钻井是一个多学科、多专业、多工种、技术性很强的施工过程。钻一口井包括钻前准备、钻进工程和完井工程三个阶段。

1. 钻前准备

钻前准备是为钻井作业施工所进行的生产技术准备工作。包括下达钻井施工作业指导书,根据设计要求准备井口装置、井口工具、钻具及入井工具、配套物资等;测定井位;平整井场;道路施工;打混凝土基础;钻井设备检修;搬迁及安装;铺设水、电、通信线路;安装保温或降温设施、配制或转运钻井液等。

2. 钻进工程

钻进工程是钻井的基本施工过程,深井施工时要分多次钻进。一开钻进过程：接钻铤、接钻杆钻进,防斜打直、起下钻、钻完表层测单点,循环洗井,通井,下表层套管,固井,候凝;二次开钻前准备安装井口,井控装置试压,下钻,循环系统高压试运转;二开钻进时按照设计和施工要求组织快速钻进,水力参数优选,防斜打直或定向造斜,测斜及井眼轨迹控制,井身质量控制,钻开油气层前准备工作,钻穿油气层。

实施钻井施工时,由司钻、副司钻、井架工、内钳工、外钳工、场地工等岗位协作,来完成钻进、起下钻、接卸钻杆单根、循环钻井液、取心等具体作业。

3. 完井工程

完井工程是钻井施工的最后阶段。由完井电测、井壁取心、下套管、注水泥、射孔和试油等环节组成。完井工程由钻井队人员和专业队伍交叉进行,共同完成。

钻成一口井的工艺主要包括:选用高效率的钻头和最优的钻井技术参数,以获得理想的钻进速度和最低成本,有效地控制井眼倾斜和方位,合理地控制地层压力,实现平衡压力钻井,加固井壁和保护好油气层,形成油气流的通道等工艺。

钻井施工过程流程如图0-1所示。

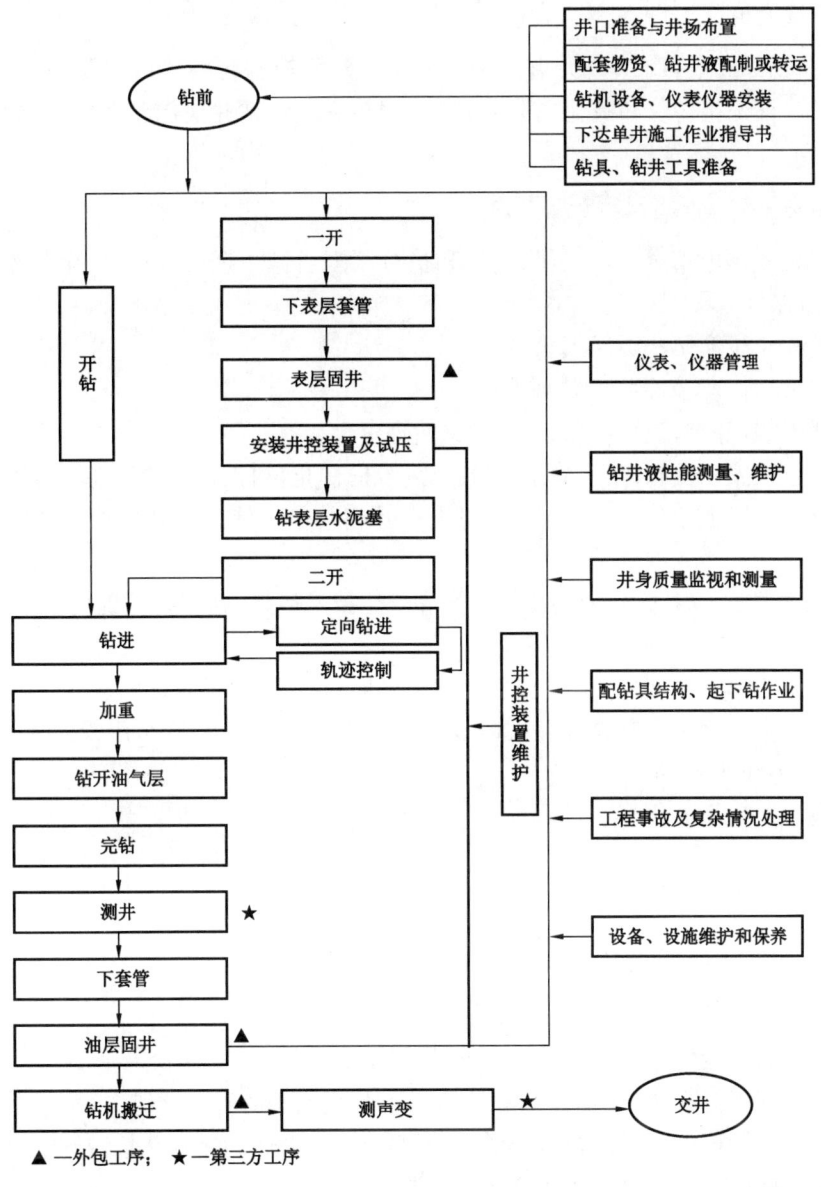

图0-1 钻井施工过程流程

四、油气钻井现场安全检查内容及要求

按生产工艺流程、工作场所、设备特点及工作量大小合理划分工作岗位,并按照工作岗位规定了每个人所担负的任务及责任。工作中,各岗位要严格履行岗位职责,坚决执行企业标准《石油企业现场安全检查规范 第2部分:钻井作业》中的安全巡回检查点项及岗位安全职责履行情况检查内容。

1. 队长

1)巡回检查点

值班室→钻井液室→录井房→井场→材料房→远程控制台→井口装置→节流(压井)管汇→循环系统(液面报警仪和硫化氢监测仪)→固控系统→钻井液储备系统→泵房→机房→钻台。

2)岗位安全职责履行情况检查内容

(1)贯彻落实国家安全生产法律、法规和执行国家、行业、企业标准,安全技术操作规程,安全生产规章制度。

(2)履行安全生产第一责任人职责。

(3)配备专(兼)职安全生产管理人员。

(4)组织开展风险辨识和评估,落实隐患治理资金。

(5)组织开展安全检查,落实隐患整改措施,及时制止、纠正、处罚"三违"行为。

(6)有两个及以上单位配合作业时,组织召开相关单位施工作业协调会,明确各方安全职责。

(7)掌握大型施工、特殊作业的施工方案和安全技术措施,施工时到现场按职责分工组织指挥。

(8)组织开展HSE作业计划书、应急预案的培训和演练,履行应急预案备案程序。

(9)发生各类安全生产事故时应及时、如实上报,并按"四不放过"的原则进行处理。

(10)组织HSE目标考核。

2. 指导员

1)巡回检查点

营区→食堂→医务室→井场→值班室→会议室。

2)岗位安全职责履行情况检查内容

(1)贯彻落实安全生产法律、法规、标准、规程制度。

(2)组织对职工进行安全思想、安全知识教育,提高员工的安全意识。

(3)履行属地管理责任,与钻井队长负同等安全生产责任。配合队长做好安全工作,落实隐患整改措施,及时制止、纠正、处罚"三违"行为。

(4)负责对外的安全宣传、联系和应急协调工作。

3. 副队长

1）巡回检查点

值班室→钻井液室→录井房→井场→远程控制台→井口装置→节流（压井）管汇→循环系统（液面报警仪、硫化氢监测仪）→固控系统→钻井液储备系统→泵房→机房→钻台→消防室→锅炉房→防污染设施→供水房。

2）岗位安全职责履行情况检查内容

（1）履行属地管理责任，协助队长做好安全工作，队长不在现场时负责钻井队全面工作。

（2）负责设备的安全管理，组织设备安全检查，对查出的隐患问题落实整改措施，及时制止、纠正、处罚"三违"行为。

（3）负责安全防护设施、消防器材、防毒器材的管理。

4. 钻井工程师

1）巡回检查点

值班室（工程班报表）→远程控制台→井口装置→节流管汇→压井管汇→节流控制箱→死绳固定器→循环系统（液面报警仪、硫化氢监测仪）→固控系统→泵房→绞车→防碰天车→司钻操作台或司钻操作室（司钻井控台、节流控制箱）→指重表→记录仪→传感器→钻头→钻具止回阀→井场（钻具、接头、备用工具）。

2）岗位安全职责履行情况检查内容

（1）履行属地管理责任，执行钻井设计、技术指令和有关规定，及时制止、纠正、处罚"三违"行为。

（2）在制订施工作业技术措施的同时，制订安全防范措施并进行技术交底。

（3）掌握分析井下复杂情况，提出技术措施及安全措施，并监督实施。

（4）对员工进行工程技术和安全知识的培训，负责技术练兵和考核。

5. 钻井液工程师

1）巡回检查点

值班室→钻井液室（测试仪器、记录）→钻井液材料房（加重剂、处理剂、药品）→双联泵→钻井液储备系统→净化系统（除泥器、除砂器、除气器、搅拌器、离心机）→电源开关→补偿器。

2）岗位安全职责履行情况检查内容

（1）履行属地管理责任，执行钻井设计中的钻井液设计、技术指令和有关规定，及时制止、纠正"三违"行为。

（2）负责钻井液技术管理，制订并实施钻井液技术方案并进行技术交底。

（3）负责危险化学品的管理。

6. 录井队长(工程师)

1)巡回检查点

地质录井室(地质砂样、仪器仪表、危险化学物品)→综合录井仪器房(录井仪、录井资料)→砂样烘干箱→循环系统→振动筛→备用钻具。

2)岗位安全职责履行情况检查内容

(1)履行属地管理责任,执行地质设计、技术指令和有关规定,及时制止、纠正"三违"行为。

(2)负责地质技术、资料的收集管理,进行地质技术交底。

(3)对含有有毒有害气体的地层进行地质预报。

(4)负责危险化学品的管理。

7. 电气工程师

1)巡回检查点

值班室→电工材料房→发电房→井电房(SCR房)→泵房电机及电路、司钻操作台或司钻操作室→钻台偏房井场照明系统→钻台动力电路及电器设施→循环系统电路及电器设施→油罐区电路→污水泵及电器设施→供水泵房供电电路及电器设施→临时供电设施→接地接零设施→防雷击装置→漏电保护装置→锅炉房→营区。

2)岗位安全职责履行情况检查内容

(1)履行属地管理责任,负责电气设备及电器仪表的安全检查、管理工作。

(2)负责对员工安全用电的教育培训工作,及时制止、纠正"三违"行为。

(3)督促电工对整个井场、营区电器(气)设备的检查检修工作。

8. 大班司钻(钻井技师)

1)巡回检查点

值班室(钻井设备运转报表)→远程控制台→井口装置→节流管汇→压井管汇→死绳固定器→绞车→防碰天车→循环系统→固控系统→钻井泵房(保险阀、高压管汇)→井场(消防器材、防毒器材)。

2)岗位安全职责履行情况检查内容

(1)履行属地管理责任,负责钻井设备的检修、维护保养及安全检查,带领员工整改设备隐患。

(2)指导员工执行操作规程,及时制止、纠正违章行为。

(3)进行班前安全提示、班后安全讲评。

9. 大班司机(动力技师)

1)巡回检查点

值班室(动力设备运转报表)→柴油机→液力变矩器→传动箱→总离合器→电动、自动压风机→气瓶组→电器开关→锅炉房→油品房→发电房→储油罐及附属设施。

2)岗位安全职责履行情况检查内容

(1)履行属地管理责任,负责动力设备的检修、维护保养及安全检查,带领员工整改设备隐患。

(2)指导员工执行操作规程,及时制止、纠正违章行为。

(3)进行班前安全提示、班后安全讲评。

10. 司钻

1)巡回检查点

值班室→死绳固定器→立管→防碰天车→绞车→快绳头→刹车系统→气路→司钻操作台或司钻操作室(司钻井控台、节流控制箱)→钻井参数仪表及各种记录仪→出入井钻头→接头→钻具止回阀。

2)岗位安全职责履行情况检查内容

(1)履行属地管理责任,作为班组安全责任人,负责班组安全工作。

(2)组织开展班组安全活动,召开班前、班后会,安排各岗位对所负责设备的检查、保养工作。

(3)执行班组作业计划书和安全技术措施,遵守操作规程,确保人身、井下和设备安全。

(4)组织班组安全检查,带领员工整改安全隐患。

11. 副司钻

1)巡回检查点

值班室→远程控制台→井口装置→节流(压井)管汇→钻井泵房(运转情况、保险阀、备用件、工具、充氮压风机)→高压管汇→循环系统、钻井液池液面。

2)岗位安全职责履行情况检查内容

(1)履行属地管理责任,协助司钻做好安全工作。

(2)参加班组安全活动,提出安全措施,督促检查措施落实情况。

(3)指导员工执行安全操作规程,及时制止、纠正违章行为,负责本单位安全操作。

(4)参加班组安全检查,负责本岗位设备管理、维护、保养,带领员工整改安全隐患。

12. 井架工

1)巡回检查点

值班室→循环系统(除气器、除砂器、除泥器、离心机、电源开关、补偿器)→井架(井架底座、井架灯、扶梯、立管、二层台、顶驱、防碰天车)→节流控制箱→提升系统(天车、游车、大钩、水龙头)→井架绷绳。

2)岗位安全职责履行情况检查内容

(1)履行属地管理责任,执行操作规程,负责本岗位安全操作。

(2)负责本岗位的设备管理、维护、保养及隐患整改工作。

13. 外钳甲

1）巡回检查点

值班室→钻台→井口工具(吊钳、液气大钳、卡瓦、安全卡瓦、钻具止回阀)→提升短节→防喷盒→钻头盒→工具箱→全部绳索→备用附件→螺纹脂→钻台→清洁泵。

2）岗位安全职责履行情况检查内容

(1)履行属地管理责任,执行操作规程,负责本岗位的安全操作。
(2)负责本岗位设备管理、维护、保养及隐患整改工作。

14. 外钳乙

1）巡回检查点

值班室→井场→消防器材→压井管汇→振动筛→电机→净化系统→场地排水沟。

2）岗位安全职责履行情况检查内容

(1)履行属地管理责任,执行操作规程,负责本岗位的安全操作。
(2)负责本岗位设备管理、维护、保养及隐患整改工作。

15. 内钳甲

1）巡回检查点

值班室→刹车系统→水柜→水泵→节流管汇→绞车→转盘→小绞车。

2）岗位安全职责履行情况检查内容

(1)履行属地管理责任,执行操作规程,负责本岗位的安全操作。
(2)负责本岗位设备管理、维护、保养及隐患整改工作。

16. 内钳乙

1）巡回检查点

值班室→钻台下(死绳固定器、转盘大梁、绞车底座、大门坡道及绷绳、钻台底座)→井口装置→四通阀门→防喷管线。

2）岗位安全职责履行情况检查内容

(1)履行属地管理责任,执行操作规程,负责本岗位的安全操作。
(2)负责本岗位设备管理、维护、保养及隐患整改工作。

17. 记录工

1）巡回检查点

值班室(班报表、出入井钻具、记录工具、资料、图表、卫生)→井场(备用钻具、附件)→接头房(备用钻头、各种接头)→钻台(校核方入、钻具止回阀)。

2)岗位安全职责履行情况检查内容

(1)履行属地管理责任,执行操作规程,负责本岗位的安全操作。

(2)负责本岗位设备管理、维护、保养及隐患整改工作,协助钻井工程师管好钻具。

18. 柴油机司机

1)巡回检查点

值班室(动力设备运转报表)→柴油机→液力变矩器→传动箱→总离合器→电动、自动压风机→气瓶组→电器开关→消防器材→储油罐及附属设施。

2)岗位安全职责履行情况检查内容

(1)履行属地管理责任,执行操作规程,负责本岗位的安全操作。

(2)负责本岗位设备管理、维护、保养及隐患整改工作。

(3)及时制止、纠正违章行为,配合司机做好班组安全工作。

19. 柴油机司助

1)巡回检查点

气瓶组→压风机→传动箱→工具箱→辅助工具→供油设备→电器开关→消防器材→机房底座。

2)岗位安全职责履行情况检查内容

(1)履行属地管理责任,执行操作规程,负责本岗位的安全操作。

(2)负责本岗位设备管理、维护、保养及隐患整改工作。

20. 发电工

1)巡回检查点

发电房→发电机组→配电屏→电器开关→供油设施→储油罐及附属设施→工具→消防器材。

2)岗位安全职责履行情况检查内容

(1)履行属地管理责任,执行操作规程,负责本岗位的安全操作。

(2)负责本岗位设备管理、维护、保养及隐患整改工作。

(3)负责井队使用的各种电器仪表的保养、维护和检修。

21. 电工

1)巡回检查点

值班室→生产区供电线路→电器(井场、钻台、机房、泵房、循环系统、防污设施、发电机组、配电房、井电房、电动钻机的 MCC 房、SCR 房、VFD 房、供水房)→临时供电设施→接地接零设施→防雷击装置→漏电保护装置→营区供电线路→电器(食堂、宿舍、澡堂)。

2) 岗位安全职责履行情况检查内容

(1) 履行属地管理责任,执行操作规程,负责本岗位的安全操作。
(2) 负责本岗位设备管理、维护、保养及隐患整改工作。
(3) 负责井队使用的各种电器仪表的保养、维护和检修。

22. 环保工

1) 巡回检查点

井场储水设施(储水罐、水泵、闸阀)→供水管线→供电线路→变压器→水泵房(水泵、电机、电器开关、闸阀、消防器材)→污水处理罐→污水处理剂→清、污水沟→污水池→污水泵(电机、电器开关)。

2) 岗位安全职责履行情况检查内容

(1) 履行属地管理责任,执行操作规程,负责本岗位的安全操作。
(2) 负责本岗位设备管理、维护、保养及隐患整改工作。
(3) 负责井场、宿舍的清洁卫生监督工作。

23. 钻井液工

1) 巡回检查点

钻井液室(钻井液测试仪器、报表)→钻井液材料房(加重剂、处理剂、药品)→加重泵→循环罐→钻井液储备系统→搅拌器→电源开关→补偿器。

2) 岗位安全职责履行情况检查内容

(1) 履行属地管理责任,执行操作规程,负责本岗位的安全操作。
(2) 负责本岗位设备管理、维护、保养及隐患整改工作。
(3) 负责钻井液材料和危险化学品的管理工作。

24. 大班记录工

1) 巡回检查点

值班室(各种班报表)→会议室(各种记录资料、设施和卫生)→加重泵→循环罐→钻井液储备系统→搅拌器→电源开关→补偿器。

2) 岗位安全职责履行情况检查内容

(1) 履行属地管理责任,执行操作规程,负责本岗位的安全操作。
(2) 负责各种记录资料的收集、整理、审核、建档工作。
(3) 负责会议室的管理工作。

25. 生活管理员

1) 巡回检查点

食堂(库房、饭堂、厨房)→生活供水设施(储水罐、水泵、闸阀)→营区消防器材→澡堂→

洗衣房→排污沟。

2）岗位安全职责履行情况检查内容

（1）履行属地管理责任,执行操作规程,负责本岗位的安全操作,及时制止、纠正违章行为,负责采购食品的质量。

（2）负责营地、食堂、野营房的安全检查、管理及隐患整改工作。

26. 炊事班长

1）巡回检查点

食堂(库房、饭堂、厨房、厨具、用电设施)→生活供水设施(储水罐、水泵、闸阀、供水管线)→燃油灶→消防器材。

2）岗位安全职责履行情况检查内容

（1）履行属地管理责任,执行操作规程,负责本岗位的安全操作,及时制止、纠正违章行为,负责采购食品的质量。

（2）负责本岗位设备管理、维护、保养及隐患整改工作。

（3）负责食堂的安全、卫生管理和食品管理工作。

27. 炊事员

1）巡回检查点

食堂(库房、饭堂、厨房、厨具、用电设施)→生活供水设施(储水罐、水泵、闸阀、供水管线)→燃油灶→消防器材。

2）岗位安全职责履行情况检查内容

（1）履行属地管理责任,执行操作规程,负责本岗位的安全操作,及时制止、纠正违章行为,负责采购食品的质量。

（2）负责本岗位设备管理、维护、保养及隐患整改工作。

（3）负责食堂的安全、卫生管理和食品管理工作。

28. 卫生员

1）巡回检查点

医务室→营区→食堂→厕所→井场。

2）岗位安全职责履行情况检查内容

（1）履行属地管理责任,执行操作规程,负责本岗位的安全操作,及时制止、纠正违章行为,负责采购食品的质量。

（2）负责对药品、医疗器具的管理、检查和定期对食堂、营区、厕所的消毒、灭蝇工作。

（3）负责对流行性疾病的预防和控制工作。

29. 服务员

1）巡回检查点

野营房→食堂（饭堂、厨房）→招待所→澡堂→洗衣房。

2）岗位安全职责履行情况检查内容

（1）履行属地管理责任，执行操作规程，负责本岗位的安全操作，及时制止、纠正违章行为，负责采购食品的质量。

（2）负责野营房、食堂、招待所、澡堂、洗衣房设备、设施的安全、卫生管理工作。

30. 值班车驾驶员

1）巡回检查点

发动机→车架→车胎→传动系统→制动系统→转向系统→灯光系统→油路→水路→电路→灭火器。

2）岗位安全职责履行情况检查内容

（1）履行属地管理责任，执行操作规程，负责本岗位的安全操作，及时制止、纠正违章行为，负责采购食品的质量。

（2）负责本岗位设备管理、维护、保养及隐患整改工作。

（3）在出车前、行驶中、收车后对本岗位设备进行安全检查。

31. 司炉工

1）巡回检查点

锅炉→安全阀→压力表→水位计→供水系统→鼓风机→引风机→供电线路（控制开关、漏电保护开关）→供热管线→供热点。

2）岗位安全职责履行情况检查内容

（1）履行属地管理责任，执行操作规程，负责本岗位的安全操作。

（2）负责本岗位设备管理、维护、保养及隐患整改工作。

32. 录井工

1）巡回检查点

地质录井室（地质砂样、仪器仪表、危险化学物品）→综合录井仪（录井仪、录井资料）→砂样烘干箱→循环系统→振动筛→备用钻具。

2）岗位安全职责履行情况检查内容

（1）履行属地管理责任，执行操作规程，负责本岗位的安全操作。

（2）负责本岗位设备管理、维护、保养及隐患整改工作。

第一章 钻前准备

钻井作业前,要做好各种准备工作,具体包括:下达作业指导书;准备钻井设备、安装仪器仪表;准备钻井配套物资;准备钻具、常用工具、井口;布置井场等。

第一节 各种作业指导书的下达

一、单井钻井作业指导书

钻井生产是一项投资多、风险大、易发生事故的"隐蔽性"工程。开钻前,应根据有关资料和该井的目的、任务进行钻井设计,下达单井钻井作业指导书。钻井过程中要精心组织,取全、取准各项地质资料,安全、优质地完成单井钻井作业指导书上规定的各项任务,这也是组织钻井生产和技术协作的基础,搞好单井预算和决算的依据。

单井钻井作业指导书由地质设计、工程设计、钻井液设计和完井设计四部分组成。

1. 地质设计

地质设计应为钻井设计提供全井地层压力梯度曲线、破裂压力梯度曲线、邻区邻井资料、试油压力资料、设计地层、油气水及岩性矿物、物性、设计地质剖面、地层倾角及故障提示等资料。

新区探井应提供设计井位区域构造及地理位置图、主要目的层的局部构造井位图、过井"十字"地震时间剖面图、过井地质解释横剖面图、设计柱状剖面图。开发井应提供区块压力等高线图及500m井距以内注水井位图和注水压力曲线图。调整井提供区块地质设计,为钻井单井设计提供地层分层设计内容,地质要求,设计井邻井油、水井地下压力动态数据资料,设计井位示意图,地下复杂情况,故障提示等。调整井地质设计分层误差应控制在10m以内。地质设计主要内容见表1–1。

表1–1 单井钻井作业指导书——地质部分设计基本内容

设计地质剖面	设计井及依据井地层分层:地层名称(界、系、统、组、段);设计井号(井底垂深、对应个层厚度);依据井号(井底垂深、含油井段)
	邻井测井及钻探成果:依据井井口位于设计井井口的方位和距离;依据井的测井解释
	地质构造概况
基础数据	井号、井位(井口地理位置、构造位置井口坐标和靶点坐标)、井别、井用途、设计井深、设计斜深、目的层、地层倾角、完钻层位、完钻原则、钻探目的等
地质要求	水泥返高方式、水泥帽、下套管方式、黏砂套管要求等
钻井复杂风险提示	发育浅气(黄区)防喷;断层附近易漏、易斜;位于断层易漏区,重点预防井漏

续表

钻井液密度	一开密度、油层密度、油层加重要求；一开加重要求、二开加重要求、油层加重要求
断层	断点深度、断距、断失层位
取资料要求	岩屑录井和气测录井：井段及间隔要求,特殊要求(仪器型号、后效取样、钻井液真空蒸馏取样等)
	循环观察要求
	钻井液录井及氯离子测定：正常钻进时,分段定时测量密度、黏度；钻时加快或油气侵时,连续测量密度、黏度,并每1~2循环周测一次全套性能；打开油气层时后,每次下钻到底,每分钟测量密度、黏度,观察后效反应；参数井、重点预探井进行氯离子滴定,其余井根据实际情况确定
	荧光录井：按照岩屑录井密度逐包进行荧光湿、干照,发现油气显示怀疑层进行滴照,油气显示层每1~2包进行定级
	钻井取心及井壁取心：层位、取心井段、取心进尺、岩心直径、机动取心进尺、取心收获率及取心目的要求
	地球物理测井：中途对比电测、完井电测,钻开油气层综合测井,特殊测井,完钻测井
	实物剖面或岩样汇集,选送样品要求,中途测试要求,水平位移允许,其他取资料要求
邻井情况	注水井：邻井井号、距离、注水层位、日注量
	采出井：邻井井号、距离、开采层位、日产量

2. 工程设计

钻井工程设计对各项施工制订了具体的措施,必须以地质设计为依据。钻井工程设计要有利于取全取准各项地质工程资料；有利于发现油气层,保护油气层,充分发挥每个产层的生产能力；要保证油气井井眼轨迹符合勘探开发的要求；油水井的完井质量满足油田各种作业的要求,保证油气井长期开采的需要；要充分体现采用本地区和国内外钻井先进技术,保证安全、优质、快速钻井、实现最佳的技术经济效益。钻井工程设计部分具体内容见表1-2。

表1-2 单井钻井施工作业指导书——工程部分设计基本内容

井身结构	井身结构设计(井段、钻头尺寸、套管尺寸、套管下深、环空水钻井液返深),井身结构设计系数,井身结构设计示意图
钻具组合	钻具组合：按开钻次序各井段井眼尺寸及钻头、减振器、扩大器、稳定器、震击器、钻铤、钻杆等外径、长度的组合
	钻柱强度校核,定向井、水平井井下专用工具及仪器
钻井参数	钻头：尺寸、型号、数量、钻进井段、进尺、纯钻进时间、机械钻速
	钻进参数：钻压、转速、排量
井口装置	各次开钻井口装置示意图、节流管汇及压井管汇示意图,各次开钻试压要求(井口试压、试压时间、允许压降),井控主要措施,井控要求
施工要求	测斜要求、防卡要求、防喷要求、其他要求及其他技术措施执行区块设计
剖面设计	目的层磁方位、设计造斜率、目的层垂深、最大井斜角、目的层位移、末端井斜角、设计斜深、方位差

3. 钻井液设计

单井钻井施工作业指导书的钻井液部分包括对钻井液性能的设计、添加剂及其使用、钻井液体系方案等,具体内容见表1-3。

表1-3 单井钻井施工作业指导书——钻井液部分设计基本内容

钻井液性能设计	分段钻井液的黏度、失水、切力、滤饼、pH值、含砂、摩阻、电阻率
添加剂及使用	各种添加剂(NPAN、降黏剂DJ-C、防塌降滤失剂、乳液高分子GJ-2、甲基硅醇钠、润滑剂)的用量
钻井液体系方案	钻井液体系及基本配方,钻井液性能,钻井液维护措施,钻井液用量及材料储备,钻井液材料消耗

4. 完井设计

单井钻井施工作业指导书的完井部分包括套管串结构、固井施工重点要求等,具体内容见表1-4。

表1-4 单井钻井施工作业指导书——完井部分设计基本内容

套管串结构	各层套管柱钢级、壁厚、扶正器及注水泥方案
固井施工重点要求	各层套管柱设计,水泥用量,各层固井外加剂用量,套管附件准备;套管外壁清洁、通井、钻井液后循环、发现异常情况采取的处理与预防措施

二、两书一表

钻井作业HSE两书一表,即"钻井作业HSE指导书""钻井作业HSE计划书"和"钻井作业HSE管理检查表",是指导和实施HSE管理的重要作业文件,是钻井队(平台)运行HSE管理体系的具体体现,是预防HSE风险的有效措施。

企业标准《石油企业现场安全检查规范 第2部分:钻井作业》中"HSE体系管理"部分对"两书一表"做出了规定:

(1)应编制钻井工程作业指导书并经过审批,指导书内容齐全,各级管理机构职责明确,危害因素辨识、评价及控制措施应正确适用,发放到相关人员和作业班组。

(2)单井作业计划书应经过审批,新增危害因素应识别齐全,对存在人员、设备、技术变更等情况应进行描述,并制订相应的风险控制和削减措施,发放到相关人员和作业班组。

(3)应组织员工学习"两书一表"的有关内容、相关规定和要求并实施。

(4)钻井队重点要害部位检查表检查内容应齐全。

(5)文件资料应妥善保管,受控文件应是有效版本。

根据有关健康、安全与环境的法律、法规以及作业者的要求,结合钻井队(平台)自身的需要,在进入钻井作业现场前,组织有关人员(钻井队长、HSE监督、有关技术人员)到钻井作业现场进行井场周围地理环境、地貌特征、交通及民用设施等方面的综合调查,写出调查报告,对本井作业中可能带来的对健康、安全与环境方面的危害进行识别和评估,并提出预防HSE风险的措施、减轻建议、应急计划,为编制两书特别是HSE作业计划书提供依据。

两书一表通常由负责HSE管理的有关人员、相关的技术专家或有经验的技术人员进行编制,初稿完成后交项目负责人审查修改,然后再交指定专家审核。根据专家审核意见修改定稿,由公司 HSE 管理小组进行讨论认可后,由主管健康、安全与环境的领导签发批准实施。

1. 钻井作业 HSE 指导书

钻井作业 HSE 指导书是 HSE 管理体系文件的重要组成部分,是对钻井岗位 HSE 工作的基本要求,是支持而不是取代现有的岗位操作规程和 HSE 作业文件,是钻井队(平台)运行 HSE 体系的具体体现,是预防事故的有效措施,对现场作业的 HSE 管理和实施起着指导作用。

在编写钻井作业 HSE 指导书时,要在总结作业规程和 HSE 管理经验的基础上,二级单位(钻井公司)可集中人力和精力,共同开发。

1) 钻井作业 HSE 指导书的编制原则

体现 HSE 管理中"共同性""普遍性""通用性"和"指导性"原则。贯彻 HSE 管理体系及相关法律、法规要求,落实岗位 HSE 职责,削减和控制岗位 HSE 风险。一般来说,钻井作业 HSE 指导书使用的时间长、范围广,内容相对固定或"静态"不变。适用于本公司大多数钻井队作业中的健康、安全与环境管理实施的指导,并保持相对稳定,一般不随项目改变。

2) 钻井作业 HSE 指导书编制的基本要求

钻井作业 HSE 指导书是指导实施 HSE 管理的正式书面文件,应体现严肃性和严谨性,内容和格式应严格按照《中国石油天然气集团公司 HSE 作业指导书编写指南》(试行)和编写规范的要求进行编制,术语和定义应符合 SY/T 6276《石油天然气工业 健康、安全与环境管理体系》和《中国石油天然气集团公司 HSE 管理体系管理手册》。内容的描述应符合 HSE 和 OSH 标准、HSE 相关的法律法规、公司管理体系文件的要求。

3) 钻井作业 HSE 指导书的结构和内容

钻井作业 HSE 指导书的结构包括以下几部分内容:封面、审核(审批)项、目录、正文、附录。

钻井作业 HSE 指导书的正文内容分为六个层次:岗位任职条件、岗位职责、岗位操作规程、岗位巡回检查路线及主要检查内容、风险识别和削减措施、应急处置。

除此之外,还可增加编写说明、更改记录等内容。

(1) 岗位任职条件:根据本岗位的工作实际和法律、法规、标准、体系文件中的有关规定,明确从事本岗位工作人员应具备的条件,包括文化素质、技能资质、业务水平、工作经验、身体素质和工作表现以及是否进行过必要的岗位培训和 HSE 培训等。

如:司钻岗位要求高中或技校毕业,身体健康,担任副司钻两年以上,须持有有效的司钻操作证、井控证书和岗位 HSE 培训合格证;有较强的管理和组织能力;所管辖的设备做到懂性能、原理、结构、维修、操作和故障排除;能识别岗位所涉及的危险点源以及具有风险削减和控制能力等。岗位条件可以按以上要求,用表格形式列出。

(2) 岗位 HSE 职责:根据本岗位的工作性质和岗位与岗位之间的关系,对本岗位的 HSE 职责进行明确的界定。与传统管理上的岗位职责不同的是,作业 HSE 岗位指导书所规定的岗位职责是按照 HSE 管理规范做出的要求。岗位 HSE 职责的内容包括对上向谁负责、对下负责什么以及赋予岗位 HSE 的权力和义务。

(3)岗位操作规程:详细描述涉及 HSE 风险的操作程序,明确各岗位在工作现场实施任务的方式、各岗位的操作程序和注意事项等。

例如,司钻在钻进作业中的操作规程见表 1-5。

表 1-5 司钻在钻进作业中的操作规程

准备工作	检查指重表、立柱压力表工作是否正常
	检查盘刹手柄角度和压力是否合适,刹车是否灵敏
	检查小鼠洞是否有备用钻杆单根
	检查游动系统及死、活绳头固定情况
	检查话筒、监视器是否好使
钻进	单根接完后,开泵,待泵压平稳正常后,平稳下放钻具方补心入转盘
	操作转盘手柄调整方补心入方瓦,目视指重表、泵压表、井口,缓慢下放钻具加压至 5kN(PDC 钻头),左手两次挂合转盘离合器开关,右手操作刹把逐渐加压至设计钻压,均匀送钻
	钻完方钻杆刹车,待悬重恢复后,方可上提划眼,岩屑充分返出后接下一单根
	定向钻进:开泵前调准工具面、锁住转盘;距井底 2~3m 时开泵,待螺杆启动后缓慢下放至井底钻进;排量达到要求,送钻均匀,保持螺杆工作状态良好;尽量避免螺杆空转和长时间不送钻。减少划眼,必须划眼时应降低排量;上提钻具时,应先停泵待螺杆停止运转后,再上提钻具
注意事项	禁止大钻压启动转盘
	送钻过程中,精力集中,注意泵压变化,严防溜钻
	防止钻具上顶,造成游车倒挂,方钻杆倾倒

(4)岗位巡回检查路线及主要检查内容:钻井队上队长、书记、副队长、钻井技术员、钻井液大班、地质技术员、钻台大班、电工大班、司钻、副司钻、井架工、内钳工、外钳工、场地工、柴油机司机、电工、生活管理员等各岗位人员均规定巡回检查路线及检查内容。

例如,钻井技术员的岗位巡回检查路线及主要检查内容见表 1-6。

表 1-6 钻井技术员巡回检查路线及主要检查内容

巡回检查路线	值班房(工程班报表)→远程控制台→井口装置→节流(压井)管汇→死绳固定器→循环系统(液面报警器和硫化氢监测仪)→固控系统→泵房→绞车→防碰天车→司钻操作室(司钻井控台、节流控制箱)→指重表、记录仪、传感器、钻头、钻具止回阀→井场(钻具、接头、备用工具)
主要检查内容	执行钻井设计、技术指令和有关规定,及时制止、纠正、处罚"三违"行为
	在制订施工作业技术措施的同时,制订安全防范措施并进行技术交底
	掌握分析井下复杂情况,提出技术措施及安全措施,并监督实施
	对员工进行工程技术和安全知识的培训,负责技术练兵和考核
	负责井场内的化学品的管理

(5)风险识别和削减措施:
① 钻井作业 HSE 风险识别:
众所周知,钻井是高风险的行业,在整个钻井作业活动中,都可能潜在对健康、安全与环境

危害的影响因素。组织有经验的员工和专家,尽可能地将钻井作业中存在的有共性的风险与危害影响因素都识别出来,才能有效控制和削减钻井过程中给健康、安全与环境带来的危害及影响。

钻井作业过程中存在的共同作业风险包括:井喷及井喷失控可能造成地层碳氢化合物的溢出;火灾及爆炸:地层碳氢化合物的溢出,特别是轻质油、硫化氢等可燃气体溢出,汽油及柴油、润滑油、机油等泄漏造成火灾爆炸危险事故;营房火灾;电器火灾;现场易燃纤维或其他物品着火;高空作业人员坠落;高空物品坠落;起吊重物坠落;人员施工操作过程中造成物体打击危险;机械伤害;触电伤害;食物中毒;化学品中毒;硫化氢中毒;噪声伤害;交通事故;恶劣天气或大自然灾难造成的危害,如山洪、地震、雷击等;环境污染:包括修建道路、井场对植被的破坏、作业及生活污水、有害气体对大气的污染;海上钻井的风险:海浪、台风等恶劣天气的危害,平台倾斜、倒塌、撞船、迷航;社会环境带来的风险:如不法分子侵袭、战争、骚乱等。

钻井作业过程中,存在相关承包方的技术服务作业,产生的HSE风险会影响整个全局。因此,在进行风险识别时,不但要识别出共同风险,也要识别出相关作业风险。

钻井作业过程中相关作业风险包括测井作业风险(放射性伤害、射孔弹误发伤人危险、测井仪器落井危险);录井作业风险(使用的天然气样标瓶泄漏、野蛮装卸可能造成火灾爆炸、使用三氯甲烷等有毒物料可能造成中毒危害、使用强酸性物质可能造成人员皮肤腐蚀或烧伤危险等);定向井作业风险(测斜绞车伤人、定向井工具落井危险);固井作业风险(高压管汇泄漏可能造成人员伤亡、严重窜槽、未封住高压油气水层发生井喷危险);试油作业风险(管线爆炸、接头泄漏、井口采油树刺漏、压爆等);相关作业产生的废水、废渣、废气对环境的污染等。

② 钻井作业 HSE 风险削减措施:

钻井作业 HSE 风险削减措施就是钻井工艺的特点及所在地理环境和条件,利用先进的科学技术,采用一些有效的预防措施将风险降低至实际合理的最低水平,或将无法承受的风险危害转化成中等以及可以承受的水平。

具体做法就是根据风险评价结果,将指定的风险削减和控制措施分解落实到各岗位,实行岗位责任制。对于通常可能造成危害的风险,常规措施可采用关键岗位 HSE 任务清单,分类分项列出危害、部位或环节、潜在后果、频率、削减和控制措施。当因项目变更、钻井设计改变或人员变动可能引起潜在风险时,可通过钻井作业 HSE 计划书进一步细化和补充控制措施。

总之,钻井作业 HSE 风险削减措施的制订和实施,涉及钻井施工过程中 HSE 管理的各个方面,既需要有削减风险措施的保障体系,也需要各级领导的承诺和人、财、物的支持。

司钻岗位的 HSE 风险识别和削减措施见表 1-7。

表 1-7 司钻岗位的 HSE 风险识别和削减措施

风险识别	悬吊系统失控对井口及井场人员的伤害
	操作者不按操作规程造成的危害
	溜钻导致大钩倒挂;大钩钩口倒开,防钻杆倒下伤人
	溜钻时停转盘过急倒车严重,方瓦飞出伤人
	开泵过猛,导致憋压,高压部位刺出液体伤人
	无人扶钻杆立柱时钻杆提离钻杆盒子,导致摆到井口伤人

续表

风险识别	不看井口人员站立(脚在转盘上),启动转盘,伤内外钳工
	违章用转盘绷扣,钳把子伤人
	修理时,离开司控房或不摘离合器,导致设备突然运转伤人
削减措施	保持悬吊系统设施的完整性
	按司钻巡回检查路线全面认真检查,检查指重表、泵压表工作应正常,刹把高低合适,刹车灵敏
	严格按照操作规程进行操作
	精力集中、随时检查,防止误操作;按要求平稳逐步加压,防止损坏钻头
	随时观察指重表、泵压表、气压表的变化
	必须让井口人员离开转盘旋转部位后方可启动转盘

(6)应急处置:在钻井作业中,可能会遇到各种突发事件,针对不同的突发事件制订出的应急反应计划或措施、具体任务应落实到有关岗位。由于应急反应事件不同,涉及的岗位也不同,除重大事件现场抢险小组人员必须迅速到岗实施抢险外,有关岗位人员也应按照应急计划执行应急措施。只有建立完善的应激反应体系(包括应急反应组织、应激反应管理、应急反应指挥和应急反应实施系统),才能从上到下,可靠、方便地传递信息,保证应急计划的顺利实施。

井漏、井喷和井涌应急计划所涉及的岗位人员的职责和任务见表1-8。

表1-8 井漏、井喷和井涌应急部分岗位人员的职责和任务

岗位	职责和任务
司钻	发出信号按井控程序关井
副司钻	检查井控系统是否正确开关、有无渗漏
采集工(记录工)	随时观察压力变化
钻工甲	向平台经理、钻井工程师汇报
平台经理	组织警戒,检查放喷管线、回收管线的固定情况,出口有无人员及障碍物
钻井工程师	收集有关资料,向公司调度室和主管领导汇报,确定压井或堵漏方案及钻井液密度
钻井液工程师	按要求准备足够的压井或堵漏钻井液及材料

2. 钻井作业 HSE 计划书

钻井作业 HSE 计划书是针对某一区块的特定环境和工艺设计要求,通过对健康、安全与环境风险识别和评价,制订出的削减及控制风险的工作计划,是钻井队(平台)项目实施过程中的 HSE 管理作业文件,是钻井作业 HSE 作业指导书的支持文件,而不是取代现有的 HSE 管理体系文件。根据钻井作业 HSE 作业指导书有关风险管理、应急预案等内容,结合具体的钻井施工项目做出细化和补充,在钻井项目实施前编写完成。在编制过程中,应严格按照《中国石油天然气集团公司 HSE 作业计划书编写指南》(试行)的要求进行编写。

1) 钻井作业 HSE 计划书的编制原则

编制时应遵循"针对性""实用性""可操作性"和"计划性"的原则,尽可能做到简单、实用、全面,使内容容易理解、容易管理、容易操作,达到职责清、程序清和目标清的要求。在制订

HSE 管理措施、预案和计划时,应根据该区块的实际地理环境、钻井工艺设计以及 HSE 管理方针、目标和要求来制订,并从经济效益、社会效益和环境效益三个方面来考虑,制订出的方案和措施能有效地付诸实施。

2)钻井作业 HSE 计划书编制的基本要求

编制时应针对具体实施的钻井项目,充分考虑业主、承包商以及其他相关方的要求,在开工前编写完毕后,经项目方评审实施。内容和格式应严格按照《中国石油天然气集团公司 HSE 作业计划书编写指南》(试行)和编写规范的要求进行编制,术语和定义应符合 SY/T 6276《石油天然气工业 健康、安全与环境管理体系》和《中国石油天然气集团公司 HSE 管理体系管理手册》。

由于钻井作业场所、地域环境和工艺的特殊性、复杂性,其 HSE 危害程度不同,在编写计划书时,可在不影响健康、安全与环境保护的前提下,对部分内容进行调整。

3)钻井作业 HSE 计划书的结构和内容

钻井作业 HSE 计划书篇章的结构应包括:封面、审核和审批项、目录、正文、附件及变更记录等。

钻井作业 HSE 计划书的正文内容分为:钻井区块概述、人员能力及设备状况、钻井区块新增危害因素辨识和主要风险提示及控制(削减)措施、应急管理等几个方面。

(1)钻井区块概述:主要阐明甲方对该钻井区块在 HSE 管理方面有哪些特殊要求。

(2)人员能力及设备状况:

① 人员能力评价:依据公司质量、健康、安全与环境管理相关人员能力要求,列出钻井队(平台)行政、HSE 管理人员、主要技术工种、关键岗位(井架工及以上岗位)、特殊岗位人员和新增(变更)人员等主要人员一览表,表中应列出文化程度、健康状况、持证情况、技能等级表明能力现状项,并由基层队队长负责本队岗位人员的能力评价,看能否满足该作业需要。岗位人员能力评价见表1-9。

表1-9 钻井队岗位人员能力评价情况

序号	岗位	姓名	工作年限		文化程度	健康状况	持证情况	技能等级	综合评价	备注
			参加工作时间	本岗工作时间						
1										
2										
3										
4										
5										
6										
7										
…										

② 设备设施评估情况:依据公司装备资产控制程序、相关标准,列出设备设施情况一览表,表中应包括主要设备(井架、底座、天车、大钩、游车、水龙头、绞车、钻井泵、柴油机及发电

机组、振动筛、除砂器、除泥器)及主要 HSE 设施(硫化氢监测仪、二层台逃生装置、防护设施、安全警示标牌、消防设施、接地和避雷设施、生活设施)的规格型号、主要技术指标、完好情况、是否满足施工要求等。钻井队设备设施评估情况表见表1－10。

表1－10　钻井队设备设施评估情况表

序号	设备名称	规格型号	主要技术指标	完好情况	是否满足施工要求	综合评价	备注
1							
2							
3							
4							
5							
6							
7							
…							

(3)钻井区块新增危害因素辨识和主要风险提示及控制(削减)措施：根据本钻井区块的钻井作业中，潜在或可能发生对健康、安全与环境的危害影响，进行钻井 HSE 风险分类。

新增危害因素：主要是针对 HSE 作业指导书和其他技术操作规程中覆盖的，但因该钻井区块所处周边环境特点及岗位员工、施工方案和技术工艺流程、设备设施的变更引发的新风险，如新配备的设备，因员工对其结构、原理、操作规程不熟悉，在实际操作中存在易引发伤害事故的风险，从而可将新配备的设备操作易引发事故辨识作为本区块或本井新增危害因素。

主要风险提示：主要是针对工艺技术、作业流程和岗位操作风险，在 HSE 作业指导书和其他技术操作规程中已有识别和控制，但在该区块可能表现更为突出，需要引起特别重视的风险(如在地层压力超过40MPa的高压井和井场周围500m范围内有密集的居民住宅、联合站、油库、采油设备等高危井及高含硫井施工时，应将井喷风险列为主要风险进行重点提示)及在施工期内因受区块周边环境影响，使相关作业和岗位操作风险发生的可能性增大的主要作业风险(如冬季施工时，气控阀件易冻结失灵，易发生起钻顶天车的作业风险列为主要风险进行重点提示)。

风险削减和控制措施：主要针对本区块识别的新增危害因素制订对应的风险削减和控制措施，即对识别出的每一项主要风险与新增危害因素均要制订相应的风险削减措施和控制措施，并尽可能落实到具体岗位。

① 区块主要地质风险包括："三高"(高压、高含硫、高危)井风险、浅气层井风险等。

② 区块内环境风险包括：区块井场填方导致的井场塌陷、基础下陷、钻井液池垮塌风险，老井井口、采油机、油罐、加热炉及油气水管线和高低压电线带来的相互关联风险等。

③ 区块周边环境风险包括：周边注水、采油井可能导致的井喷风险，油气水管线及高低压电线电缆光缆可能引发或造成相关方以及社会影响重要风险，居民住宅、学校、厂矿、高压电线、水资源及环境敏感区相互关联的风险等。

④ 社会环境风险包括：地方病、传染病给员工健康带来的风险，当地风俗禁忌，宗教信仰带来的风险及当地治安环境带来的风险等。

⑤ 气象(气候)风险包括:暴雨、雷击、洪水、飓风、沙尘暴等自然灾害,天气炎热导致中暑,食物中毒,雨季施工电气设备绝缘性能降低,夏季降温、冬季保温导致用电负荷增大可能带来的人员触电,雨雪天气发生人员滑跌,冬季施工油气水路易冻结,使用锅炉引发的作业风险等。

⑥ 人员风险包括:新增人员、转岗人员带来的风险,相关方配合作业人员带来的风险。

⑦ 工艺技术风险包括:欠平衡井、水平井等特殊工艺井及测井作业中子源使用带来的风险。

⑧ 设备设施风险包括:新配备的设备设施本身可能存在的安全防护、技术操作规程不完善,员工对其结构、原理、操作规程不熟悉导致在操作中引发的伤害的风险,更换设备设施本身可能存在的安全防护缺陷等。

⑨ 其他风险指不在上述范围的其他危害因素。

(4)应急管理:编制应急处置预案。钻井作业 HSE 应急处置预案是预防、削减风险的重要实施计划,当风险不可避免或不可阻止其发生的紧急情况时,在现场可按照预先制订的应急处置预案实施处理,减少由此带来的影响和损失。在制订应急处置预案时,应根据本井所处的地域环境和钻井活动中可能发生的紧急险情类型,制订相应的应急预案。

① 应急组织:根据应急险情类型,由现场 HSE 管理小组负责,组织有关人员参加,成立由队长负责的应急小组或抢险队,如井喷应急抢险队、火灾应急抢险队等,并明确各应急小组、抢险队及人员的应急抢险岗位和职责,一旦发生险情,立即按各自的岗位、职责及任务,实施应急抢险工作。

② 钻井作业 HSE 应急预案:应根据应急反应的类型进行编制,做到详细、具体、可操作性强,并且分工明确。

钻井作业 HSE 应急预案的主要内容包括:现场应急反应工作的组织、人员和职责;应急设备、物资、器材的准备;应急实施程序及流程图;现场培训及模拟演习计划;紧急情况报告程序、联络人员和联络方法;消防设施分布图;井场、营地逃生路线图;简易交通图等。

由于在一口井的钻井活动中可能存在多种紧急险情的可能性,不同的险情所涉及的人员、抢险救援设备工具及方法都可能不同,因此应制订不同的应急预案,其内容也有差异。

根据应急险情的类型,列出应急抢险所必备的器材、工具、防护装备、医疗救护药品器械等,包括名称、型号和数量,并注明器材的管理人、保管存放地或配备情况,以便当险情发生时方便拿取和保证使用。钻井队通常应配备的应急器材包括但不限于:灭火器材,氧气袋(罐)、制氧机、空气增压仓、防毒面具、通信器材、交通工具及担架、急救箱或急救包、急救药品及医疗器械等。

根据本口径可能发生的紧急险情,并按照有关规范的要求,制订切实的应急实施程序,通常包括:火灾及爆炸应急程序,硫化氢防护应急程序,油料、燃料及其他有毒物质泄漏应急程序,井涌、井喷应急程序,现场急救医疗程序,恶劣天气应急程序及其他应急程序等。

紧急情况报告可以用示意图表示,标明当现场险情发生时谁向谁报告,联系人员和联络方法以表格形式列出,尽可能列全与应急抢险、救援有关单位的联系人、电话、手机和传呼机号码。

井场及营地紧急情况下的逃生路线示意图的绘制,应根据井及营地的布置情况、现场的地形以及施工季节的风向、风力等,确定安全点、集合点和逃生路线,并在图中标明。

绘制简易交通图要标明钻井公司基地到井场的路线示意图,标出城镇、大型工厂、设施、桥梁及典型标志物等,标注出每段的路程,并对路况作以简要说明。

③应急演习计划:可纳入 HSE 管理的培训规划中,也可单独列出。应急演习计划包括演习的内容、目的,参加培训的人员、人数、日期,所需的器材、工具、设备,负责人,通过演习要达到的目的,需要演习的次数及演习结果的考评方法等。已进行的演练和评价结果应随时记录。

(5)单井风险管理单编制:

① 基层队在每口井施工前进行技术、安全交底之际,填写每口井的单井风险管理单,以作为对区块 HSE 作业计划书的补充和完善,并通过技术、安全交底会向全队岗位人员进行传达,使全队人员在施工前了解和掌握每口井可能存在的风险,并采取相应的削减措施和控制措施加以控制,以确保人员不受伤害,达到保证安全生产、清洁生产的目的。

② 单井风险管理单,每口井均由基层队主管安全的副队长填写,由基层队队长审核、批准。

③ 填写内容应结合每口井的实际情况,并确保填写内容齐全、准确、及时、字迹工整,编写人、审核人、批准人、HSE 驻队监督应本人签字,杜绝代签或均由一人签字。

④ 相关人员告知记录中相关人员,包括本队人员和进入井场的人员,均由本人签字,不得代签或均由一人签字。

单井风险管理单见表 1-11。

表 1-11 单井风险管理单

施工区块			施工井号				
新增主要危害因素辨识(包括人员、环境、工艺、技术、设备设施变化的描述)							
主要风险提示(包括指导书中提到的主要风险)							
风险削减和控制措施							
应急处置措施							
编写人		年 月 日		HSE 驻队监督		年 月 日	
审核人		年 月 日		钻井队负责人		年 月 日	
相关人员告知记录							
岗位	姓名(签字)	岗位		姓名(签字)		岗位	姓名(签字)
完成日期		年 月 日		验收人			

3. 钻井作业 HSE 管理检查表

钻井作业 HSE 管理检查表是监测现场 HSE 管理实施效果、评价 HSE 管理体系运行有效性的重要工具。通过检查表对监测检查结果的记录,有利于发现事故隐患,降低作业 HSE 风险,促进 HSE 管理体系的顺利运行。

1)钻井作业 HSE 管理检查表的编制原则和要求

针对不同的检查项目和要求,编制成不同的表格形式,使文字形式的检查制度、检查内容与要求,以及检查结果或结论内容形式表格化,防止漏检,方便检查操作。在编制钻井作业 HSE 检查表时,应遵循"针对性""实用性"和"简明性"的原则,编制规范表格。

2)钻井作业 HSE 管理检查表的内容

钻井作业 HSE 管理检查项目较多,检查项目的类型也各不相同。因此,不同检查表的栏目设置就存在差异,但通常应包括表头和表格两部分。

钻井作业 HSE 管理检查表表头的内容通常包括:井号,队(平台)号,检查人、监督人、记录人,检查日期,编码和顺序号等。

钻井作业 HSE 管理检查表表格内容,应根据不同的检查项目设置不同的栏目,通常包括但不限于以下内容:检查项目(包括被检查部位、岗位、设备名称等),检查标准或要求,检查结果,存在的问题整改意见、措施或方案,责任人,整改日期等。

由于此表主要是针对井队班组检查用,对井队不太适用,所以在此不作细讲。

第二节 钻井设备的准备及仪器仪表安装

一、钻井设备的组成

钻井设备设施主要包括以下几部分:

(1)主体设备:包括井架及底座、天车、游车(顶驱)、大钩、水龙头、绞车、转盘、猫头、辅助刹车和防碰天车等。主体设备应符合完整性要求,在安装校正过程中应符合平、正、稳、全、牢、灵、通及"五不漏"原则,安装、拆卸、使用和维护应符合 SY 5974《钻井井场、设备、作业安全技术规程》的要求。

(2)司钻操作台、钻井仪表:包括司钻操作台、指重表及记录仪、钻井参数仪、数码防碰天车等。仪表、阀件齐全、灵敏、安全可靠,标识清楚,符合 SY/T 6146《钻井参数仪表 司钻操作组合台》的要求。

(3)固控设备:包括循环罐、振动筛、除气器、除砂器、除泥器、液气分离器、离心机、剪切泵、加重泵等。安装时应做到进出口连接管线正确、可靠、无泄漏,运转平稳无异响。

(4)泵房设备:包括钻井泵、灌注泵、高压管汇、安全阀溢流管线等。安装应固定牢固,符合 SY 5974《钻井井场、设备、作业安全技术规程》的要求。运行时做到平稳、不刺、不漏,符合 SY/T 5244《钻井液循环管汇》的要求。

（5）机房及传动装置：包括动力设备、传动箱、变矩器、耦合器、万向轴、离合器、变频装置、电传动装置等。安装运行时，零部件及护罩应齐全、完整、紧固，各仪表应齐全、灵敏、准确，应符合操作规程，排气管应安装灭火装置。机房四周排水沟畅通，底座下无油污、无积水。

（6）供气系统：包括压风机、气瓶组、干燥机、各类管线和阀件。各仪表阀件应固定牢固、齐全、灵敏、准确。安全阀、压力表应按周期校验。

（7）电气设备：包括发电机组、井电控制房、SCR房、MCC房、VFD房、电动机、照明系统、电焊机、电线电缆及插接件等。电气设备齐全、完整，固定牢固，接地电阻值应不大于4Ω；电焊机应指定专人保管，使用接地线；动力、照明线路应符合SY 5974《钻井井场、设备、作业安全技术规程》的规定；各种电器元件、防爆灯齐全完好，电器设备、用电设施接地符合GB 50150《电气装置安装工程 电气设备交接试验标准》的规定；电焊线绝缘良好，电焊面罩、电焊钳和绝缘手套应符合SY 6516《石油工业电焊焊接作业安全规程》的规定。

（8）井控装备：包括司钻控制台、防喷器组、压井管汇、节流管汇、防喷管线、放喷管线、远控台、管汇架、液气分离器、液面报警装置等。钻井井控装置组合配套、安装调试与维护应符合SY/T 5964《钻井井控装置组合配套、安装调试与维护》的规定；开钻使用前均应按设计要求试压合格并做记录。

（9）特殊工艺设备：包括空气钻井所需的空压机组、增压机组、制氮机、雾泵、高压管汇；欠平衡钻井所需的旋转防喷器、分离器；定向井所需的绞车、循环头、滑轮等。安装使用应平、正、稳、全、牢、灵、通，各类仪表阀件应齐全、灵敏、准确。

二、主体设备的功用

1. 旋转系统

把整个钻井设备按其功能分成几个系统。旋转系统由使钻柱旋转的一些部件组成，包括转盘和水龙头及顶驱钻井装置，其功用是使钻头旋转以破碎岩石以及活动钻具等。该系统简图如图1-1所示。

1）转盘

转盘是将经万向轴或链条传来的转动变成水平旋转以驱动方钻杆旋转，应符合GB/T 17744《石油天然气工业 钻井和修井设备》设计制造的规定，其外观如图1-2所示。

（1）转盘的功用：

钻井过程中，转盘要完成如下主要工作：

① 转动井中钻具，传递足够大的扭矩和必要的转速。

② 下套管或起下钻时，承托井中全部套管柱或钻杆柱重量。

③ 完成卸钻头、卸扣，处理事故时倒扣、进扣等辅助工作；涡轮钻井时，转盘制动上部钻杆柱，以承受反扭矩。

（2）转盘的使用要求：

转盘工作条件恶劣，工作环境不洁，钻井液喷溅，油水污蚀；井中钻杆柱的振跳首先直接传到转盘上，冲击振动相当严重。为保证转盘能实现上述职能，正常运转，要求：

① 转盘的主轴承应有足够的强度和寿命，以保证承受成百吨重的套管柱或钻杆柱重量，

并在钻杆柱下滑时造成的最大轴向载荷及圆锥齿轮传动造成的轴向、径向载荷作用下有足够的寿命。

② 转台和圆锥齿轮能传递足够大的扭矩(可达50~100kN·m),能倒转,能可靠地制动。

③ 密封性好,严防外界的钻井液、油水污液渗入转盘内部,减缓齿轮和轴承的磨损。

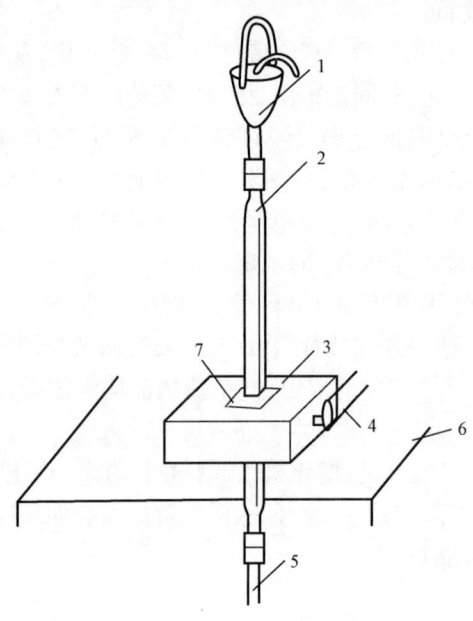
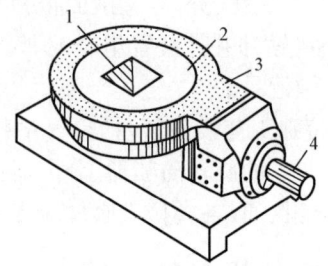

图 1-1　旋转系统
1—水龙头;2—方钻杆;3—转盘;4—驱动链条;
5—钻柱;6—钻台;7—方瓦及方补心

图 1-2　转盘
1—方补心孔;2—转盘面;
3—护罩;4—转盘轴

(3)转盘结构组成:

现代钻机转盘的结构在20世纪80年代已经基本定型,90年代没有突破性发展和变化。国内外厂家生产的转盘,结构组成大同小异,基本参数已系列化,主参数为通孔直径,已标准化。

国产转盘 ZP-520 和 ZP-700,应用比较普遍,数量较多,现以两者为例,介绍现代转盘的一般结构组成与工作原理。ZP-520 配用大庆型和 ZJ32 型钻机,也可配用 ZJ45J 钻机;ZP-700(ZP-275)配用 ZJ45L 型钻机。两者主要技术特性参数见表1-12。

表 1-12　两种转盘技术特性参数

转盘型号	ZP-520	ZP-700(ZP-275)
通孔直径,mm	520.7	698.5
最大静负荷,kN(t)	2940(300)	4410(450)
最高转速,r/min	300	250
功率,kW(hp)	257(350)	441(600)
齿轮传动比	3.22	3.67
质量,kg	4500	6163

转盘实质上是一个结构特殊的角型传动减速器,主要由水平轴(快速轴)总成、转台总成、主辅轴承(负荷轴承、防跳轴承)和壳体等几部分组成。

① 水平轴总成水平轴头部装有小圆锥齿轮,万向轴传动时尾部装连接法兰,链传动时运轮轴通过轴承和套筒座装在壳体中,套筒的作用是使水平轴能进行整体式装配。水平轴下方的壳体,构成一独立油池,使水平轴轴承得到良好的润滑。

② 转台总成转台体如同一根又短又粗的空心立轴,外装斜齿或螺旋齿大圆锥齿轮,借助主轴承座装在壳体上。下部辅助轴承防止转台倾斜和向上振跳。转台中心通孔都比较大,以三通过钻井开钻用最大号钻头。通孔内装着方补心和跟方钻杆相配合的小方瓦,两者通过锁销在转台体上。转台上部静配合装着一个迷宫盘,构成一整体结构,防止钻井液污水漏入转盘油池内。

③ 主轴承起承载和承转作用。静止时,承受最重管柱重量;旋转工作时,承受主要由方钻杆下滑造成的轴向载荷及圆锥齿轮传动所形成的径向载荷。

辅助轴承起径向扶正和轴向防跳的作用。

④ 壳体是结构比较复杂而坚固的铸钢件或铸—焊组件,内腔形成两个油池;外形上要便于安装固定和运输,便于工人进行井口操作。

(4)转盘的工作原理:

由以上几部分组成的现代钻井转盘,动力经水平轴上的法兰或链轮传入,通过圆锥齿轮传动转台,借助转台通孔中的方补心和小方瓦带动方钻杆、钻杆柱和钻头转动,同时,小方瓦允许钻杆轴向自由滑动,实现钻杆柱的边旋转边送进。起下钻或下套管时,钻杆柱或套管柱可用卡瓦或吊卡座落在转台上。

2)水龙头

水龙头是旋转系统与循环系统连接的纽带,它一方面承受井内钻具的全部重量,保持钻具自由旋转,另一方面它通过提环挂在大钩上,上部通过鹅颈管与很长的水龙带相连,下部接方钻杆,连接下井钻具,是钻机中非常具有专业特点的设备,应符合 SY/T 5530《石油钻机和修井机用水龙头》的要求。

(1)水龙头功用:悬持旋转着的钻杆柱,承受大部分以至全部钻具重量;向转动着的钻杆柱内引输高压钻井液,是提升、旋转、循环三大工作机组相交汇的"关节"部件,在钻机组成中处于重要的地位。

(2)对水龙头的要求:水龙头的主轴承必须具有足够的强度和寿命;高压钻井液密封系统(或称冲管总成)必须工作可靠,寿命长,更换快速、方便;机油密封良好,能自动补偿工作过程中密封元件的磨损;各承载零件,如提环、壳体、中心管等,应有足够的强度和刚度。

大量钻井实践表明:水龙头的寿命和工作质量主要取决于主轴承的结构类型、轴承布置方案和钻井液密封系统的结构型式。

(3)结构组成:现以国产 SL-450 水龙头为例,剖析现代钻井水龙头的结构组成。根据水龙头在钻井过程中所应起的作用,其结构一般都可分为三部分,如图 1-3 所示。

① 承载系统:中心管及其接头、壳体、耳轴、提环和主轴承(负荷轴承)等。重达百吨以上的井中钻具通过方钻杆加到中心管上;中心管通过主轴承座在壳体上,经耳轴、提环将载荷传

给大钩。

②钻井液系统:包括鹅颈管、钻井液冲管总成(包括上、下钻井液密封盒组件等)。高压钻井液经鹅颈管进入钻井液管(冲管),流进旋转着的中心管到达钻杆柱内,上、下钻井液密封盒用以防止高压钻井液泄漏。

③辅助系统:包括扶正、防跳辅助轴承、机油密封盒组件及上盖等。上、下辅助轴承对中心管起扶正作用,保证其工作稳定,限制其摆动,以改善钻井液和机油密封的工作条件,延长其

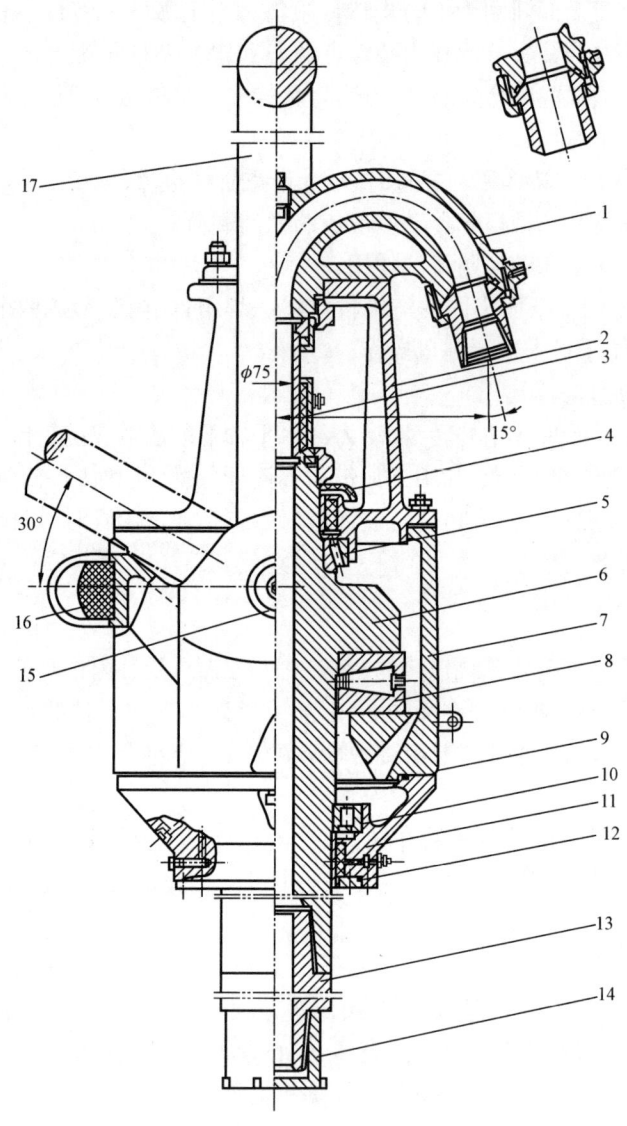

图1-3 SL-450水龙头
1—鹅颈管;2—上盖;3—浮动冲管总成;4—钻井液伞;5—上辅助轴承;6—中心管;
7—壳体;8—主轴承;9—密封垫圈;10—下辅助轴承;11—下盖;12—压盖;
13—方钻杆接头;14—护丝;15—提环销;16—缓冲器;17—提环

寿命。SL-450上辅助轴承是止推轴承,还起到了防跳轴承作用,可承受钻井过程中出钻杆柱传来的冲击和振动,防止中心管可能发生的轴向窜跳。

(4)特性参数:

① 最大静载荷:水龙头的主要受力件是主轴承、提环等,所能承受的最大载荷应大于或等于钻机的最大钩载。水龙头常以最大静载荷标定型号,如 SL-450,最大静载荷为 450tf(tf 指吨力,1tf≈9.8kN)。

② 中心管通孔直径:目前国产水龙头中心管、冲管通孔直径均为 75mm。

③ 最高转速:水龙头许用最高转速(r/min),应与转盘的最高转速相一致,一般为 300r/min。

④ 最大工作压力:水龙头最大工作压力应与钻井泵、高压管汇、水龙带相匹配,一般为 35MPa。

(5)两用水龙头:既具有普通水龙头功能,又可在接单根时旋转上扣,是将水龙头和接单根旋转短节结合成一体的一种新型钻井设备。上海东风机器厂制造的 SL450/20Q 两用水龙头,由普通水龙头、叶片式风马达和减速伸缩机构三部分组成。

接单根时,风马达工作,伸缩机构便启动齿轮下移与中心管上大齿轮啮合,驱动中心管快速旋转,快速上扣。使用实践表明:这种类型的两用水龙头结构紧凑、操作方便、工作可靠。

3)顶驱钻井系统

考虑到顶驱钻井系统主要功能是钻井水龙头与钻井马达功能的组合,所以本书将其列为钻机的旋转设备。

顶驱钻井系统简称顶驱系统,是一套安装于井架内部空间、由游车悬持的顶部驱动钻井装置。常规水龙头与钻井马达相结合,并配备一种结构新颖的钻杆上卸扣装置(或称管柱处理装置),从井架空间上部直接旋转钻柱,并沿井架内专用导轨向下送进,可完成旋转钻进、倒划眼、循环钻井液、接钻杆(单根、立根)、下套管和上卸管柱螺纹等各种钻井操作。

顶驱钻井系统突出的优点是:可节省钻井时间 20%~25%,可大大减少卡钻事故,可控制井涌,避免井喷,用于深井、超深井、斜井及各种高难度的定向井钻井时,其综合经济效益尤为显著。

(1)顶驱钻井系统的特点:

与转盘—方钻杆旋转钻井法相比较,顶驱钻井系统旋转钻井法具有下述主要特点:

① 直接采用立根(28m)钻进,节省 2/3 钻柱连接时间。

② 起下钻时,顶驱钻井系统可在任意高度立即循环钻井液,实行倒划眼起钻和划眼下钻,大大减少了卡钻事故。

③ 系统具有遥控内部防喷器(IBOP),钻进或起钻中如有井涌迹象,可即时实施井控,大大提高了在复杂地层、钻井事故地区钻井的安全性。

④ 顶驱系统以 28m 立根钻水平井、丛式井、斜井时,不仅减少了钻柱连接时间,还减少了测量次数,容易控制井底马达的造斜方位,节省了定向钻井时间,提高了钻井效率。

⑤ 顶驱系统配备了钻杆上卸扣装置,实现了钻杆上卸扣操作机械化,快速便捷、安全可靠。不用转盘、方钻杆,避免了接单根钻进的频繁常规操作,不仅节省了时间,且大大减轻了钻井工人的体力劳动强度,降低发生人身事故的概率。

⑥ 系统以28m立根进行取心钻进,改善了取心条件,并提高岩心质量。

(2)顶驱钻井系统一般结构组成:

顶驱钻井系统一般由三部分组成:钻井马达—水龙头总成、钻杆上卸扣装置和导轨—导向滑车总成。前两者是顶驱钻井系统主体,后者是辅助支持机构,但也不可缺少。

液压马达顶驱、AC – SCR – DC 顶驱和 AC 变频顶驱系统的区别仅在于驱动马达是液压马达,或是直流电机,或是交流电机,故这三种顶驱系统的结构组成没有根本性区别。图1–4所示为 Varco 公司一种 DC 顶驱钻井系统结构组成及在井架内部空间所处位置示意图。

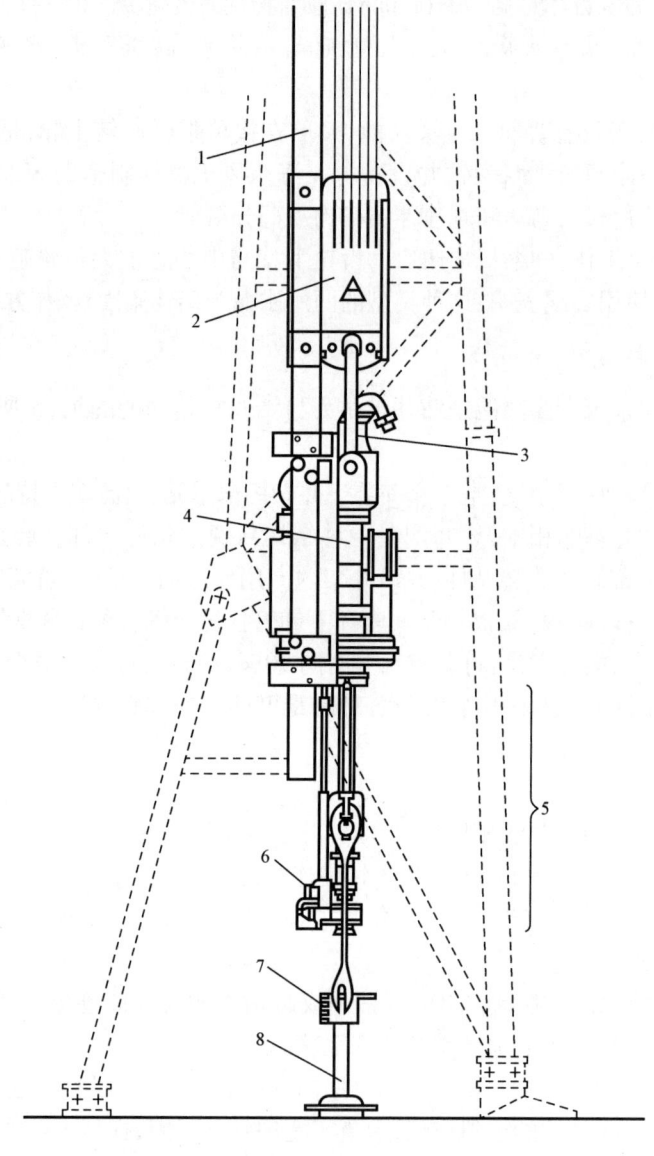

图 1–4 顶驱钻井系统结构组成示意图

1—导轨;2—游车;3—水龙头;4—钻井马达;5—钻杆上卸扣装置;6—扭矩扳手;7—吊卡;8—钻杆

① 钻井马达—水龙头总成的典型结构:钻井马达—水龙头是顶驱钻井装置的主体部件,由水龙头、马达和一级齿轮减速箱组成。钻井水龙头额定载荷 500tf;采用串激(或并激)直流马达,立式传动,驱动主轴。马达轴上端装有气动刹车,当气压为 0.62MPa 时,可产生 47.5kN·m 静制动力矩,用于马达的快速制动。马达轴下伸轴头装有小齿轮($Z=18$,Z 指齿轮齿数),与装在主轴上的大齿轮($Z=96$)相啮合,主轴下方接钻杆柱,最大转速为 430r/min。顶驱系统主轴,即水龙头的中心管。马达采用强制风冷。

② 钻杆上扣卸扣装置:现代化顶驱系统将钻井马达和钻井水龙头相结合,除具有转盘和常规水龙头功能外,更为重要的是发展了钻柱上卸扣技术,研制了结构新颖的钻杆上卸扣装置,或称管柱处理装置,实现了钻柱连接、上卸扣操作机械化,使钻台上方的钻井设备面目一新。

钻杆上卸装置总成一般由旋转头、吊环连接器、吊环倾斜机构、保护接头和卸扣背钳(或称扭矩扳手)组成。典型的钻杆上卸扣结构如图 1-5 所示。

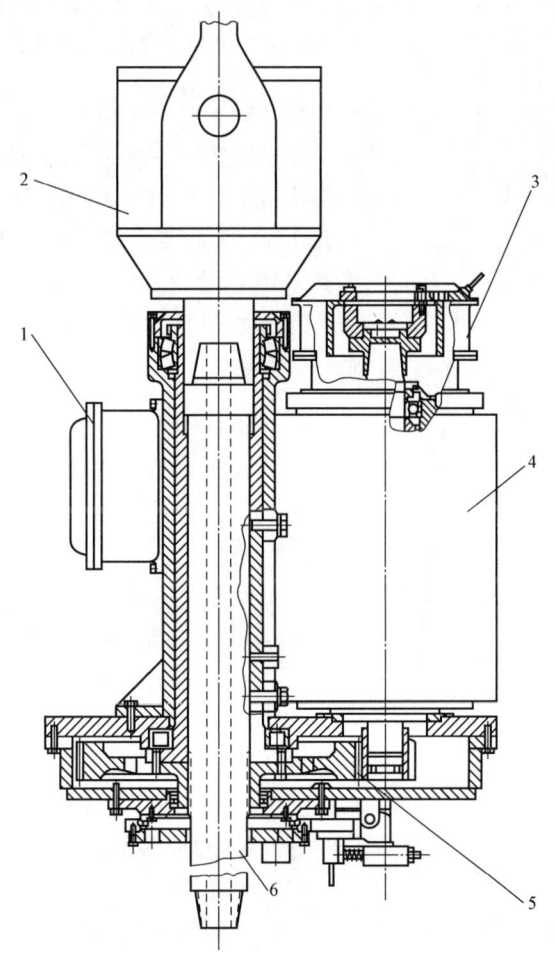

图 1-5 典型钻井马达—水龙头总成
1—接线盒;2—水龙头;3—气刹车;4—钻井马达;5—齿轮($Z=18/96$);6—主轴

(a)液控扭矩扳手:扭矩扳手用于卸扣,卸扣力矩为 81.3kN·m,由连接在钻井马达上的吊架支承。卸扣时,扭矩扳手的夹持爪先夹紧钻杆内接头(由夹紧液缸驱动),然后和扭矩臂相连的两个转矩液缸动作,转动保护接头及主轴松扣,再启动钻井马达旋扣,完成卸扣操作。管子上卸装置另有两缓冲液缸,类似大钩弹簧,可提供螺纹补偿行程。

(b)吊环连接器:吊环连接器坐在一花键短节的台肩上,短节与主轴相连。吊卡承受的载荷可通过吊环、吊环连接器传给水龙头。

(c)吊环倾斜器:在吊环连接器前方有一使吊环倾斜的结构,气阀控制气弹簧,使吊环倾斜,令吊卡在经过时偏离钻柱轴线,接立根时去卡抱待接立根的接头。

有些吊环倾斜器是液缸控制操作的,如国产 DQ-60D 和 DQ-60P,吊环可前倾 30°,后摆 60°。

③导轨—导向滑车总成:导轨装在井架内部,通过导向滑车或滑架对顶驱钻井装置起导向作用,钻井时承受反扭矩。20 世纪 80 年代顶驱系统大都是双导轨,90 年代的顶驱系统改为单导轨,结构更轻便。

2. 起升系统

钻进时需将多于钻压需要的钻柱重量悬吊起来,换钻头或固井等作业时要进行起、下管柱,其重量常达几十吨,这都要求钻井设备具有较大的起重能力。为此采用复滑轮系统起重,图 1-6 是起升系统示意图。起升系统是钻机的核心,它包括钻井绞车、游动系统、井架。

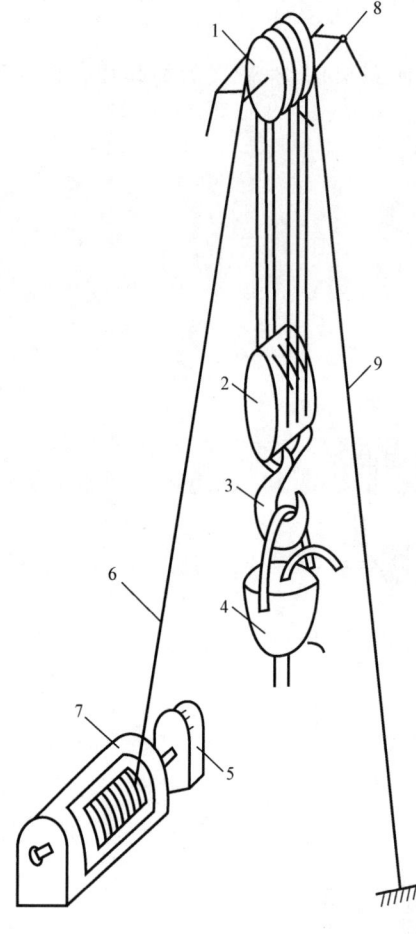

图 1-6 起升系统
1—天车;2—游动滑车;3—大钩;4—水龙头;
5—水刹车;6—快绳;7—绞车;8—井架;9—死绳

1)钻井绞车

钻井绞车是整个钻机的核心部件,是钻机三大工作机组之一,应符合 SY/T 5532《石油钻井和修井用绞车》的要求。

(1)功用:

① 用以起下钻具、下套管。

② 钻进过程中控制钻压,送进钻具。

③ 借助猫头上、卸钻具螺纹,起吊重物及进行其他辅助工作。

④ 充当转盘的变速机构或中间传动机构。

⑤ 整体起放井架。

(2)结构组成:

钻井绞车是一台多职能的起重工作机。尽管各型绞车结构上差异不小,但究其实质,都具有类似的功能机构或部件,一般由以下几部分组成:

① 滚筒、滚筒轴总成:这是绞车的核心部件。

② 制动机构:包括机械刹车和水刹车(或电磁刹车)。

③锚头和锚头轴总成:用以上卸螺纹、起吊重物;有的重型钻机绞车上还包括捞砂滚筒,用以提取岩心筒。

④传动系统:引入并分配动力和传递运动,对于内变速绞车除传动轴及滚筒轴、猫头轴外,还包括链条、齿轮、轴系零件及转盘中间传动轴等。

⑤控制系统:包括牙嵌式、齿式、气动离合器,司钻控制台,控制阀件等,一般都属于钻机控制系统的组成部分。

⑥润滑系统:包括黄油润滑、滴油润滑和密封传动时的飞溅或强制润滑。

⑦支撑系统:有焊接的框架式支架或密闭箱亮式座架。

(3)绞车的类型:

绞车种类繁多,习惯上有多种分类方法,如按轴数分有单轴、双轴、三轴及多轴绞车;按滚筒数目分有单滚筒和多滚筒绞车,主滚筒用以上下钻具,捞砂滚筒用以提升取心工具及试油时之行提捞作业;按提升速度数分有2速、3速、4速、6速和8速绞车,柴油机—变矩器驱动的钻机,一般用4速,可提高变矩器使用效率。

(4)绞车的选用:

一台钻机采用何种结构类型的绞车与多种因素有关,主要有:

① 功率大小:主滚筒是否上钻台,如何安装移运。

② 变速方式:绞车变速在内还是在外,这与整机传动方案有关,要统一考虑,轻中型多为绞车外变速;重型、超重型钻机则多采用绞车内变速。

③ 倒车方式:绞车倒车在外还是在内。

④ 猫头种类与数量:猫头轴要否惯性刹车;离合器数量及布置。

⑤ 功用:是否充当转盘中间机构、变速机构。

⑥ 润滑方式:黄油、滴油、飞溅或是强制润滑。

⑦ 控制方式:一般都采用集中气控制、气排挡。

⑧ 驱动类型。

2)游动系统

天车、游车、大钩和钢丝绳,统称为游动系统。天车、游动滑车是用钢丝绳联系起来组成复滑轮系统。它可以大大降低快绳拉力,从而大大减轻钻机绞车在起下钻、下套管、钻进、悬持钻具等钻井各个作业中的负荷和起升机组发动机应配套的功率。

(1)天车和游车:

天车是安装在井架顶部的定滑轮组,固定于井架顶端的天车台上,其外观如图1-7所示。

天车主要由天车架、滑轮、滑轮轴、轴承、轴承座和辅助滑轮等零件组成。天车架是由钢焊接的矩形框架,用以安装天车轮井与井架顶部相连接。六个滑轮分为两组,中间由一个轴王隔开。快绳滑轮安装在两组天车滑轮之间的前方,便于使快绳直接从井架外侧引向滚筒。每滑轮采用一个双列圆锥滚子轴承,每个轴承都有一个单独的润滑油道,钻在滑轮轴上,用锂基黄油润滑。

游车是在井架内部上下作往复运动的动滑轮组,工作时上下移动。有时为了节省高度,将大钩与游动滑车作成一体,如图1-8所示,游车应执行GB/T 23505《石油天然气工业 钻机和修井机》,常说的游动系统结构指的是游车轮数×天车轮数。

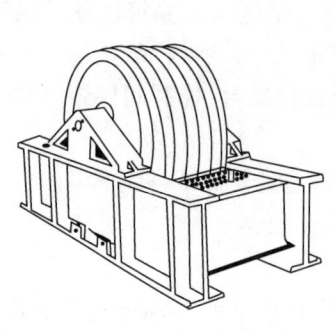

图1-7 天车

图1-8 游动滑车及大钩

1—外壳;2—轮子;3—轴承;4—轴;5—轮槽;6—大钩

(2) 大钩:

大钩有单钩、双钩和三钩。石油钻机用大钩一般都是三钩(主钩及两吊环钩)。

依制造方法不同,钩身有锻造的、铜板组焊的(DG1-130)和铸造的(BJ),后者轻便些。

大钩装在游动滑车下边,用以吊悬井内管柱。有防止脱钩及控制旋转与否的装置。有的产品是与游动滑车做成一体,如图1-8所示。大钩主要由钩身、钩杆、钩座、提环、止推轴承和弹簧组成。钻井作业对大钩的要求是:应具有足够的强度和工作可靠性;钩身能灵活转动,以便上、卸扣;大钩弹簧行程应足以补偿上、卸钻杆时的距离;钩口和侧钩的闭锁装置应绝对可靠、闭启方便;大钩应有缓冲减振功能,减小拆卸立根的冲击。

(3) 钢丝绳:

固定在滚筒上的钢丝绳端,由于缠绕时速度最快,称为快绳,另一端固定不动,称为死绳。用量测死绳中的拉力来确定大钩负荷,应执行SY/T 5170《石油天然气工业用钢丝绳》的规定。

钢丝绳是由多根钢丝拧成股,再由股绞成绳,股间有一根麻芯以贮润滑油,其结构如图1-9所示。各级钻机均选用6×(19)纤维绳芯(表示有6股、每股有19根钢丝)或6×(19)+7×7金属绳芯的圆股钢丝绳。

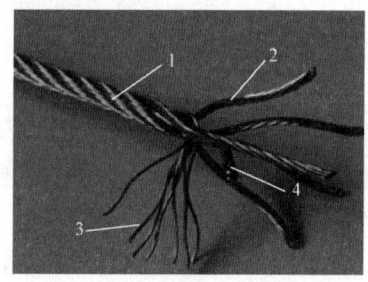 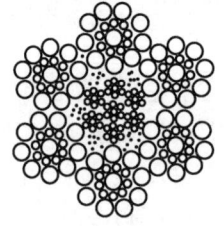 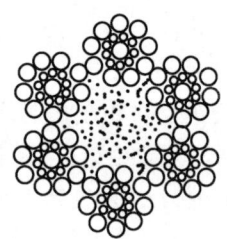

图1-9 钢丝绳

1—钢丝绳;2—股;3—丝;4—麻芯

各级钻机选用的钢丝绳应保持钻井绳数和最大钻柱重量情况下,安全系数不小于3,在最大绳数和最大钩载情况下,安全系数不小于2。

游动系统钢丝绳有交叉穿法和顺穿法,如图1-10所示。

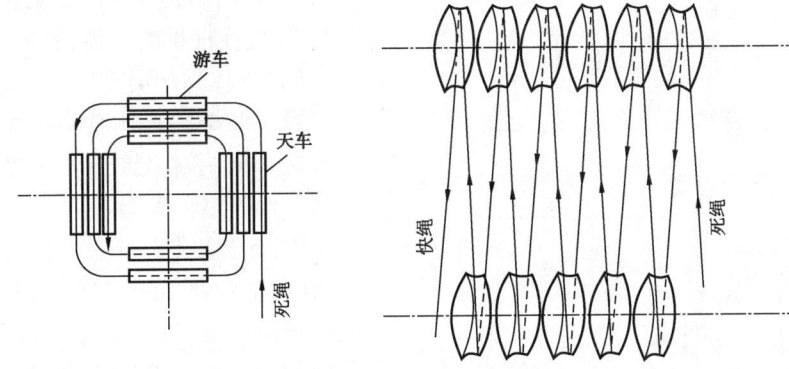

图1-10 钢丝绳穿法示意图

3) 井架

钻井井架是起升设备重要组成部分之一,用于安装天车,提供接卸立根的高度及存放立根,承受各个方向的载荷,尤其是要承受可高达1000tf的大垂直载荷。因此,钻井井架必须具有足够的强度、刚度和整体稳定性。

应按SY/T 6058《自升式井架起放作业规程》、SY 6326《石油钻机和修井机井架底座承载能力检测评定方法及分级规范》、SY/T 6408《石油天然气钻采设备 钻井和修井井架、底座的检查、维护、修理与使用》执行。

(1) 井架的功用:

① 安放天车,悬挂游车、大钩及专用工具(如吊钳等)。在钻井过程中进行起下钻具操作、下套管。

② 起下钻过程中,用以存放立根,能容纳立根的总长度称立根容量。

(2) 结构组成:

石油矿场上使用各种井架,如图1-11所示。井架的组成主要有:

① 井架主体:多为型材组成的空间桁架结构。

② 天车台:安置天车和天车架。

③ 天车架:安装、维修天车之用。

④ 二层台:包括井架工进行起下操作的工作台和存靠立根的指梁。

⑤ 立管平台:装拆水龙带操作台。

⑥ 工作梯。

(3) 钻井工艺对井架的基本要求:

① 足够的承载能力,保证起下一定深度的钻杆柱和下放一定深度的套管柱。所谓足够,即要与该井架所配用的钻机大钩公称起重量(最大钻杆柱重量)及大钩最大起重量相适应。

② 足够的尺寸空间,井架高度越高,起下的立根长度越长,可节省时间;井架上、下底应有

必要的尺寸,以安装天车并保证起下操作时游动系统设备畅行无阻;保证钻台有足够面积,以便于布置设备、安放工具,方便工人安全操作,使司钻有良好的视野。

③ 应保证拆装方便,移运迅速。

(4)整体结构类型:

钻井井架按整体结构型式的主要特征可分为塔形井架、前开口井架、A形井架、桅形井架等多种类型。

① 塔形井架是一种四棱锥体的空间结构,横截面一般为正方形。井架本体分成四扇平面桁架,每扇又分成若干桁架,同一高度的四面桁格在空间构成井架的一层,故塔架本体又可看成是由许多层空间桁架所组成。

塔架整体结构型式主要特征是:

(a)井架本体是封闭的整体结构,整体稳定性好,承载能力大。

(b)整个井架是由单个构件用螺栓连接而成的可拆结构。井架尺寸可不受运输条件限制,允许井架内部空间大,起下操作方便、安全。但单件拆装工作量大,高空作业,不安全。

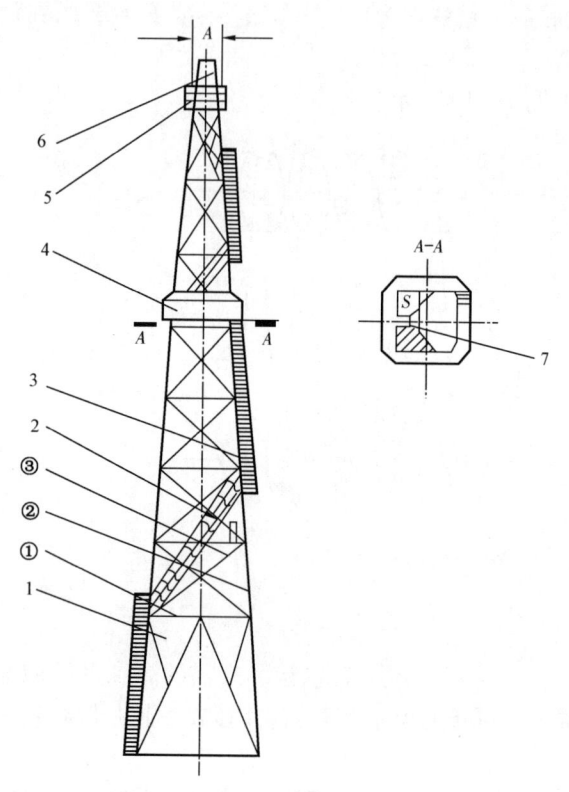

图 1-11 井架的基本组成
1—主体(① 横杆;② 弦杆;③ 斜杆);2—立管平台;
3—工作梯;4—二层台;5—天车台;6—人字架;7—指梁

近年来,国外在超深井钻机中配备了一种四柱腿式塔架。每根腿可以是矩形断面的杆件结构,也可以是圆筒形薄壁壳结构。

② 前开口井架又称∏形井架,国产 ZJ15D,ZJ45D 钻机井安即属此类。主要特征是:

(a)整体井架本体分成 4~5 段,各段一般为焊接的整体结构,段间采用锥销定位和螺栓连地面或接近地面水平组装,整体起放,分段运输。

(b)因受运输尺寸限制,井架本体截面尺寸比塔形井架小。为方便游动系统设备上下畅行无阻和便于放置立根,井架做成前扇敞开、截面为∏形不封闭空间结构。有的∏形井架最上段做成四边封闭结构,增强整体稳定性。

(c)井架各段两侧扇桁架结构型式相同。为保证司钻有良好的视野,背扇则采用不同的腹杆布置形式,如菱形等。有些∏形井架,背扇横斜杆是由销轴与左右侧片连接的可拆卸结构,便于井架分片运输。

③ A形井架结构型式的主要特征:

(a)两大腿通过天车台、二层台及附加杆件连成"A"字形。在大腿的前方或后方有撑杆支承,或后方有人字架支承,构成一完整的空间结构。整个井架在地面或接近地面水平组装,整体起放,分段运输。

(b)大腿可以是空间杆件结构,分成3~5段。大腿断面依选用型材不同,一般分为矩形和三角形。用管材作大腿弦杆者多采用三角形,用角钢者多采用矩形,便于制造。撑杆有杆系结构、矩形断面板焊柱结构或管柱结构。

(c)A形井架的每根大腿都是封闭的整体结构,承载能力和稳定性较好。但因只有两腿,且腿间联系较弱,致使井架整体稳定性不理想。

④桅形井架是一节或几节杆件结构或管柱结构组成的单柱式井架,有整体式和伸缩式两种。桅形井架一般是利用液缸或绞车整体起放,整体或分段运输。

桅形井架工作时向井口方向倾斜,需利用绷绳保持结构的稳定性,以充分发挥其承载能力,这是桅形井架整体结构的重要特征。

桅形井架结构简单、轻便,但承载能力小,只用于车装轻便钻机和修井机。

3. 循环系统

循环系统指用来完成洗井工作,或向井下提供水力功率。图1-12为循环系统简图,地面低压管汇图上没画出。

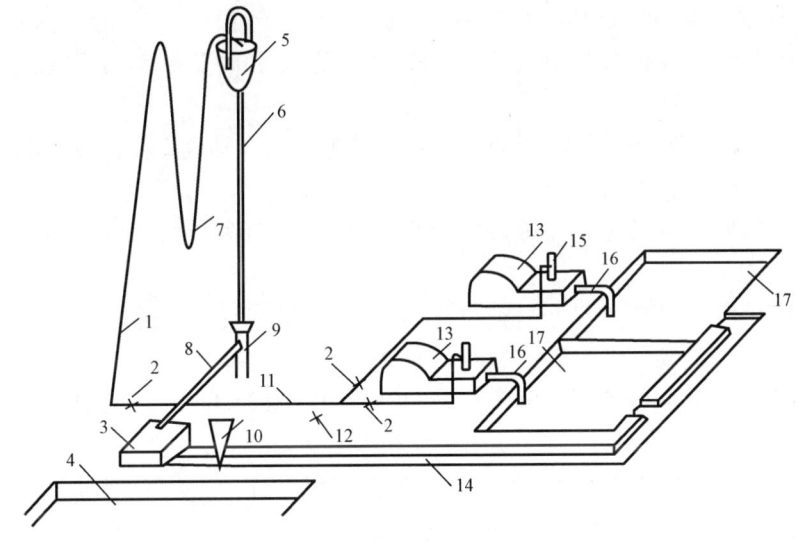

图1-12 循环系统
1—立管;2—高压阀门;3—振动筛;4—大钻井液池;5—水龙头;6—方钻杆;7—水龙带;8—钻井液出口管;9—导管;10—除砂器、除泥器;11—地面管汇;12—通低压管汇的高压阀门;13—钻井泵;14—钻井液槽;15—空气包;16—吸入管;17—钻井液池

1)钻井泵

钻井泵用以提高洗井液的能力,进行洗井循环,或将水力功率送至井下。目前所用钻井泵是卧式双缸双作用式及卧式三缸单作用式,都是活塞泵。前者在活塞往返运动时,缸的两端皆有吸入或排出,后者则只在液缸的一端进行。由于洗井液内含有研磨性颗粒,缸套、活塞、阀、阀座等易磨损,是可以更换的。

双缸双作用活塞泵的结构方案如图1-13所示。主轴上有两个互相成90°的曲柄,分别带动两个活塞在液缸中作往复运动。液缸两端分别装有吸入阀和排出阀。当活塞向液力端运动时,左边的排出阀打开,吸入阀关闭,活塞前端工作室(前缸)内液体排出;而右边的排出阀关闭,吸入阀打开,活塞后端工作室(后缸)吸入液体。当活塞向动力端运动时,情况正好与上述相反。

三缸单作用活塞泵20世纪60年代中期研制成功,并作为双缸双作用钻井泵的替代产品迅速推广使用。三缸单作用活塞泵结构方案如图1-14所示。与双缸双作用泵相比,三缸单作用泵无论在结构或性能方面都有较大的区别,因而具有一些明显的优点及不足。主要优点是:

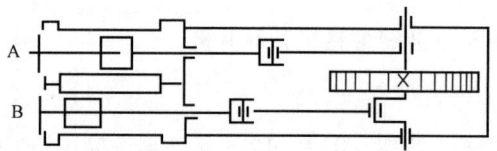 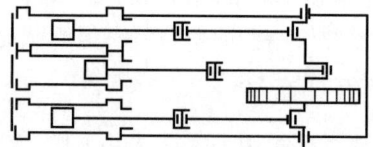

图1-13 双缸双作用活塞泵结构简图　　　图1-14 三缸单作用活塞泵结构简图

(1)缸径小,冲程短,冲次较高,在功率相近的条件下,体积小,重量轻。据同一工厂生产的功率均为965kW的两种泵比较,三缸单作用泵的长度比双缸双作用泵短25%,重量轻27%。

(2)缸套在液缸外部用夹持器(卡箍等)固定,活塞杆与介杆也用夹持器固定,因而拆装方便;活塞杆无需密封,工作寿命长。

(3)活塞单面工作,可以从后部喷进冷却液体对缸套和活塞进行冲洗和润滑,有利于提高缸套与活塞的寿命。

(4)泵的流量均匀,压力波动小。计算表明,一台未安装空气包的双缸双作用泵,其瞬时流量在平均值上下的波动分别为26.72%和21.56%,总计达到48.28%;而三缸单作用泵瞬时流量在平均值上下的波动分别为6.64%和18.42%,总计为25.06%。泵的压力随流量的平方而变化,三缸泵的流量变化小,压力波动比双缸双作用泵会更小。

由于三缸单作用泵的上述优点,在广泛的使用中显示出良好的经济效益,所以在我国和一些其他国家的钻井设备中,已经取代了双缸双作用泵。

2)地面管汇

地面管汇包括从泵出口到水龙带之间的高压管路及低压管路。前者为洗井液入井通路,后者用于地面上的配浆、搅拌、加重、倒罐等作业。

3)水龙带

水龙带是缠有多层钢丝的橡胶软管,能耐高压,接在立管与水龙头之间,使水龙头及其以下钻柱可上下活动。执行GB/T 5563《橡胶和塑料软管及软管组合件　静液压试验方法》。

4)水龙头

水龙头应能承载最大钻柱重量,允许与它相连的方钻杆及钻桂旋转,它与大钩及水龙带相连部分则不转动。循环系统对它的要求是旋转与不旋转件之间应有良好的密封,能承受洗井液的高压力(20~30MPa)而不泄漏。应执行 SY/T 5530《石油钻机和修井机用水龙头》、GB/T 7233《铸钢件 超声检测》、SY/T 6407《旋转钻井钻柱构件规范》。

5)钻井液罐

钻井液罐用于存放已配好的钻井液。

6)钻井液池

钻井液池积存钻井液,供泵吸入。简易的是在地面挖成,其液面低于泵入口,对泵的吸入不利。改用正规的罐式池较好,其液面高于泵入口,可提高泵的吸入效率。

7)钻井液槽

钻井液槽为井内返出钻井液流回钻井液池的通路,常作为沉淀钻井液中的岩屑以净化钻井液之用。简易的是在地上挖前,正规的是用铁板焊成。

8)振动筛

振动筛用过筛的办法去除钻井液中大颗粒岩屑的设备,去除岩屑颗粒的大小取决于所用筛布孔眼的大小。利用高频振动清除留存于筛布上的岩屑。

9)除砂器、除泥器

除砂器、除泥器是用离心的办法去除钻井液中小颗粒岩屑的设备,位于振动筛之后。

4. 动力与传动系统

动力与传动系统是为绞车、转盘、钻井泵三大工作机组服务的。动力机也称驱动设备,提供各工作机需要的动力和运动,有柴油机或电动机两种;传动系统是将动力机和各工作机联系起来,将动力和运动传递并分配给各工作机。

钻机驱动类型的选择和传动系统的设计,必须满足钻井过程中各工作机对驱动特性及运动关系的要求,并具有良好的经济性。

1)典型驱动方案

钻机典型驱动方案有三个:

(1)单独驱动方案:

转盘、绞车、钻井泵三工作机组,各由不同的功力机一对一或二对一地进行驱动,电驱动钻机都采用如图 1-15 所示的单独驱动方案,如国产 ZJ60D。单独驱动,传动系统简单、效率高;工作机间无机械形式的联系,便于钻机在井场进行平面布置。但装机功率利用率低,动力不能互济。

(2)统一驱动方案:

这种方案是转盘、绞车、钻井泵三工作机由 2~4 台动力机并车统一驱动。

统一驱动装机功率利用率高,可井车调剂各工作机不同的功率需要,动力机有故障时动力可互济。但驱动系统复杂,传动效率低,安装找正困难。

柴油机直接驱动和柴油机—变矩器驱动广泛采用统一驱动方案。

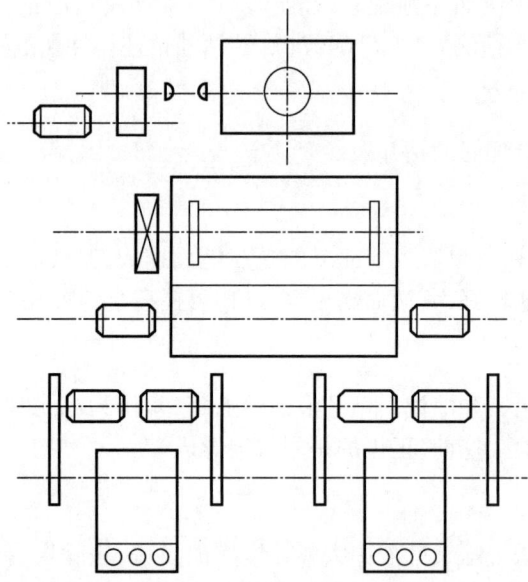

图 1-15 单独驱动示意图

图 1-16(a)所示为三台柴油机由胶带并车统一驱动,国产胶带钻机如 ZJ32J-2,ZJ45J 均属类型;图 1-16(b)所示为三台柴油机—变矩器由链条并车统一驱动,如国产 ZJ45 链条钻机、罗 F320-3DH 属此类型。

此外,两台柴油机并车统一驱动转盘、绞车和一台泵,外加单机一泵组,如国产 ZJ20 胶带钻机;四台柴油机—变矩器驱动机组,由链条并车统一驱动三大工作机组,如国产 ZL60L 链条钻机等也都属于统一驱动类型。

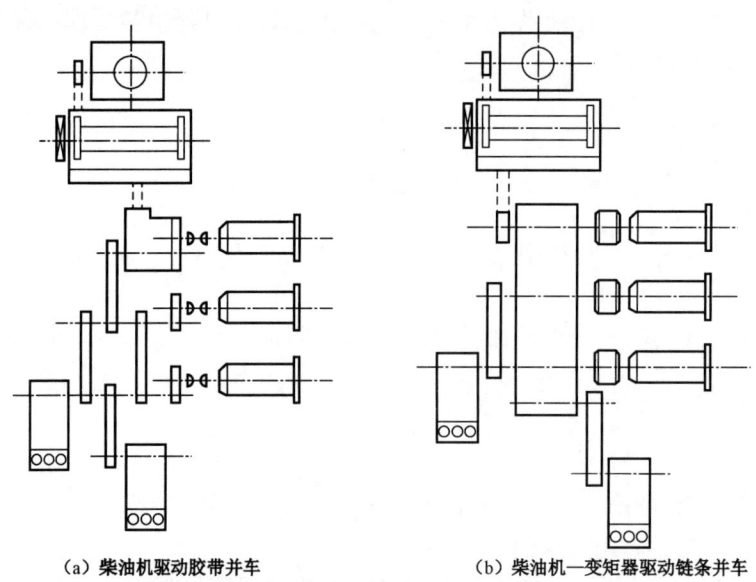

(a) 柴油机驱动胶带并车　　　　(b) 柴油机—变矩器驱动链条并车

图 1-16 统一驱动示意图

(3)分组驱动方案:

典型的分组驱动,将三工作机分成两组,绞车、转盘为一组,钻井泵为另一组,由动力机(柴油机或电动机)分别驱动,也称为二分组驱动。

分组驱动的目的主要是:兼有统一驱动利用率高和单独驱动传动简单、安装方便的优点;现代深井、超深井钻机采用7~9m高钻台,分组驱动可实现转盘、辅助绞车(猫头轴)在高钻台上,而主绞车不上高钻台的方案;满足丛式井钻机对工作机平面布置的要求:转盘、绞车在钻台上并可随钻台一起作纵横方向的移动,而钻井泵组不必移动。因此,转盘、绞车同钻井泵组不能有任何机械传动方面的联系,必须进行两分组驱动。

典型的分组驱动方案如图1-17所示。图1-17(a)中,交流电二分组驱动,国产ZJl5D属此类型:转盘、绞车共用一变速箱,由一台交流电动机驱动;一台NB-350钻井泵由另一台交流电动机驱动。图2-17(b)中,直流电二分组驱动,国产ZJ45D丛式井钻机属此类型:钻台上,两台直流电动机驱动绞车,并可通过绞车去驱动转盘,钻台下,四台直流电动机二对一驱动两台钻井泵。

此外,二分组驱动也可以是柴油机驱动,如Wilson65B钻机,或柴油机—直流电混合二分组驱动等,不再一一列举。

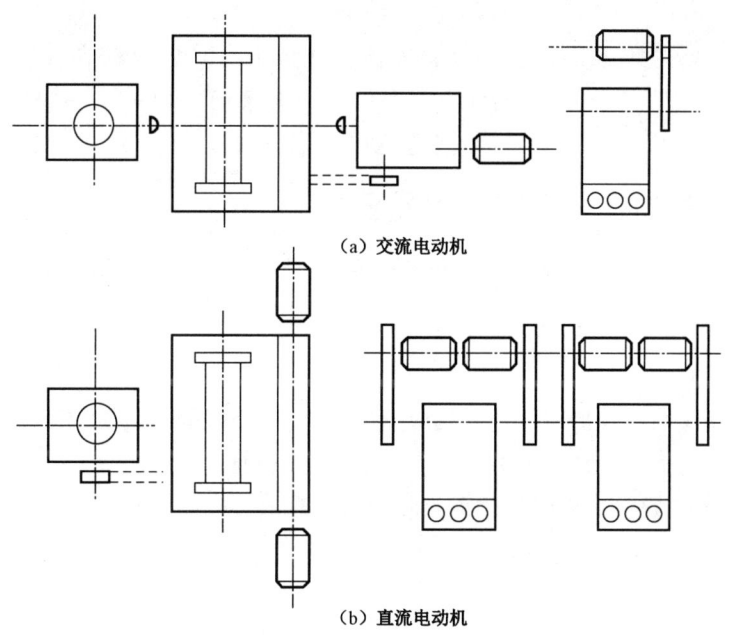

图1-17 二分组驱动示意图

2)传动装置

用于多台动力机的并车及驱动。

(1)链条传动:动力是三部柴油机,通过链条并车后带动绞车、转盘和钻井泵。图1-18是单排及多排套筒滚子链的结构图。

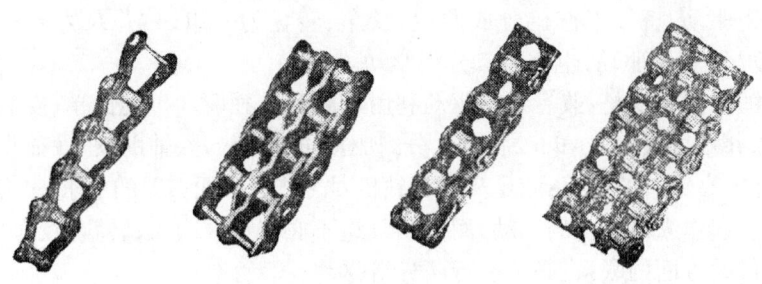

图 1-18 套筒滚子链条

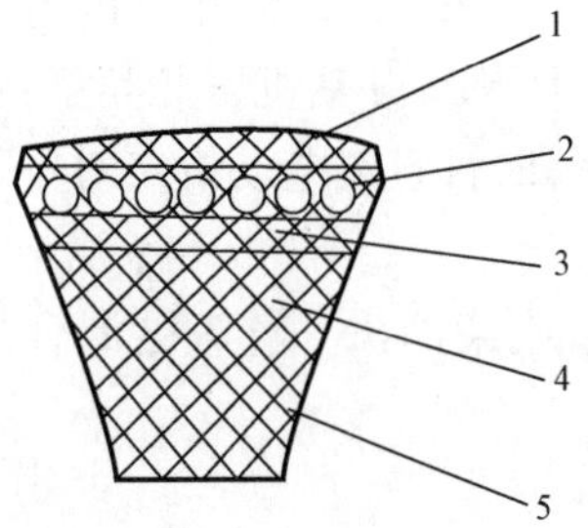

（2）三角胶带传动：多用于驱动钻井泵。由于需要传递大的功率，采用多根胶带并排使用，也用于动力机的并车及传动。图1-19为三角胶带的结构图，其断面为梯形，由橡胶夹以布、线制成，靠两侧面的摩擦力传递动力。

（3）万向轴传动及齿轮传动：在钻井设备中用得较少。有的小型钻机绞车变速用齿轮变速箱，有的转盘用万向轴驱动。

（4）摩擦离合器：用于旋转状态下动力的离合。钻机的绞车及动力传动中多采用气功式。未充气前动力断开，充气后抱紧，动力可传过。

图 1-19 三角胶带结构
1—伸张层；2—强力层；3—缓冲层；
4—压缩层；5—包布层

三、钻井设备的安装及安装质量要求

钻井设备的安装及安装质量要求执行 SY 5974《钻井井场、设备、作业安全技术规程》。

1. 设备安装、拆卸的安全要求

（1）上岗人员应按规定穿戴劳动防护用品。

（2）高处作业应系安全带。使用工具应拴保险绳。零配件应装在工具袋内。

（3）高处作业的下方及其附近不应有人作业、停留和通过。

（4）起重机吊装、拆卸设备时的指挥信号应符合企业标准《钻机安装使用维护保养规程》。

（5）电（液、气）动绞车和起重机等起重设备不应吊人和超载荷工作。

（6）专人指挥抽穿钢丝绳、绞车上下钻台等作业，指挥信号和口令明确。

（7）所有受力钢丝绳应用与绳径相符的绳卡卡固，方向一致，数量达到要求，绳卡的鞍座在主绳段上。

（8）起重机吊装设备时应用游绳牵引。

（9）气温低于0℃的地区，油、气、水、放喷管线及节流、压井、钻井液管汇、钻井泵安全阀等应采取防冻保温措施。

（10）井架任何部位不应放置工具及零配件。

（11）井架上的各承载滑车应为开口链环型或为有防脱措施的开口吊钩型。

（12）各处钢斜梯宜与水平面成40°～50°，固定可靠；踏板呈水平位置；两侧扶手齐全牢固。

（13）吊装、搬运盛放液体的容器时，容器内应无液体、无残余物。

（14）搬迁车辆进入井场后，吊车不应在架空电力线路下面工作。吊车停放位置（包括起重吊杆钢丝绳和重物）与架空线路的距离应符合 GB 26859《电力安全工作规程 电力线路部分》中的有关规定。

（15）各种车辆穿越裸露在地面上的油、气、水管线及电缆时，应采取保护措施。

（16）在井场内施工作业时，应详细了解井场内地下管线及电缆分布情况。

2. 设备安装质量要求

可参照企业标准《钻机安装使用维护保养规程》。

1）井架及底座安装质量要求

可参照 SY/T 5954《开钻前验收项目及要求》、SY/T 6586《石油钻机现场安装及检验》。

（1）井架底座的上平面水平偏差应小于 3mm。

（2）塔形井架底座组装后四个柱角的顶板应在同一平面内，平面度公差为 5mm，对角线尺寸差小于 10mm。

（3）井架立柱组装后的直线公差不大于 0.5：1000。

（4）井口导管预埋时应垂直，井架底座中心对井眼中心的同轴度偏差应小于 10mm。

（5）转盘中心与天车中心的同轴度偏差应小于 20mm。

（6）转盘平面对天车至井眼轴心线的垂直度偏差应小于 3mm。

（7）绷绳抗拉强度应大于绷绳载荷的 2.5 倍，锚固力不小于 100kN。

2）传动系统安装技术要求

（1）传动系统底座的平面度公差应小于 3mm。

（2）采用万向轴连接时，安装误差：其法兰端面平面度小于 1mm，柴油机万向轴倾斜度为 3°～5°钻井泵万向轴倾斜度为 5°～8°。

（3）采用法兰连接时，平行度安装误差小于 1mm，同轴度安装误差小于 0.5mm。

（4）采用带传动和链传动时，两传动轮应在同一垂直平面内，带传动平行度安装误差小于 3mm，链传动同轴度安装误差小于 2mm。

（5）单根三角胶带的张紧度按两皮带轮的中心距下垂尺寸来计算，每米小于 15mm，测力应垂直两皮带轮的中心，力的大小应符合表 1-13 的规定。

表 1-13　三角胶带的测量力

三角胶带型号	A	B	C	D	E
测量力，N	25	30	75	135	180

（6）单根链条的张紧度按两链轮间链条的下垂尺寸计算，水平传动链条应小于两链轮间切线长度的 2%～3%，爬坡链条应小于切线长度的 2%。

（7）采用气离合器连接时，同轴度误差为 1.0～1.5mm，未充气离合器间隙为 2～3mm。

（8）绞车的刹车毂与刹车块的间隙应均匀，通常为 6mm。

3)循环系统安装质量技术要求

(1)钻井泵应安装在同一水平面上,平面偏差为3mm。

(2)钻井泵吸入管径应大于泵液力端吸入管尺寸,吸入管应安装过滤器、挡板阀和缓冲器。

(3)高压管汇应进行刚度固定。

(4)水龙带与井架之间应有足够的距离,并应采取防止水龙带打扭的措施,水龙带与立管相接部分要有正常弯曲半径,水龙带的最小弯曲半径符合表1-14的规定。

表1-14 水龙带的最小弯曲半径

水龙带内孔直径,mm	50	63.5~76.2	90
最小弯曲半径,mm	900	1200	1390

4)钻井仪表安装质量技术要求

钻井仪表固定应有避振和减振措施。其安装位置不得妨碍司钻观察井口操作视线。

5)供给系统安装质量技术要求

(1)油罐和水罐位置应有适当压头,储油罐的进出口应安装流量计。

(2)油、气、水输送管线安装后应用空气进行试压,试验压力为其输送压力的1.25倍,稳压3min,不应有渗漏。

3. 钻台设备及辅助设备的安装

1)游动系统的安装

游动滑车的螺栓、销子齐全紧固,护罩完好无损。
(1)大钩及吊环:
① 大钩钩身、钩口锁销应操作灵活,大钩耳环保险销齐全,安全可靠。
② 吊环无变形、裂纹,保险绳用ϕ13mm钢丝绳绕三圈,卡三只绳卡。
(2)水龙头及风动旋扣短节:
① 鹅颈管法兰盘密封面平整光滑。
② 提环销锁紧块完好紧固。
③ 各活动部位转动灵活,无渗漏。
④ 水龙带宜采用ϕ13mm的钢丝绳缠绕好作保险绳,绳扣间距一般为0.8m,两端分别固定在水龙头提梁上和立管弯管上。
⑤ 风动旋扣短节的风动马达固定应牢固。旋扣短节的外壳用ϕ13mm的钢丝绳与水龙头外壳连接牢。

2)小绞车(防爆电动葫芦和气动绞车)的安装

(1)小绞车四角紧固、平稳、刹车可靠,且采用有防脱功能的吊钩(如双片反向式),并用绳卡卡牢,防爆电动葫芦应有防水、防触电措施。

(2)起重钢丝绳应采用 ϕ16mm 的钢丝绳,不打结,无断丝和锈蚀,50kN 滑轮封口,应采用钢丝绳缠绕两圈拴牢。

(3)电(液、气)动绞车的安装应牢固、平稳、刹车可靠,采用有防脱功能的吊钩。

(4)电动绞车应有防水和防触电等措施。

3)大钳

(1)大钳的钳尾销应齐全牢固,小销应穿开口销,大销与小销穿好后应加穿保险销。

(2)B 型大钳的吊绳用 ϕ13mm 钢丝绳,悬挂大钳的滑车的公称载荷应不小于 30kN。滑车固定用 ϕ13mm 的钢丝绳绕两圈卡牢。大钳尾绳用 ϕ22mm 的钢丝绳固定于尾绳桩上。

(3)液气大钳的吊绳用 ϕ16mm 的钢丝绳,两端各卡三只绳卡。

(4)液气大钳移送气缸固定牢固,各连接销应穿开口销,高低调节灵敏,使用方便。

(5)悬挂液气大钳的滑车的公称载荷应不小于 50kN。

4)防碰天车

(1)气动防碰天车上的引绳采用 ϕ6mm 钢丝绳,上端固定牢固,下端用开口销连接,松紧合适。不扭、不打结,不与井架、电线摩擦,工作时总离合器和高低速同时放气,1s 内将滚筒刹死。

(2)机械防碰天车灵敏、制动快。重砣用 ϕ13mm 的钢丝绳悬吊于钻台下,距地面不应小于 2m。ϕ3mm 钢丝绳无断丝,重砣与连杆角度合适。

(3)防碰天车挡绳与天车滑轮的距离应符合设计要求。

5)气控

(1)气控台仪表齐全,灵敏可靠。

(2)气路管线排列规整,各种阀件工作性能好,冬季时保温。

(3)绞车检修、保养或测井时,应切断气源或停掉动力,总离合器手柄应固定好并挂牌,有专人看护。

6)钻台工具配备及其他

(1)钻台清洁,设备、工具见本色,摆放整齐,花纹钢板完好。若用钻台木板,木板之间排列要严密。

(2)钻杆盒固定螺栓按规定上齐全,固定牢固。

(3)井口工具:

① 吊卡活门、弹簧、保险销灵活,手柄固定牢固,磁性销子拴绳牢靠。

② 卡瓦固定螺栓、卡瓦压板、销子齐全紧固,灵活好用。

③ 安全卡瓦固定螺栓、开口销、卡瓦牙、弹簧销子齐全,销子拴保险链。

(4)指重表装置:

① 指重表、记录仪读数准确、灵敏,工作正常。

② 传压器及其传压管线不渗漏。

4. 钻井泵、管汇及水龙带的安装

1) 钻井泵的安装

(1) 钻井泵就位时,应用两根等长的抗拉强度合适的钢丝绳吊装。

(2) 钻井泵找平、找正后,泵与联动机之间用顶杠顶好并锁紧,转动部位应采用全封闭护罩,固定牢固无破损。

(3) 钻井泵的弹簧式安全阀应垂直安装,并戴好护帽。定期检查安全阀,不应将安全阀堵死拆掉。

(4) 钻井泵安全阀杆灵活无阻卡。剪销式安全阀销钉应按钻井泵缸套额定压力选用并穿在规定的位置上;弹簧式安全阀应将其开启压力调至钻井泵缸套额定压力的 105%~110% 范围内。

(5) 钻井泵安全阀泄压管宜采用 +75mm 的无缝钢管制作,其出口应通往钻井液池或钻井液罐,出口弯管角度应大于 120°,两端应采取保险措施。

(6) 预压式空气包应配压力表,空气包应充装氮气或空气,不应充装氧气或可燃气体,充装力为钻井泵工作压力的 1/3。

(7) 拉杆箱内不得有阻碍物。

(8) 冬季应将钻井泵内的吸入阀、排出阀取出,钻井液应放净。

(9) 检修钻井泵时应先关闭断气阀,后在钻台控制钻井泵的气开关上挂"有人检修"的警示牌。

(10) 泵压力表清洁、读数准确,机房、泵房应均能看到读数。

2) 地面高低压管汇安装

(1) 高低压阀门组应安装在水泥基础上。

(2) 地面高压管线应安装在水泥基础上,基础间隔 4~5m,用地脚螺栓卡牢。

(3) 高压软管的两端用直径不小于 16mm 的钢丝绳缠绕后与相连接的硬管线接头卡固,或将专用软管卡卡固。

(4) 高低压阀门螺栓紧固,手轮齐全,开关灵活,无渗漏。

3) 立管及水龙带安装

(1) 立管应上吊下垫,不应将弯头直接挂在井架拉筋上。用花篮螺栓及 ϕ19mm 的钢丝绳套绕两圈将立管吊挂在井架横拉筋上,弯管要正对井口,立管下部坐于水泥基础上。

(2) 立管中间用不少于四只 ϕ20mm U 形螺栓紧固,立管与井架间应垫方木或专用立管固定胶块。

(3) A 形井架的立管在各段井架对接的同时上紧活接头,水龙带在立井架前与立管连接好,用棕绳捆绑在井架上。

(4) 立管压力表宜安装在离钻台面 1.2m 高处,表盘朝向以便于司钻观察为宜。压力表清洁、完好。

4) 高低压管汇安装

(1) 高低压管汇、阀组按施工标准打三个基础,用地脚螺栓卡牢,正常工作时不跳、不刺

不漏。

(2)高压、低压阀门开关灵活,齐全完好。

5. 钻井液净化设备的安装

(1)钻井液罐的安装应以井口为基准,或以2号钻井泵为基准,确保钻井液罐、高架槽有1:100的坡度。钻井液罐上应铺设用于巡回检查的网状钢板通道,通道内无杂物,护栏齐全、紧固,不松动。

(2)高架槽宜有支架支撑,支架应摆在稳固平整的地面上。

(3)振动筛至钻台及钻井液罐应安装0.8m宽的人行通道;靠钻井液池两侧应安装1.05~1.20m高的护栏,人行通道和护栏应坚固不摇晃。

(4)钻井液净化设备的电器应由持证电工安装,电动机的接线牢固、绝缘可靠。

(5)安装在钻井液罐上的除泥器、除砂器、除气器、离心机及混合漏斗应与钻井液罐可靠地固定,传动、转动部位护罩齐全、完好。振动筛找平、找正后,应用压板固定。

(6)上、下钻井液罐组的梯子不少于三个。

(7)振动筛安装牢固,传动部分护罩齐全、完好。

(8)除砂器砂泵底座固定牢靠,运转正常,皮带齐全,松紧合适,护罩完好,固定牢靠。仪表灵敏准确。连接管线、旋流器管线不泄漏,设备清洁。

(9)除泥器的电动机接线牢靠,绝缘良好,运转正常,设备清洁。

(10)除气器固定牢靠,运转正常,设备清洁。

(11)搅拌器内加隔板,机座固定牢靠,外壳无腐蚀,靠背轮连接可靠,设备清洁。

四、钻井仪表仪器的安装及安装质量要求

钻井工程是一项复杂的系统工程。钻井参数数量之多,变化之大,涉及面之广,是钻井工程的独特之处。

钻井工程的工作面集中,潜在的危险性大,而又处在离地面数千米的地下,因而随钻测量的许多参数需经远距离、多介质的传递,并往往要滞后一定的时间才能达到地面。这就更增加了钻井参数测量和控制的复杂程度。

1. 钻压测量

钻压是指钻头对井底的压力。它可帮助司钻保持合乎要求的均匀钻压,有利于获得较好的井身质量和较高的钻速,同时还可防止超过井架或提升系统能力的操作,因此有司钻的"眼睛"之称。

1)钻压测量的概念

为了测量钻压通常采用测量大钩负荷的方法进行间接测。在钻柱的垂直方向上有三个力作用:钻柱本身的重力、井底的支承力(大小与钻压相同,方向相反)、大钩的拉力。三者之间关系可用式(1-1)表示:

$$W_{压} = W_{总} - W \qquad (1-1)$$

式中　$W_压$——钻压;

$W_总$——钻柱净重力;

W——钻进时的大钩负荷。

所以只要测量出大钩在离开井底和位于井底两个位置上的负荷,就可间接地求出钻压。用于指示大钩负荷的表称为指重表。大钩负荷由游动滑车的钢丝绳分担。因此,只要测量出钢丝绳的张力,即可求出大钩负荷,从而得到钻压值。钢丝绳拉力与钻柱重力之间的关系如图1-20所示。

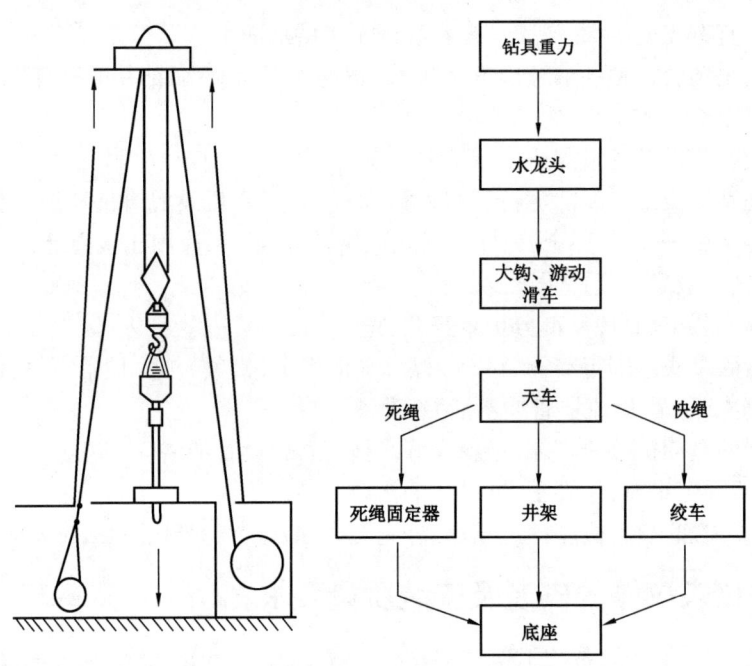

图1-20　钢丝绳拉力与钻柱重力间的关系

当钻速比较低,且钻机又存在振动的情况时,忽略滑轮组的摩擦力,则游动滑车钢丝绳的张力均相等,见式(1-2):

$$T = \frac{W}{n} \qquad (1-2)$$

式中　W——钻进时的大钩负荷;

n——滑车的有效钢丝绳数;

T——钢丝绳的张力。

由于钻井过程中,死绳既承受了与大钩负荷成正比的张力T,又不发生运动,因而可以通过测量死绳的张力间接地测量大钩负荷。测量死绳张力通常采用膜片式力—液压传感器。

2) 死绳固定器及荷载传感器

把一个力—液压传感器安装在死绳固定器上(图1-21),通过这一个传感器把钢丝绳张力转变为一个液压信号。这一传感器也称为荷载传感器。图1-22示出了传感器的内部结构。它由承压室、压盘、滚动薄片等组成。

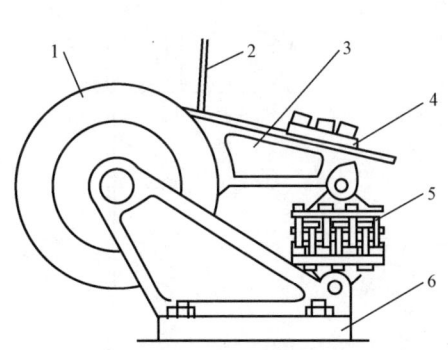 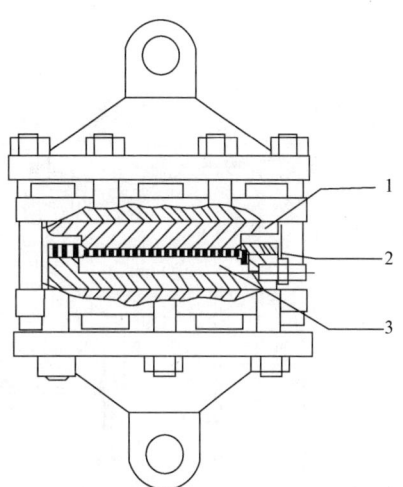

图 1-21　传感器在死绳固定器上的安装　　　　图 1-22　传感器的内部结构
1—滚筒;2—死绳;3—臂梁;4—夹紧装置;　　　　1—压盘;2—滚动薄片;3—承压室
5—传感器;6—基座

在死绳固定器上,有一通过轴承固定在基座上的带有臂梁的滚筒。当钢丝绳受到一个向上的张力时,通过滚筒将它变为一个作用在传感器上的拉力,使传感器中承压室压力增加,即把拉力变换成为被压信号。分析可知,承压室压力与大钩负荷成正比。改变臂梁和滚筒尺寸,或传感器承压室截面积,则用同样的液压信号表示不同的大钩负荷。

3)液压显示仪表

(1)液压指重表:

指重表是钻井过程中最重要的仪表,它总是装在钻台上司钻对面最显眼处。借助指重表,司钻能准确加钻压,均匀送钻,判断井下情况进行正确操作。指重表的记录仪还可以自动记录钻进全过程。执行 GB/T 24263《石油钻井指重表》。

WZ 型指重表是液压传递机械式直读仪表,如图 1-23 所示,由死绳固定器、传感器(传压器)、双针指示表、记录仪等构成,统称为指重表。

死绳拉力大小及其变化,在传感器中转换为液压压力的大小及其变化,传到指重表、灵敏表及记录仪内,引起弹性弯管涨缩变形,通过连杆及齿轮机构带动指针转动,完成测量、指示、记录任务。指重表就是一只单圈弹簧管压力表。图 1-24 示出了指重表刻度盘。指重表表面由两轴表盘通过盘内齿轮与弹簧管连接。内、外指针的比率为 1∶4,内指针转一小格,外指针转四小格。外转盘可 360°任意旋转,故其零位可由司钻人员任意调整。

WZ 型指重表有如下特点:

① 灵敏表和指重表合一,外圈刻度是灵敏表,内圈刻度是指重表,用两根指针分别指示,故又称双针指示表。

② 传感器装在死绳固定器上,死绳固定器安装在钻台面下方的钻机底座上。传感器中压力大小只与死绳拉力有关,故指重表和灵敏表刻度都是均匀等值的,可以直读大钩负荷和钻压。

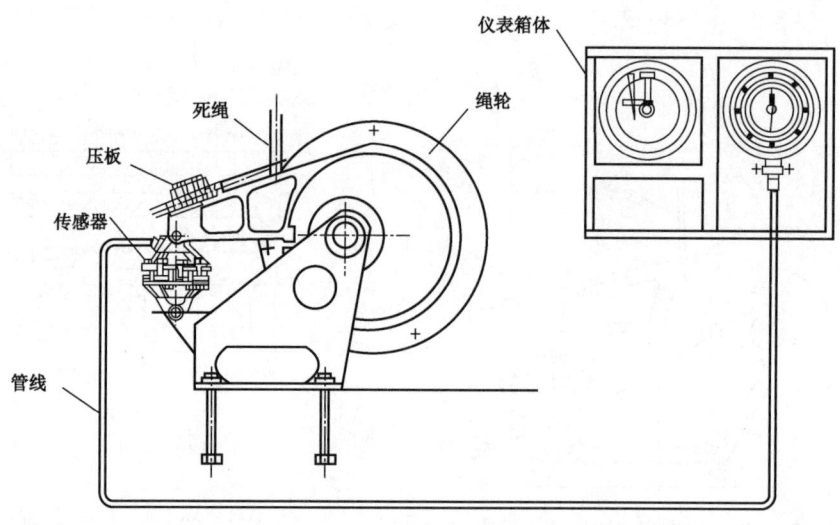

图 1-23 WZ 型指重表

EB 型指重表如图 1-25 所示。它是美国马丁/戴克—托特克公司生产的液压死绳锚型指重表,也是符合于行业标准的锚型指重表。EB 型指重表能准确、可靠地显示大钩载荷和钻压。

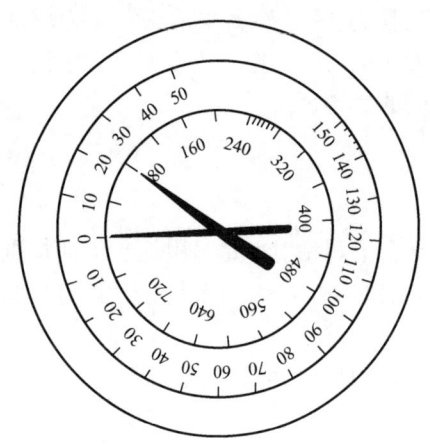

图 1-24 指重表刻度盘

图 1-25 EB 型指重表

(2)液电转换器(电位器式压力传感器):

指重表只能读数,没有远传信号的输出功能。要使表达指重的压力信号能远传,必须经过一次液压—电压的转换步骤,把液体的压力变成电压大小的电信号,或者经过一次液压—编码的转换步骤,把液体的压力变成若干个电位高低的电信号。钻井数据系统广泛使用前者。

液—电转换步骤是同用一个电位器式压力传感器完成的。下面介绍其工作原理和结构,如图 1-26 所示。

电位器式压力传感器实质上就是一个具有特殊结构的压力表。用压力表机芯的齿轮轴,带动一个摩擦力矩非常小的电位器。当液体的压力变化时,弹簧管端部变形,通过连杆,牵动扇形齿轮使其产生角位移。扇形齿轮的转角通过齿轮传动放大,再带动电位器。

4) 悬重测量系统的组成及原理

悬重测量系统由死绳固定器、荷载传感器、指重表、记录仪以及阻尼器、排气阀和液压软管等组成。

钻机提升系统钢丝绳死端沿死绳固定器绳轮的绳槽绕三周，固定在夹板上。大钩上的悬重使死绳产生拉力，这个拉力通过绳轮上的力臂传递给传感器，使传感器中的液压膜盒产生挤压，从而输出一个其大小与死绳拉力成正比的液体信号压力 p。

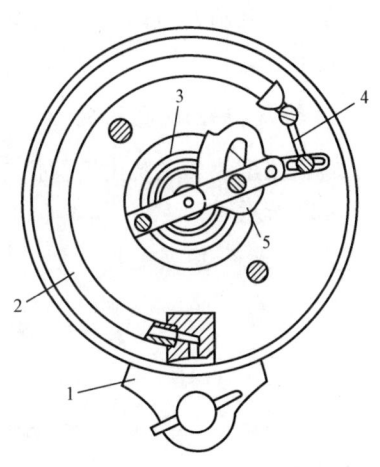

图 1-26 液—电转换器
1—阻尼器；2—波登管；3—游丝；
4—连杆；5—扇形齿轮

5) 死绳固定器的安装与调试

成套钻井参数仪表中，指示仪及阻尼器、排气阀等已安装在显示表屏上，记录机构包括在七笔记录仪中。死绳固定器则必须在现场进行安装。死绳固定器由四根螺栓牢固地安装在钻机底座上。必须注意：死绳拉力的方向与绳轮转动轴中心线应该垂直，并且使死绳不要与井架上其他物体相接触。如死绳拉力与绳轮转轴中心线不垂直，或死绳与其他物体接触，将会影响系统的测量精度。传感器安装完毕，将液压软管与指示仪和记录仪相连接。注意液压管线的走向应合理，不要弯成急弯或绷得过紧，也不能被其他物体挤压或切割。最后用尼龙芯线扎带或软绳将液压管线固定在井架底座椅架上。

在现场，指重表调试主要是阻尼器阻尼效果的调节，在仪器使用时，指重表的主指针和灵敏指针应灵敏而稳定，不应有来回剧烈摆动现象。这需要通过分别调节指重阻尼器和灵敏阻尼器来实现。两个阻尼器的调节方法相同，首先顺时针转动阻尼器T形阀杆并同时往内推，使T形阀杆与阀本锥形螺纹啮合，继续转动，直到阻尼器处于关闭状态。然后逆时针转动T形阀杆两圈，观察指示仪指针摆动情况，如过于灵敏，应顺时针转动T形阀杆 1/4~1/3 圈，如太迟钝，应逆时针转动T形阀杆 1/4~1/3 圈。如此反复调节，直到调整出满意的阻尼效果为止。

6) 仪器的使用

仪器安装调试完毕后，便可投入使用。大钩负荷及钻压是钻井作业中必须监控的参数。

当全部钻具下到井中，指重表主指针的示值便是大钩上的负荷，这时应将指重表游动刻度盘的"0"位对准灵敏指针，然后施加钻压开始钻井，灵敏指针示值便是钻压。在钻井过程中，司钻必须时刻观察钻压的变化，不断控制刹把加以校正，使钻压稳定，从而提高打井质量。

在仪表使用期间，应经常检查指重表及记录仪阻尼器的阻尼效果，液压管线有无渗漏现象。有故障应及时排除，还应该经常观察记录曲线，如发现划线太粗或断线，应及时更换记录笔。

2. 转盘扭矩测量

转盘扭矩是由钻机旋转系统取得的重要参数。钻进过程中，随时监测转盘扭矩的变化，可以早期发现井斜,了解钻头的工作状况,确保钻具的安全等。所以,转盘扭矩是反映钻井安全的重要参数。

1) 转盘扭矩测量系统

转盘扭矩测量系统由转盘扭矩传感器、转盘扭矩指示仪、记录仪以及液压管线等组成,如图 1-27 所示。

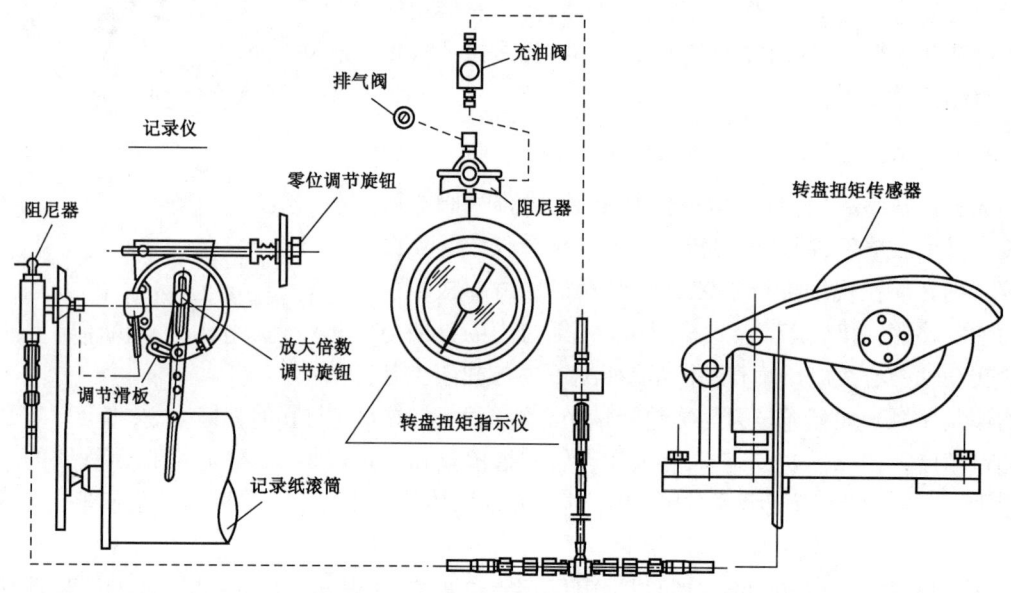

图 1-27 转盘扭矩测量系统

2) 测量原理

转盘扭矩测量系统是通过测量转盘驱动链条紧边上的拉力来间接反映钻杆上的扭矩。将传感器安装在转盘驱动链条紧边的下面,传感器上的橡胶惰轮托住链条紧边,使其向上挠曲,在链条紧边绷紧时惰轮前后两段链条便会形成一个夹角 θ。当对钻杆施加扭矩时,惰轮前后两段链条上的拉力会产生一个向下的合力压向惰轮。这个合力通过传感器摇臂传递给液压缸,这样便在液压缸内产生一个与链条拉力成正比的液体信号压力 p。

由于液体的不可压缩性,可近似认为仪器在工作中,夹角 θ 为常量,故传感器输出压力 p 与转盘转矩 T 成正比。

这个信号压力经过液压管线上的三通,一路输入指示仪,显示出转盘扭矩的当量刻度值。另一路输入记录仪,驱动记录仪弹簧管,使其尾端产生一个位移,经过放大机构使记录笔在记录纸上画出一根其变化幅度与转盘扭矩成正比的曲线——转盘扭矩曲线。

3) 安装

本系统中的指示仪及指示仪阻尼器、排气阀等在仪器出厂时已安装在显示表屏上,记录机构包括在七笔记录仪中。现场安装主要是传感器的安装,安装转盘扭矩传感器最理想的位置是在转盘驱动链条箱内,链条紧边之下。具体步骤如下:

（1）用螺栓把传感器前后焊接底板固定在传感器底座上。

（2）将传感器置于链条箱内的底板上，使传感器侧面下对检查窗口，摇臂自由端朝向主动链轮。

（3）认真调整传感器位置，使惰轮和主从动链轮三者的中心平面在同一平面内，这时链条的两排滚子应对称地骑在惰轮的两凸缘上（这一点十分重要，如果链条与惰轮未对齐，链条侧板会切割惰轮凸缘，急剧地缩短惰轮的使用寿命）。然后用电焊将前、后焊接底板点焊在箱体底板上。

（4）卸下传感器上的四颗固定螺栓，将传感器移开，用电焊将前、后焊接底板牢固地焊接在箱体底板上，然后再将传感器安装在焊接底板上。

（5）如有必要，再次校正传感器与链条的相对位置，可用螺孔与螺栓之间的间隙和传感器上的两颗主轴固定螺栓对惰轮的位置进行少量的调整。

（6）拧紧传感器底座上的四颗固定螺栓，将传感器牢固地固定在前、后焊接底板上。

（7）将已安装好自封外螺纹接头的液压弯头安装在箱体 M27×1.5 螺孔（或 $\phi 28mm$ 的圆孔）上，最后按图 1-27 连接系统的液压管线。

第三节　钻井配套物资的准备

一、钻井物资

钻井物资主要包括套管、石粉、大绳、钻井液药品、钻采配件、钻井工具、油料等。

1. 套管

套管执行 SY/T 5396《石油套管现场检验、运输与贮存》、API Spec 5B《套管螺纹加工、测量和实验规范》、SYT/ 6860《石油专用锥度螺纹校对量规校准方法》、SY/T 6268《油井管选用推荐作法》、SY/T 6128《套管、油管螺纹接头性能评价试验方法》、GB/T 20656《石油天然气工业　新套管、油管和平端钻杆现场检验》、GB/T 19830《石油天然气工业　油气井套管或油管用钢管》、GB/T 17745《石油天然气工业　套管和油管的维护与使用》、SY/T 6417《套管、油管和钻杆使用性能》。

1）套管类型

套管是中空的无缝钢管，壁厚比钻杆要薄，它在石油开采过程中是不可缺少的。套管类型如图 1-28 所示。

2）套管规范

油井套管有其特殊的标准，我国现用的套管标准与美国 API 标准类似，见表 1-15。

API 标准规定的各种套管的壁厚范围在 5.21~16.31mm。小直径的套管壁厚小一些，大直径套管的壁厚大一些。除标准的钢级和壁厚之外，也有非标准的钢级和壁厚。

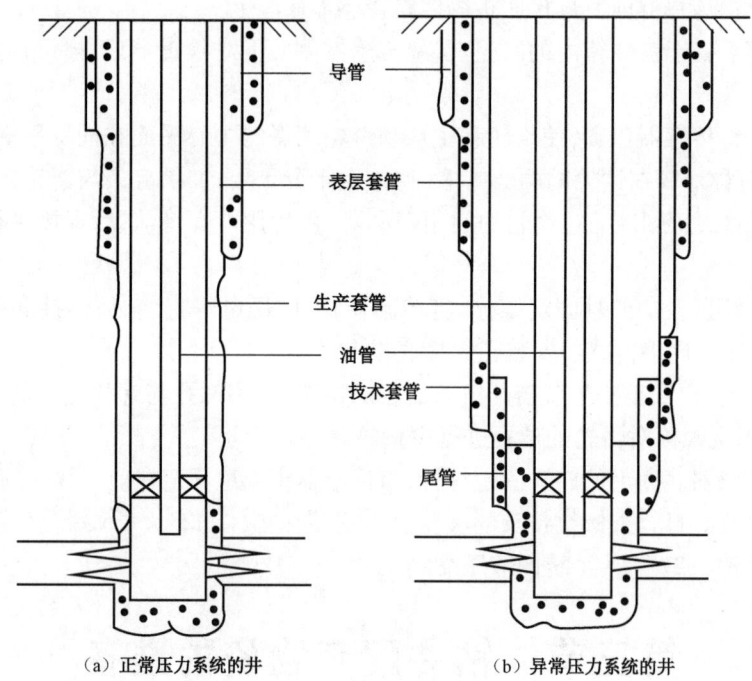

图 1-28 套管类型

表 1-15 常见套管尺寸表

套管尺寸,in	套管尺寸,mm	套管尺寸,in	套管尺寸,mm
4½	114.3	5	127.0
5½	139.7	6⅝	168.3
7	177.8	7⅝	193.7
8⅝	219.1	9⅝	244.5
10¾	273.1	11¾	298.5
13⅜	339.7	16	406.4
18⅝	473.1	20	508.0

2. 套管附件

在实际施工过程中,安装在套管柱上的一些附加部件统称为套管附件,可参照 SY/T 5618《套管用浮箍、浮鞋》。

1) 引鞋

引鞋是装在套管底部的带循环孔的圆锥形短节,位于整个套管柱的下部,其作用是引导套管入井,防止底部插入井壁岩层,引鞋一般用生铁或硬质木料做成的,也有用铝做成的。

2) 套管鞋

套管鞋是接在引鞋上的一个特殊短节,使用套管接箍或护丝做成的,下端车成45°内斜坡。其作用是在起钻时引导钻具进入套管,防止钻具接头、接箍和钻头碰挂套管柱底端,表层套管和技术套管均要装套管鞋,固井后不再钻进的油层套管可以不装。

3)浮鞋

浮鞋中有个回压阀,它允许钻井液和水泥浆从套管鞋内流出,阻止流体从井底流入套管内。当钻机的承载能力不能完全承受管柱重量时,其作用是使套管浮在井中,减少套管柱在钻井液中的重量。

4)套管回压阀

套管回压阀也称浮箍,作用是在注水泥结束后,挡住水泥浆回流,以保证套管外水泥浆的上返高度,其次是在下套管过程中阻止钻井液流入套管内,以减轻套管柱的重量。回压阀一般在技术套管和油层套管中使用,目前使用的浮箍类型有:浮箍、压差充满浮箍及带挡圈(阻流环或承托环)的浮箍。浮箍与套管柱一起下入井中,并接在第一根或第二根套管接头的顶部。为保证套管鞋处环空水泥环质量,使管内有一定容积储存被污染的水泥浆,浮箍一般安放在距管鞋 20~30m 的位置。

5)承托环

承托环的作用是承座胶塞,控制水泥塞的高度,下套管时将它装在水泥塞预定位置处的套管接箍内。在替水泥浆的过程中,当胶塞被水泥浆推到承托环时即遇阻,泵压突然上升,这时立即停泵。承托环为了便于被钻掉,常用生铁做成,所以也称生铁圈,其厚度为 20~25mm,铸造时不许有气孔、裂纹及夹渣等缺陷,试压 10MPa,不破裂为合格,如图 1-29 所示。

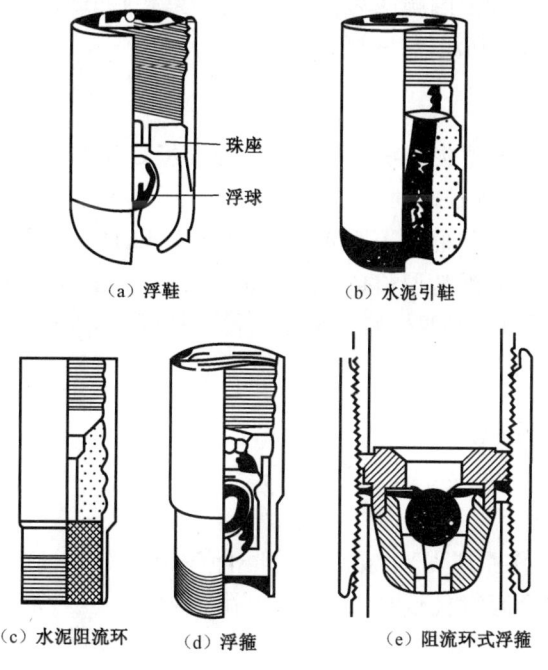

图 1-29 浮鞋、引鞋、阻流环及浮箍

6) 套管扶正器

套管扶正器是装在套管外面的一种弹性装置,如图1-30所示。其作用是使套管在井眼内居中,保证套管周围的水泥环厚度均匀,此外还有刮掉井壁上疏松滤饼的作用。

7) 磁性定位套管

磁性定位套管的作用是以它为标准,用磁性定位的方法,测出油层部位套管接箍的位置,为油层准确射孔提供依据。磁性定位套管和普通套管在结构上是一样的,比普通套管短,一般用一根3~4m的套管接在油层以上,距油层顶界面20~50m。磁性定位套只用于油层套管。

8) 联顶节

联顶节实际上是一根具有一定严格长度的短套管,用于在下套管后到固井作业结束之前,悬挂套管柱的套管短节,选用适当长度的套管短节可以使套管柱下到预定的深度和得到标准的套管井口高度,从而满足安装防喷器和采油树时对井的高度的要求。

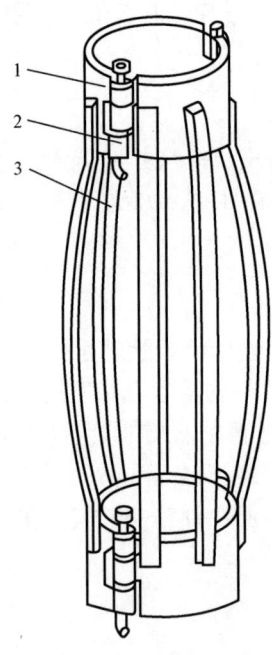

图1-30 套管扶正器
1—套子;2—铰链;3—弹簧片

上述套管柱的附件,可根据不同的情况选用,较深的技术套管,除磁性定位套管不用外,其他均要使用,油层套管可全使用,表层套管一般只使用引鞋、套管鞋和联顶节。一般由下而上的顺序为:引鞋(或浮鞋,包括套管鞋)+回压阀(或浮箍,包括阻流环)+扶正器、滤饼刷(刮泥器)+联顶节。

3. 油井水泥

油井水泥是一种硅酸盐水泥。油井水泥的工作环境是在地下,温度高,压力大,条件比较复杂,而且需要在地下存在很长时间,是与普通建筑水泥不同的特殊种类的水泥。

API标准把油井水泥分为九个级别:A,B,C,D,E,F,G,H,J。我国标准也按上述分为九个级别,并分为普通型、中抗硫酸盐型和高抗硫酸盐型三类。我国油井水泥还保留温度系列的标准,分45℃,75℃,95℃和120℃四种油井水泥。我国制订的油井水泥国家标准基本接近API规范。

二、钻井物资的准备

1. 套管准备

SY/T 5412《下套管作业规程》中规定了套管准备标准。

(1) 送井套管应符合套管柱设计要求,长度附加量不少于3%,并附有套管质量检验合格证。

(2) 套管运输过程和现场检验,按SY/T 5396《石油套管现场检验、运输与贮存》的规定执行。

（3）井场套管应整齐平放在管架上，码放高度不超过三层。

（4）入井套管应使用标准通径规逐根通径，清洗螺纹，丈量长度，地质、工程人员应分别校核，确定入井套管的直径、钢级、壁厚、螺纹类型及长度无误。

（5）严格按套管柱设计排列下井顺序并编号，编写下井套管记录，备用套管和不合格套管做出明显标记，与下井套管分开排放。

（6）进行套管柱强度校核时，对于定向井、水平井、大位移井，还应计算套管柱弯曲应力和摩阻，考虑套管柱附加轴向载荷的影响，计算方法按 SY/T 5724《套管柱结构与强度设计》的规定执行。

2. 套管附件准备

SY/T 5412《下套管作业规程》中规定了套管附件准备标准。

（1）送井套管附件应符合设计要求，并有质量检查清单；与套管柱相连接的螺纹应进行合扣检查。

（2）下井套管附件应记录其主要尺寸和钢级，并将其长度和下井次序编入套管记录。

（3）套管附件强度不应小于套管强度要求。

（4）井斜大于45°的井段，应安装自动复位式浮箍（浮鞋）。

（5）对于大斜度井，技术套管内斜井段应安放碳子扶正器；对于地层坚硬和井眼规则的裸眼井段，也宜安放碳子扶正器。

（6）对于大斜度井设计套管柱下部结构时，根据计算套管下入的摩阻和套管浮重决定是否采用漂浮接箍。

3. 下套管工具准备

SY/T 5412《下套管作业规程》中规定了下套管工具准备标准。

（1）下套管工具应配备齐全，易损部件应有备用件。

（2）送井工具应有质量检验合格证。

（3）钻井工程人员对所有工具进行规格、尺寸、承载能力、工作表面磨损程度、液压套管钳扭矩表的准确性及套管钳使用灵活、安全可靠性的质量检查。

4. 油井水泥准备

SY/T 5374.1《固井作业规程 第1部分：常规固井》中给定了固井前固井材料准备标准。

（1）下套管前，应根据固井设计，取现场水、水泥及外加剂，做好水泥浆、前置液实验工作，性能达到设计要求。

（2）装水泥前，应将储灰罐清扫干净。

（3）在准备配浆水前，应将所有的储水装置清洗干净。

（4）井场储备水泥存放超过20d，应倒罐一次以上。

（5）注水泥前，配好配浆水，混配好水泥样，并进行大样复查实验。

（6）现场配制的配浆水超过3d，应进行二次大样复查实验。

（7）注水泥前，应根据固井设计要求，配制好前置液。

第四节 钻具准备

一、钻具的组成

钻具由钻杆、方钻杆、钻铤和钻头组成,其功用主要是在钻探岩层过程中给钻头传递钻头压力和回转扭矩,并向孔底输送钻孔冲洗液。

二、钻头的类型

钻头是破碎岩石、形成井眼的主要工具。钻头的质量、钻头与岩性以及与钻井工艺是否适应,直接影响钻井速度、钻井质量和钻井成本。石油钻井中使用的钻头分为刮刀钻头、牙轮钻头和金刚石钻头。刮刀钻头是旋转钻井中最早使用的一种钻头,其特点是结构简单,制造方便,适用于较软地层,机械钻速和钻头进尺较高,目前已基本上不再使用。

1. 牙轮钻头的结构、工作原理与使用要求

牙轮钻头应符合 SY/T 5164《牙轮钻头》、SY/T 5415《钻头使用基本规则和磨损评定办法》、GB/T 228.1《金属材料 拉伸试验 第1部分:室温试验方法》、GB/T 229《金属材料 夏比摆锤冲击试验方法》、GB/T 3077《合金结构钢》的要求。

牙轮钻头是目前使用最广泛的一种钻头。牙轮钻头工作时切削齿交替接触井底,破岩扭矩小;切削齿与井底接触面积小,比压高,易于吃入地层;工作刃(切削齿)总长度大,因而相对减少了磨损。牙轮钻头能够适应从软到坚硬的多种地层。

按牙轮数量分为单牙轮钻头、两牙轮钻头、三牙轮钻头、四牙轮钻头。按切削材质可分为钢齿(铣齿)和镶齿牙轮钻头。在钻井作业中使用最多、最广泛的是三牙轮钻头。普通三牙轮钻头由钻头体、巴掌、牙轮、轴承、水眼(喷嘴)和润滑密封系统等组成。

1) 结构

钻头上部车有螺纹与钻柱连接,下部与带有牙轮轴的三个巴掌(也称牙爪)相连,牙轮装在牙轮轴上,牙轮带有切削齿,用以破碎岩石;每个牙轮与牙轮轴之间装有轴承;水眼(喷嘴)是钻井液的通道,如图 1-31 所示。

图 1-31 牙轮钻头

(1)牙轮及切削齿:

牙轮装在牙轮轴上,牙轮锥面上铣出牙齿或镶装硬质合金齿。根据牙轮外锥面的形状可分为单锥牙轮和复锥牙轮,单锥牙轮由主锥和背锥组成;复锥牙轮由主锥、1~2个副锥和背锥组成,如图1-32所示。

切削齿是直接破碎岩石的工作刃,对其要求是破岩效率高、寿命长。要满足这两点,必须使切削齿的几何形状合理,材料耐磨并有足够的强度。目前,国内外生产的牙轮钻头,按切削齿材料分为钢齿(也称铣齿)和镶齿(也称硬质合金齿)两大类。

钢齿牙轮钻头的切削齿是由牙轮坯经铣削加工而成。为了提高切削齿的耐磨性,在切削齿面上常敷焊硬质合金材料,其形状主要是楔形齿。一般用于软地层的齿高、齿宽、齿距都较大,而硬地层则相反。

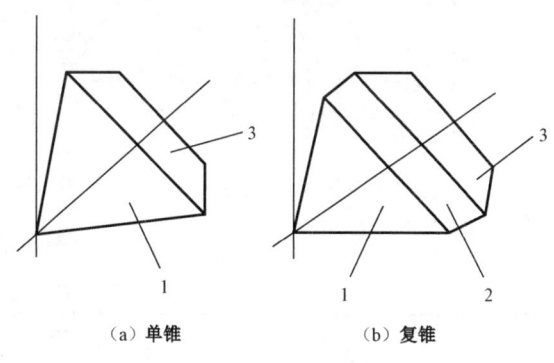

图1-32 牙轮
1—主锥;2—副锥;3—背锥

镶齿牙轮钻头是在牙轮上钻出孔后,将硬质合金材料制成的齿镶入孔中。镶齿的硬度和耐磨性比钢齿高,在硬地层中更显示出其优越性。镶齿的形状对钻头的机械钻速和进尺有很大影响。齿的体部都是圆柱体,它是镶进壳体孔内的部分,齿形是指露出在牙轮壳体以外部分的形状及高度。确定齿形的主要依据是岩石性质,同时必须考虑齿的材料性质、强度、镶装工艺等。常见齿形如图1-33所示。

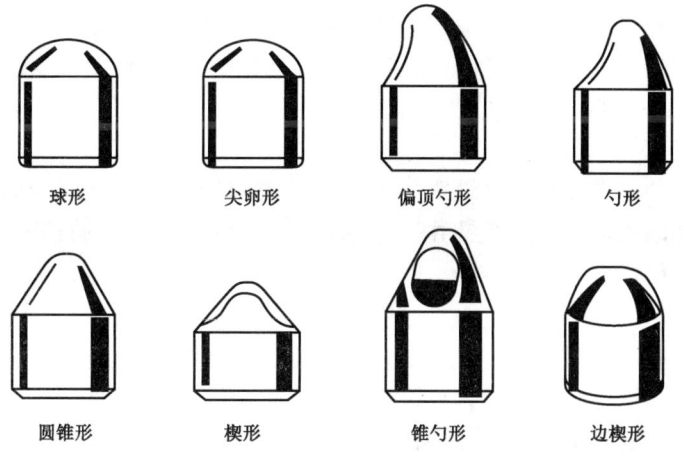

图1-33 镶齿(也称硬质合金齿)类型

(2)轴承:

牙轮钻头轴承和切削齿一样,也是决定钻头寿命的一个重要因素。根据轴承副的结构,钻头轴承分为滚动轴承和滑动轴承(指主要轴承,即大轴承)两大类。根据轴承的密封与否,分为密封和非密封两类。各种轴承结构见图1-34及表1-16。

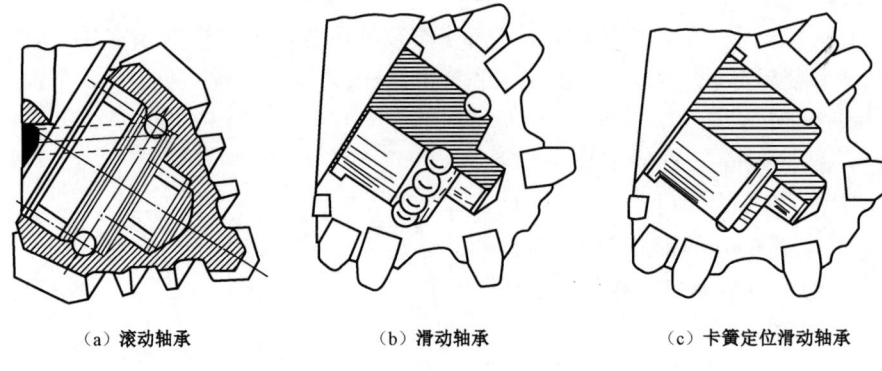

(a) 滚动轴承　　　　(b) 滑动轴承　　　　(c) 卡簧定位滑动轴承

图 1-34　轴承结构示意图

表 1-16　各种轴承结构特点

作用			大轴承	中轴承	小轴承	止推轴承
			承受径向载荷	锁紧和定位	承受径向载荷	承受轴向载荷
结构	滚动轴承	滚柱—滚珠—滚柱—止推	滚珠轴承	滚珠轴承	滚珠轴承	滑动
		滚往—滚珠—滑动—止维	滚珠轴承	滚珠轴承	滑动轴承	滑动
	滑动轴承	滑动—滚珠—滑动—止推	滑动轴承	滚珠轴承	滑动轴承	滑动
		滑动—滑动—滑动—止推	滑动轴承	滑动轴承(卡簧)	滑动轴承	滑动

对于滚珠轴承、滚柱轴承及滑动轴承,轴承副之间的接触方式分别为点接触、线接触与面接触。后者的承压面积大,载荷分布均匀,吸收震动较好。牙轮钻头的大轴承及小轴承都采用了滚柱轴承或滑动轴承。

中轴承的作用是锁紧牙轮。中轴承如果磨损,牙轮会从轴颈上分离;即使磨损后没有达到牙轮从轴颈上分离的程度,牙轮和轴颈之间松动,会加剧轴承磨损。近年来有些钻头用卡簧代替滚珠轴承,如图 1-34(c)所示,可进一步增加大轴承的面积,简化轴承结构及加工工艺。

(3)储油润滑和密封系统:

牙轮钻头的储油润滑和密封系统既能保证轴承得到润滑,又可以有效地防止钻井液(包括钻井液中液相和固相以及夹杂在钻井液中的各种岩屑)进入钻头的轴承内,大幅度地提高了轴承以及钻头的使用寿命。

(4)钻头水眼:

钻头水眼是钻井液流出通道。普通钻头(非喷射式)水眼,是在钻头体的适当位置开孔并焊上水眼套。喷射式钻头在水眼处装有硬质合金喷嘴,喷嘴是可拆卸的。在钻头使用前选定合适内径的喷嘴安装到钻头上,钻头使用后喷嘴还可卸下重复使用。

2)牙轮钻头工作原理

(1)公转与自转:

牙轮钻头工作时,固定在牙轮上的切削齿随钻头一起绕钻头轴线作顺时针方向旋转,称作公转。公转的转速就是转盘或井下动力钻具的旋转速度。

牙轮绕钻头轴线旋转的同时,受井底岩石对切削齿的摩擦阻力作用,使其绕牙轮轴作逆时针方向旋转,称为自转。牙轮自转的转速与公转转速及切削齿对井底的作用有关。

(2) 钻头的纵向振动:

钻进时,除钻头承受的钻压经切削齿作用在岩石上外,还有一个由于钻头的纵向振动产生的冲击载荷。钻头工作时,牙轮滚动,切削齿与井底是单齿、双齿交替接触。单齿接触井底时牙轮的轴心处于高位 O 点,双齿接触井底时则切削齿的轴心下降至 O_1 点,牙轮在滚动过程中,牙轮中心的位置不断上下交换,使钻头做上下往复运动,这就是钻头的纵向振动(图 1-35)。纵向振动与静载压入力一起形成了钻头对地层岩石的冲击、压碎作用,这是牙轮钻头破碎岩石的主要方式。

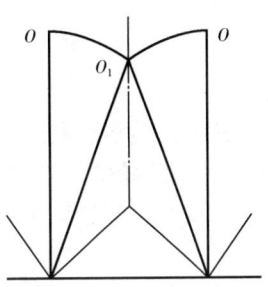

图 1-35 牙轮钻头纵向振动示意图

这种冲击载荷有利于破碎岩石,但是也会使钻头轴承纵向振动而过早损坏,也会使切削齿特别是硬质合金崩碎,同时也使钻柱处于不利的条件下工作。

(3) 滑动与剪切作用:

牙轮钻头除对地层岩石产生冲击、压碎作用外,还对地层岩石产生剪切作用。剪切作用主要是由于牙轮在井底滚动的同时,还存在切削齿相对井底的滑动作用。滑动作用是通过牙轮形状的超顶、复锥设计,或移轴安装实现的。切削齿的滑动虽然可以剪切井底岩石以提高破碎效率,但也相应地使切削齿磨损加剧。

① 超顶:如图 1-36 所示,超顶是指牙轮的锥顶超过钻头的中心线。锥顶超过中心线的距离称为超顶距。超顶距越大滑动量越大,超顶使牙轮在切线方向上产生滑动,剪切掉牙轮同一齿圈上相邻牙齿之间的岩石。

② 复锥:复锥导致牙轮在切线方向产生滑动,同超顶一样剪切掉牙轮同一齿圈上相邻牙齿之间的岩石。

③ 移轴:如图 1-37 所示,移轴是指牙轮轴线相对钻头轴线平移了一段距离,这段距离称为移轴距。移轴距越大牙轮的滑动量就越大,剪切作用就越大。移轴使牙轮在轴向方向上产生滑动,剪切掉牙轮相邻齿圈之间的岩石。

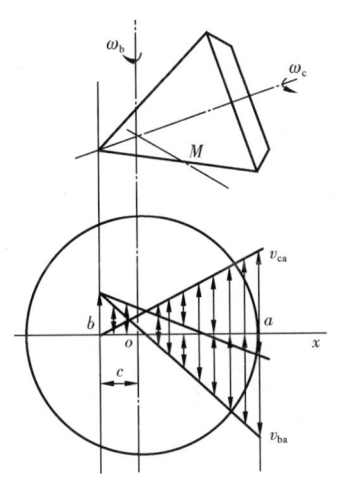

图 1-36 超顶产生的滑动

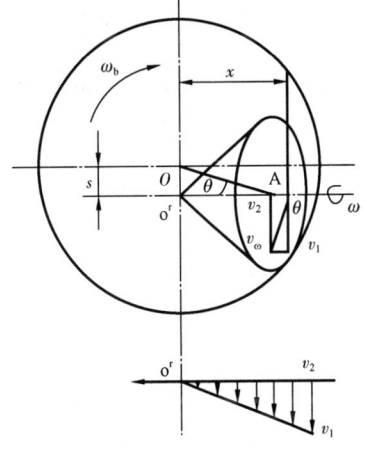

图 1-37 移轴产生的滑动

牙齿的滑动虽然可以剪切井底岩石以提高破碎效率,但相应地使牙齿磨损加剧。移轴产生的轴向滑动使牙齿的内端面部分磨损,而超顶和复锥引起的切线方向滑动使牙齿侧面磨损。所以,对于钻极软到中硬地层的钻头,一般兼有移轴、超顶和复锥结构。对于极硬和研磨性很强的地层,所用的钻头结构基本上是纯滚动而无滑动,即单锥、不超顶、不移轴。

(4) 牙轮钻头的自洗：

牙轮钻头工作时，特别是在软地层钻进时，切削齿间易积存岩屑产生泥包，影响钻进效果，自洗式钻头能很好地解决这一问题。这类钻头通过牙轮的合理布置，使各切削齿的齿圈互相啮合，一个牙轮的齿圈之间积存的岩屑由另一个牙轮的切削齿剔除，这种方式称作牙轮钻头的自洗。自洗式牙轮钻头的牙轮布置有自洗不移轴及自洗移轴两种方案，如图 1－38 所示。

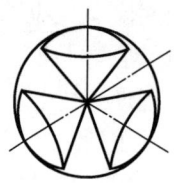

图 1－38　牙轮的布置方案

3) 牙轮钻头的合理使用

牙轮钻头的合理使用主要包括钻头类型的选择、使用时应注意的问题、钻头磨损分析等。

(1) 牙轮钻头的分类及型号：

① 国产三牙轮钻头分类、型号表示法：

国产三牙轮钻头分为钢齿钻头及镶齿钻头两大类，共八个系列，见表 1－17；钻头的类型与适应的地层见表 1－18。

表 1－17　国产三牙轮钻头系列

类别	系列名称		代号
	全称	简称	
钢齿钻头	普通三牙轮钻头	普通钻头	Y
	喷射式三牙轮钻头	喷射式钻头	P
	滚动密封轴承喷射式三牙轮钻头	密封钻头	MP
	滚动密封轴承保径喷射式三牙轮钻头	密封保径钻头	MPB
	滑动密封轴承喷射式三牙轮钻头	滑动轴承钻头	HP
	滑动密封轴承保径喷射式三牙轮钻头	滑动保径钻头	HPB
镶齿钻头	镶硬质合金齿滚动密封轴承喷射式三牙轮钻头	镶齿密封钻头	XMP
	镶硬质合金齿滑动密封轴承喷射式三牙轮钻头	镶齿滑动轴承钻头	XH

表 1－18　国产三牙轮钻头类型与适应地层

地层性质		极软	软	中软	中	中硬	硬	极硬
类型	类型代码	1	2	3	4	5	6	7
	原类型代码	JR	R	ZR	Z	ZY	Y	JY
适用岩石举例		泥岩、石膏、岩盐、软页岩、软石灰岩		中软页岩、硬石膏、中软石灰岩、中软砂岩	硬页岩、石灰岩、中软石灰岩、中软砂岩	石英砂岩、花岗岩、硬石灰岩、大理岩	燧石岩、花岗岩、石英岩、玄武岩、黄铁矿	
钻头体颜色		乳白	黄	浅蓝	灰	墨绿	红	褐

② IADC(国际钻井承包商协会)牙轮钻头分类方法及编号：

IADC 牙轮钻头分类及编号见表 1-19。IADC 规定,每一类钻头用四位字码进行分类及编号：

第一位字码为系列代号,用数字 1~8 分别表示八个系列,表示钻头切削齿特征及所适用的地层。

第二位字码为岩性级别代号,用数字 1~4 分别表示在第一位数码表示的钻头所适用的地层中再次从软到硬分为四个等级。

第三位字码为钻头结构特征代号,用数字 1~9 九个数字表示,其中 1~7 表示钻头轴承及保径特征,8 与 9 留待未来的新结构特征钻头用。

第四位字码为钻头附加结构特征代号,用以表示前面三位数字无法表达的特征,用英文字母表示。目前,IADC 已定义了 11 个特征。

表 1-19 IADC 牙轮钻头分类方法及编号

第一位字码及适应地层	钢齿钻头			镶齿钻头				
	1	2	3	4	5	6	7	8
	软	中到中硬	硬	软	软到中	中硬	硬	极硬
第二位字码	1~4	1~4	1~4	1~4	1~4	1~4	1~4	1~4
第三位字码及结构特征码	1	2	3	4	5	6	7	
	非密封滚动轴承	空气冷却滚动轴承	滚动轴承保径	密封滚动轴承	密封滚动轴承保径	滑动密封轴承	滑动密封轴承保径	
第四位附加结构特征码	A	C	D	E	G	J	R	S	X	Y	Z
	空气冷却	中心喷嘴	定向控制	加长喷嘴	附加保径	喷嘴偏射	加强焊缝	标准钢齿	楔形镶齿	圆锥形镶齿	其他形状镶齿

③ IADC 牙轮钻头型号表示方法：

钻头型号由直径代号和钻头分类号两部分组成。

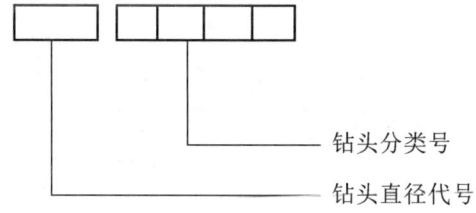

示例:φ215.9-637E 含义为:直径为 215.9mm,用于钻高抗压强度的中硬第三级地层密封滑动轴承保径镶齿加长喷嘴钻头。

(2)钻头类型的选择：

合理选择钻头类型对提高钻速、降低成本非常重要。选择钻头类型要依据钻头的结构特点、岩石性质来确定。一般情况,钻头生产厂家对某类型钻头适应地层范围都有说明,是选择钻头类型的主要参考。但是,还要结合邻井地质及钻头使用资料综合分析,以直接钻井成本最低为原则来选择。选择钻头时应考虑：

① 以最好的技术与经济指标为依据,不能单纯看进尺和机械钻速,应是在保证井身质量

的前提下,达到每米成本最低。

② 钻研磨性地层,应该选用保径齿的镶齿钻头。

③ 软地层应选择有滑动,齿形较大、较尖,齿数较少的钢齿或镶齿钻头,以充分发挥钻头的剪切破岩作用;随着岩石硬度增大,选择钻头的滑动作用应相应减小,切削齿也要减短、加密。

④ 在易斜地层钻进时,应选用不移轴或移轴量小的钻头,所选钻头适应的地层应比所钻地层稍软一些,这样可以在较低的钻压下提高机械钻速。

⑤ 在软硬交错地层钻进时,宜选用长楔型齿或长锥型齿的镶齿钻头,这样既在软地层中有较高的机械钻速,也能顺利地钻穿硬地层。

⑥ 深部(3000m以下)的泥岩、页岩等地层,由于高围压使岩石的硬度、塑性增大,这时应选用中硬地层钻头,并配合使用低固相钻井液,效果较好。若选用靠冲击破岩的硬地层钻头,破岩效果差,机械钻速低;若选用软地层钻头,则易断齿,钻头使用寿命短。

(3) 牙轮钻头的合理使用:

① 一般钻头下井操作要求:

(a)钻头下井前,应确认井底干净、无落物。

(b)在钻头螺纹上应涂好螺纹密封脂,用动力大钳紧扣,旋转扭矩与相同尺寸的钻铤接头相同,按 API RP 7G-2《钻杆元件用检验和分类的推荐实施规程》推荐值。

(c)上、卸钻头要使用合适的钻头装卸器,上、卸扣时避免损坏喷嘴、钻头体及切削齿。

(d)钻头宜缓慢通过转盘、防喷器。钻头通过井眼中的套管鞋、阶台、狗腿、缩径段时,应放慢下钻速度。

(e)下钻操作要平稳,遇阻时不得猛顿硬压。

(f)若必须在缩径段扩划眼,应采用低转速、低钻压和尽可能大地流量划眼,缓慢通过缩径井段。

(g)下最后一个单根时,宜缓慢开泵,逐渐加大排量达到实际值,低转速缓慢下放,冲洗井底。

(h)钻头下到井底应先轻压磨合30min后再逐渐加压钻进,不得加压启动钻头。

② 钻进和接单根:

钻进参数选择要采用5点法或释放钻压法钻速实验。确定钻压和转速,既要根据地层特点保证有效破碎岩石,又要注意钻压与转速对钻头轴承和切削齿的影响,以保证钻头工作寿命。一般钻头生产厂家都给出各类钻头的钻压和转速推荐使用范围;也有的给出钻压和转速乘积的允许值。在确定钻进参数时,钻压取高值,则转速取低值;反之,钻压取低值,则转速可取高值。钻进中加压应均匀,匀速下放钻具,不应出现溜钻。

接单根后,缓慢匀速下放钻头至井底,再提高转速到原选定值,并逐渐加压。不能猛放,以防钻头受损。

③ 起钻:

在正常情况下,宜根据邻井资料初步确定新钻头下井的使用时间,再根据以下几种情况决定起钻时间:

(a)岩性无明显变化,钻速不断下降。钻头使用后期,每米钻井成本增加,应及时起钻。

(b)扭矩明显变化,伴有蹩跳现象。钻头轴承损坏,牙轮在井底的滚动发生卡阻现象,应及时起钻,防止掉牙轮。

(c)立管压力明显变化,经确认非地面原因,为喷嘴堵或掉,应及时起钻。

④ 钻头使用中复杂情况的分析与处理：

(a)轴承严重磨损与损坏：

一般认为，钻头起出后牙轮转动基本灵活、间隙不超过 2mm 为正常磨损。但是由于钻头选型不当，钻压、转速过大，或加压不均出现过严重蹩跳，发生过溜钻或顿钻等现象，都会造成轴承严重损坏，结果会导致牙轮卡死、滚动体落井或掉牙轮事故。

牙轮卡死后钻头偏磨，转盘负荷增大，方钻杆周期性蹩跳，动力机声音不正常，停车后转盘倒转，钻速下降。通常情况下，钻头使用后期出现牙轮卡死，要及时起钻换钻头；钻头使用早期出现牙轮卡死，可采取降压减速、划眼循环等措施处理，若不能恢复，也应起钻换钻头。牙轮落井后钻进，会发生严重蹩钻、跳钻，转盘负荷增大，钻速变慢，上提钻柱改变方位所得方入不同，相差一个牙轮高度。若判断牙轮掉井，应立即起钻处理。

(b)钻头泥包：

在软地层，由于钻井液性能不好，排量不足，不能及时清除堵塞在切削齿间的岩屑，继续钻进会使切削齿破碎岩石的有效高度减小，牙轮正常转动受到影响，严重时牙轮不能转动，这一现象称为钻头泥包。钻头泥包后，钻速下降，转盘负荷增大，蹩钻，泵压增高，严重时还会堵塞水眼而憋泵；钻柱上提时有不同程度的阻卡现象。为了消除泥包，可采取大排量循环；上下活动钻具划眼；还可以上提一段距离后高速旋转等措施，并根据情况调整钻井液性能。处理无效时，要起钻。起钻时上提速度要慢，防止产生抽汲作用。

(c)切削齿不正常磨损：

若钻头选型不当、钻进参数匹配不合理或操作不当，会造成切削齿不正常磨损。在研磨性高的硬地层，如果所加钻压过小，不足以使切削齿吃入地层，且转速高，就会造成钢齿钻头切削齿不正常磨损，这时应适当降低转速提高钻压，并可选用镶齿钻头。若钻头外排齿磨圆，而中间齿磨损较少，应选用保径钻头。若镶齿钻头断齿多，说明地层比所用钻头对应的地层硬，钻压、转速过高，也可能井底有金属落物等。造成切削齿不正常磨损原因是多方面的，应结合钻头选型、钻进参数配合及操作等情况全面分析，找出原因采取有效处理措施。

4) 牙轮钻头磨损分级

对使用过的钻头进行磨损分析评价，以便选择更合适的钻头类型，确定最优的技术措施，确定最优的起钻时间，能最大限度地使用钻头，还可以为改进钻头设计提供依据。用字母及数字混合编码来说明切削结构、轴承密封、钻头外径及起钻原因等，见表 1-20。表中内排齿是指从钻头中心至 2/3 钻头半径区域内的齿；外排齿是指钻头外侧 1/3 钻头半径区域内的齿。

(1)切削齿磨损：

对钢齿（或金刚石）钻头，是以旧钻头与新钻头齿高磨损比值 8 倍的数值作为定级依据，分为 8 级，按式(1-3)计算：

$$C_1 = \frac{8(H_0 - H)}{H_0} \quad (1-3)$$

式中　C_1——齿高磨损比值；

　　　H_0——新钻头钢齿平均高度（或金刚石出露高度），mm；

　　　H——旧钻头钢齿磨损后平均高度（金刚石磨损后高度），mm。

钻井施工

表1-20 钻头磨损分级

a 指牙轮钻头磨损特征。
b 指金刚石钻头磨损特征。

对镶齿钻头,是以旧钻头上崩、断和掉的齿数与新钻头总齿数比值八倍的数值作为定级依据,分为八级,按式(1-4)计算。

$$C_2 = \frac{8N}{N_0} \qquad (1-4)$$

式中　C_2——旧钻头上崩、断和掉的齿数与新钻头总齿数的比值;

　　　N——旧钻头上崩、断和掉的齿数,个;

　　　N_0——新钻头总齿数,个。

切削齿磨损定级具体取值见表1-21。

表1-21　切削齿磨损定级

齿磨损比值C_1或C_2	0	0~1	1~2	2~3	3~4	4~5	5~6	6~7	7~8
齿磨损定级	0	1	2	3	4	5	6	7	8

(2)轴承磨损:

① 铣齿牙轮钻头:以钻头已用轴承寿命与新钻头可用轴承寿命比值八倍的数值,作为轴承磨损分级依据,用数字0,1,2,…,8表示轴承寿命使用磨损程度。0表示新轴承;1表示使用时间达到轴承寿命的1/8;依次类推,8表示轴承使用寿命已完。具体评价见表1-22现场对钻头轴承磨损分级规定。

表1-22　牙轮钻头非密封轴承磨损分级规定

非密封轴承磨损级别	磨损程度	
	按使用时间分级	非密封轴承在现场评价情况
0	新轴承	新钻头
1	0<轴承已用掉≤1/8	转动灵活,轴承不旷
2	1/8<轴承已用掉≤2/8	转动灵活,轴承基本不旷
3	2/8<轴承已用掉≤3/8	
4	3/8<轴承已用掉≤4/8	转动灵活,稍有旷动
5	4/8<轴承已用掉≤5/8	轴向旷动小于1mm,径向旷动小于2mm
6	5/8<轴承已用掉≤6/8	轴向旷动1~2mm,径向旷动2~3mm
7	6/8<轴承已用掉≤7/8	轴向旷动大于2mm,径向旷动大于3mm
8	轴承已用掉>7/8	轴承完全失效

② 密封(滚动)轴承:用字母E和F分别代表密封有效和密封无效。

③ 金刚石钻头及金刚石取心钻头:用字母X表示无此项评价内容。

(3)直径磨损:

钻头直径磨损以钻头直径直接磨损量表示,单位为毫米(mm),I表示直径无磨损;磨损量在两数值之间时,应取较大数值。

5)磨损测定方法

(1)切削齿磨损测量:铣齿牙轮钻头应该选择切削齿磨损最严重的一个牙轮上的某排齿,用精度为0.02mm的深度游标卡尺,将主尺尺头插入切削齿根部,副尺端面贴近齿顶,读出的数值即为齿高(齿高是齿顶相对于齿根处的垂高),并以此排齿高的算术平均值与原新牙轮同排齿高的比值定级。

镶齿牙轮钻头,用肉眼观察、记录旧钻头上的崩、断和掉的齿数,并和新钻头总齿数的比值作为定级标准。

(2)直径磨损测量:将钻头工作端面向上,用钻头规套在三牙轮外排齿最大边缘处并保持水平,调节开口大小,使钻头规内径紧贴牙轮,即可读出该钻头直径。新旧钻头直径之差值作为该钻头直径磨损量。

6)钻头使用与磨损记录

钻井队要对钻头现场使用情况适时记录,钻头使用与磨损记录内容及格式见表1-23。

表1-23 钻头使用与磨损记录

钻头使用记录									
生产厂商	钻头型号	钻头系列号	IADC代号	钻头直径	连接螺纹	喷嘴过流面积 mm^2	主要岩性	地层代号	
下井深度 m	起钻深度 m	总进尺 m	纯钻时间 h	机械钻速 m/h	钻压 kN	转速 r/min	泵压 MPa	流量 L/s	
钻头磨损记录									
切削结构			轴承B		直径G	说明			
内排齿 I	外排齿 O	磨损特征 D	位置 L	轴承/密封 B	直径 G	其他特征 O	起钻原因 R		

2. 聚晶金刚石复合片(PDC)钻头的结构、工作原理与使用要求

用金刚石材料作为切削刃的钻头称为金刚石钻头。金刚石钻头可分为天然金刚石钻头、聚晶金刚石复合片钻头及巴拉斯钻头(TSP)。天然金刚石钻头现在已不再使用,逐渐被聚晶金刚石复合片所替代。

应符合SY/T 5217《金刚石钻头》、GB/T 229《金属资料 夏比摆锤冲击实验办法》、GB/T 2967《铸造碳化钨粉》、GB/T 3077《合金结构钢》、GB/T 3458《钨粉》、GB/T 3851《硬质合金 横向断裂强度测定方法》的要求。

1)聚晶金刚石复合片

聚晶金刚石复合片是以金刚石粉为原料,加入黏结剂在高温高压下烧结而成。复合片为

圆片状,金刚石层厚度一般小于1mm。聚晶金刚石复合片钻头是以聚晶金刚石复合片为切削齿,切削岩石时作为工作层,碳化钨基体对聚晶金刚石薄层起支撑作用。两者之间的有机结合,使PDC既具有金刚石的硬度和耐磨性,又具有碳化钨结构强度和抗冲击能力。金刚石复合片分柱式片和片式片。由于聚晶金刚石内晶体间的取向不规则,不存在单晶金刚石所固有的理解面,所以PDC的抗磨性及强度高于天然金刚石,且不易破碎。

PDC的缺点是热稳定性较差。

2) 聚晶金刚石复合片钻头结构

PDC钻头如图1-39所示,分为胎体及钢体两类。胎体钻头的钻头体采用铸造碳化钨粉烧结而成,烧结时在钻头工作面上留下窝槽,再将复合片直接焊接在窝槽上。钢体钻头的钻头体用整块合金钢通过机械加工而成,将复合片焊接在碳化钨材料齿柱上制成切削齿,再将切削齿镶嵌在钻头体上,保径部位也是将金刚石块或其他耐磨性材料镶嵌在钻头体上,为防止冲蚀,可在钻头工作面上喷涂一层耐磨材料。

图1-39 PDC钻头的结构

PDC钻头工作面的几何形状如图1-40所示,其对钻头的稳定性、井底清洗、钻头磨损及钻头各部位载荷分布有影响。钻头工作面形状一般包括内锥、顶(鼻)部、侧面、肩部及保径五个基本要素。

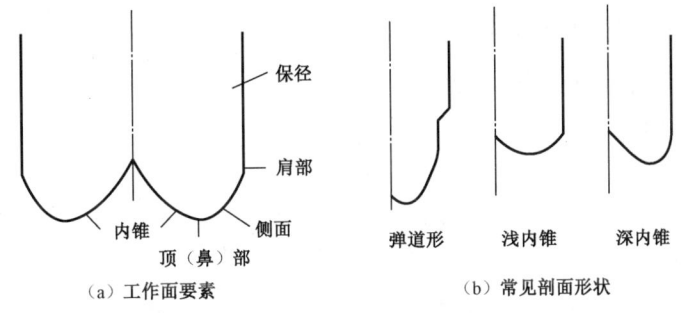

图1-40 PDC钻头工作面的几何形状

内锥对钻头起导向和稳定作用,如果需要较高钻速、较好的钻井液流动控制能力,则内锥应为浅内锥,锥角大(110°~160°);如果要求突出钻头稳定性,提高井斜控制能力,则应为深内锥,锥角较小(60°~100°)。钻头顶部是钻头的最低点,钻进中最先吃入地层,由于地层变化而意外受损的可能性最大。如果地层较硬或存在硬夹层,则应选较大半径、较宽的顶部结构;为了提高钻头吃入地层的能力,应选择较小半径的顶部结构。侧面部分的剖面线有直线和弧线两种,采用直线方式时顶部和外侧部较尖,吃入性好,切削效率高;弧线方式常用在高转速或较高抗磨性的情况下。保径部位除保证钻头直径外,还对钻头的稳定性起很大的作用,增长保径可以提高钻头的井斜控制能力;反之,对于造斜用钻头,则应缩短保径长度。

PDC钻头采用水眼或喷嘴供给钻井液,通过切削齿的排列分配钻井液的方式保证切削齿的清洗、冷却和润滑。PDC钻头有刮刀式、单齿式及组合式三种排列,分布方式如图1-41所示。

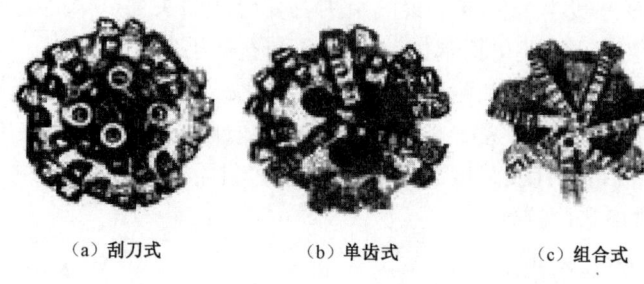

(a) 刮刀式　　　　(b) 单齿式　　　　(c) 组合式

图 1-41　PDC 钻头的排列及分布方式

钻头布齿密度应视所钻的地层和钻井条件而定。布齿数量越多,各个齿承担的切削载荷越低,钻头寿命越长,但机械钻速也相应降低。地层越硬,切削齿尺寸越小,布齿密度越高。对于深井、海洋钻井、研磨性较强地层用的 PDC 钻头,布齿密度应高一些,切削齿尺寸应小一些。对于软地层、中深井使用等 PDC 钻头,布齿密度应低一些,切削齿尺寸应大一些。

3) 聚晶金刚石复合片钻头的工作原理

PDC 钻头实质上就是微型切削片刮刀钻头,因此 PDC 钻头的工作原理与刮刀钻头的工作原理基本相同,钻头在软到中硬地层以剪切方式破碎岩石,采用较小的钻压就能获得较高的机械钻速。由于聚晶金刚石层极薄(1mm 左右)、极硬,且比碳化钨衬底的耐磨性高 100 倍以上,因此在切削岩石过程中刃口能保持自锐。锐利的刃口切入地层后,沿扭矩作用方向移动,剪切岩石,充分利用了岩石剪切强度低的特点。

4) 聚晶金刚石复合片钻头的合理使用

(1) PDC 钻头的特点:

PDC 由许多黏结到一起的小金刚石晶体组成,这些晶体的解理面的方向是杂乱的,从而可以防止因个别金刚石晶体在冲击中被破碎并扩展到整个复合片,使钻头的切削单元具有较长的使用寿命,且 PDC 钻头具有极高的硬度。

PDC 钻头所钻岩性以泥岩和砂岩等均质岩性为宜,通过调整改变复合片直径的大小和钻头工作面的几何形状,可使其具有广泛的地层适用性。

使用 PDC 钻头,可获得极高的机械钻速;与牙轮钻头相比,PDC 钻头本身没有活动部件,可防止掉牙轮等井下事故与复杂情况的发生。

(2) PDC 钻头的合理使用:

PDC 钻头适用于软至中硬的适度研磨性地层,应避免在砾石、燧石及大段不均质地层中使用。在硬而脆的地层,宜选用切削齿出刃小、布齿密度大的钻头类型;在软地层,应选用切削齿出刃大、布齿密度小的钻头类型,以增加吃入深度以及有助于井底清洗,防止钻头泥包。当需要钻头长时间的在井底工作、使用井底动力钻具、需要较低钻压控制易斜井段、近平衡压力钻进时,使用 PDC 钻头效果较好。

小心搬运,钻头从箱中取出时,下面应放木板或橡胶垫作为垫板;PDC 钻头入井以前,在前一只钻头上安装打捞杯,前一只钻头起出后,检查其外径磨损及其他磨损情况。如果前一只钻头使用情况正常,则 PDC 钻头可以入井;钻头入井前要检查 O 形环及喷嘴,检查切削齿、保径齿有无损坏,保证钻头的清洁,水眼通畅。应使用卸扣板,按相应的螺纹尺寸推算扭矩,上紧钻头。

在钻头入井通过已知的缩径井段时要特别小心,特别是在狗腿缩径井段,容易损坏保径齿,应缓慢下放。PDC钻头不能用来划眼,若下钻时必须划眼,应在划眼井段前开泵,尽可能大排量,转速控制在60r/min以下缓慢下放,划眼时最大钻压不得超过17kN,时间不能超过2h。

最后三个单根应以大排量下放,转速为40~60r/min,避免岩屑堵塞钻头水眼,钻头接近井底时,观察转盘扭矩仪和指重表的变化。当钻头接触井底后,再上提0.3~0.6m左右,循环钻井液并缓慢转动5min,以确保井底清洁。然后使钻头缓慢接触井底,并以低转速、低钻压造型0.5m以上。

PDC钻头钻速快、钻屑多,所以钻头清洗要求比较高,在软地层机械钻速受水力功率影响较大。PDC钻头可用较低钻压钻进,一般为同尺寸牙轮钻头的30%左右,而对转速没有限制,一般情况下,转盘钻进时100~150r/min之间效果较好。

(3) PDC钻头起钻时间的确定:

当钻头没有进尺,或通过每米成本计算钻头继续使用时已经不经济时,应起钻。当低钻压钻进时井底扭矩很大,并且机械钻速降低或机械钻速突然降低,采取措施无效时,应起钻。如果立管压力上升,说明切削结构失效;如果压力下降,说明掉喷嘴或喷嘴冲蚀,这时应起钻。

三、钻柱的组成及其功用

由方钻杆、钻杆和钻铤等基本钻具组成,并用接头或配合接头连接起来的入井管串称为钻柱。钻柱基本组成包括方钻杆、钻杆、钻铤、各种接头,可选组件有稳定器、减振器、震击器、螺杆、加重钻杆等井下工具。习惯上又往往把方钻杆、钻杆及其接头、钻铤称为钻具。

随着钻井深度的增加和钻井技术的发展,对钻柱性能的要求越来越高。几千米甚至上万米的钻柱,井下的工作条件十分复杂,它往往是钻井设备与工具中的薄弱环节。钻柱的脱扣、刺漏及扭断事故是常见的钻井事故,并常导致复杂的井下情况。因此,合理地选择和使用钻柱,正确分析钻柱受力情况,对于快速、优质、安全钻井有着十分重要的意义。

1. 钻柱的组成及其规范

钻柱的组成应执行SY/T 5369《石油钻具的管理与使用 方钻杆、钻杆、钻铤》、SY/T 6860《石油专用锥度螺纹校对量规校准方法》、SY/T 6417《套管、油管和钻杆使用性能》、SY/T 6268《油井管选用推荐作法》、SY/T 5198《钻具螺纹脂》、SY/T 5144《钻铤》、SY/T 5200《钻柱转换接头》。

1) 方钻杆

方钻杆位于钻柱的最上端,有四方形和六方形两种。钻进时,方钻杆与方补心、转盘补心配合,将地面转盘扭矩传递给钻杆,以带动钻头旋转,并承受钻柱悬重重量。在井底动力钻井中,承受钻柱悬重重量和反扭矩。一般大型钻机使用四方方钻杆,小型钻机用六方方钻杆。方钻杆按SY/T 6509《方钻杆》以及SY/T 5369《石油钻具的管理与使用 方钻杆、钻杆、钻铤》执行,结构如图1-42所示。

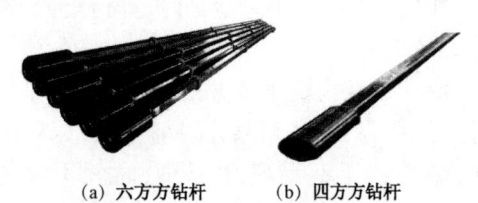

(a) 六方方钻杆　　(b) 四方方钻杆

图 1-42　方钻杆结构示意图

方钻杆通称尺寸是指其方边宽度,API 标准方钻杆长度有 12.19m 和 16.46m 两种,驱动部分长分别为 11.25m 和 15.54m。为了适应钻柱配合的需要,方钻杆也有多种尺寸和接头类型。常用方杆规范见表 1-24。方杆的壁厚一般比钻杆厚三倍左右,并用高强度合金钢制造,具有较大的抗拉强度及抗扭强度,可以承受整个钻柱重量和旋转钻柱及钻头所需要的扭矩。国产方钻杆一般用 D55 号、D75 号钢或更高级的钢制成。API 方钻杆一般用 D 级、E 级钢制成。

钻井时,方钻杆上端始终处于转盘面以上,下部则处在转盘面以下。为了防止方钻杆旋转(右旋)时自动卸扣,其上端与水龙头连接为反扣(左旋扣),下端为正扣(右旋扣)。为减轻方钻杆下部接头螺纹(经常拆卸部位)的磨损,常在该部位装一保护接头。

表 1-24　常用方钻杆规范

方钻杆尺寸,mm	下部螺纹		套管最小外径 mm	抗拉屈服强度,kN		抗扭屈服强度,kN		抗弯强度,kN·m	
	类型	外径,mm		下部外螺纹端	驱动部分	下部外螺纹端	驱动部分	驱动部分对角	驱动部分对边
63.5	NC26	85.70	114.30	1850	2420	13.10	20.60	20.45	30.00
76.2	NC31	104.80	130.70	2380	3170	19.60	32.60	31.10	49.35
88.9	NC38	120.70	168.30	3220	3940	30.80	48.00	48.95	75.00
108.0	NC46	158.80	219.10	4680	5820	53.30	83.50	85.40	131.90
108.0	NC50	161.90	219.10	6320	5700	77.60	85.30	87.30	133.70
133.4	5½	177.80	224.50	7150	9250	99.00	167.50	170.40	257.80

2) 钻杆与钻杆接头

钻杆是钻柱的基本组成部分,位于方钻杆和钻铤之间,其主要作用是传递扭矩和输送钻井液,并靠钻杆的逐渐加长使井眼不断加深。它是用无缝钢管制成,壁厚一般为 9~11mm。

每一根钻杆都包括钻杆本体与钻杆接头两部分。现在使用的钻杆其本体与接头是用摩擦焊对焊在一起,称对焊钻杆。根据钻杆的机械特性可分为普通钻杆和特种钻杆;根据钻杆的结构分为普通平台肩钻杆(俗称直台肩钻杆)、斜台肩钻杆。普通平台肩钻杆结构如图 1-43 所示,斜台肩钻杆结构如图 1-44 所示。根据工艺要求,钻杆有正扣与反扣两种。一般正常钻井作业使用正扣钻杆,处理井下事故时有时使用反扣钻杆。

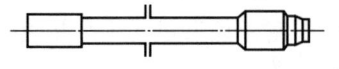　　

图 1-43　平台肩钻杆结构示意图　　　　图 1-44　斜台肩钻杆结构示意图

（1）普通钻杆结构与规范：为了增强管体与接头的连接强度，管体两端加厚。常用的加厚形式有内加厚、外加厚、内外加厚三种，如图1－45所示。加厚过渡段一般长20~60mm，最长120~130mm。

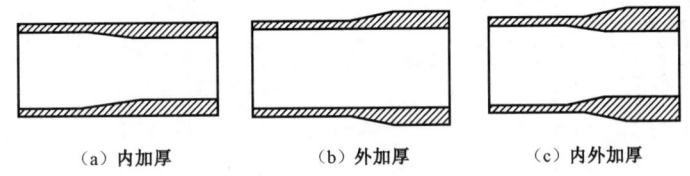

（a）内加厚　　　　　（b）外加厚　　　　　（c）内外加厚

图1－45　API钻杆加厚端示意图

钻杆通称尺寸是指钻杆本体外径。目前石油钻井常用的钻杆有88.9mm，114.3mm，127.0mm三种，本体一般长度8.23~9.14m。API对焊钻杆的规范及加厚端尺寸见表1－25、表1－26。

表1－25　API对焊钻杆尺寸(X,G,S钢级)

钻杆直径 mm	加厚形式	壁厚,mm	内径,mm	加厚尺寸,mm				质量,kg/m	
				外径	内径	内加厚长	外加厚长	光管重量	公称重量
73.0	内加厚	9.19	54.6	73.0	41.4	88.9		14.48	15.51
88.9		9.35	70.2	88.9	49.2	88.9		18.34	19.84
101.6		8.38	84.8	101.6	66.8	88.9		19.26	20.88
127.0		7.52	112.0	127.0	90.5	88.9		22.15	24.23
60.3	外加厚	7.11	46.1	67.5	39.7	108.0	76.2	9.32	9.92
73.0		9.19	54.6	82.6	49.2	108.0	76.2	14.48	15.51
88.9		9.35	70.2	101.6	63.5	108.0	76.2	18.34	19.84
88.9		11.40	66.1	101.6	63.5	108.0	76.2	21.79	23.12
101.6		8.38	84.8	117.5	77.8	108.0	76.2	19.26	20.88
114.3		8.56	97.2	131.8	90.5	108.0	76.2	22.31	24.76
114.3		10.92	92.5	131.8	87.3	108.0	76.2	27.84	29.82
127.0		9.19	108.6	146.1	100.0	108.0	76.2	26.71	29.08
127.0		12.70	101.6	149.2	96.9	108.0	76.2	35.79	38.18
88.9	内外加厚	11.40	66.1	96.0	49.2	108.0	76.2	21.79	23.12
114.3		8.56	97.2	118.3	73.0	63.5	38.1	22.31	24.76
114.3		10.92	92.5	121.4	71.5	108.0	76.2	27.84	29.82
127.0		9.18	108.6	131.8	90.5	108.0	76.2	26.71	29.08
127.0		12.70	101.6	131.8	84.2	108.0	76.2	35.79	38.18
139.7		9.17	121.4	141.3	96.9	108.0	76.2	29.51	32.66
139.7		10.54	118.6	141.3	96.9	108.0	76.2	33.52	36.84

表 1-26 API 对焊钻杆尺寸(D,E 钢级)

钻杆直径 mm	加厚形式	壁厚,mm	内径,mm	加厚尺寸,mm				质量,kg/m	
				外径	内径	内加厚长	外加厚长	光管重量	公称重量
73.0	内加厚	9.19	54.6	73.0	33.3	44.4		14.48	15.15
88.9		6.45	76.0	88.9	57.2	44.4		13.12	14.17
88.9		9.35	70.2	88.9	49.2	44.4		18.34	19.84
88.9		11.40	66.1	88.9	49.2	44.4		21.79	23.11
101.6		6.65	88.3	101.6	74.6	44.4		15.58	17.67
101.6		8.38	84.8	101.6	69.8	44.4		19.26	20.88
114.3		6.88	100.5	114.3	85.7	44.4		18.23	20.51
127.0		7.52	112.0	127.0	95.2	44.4		22.15	24.23
60.3	外加厚	7.11	46.1	67.5	46.1		38.1	9.32	9.92
73.0		9.19	54.6	81.8	54.6		38.1	14.48	15.51
88.9		6.45	76.0	97.1	76		38.1	13.12	14.71
88.9		9.35	70.2	97.1	66.1	57.2	38.1	18.34	19.84
88.9		11.40	66.1	97.1	66.1		38.1	21.79	23.11
101.6		6.65	88.3	114.3	88.3		38.1	15.58	17.67
101.6		8.38	84.8	114.3	84.8		38.1	19.26	20.88
114.3		6.88	100.5	127.0	100.5		38.1	18.23	20.51
114.3		8.56	97.2	127.0	97.2		38.1	22.31	24.76
114.3		10.92	92.5	127.0	92.5		38.1	27.84	29.83
114.3	内外加厚	8.56	97.2	118.3	80.2	63.5	38.1	22.3	24.76
114.3		10.92	92.5	121.4	76.2	57.2	38.1	27.81	29.83
127.0		9.19	106.6	131.8	93.7	57.2	38.1	26.74	29.80
127.0		12.70	101.6	131.8	87.3	57.2	38.1	35.79	38.18
139.7		9.17	121.4	141.3	101.6	57.2	38.1	29.51	32.66
139.7		10.54	118.6	141.3	101.6	57.2	38.1	33.57	36.84

(2)钻杆的钢级与强度:钻杆的钢级由钻杆钢材的最小屈服强度决定。API 规定钻杆的刚级有 D,E,95(X),105(G),135(S)级共五种,其中,X,G,S 级为高强度钻杆。钻杆的钢级越高,管材的屈服强度越大,钻杆的各种强度(抗拉、抗扭、抗外挤等)也就越大。

在钻柱设计中要依据钻柱所受载荷进行强度校核。

(3)钻杆接头及螺纹:钻杆接头是钻杆的组成部分,分外接头和内接头,焊接在钻杆管体的两端。接头上车有螺纹(粗螺纹),用以连接各单根钻杆。在钻井过程中,接头处要经常拆卸,接头表面受大钳咬合力作用,所以钻杆接头壁较厚。接头外径大于管体外径,并采用强度更高的合金钢。API 对钻杆接头的类型做了统一的规定,形成了石油工业普遍采用的 API 钻杆接头。

根据钻杆接头与钻杆的配合,接头分为内平(IF)、贯眼(FH)、正规(REG)和数字(NC)四种类型。

① 内平接头主要用于外加厚钻杆,其特点是钻杆内径与管体加厚处内径、接头内径相等,钻井液流动阻力小,有利于提高钻头水功率。接头外径较大,易磨损。

② 贯眼接头适用于内加厚钻杆,其特点是接头内径等于管体加厚处内径,小于管体部分内径。钻井液流经这种接头时的阻力大于内平式接头。其外径小于内平式接头。

③ 正规接头适用于内加厚钻杆,这种接头的内径比较小,小于钻杆加厚处的内径,所以正规接头连接的钻杆有三种不同的内径。钻井液流过这种接头时的阻力最大。它的外径最小,强度较大。正规接头常用于小直径钻杆和反扣钻杆,以及钻头、打捞工具等。

④ API 采用的数字型接头系列,改进了旋转台肩式接头螺纹连接的性能,将逐步取代原标准中的内平和贯眼型接头。

螺纹连接必须满足三个条件,即尺寸相等,螺纹类型相同,外、内螺纹相匹配。上述类型的接头均采用 V 形螺纹,但扣型、尺寸等都有很大的差别。不同尺寸钻杆的接头尺寸不同,同一尺寸钻杆的螺纹类型也不尽相同。

完整的钻杆接头代号由四部分组成。对于内平、贯眼、正规型接头螺纹,接头螺纹代号用接头所配钻杆通称外径和代表接头类型的符号来表示。而对于数字接头,用 NC 和表示螺纹基面中径尺寸的数字表示。钻杆公称外径代号、钻杆重量代号见表 1-27,用 D,E,X,G 和 S 来表示。

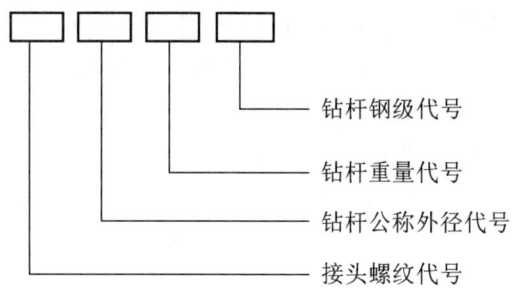

表 1-27　接头代号

公称外径代号	外径,mm	钻杆重量代号	公称重量,kg/m	壁厚,mm
1	60.3	1	7.2	4.83
		2	9.9①	7.11
2	73.0	1	10.2	5.51
		2	15.5①	9.19
3	88.9	1	14.1	6.45
		2	19.8①	9.35
		3	23.1	11.40
4	101.6	1	17.6	6.65
		2	20.8①	8.38
		3	23.4	9.65

续表

公称外径代号	外径,mm	钻杆重量代号	公称重量,kg/m	壁厚,mm
5	114.3	1	20.5	6.88
		2	24.7①	8.56
		3	29.8	10.92
		4	34.0	12.70
		5	36.7	13.97
		6	38.0	14.61
6	127.0	1	24.2	7.52
		2	29.0①	9.19
		3	38.1	12.70
7	139.7	1	28.6	7.72
		2	32.6①	9.17
		3	36.8	10.54

① 表示标准重量。

比如,NC50-62E 表示配外径 127.0mm、重量 29.0kg/m、E 级钻杆用的数字接头;4IF-42X 表示配外径 101.6mm、重量 20.8kg/m、X 级钻杆用的内平式接头。现场还常用字母 G 代表外螺纹,字母 M 代表内螺纹。对于反扣,可在其后加"左"字或字母 C(表示转换接头)。

表 1-28 中几种 NC 型接头与内平、贯眼、正规接头有相同的节圆直径、锥度、螺距和螺纹长度,可以互换使用。

表 1-28　接头类型互换对照表

数字型接头	可以互换的 API 标准的接头	数字型接头	可以互换的 API 标准的接头
NC26	60.3IF(内平)	NC40	101.6FH(贯眼)
NC31	73.0IF(内平)	NC46	101.6IF(内平)
NC38	88.9IF(内平)	NC50	114.3IF(内平)

(4)钻杆标识:利用涂在钻杆两端接头和钻杆本体上的色带颜色识别钻杆的等级,见表 1-29。

表 1-29　色带颜色与钻杆及接头等级

钻杆和接头分类		接头状况	
等级	条数及颜色	状况	色带颜色
优等	两条白色	报废或进厂修复	红色
二	一条黄色	现场修复	绿色
三	一条橘红色	—	—
报废	一条红色	—	—

(5)转换接头(配合接头):转换接头主要用来连接不同尺寸或不同扣型的钻具。按其外形和使用可分为:同径式(A 型)、异径式(B 型)和左旋式(C 型),执行 SY/T 5200《钻柱转换接

头》。钻井中常用的转换接头种类见表1-30。

表1-30 转换接头种类

种类	名称	上部连接件	下部连接件	结构型式
1	方钻杆转换(保护)接头	方钻杆	钻杆接头	A型或B型
2	钻杆转换接头	钻杆接头	钻杆接头	A型或B型
3	过渡转换接头	钻杆接头	钻铤	A型或B型
4	钻铤转换接头	钻铤	钻铤	A型或B型
5	钻头转换接头	钻铤	钻头	A型或B型
6	水龙头转换接头	水龙头下接头	方钻杆	C型
7	打捞工具转换接头	方钻杆	钻杆接头	C型
		钻杆接头	打捞工具	C型

转换接头的表示可在两端牙型代号的中间加乘号。如 NC50-G×139.7FH—M，表示一端为数字型外接头，另一端为贯眼式内接头。

(6)特种钻杆:

① 加重钻杆:

加重钻杆是一种和钻杆类似的中等重量钻具,其管壁比钻杆厚,比钻铤薄。管体连接有特别加长的钻杆接头,执行 SY/T 5146《加重钻杆》。一般加在钻杆与钻铤之间,防止钻柱界面的突然变化,减少钻杆的疲劳。用它替代一部分钻铤,在钻深井中可以减少扭矩和提升负荷,增加钻深井的能力。在定向井中使用,可以在较低扭矩的情况下高速钻进,减少了钻柱的磨损和破裂。由于其刚度比钻铤小,与井壁接触面积小,也不容易形成压差卡钻。

为了提高使用寿命,加重钻杆两端超长外加厚接头和中部外加厚部分表面都有硬质合金耐磨带。国产加重钻杆有长度 9.30m 和长度 13.5m 两种,都是用 2CrMo 钢制造。

采用加重钻杆与钻铤同时加压时,为防止疲劳,钻柱转换区的抗弯强度比不应超过5.5。在钻铤以上接 15~21 根加重钻杆将会大大地降低过渡带的疲劳损坏。

② 铝合金钻杆:

铝合金钻杆的主要优点是重量轻,它使钻机的钻深能力得到提高。在机械性能上韧度大,弹性好,提升时与井壁摩擦力小。由于这种钻杆的绕性好,具有很好的抗疲劳性能,其疲劳寿命比磨损寿命长,所以当它旋转通过狗腿井段时,其损坏相对较小。因此在弯曲井段或在大斜度井、水平井中使用比较有利。铝合金钻杆还未列入 API 标准。

③ 高韧度钻杆:

高韧度钻杆的特点是独特的化学成分和特殊的淬火—回火热处理,在一般环境中其屈服强度高,更适合低温环境及酸性环境钻探的需要。

3)钻铤

钻铤处在钻柱的最下部,是下部钻具组合的主要部分。其特点是壁厚(一般为 38~53mm,相当于钻杆壁的 4~6 倍),具有较大的重力和刚度,如图 1-46 所示。钻铤的作用是给钻头施加钻压,同时使下部钻柱组合有较大的刚度,从而使钻头工作平稳有利于控制井斜。

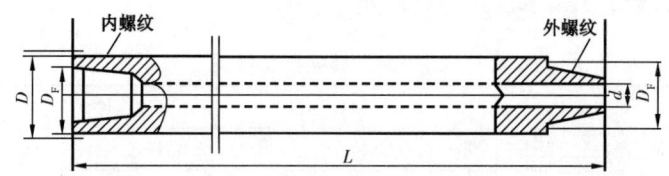

图 1-46　钻铤结构示意图

钻铤的种类有普通圆钻铤、螺旋钻铤、偏重钻铤、方钻铤等，最常用的是前两种。

螺旋形钻铤上有浅而宽的螺旋槽，可减少其与井壁的接触面积的 40% ~ 50%，而其重力只减少 7% ~ 10%。接触面积少，可减少发生压差卡钻的可能性，如图 1-47 所示。

偏重钻铤就是在普通钻铤上的一侧钻一排盲孔，造成一边重一边轻。当钻具旋转时，就产生一个朝向重边的离心力，且转速越高，离心力越大。钻具每钻一圈就产生一次钟摆力和离心离的重合，对井壁形成较大的冲击纠斜力，使井斜角减小。用这种偏重钻铤可以组成钟摆钻具进行纠斜。

图 1-47　螺旋钻铤

钻铤的通称尺寸指外径，钻铤的连接螺纹（外螺纹、内螺纹）是在钻铤两端管体上直接车制的，不另加接头。钻铤有许多种规格，API 标准钻铤规范见表 1-31。

此外还有无磁钻铤和柔性钻铤。无磁钻铤主要应用于定向井及水平井钻井，其作用是消除磁干扰对测量仪器的影响。柔性钻铤用于钻大曲率水平井，是由数根短钻铤靠特殊切口连接而成，这些切口使柔性钻铤能朝任意方向产生很小的弯曲，并能承受拉伸载荷、压缩载荷和扭矩，其内部装有一根高压橡胶软管，防止钻井液从切口漏出，并形成可靠的钻井液通道。

表 1-31　API 钻铤规范

钻铤型号	外径, mm	内径, mm	长度, m	重力, N/m	上扣扭矩 最小, kN·m	上扣扭矩 最大, kN·m
NC23-31	79.40	31.80	9.1	321	4.45	4.90
NC26-35	88.90	38.10	9.1	394	6.25	6.90
NC31-41	104.80	50.80	9.1	511	9.00	9.90
NC35-47	120.70	50.80	9.1	730	12.50	13.50
NC38-50	127.00	57.20	9.1	774	17.50	19.00
NC44-60	152.40	57.20	9.1	1212	31.65	35.00
NC44-62	158.80	57.20	9.1/9.2	1328	31.50	35.00
NC44-62	158.80	71.40	9.1/9.2	1212	30.00	33.00
NC46-65	165.10	57.20	9.1/9.2	1445	38.00	42.00
NC46-65	165.10	71.40	9.1/9.2	1328	30.00	33.00
NC46-67	171.50	57.20	9.1/9.2	1577	38.00	42.00
NC50-70	177.80	57.20	9.1/9.2	1708	51.50	56.50
NC50-70	177.80	71.40	9.1/9.2	1606	43.50	48.60

续表

钻铤型号	外径,mm	内径,mm	长度,m	重力,N/m	上扣扭矩	
					最小,kN·m	最大,kN·m
NC50－72	184.20	71.40	9.1/9.2	1737	43.50	48.00
NC56－77	196.90	71.40	9.1/9.2	2029	65.00	71.50
NC56－80	203.20	71.40	9.1/9.2	2190	65.00	71.50
6⅝REC	209.60	71.40	9.1/9.2	2336	72.00	79.00
NC61－90	228.60	71.40	9.1/9.2	2847	92.00	101.00
7⅝REC	241.30	76.20	9.1/9.2	3153	119.50	
NC70－100	254.00	76.20	9.1/9.2	3548	142.50	156.50
NC70－110	279.40	76.20	9.1/9.2	4365	194.00	214.50

4) 稳定器(扶正器)

在钻铤柱的适当位置安装一定数量的稳定器,组成各种类型的下部钻具组合,可以满足钻直井时防止井斜的要求,钻定向井时可起到控制井眼轨迹的作用。此外,稳定器的使用还可以提高钻头工作的稳定性,从而延长使用寿命,这对金刚石钻头尤为重要。参照 SY/T 5051《随钻井眼修整工具》、GB/T 1184《形状和位置公差 未注公差值》、GB/T 1801《产品几何技术规范(GPS) 极限与配合 公差带和配合的选择》、GB/T 228.1《金属材料 拉伸试验 第1部分:室温试验方法》、GB/T 231.3《金属材料 布氏硬度试验 第3部分:标准硬度块的标定》。

有多种类型的钻具稳定器,以适应不同地层和工艺要求,如图1－48所示。

(1) 整体螺旋稳定器的稳定片是螺旋形的,有三螺旋和四螺旋两种,其旋向均为右旋,以保证旋转时有良好的钻井液通道。这类稳定器与井壁接触面积大,支撑能力强,适应性好,在

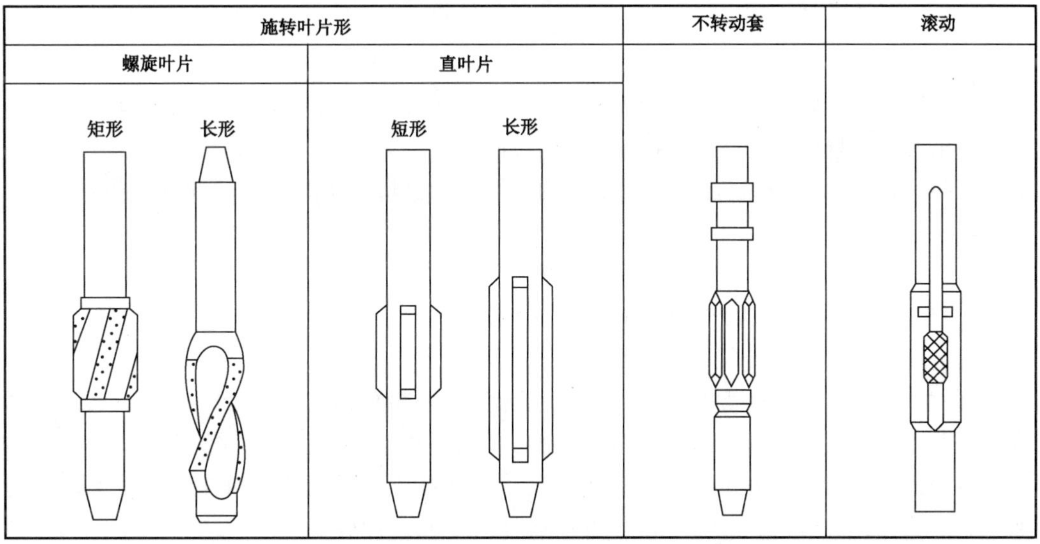

图1－48 稳定器的基本形式

井下工作憋劲小,比较安全,应用普遍。

(2)整体直棱稳定器常分为三棱和四棱两种。

(3)可换套稳定器的特点是可根据井眼尺寸和磨损情况,随时更换不同尺寸的稳定棱。

(4)滚轮稳定器的稳定部件是滚轮,可分为三滚轮和六滚轮两类。特点是与井壁摩擦阻力小,耐磨性强。

稳定器两端的外径应与所用钻铤外径一致,两端的牙型为钻杆接头扣,各种尺寸稳定器的螺纹尺寸和类型见表1-32。

此外,在下部钻具组合中常装有减振器,用于吸收井下钻具的纵向震动和扭转震动。在深井、海上钻井,尤其是定向钻井中,时常在下部组合中安放随钻震击器,以便一旦下部组合或钻头被卡,即可操纵震击器,通过向上或向下的震击作用解卡。在下部组合或钻柱中还可装置随钻测量(MWD)工具,钻柱测试工具和打捞篮、扩眼器等特殊工具进行随钻测量、地层测试、打捞、扩眼等特殊作业。

表1-32 稳定器连接螺纹

稳定器两端外径 mm	两端连接螺纹尺寸和类型			
	钻柱型稳定器		井底型稳定器	
	上端	下端	上端	下端
121	NC35 内螺纹	NC35 外螺纹	NC35 内螺纹	3½REG 内螺纹
159	NC44 内螺纹	NC44 外螺纹	NC44 内螺纹	4½REG 内螺纹
	NC46 内螺纹	NC46 外螺纹	NC46 内螺纹	4½REG 内螺纹
178	NC50 内螺纹	NC50 外螺纹	NC50 内螺纹	4½REG 内螺纹
203	NC56 内螺纹	NC56 外螺纹	NC56 内螺纹	6⅝REG 内螺纹
229	NC61 内螺纹	NC61 外螺纹	NC61 内螺纹	7⅝REG 内或外螺纹

5)钻具组合

合理的钻具组合能有效地控制井斜、保证井身质量,使钻头工作稳定,减少钻具事故,延长钻具的使用寿命,是确保优质快速钻井的重要条件。

一口井的钻具尺寸选择,首先取决于钻头的尺寸和钻机的提升能力,同时还要考虑每个地区的特点。如地质条件、井身结构、钻具供应情况以及防斜要求等。

钻具组合应尽量简单,一般要遵循以下原则:

(1)方钻杆由于受到拉力与扭矩最大,应尽量选用大尺寸的方钻杆。一般应使下接头的外径与相接的钻杆接头的外径相近,以便其受力合理,操作方便。

(2)钻杆应尽量选用大尺寸钻杆。大尺寸钻杆的强度高,钻杆事故少;钻杆内径大,钻井液流动阻力小,有利于充分发挥水功率的作用。一般是用一种规范的钻杆,但随井深增加,钻杆重量加大,可下深度减少,可在下部选小尺寸的钻杆。采用两种及两种以上尺寸钻杆的钻柱称为复合钻柱,应该根据受力情况,把壁厚或强度高的钻杆放在上面。

(3)钻铤尺寸应选用与钻杆接头尺寸相近,防止截面突变。

一般常用钻具尺寸的配合关系见表1-33。

表 1-33 常用钻具尺寸配合关系

钻头尺寸	地层	钻铤		钻杆	方钻杆
		外径	内径		
149.2~155.6	软	104.8	50.8	73.0	76.2
	硬	120.6	50.8	88.9 或 73.0	88.9
215.9~222.2	软	158.8,165.1	71.4	114.3 或 127	108.0 或 133.4
	硬	171.4,177.8	57.2		
311.1		203.2,228.2,254.0	71.4 或 76.2	127 或 139.7	133.4 或 152.4
444.5~660.4		203.2,228.2,254.0,279.4	71.4 或 76.2	127 或 139.7	133.4 或 152.4

将选配好的方钻杆、钻杆和钻铤等连接起来组成钻柱。连接的条件是:尺寸相等、扣型相同、外内相配。若不符合其中之一,必须通过转换接头才能连接。每一口井的钻具组合都应绘制示意图,如图 1-49 所示。绘图时,每一种工具都应用标准的图形符号。

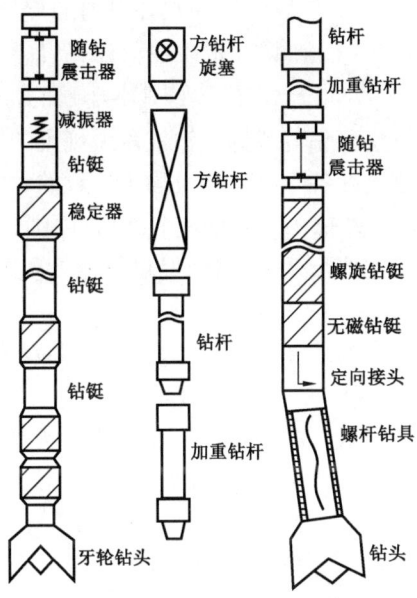

图 1-49 钻具组合类型示意图

2. 钻柱的工作状态及其受力分析

1) 钻柱的工作状态

在钻井过程中,钻柱主要是在起下钻和正常钻进这两种条件下工作。在起下钻时,整个钻柱被悬挂起来,在自重力的作用下,钻柱处于受拉伸的直线稳定状态。实际上,井眼并非是完全竖直的,钻柱将随井眼倾斜和弯曲。

在正常钻进时,部分钻柱(主要是钻铤)的重力作为钻压施加在钻头上,使得上部钻柱受拉伸而下部钻柱受压缩。在钻压小和直井条件下,钻柱也是直的,但当压力达到钻柱的临界压力值时,下部钻柱将失去直线稳定状态而发生弯曲并与井壁接触于某个点(称为"切点"),这

钻井施工

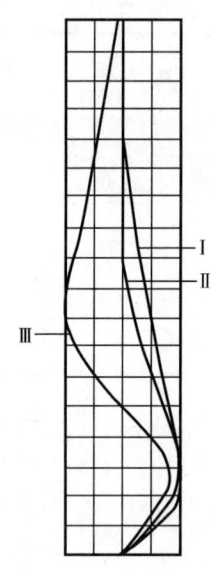

图 1-50 钻柱受压弯曲示意图

是钻柱的第一次弯曲。如果继续增大钻压,则会出现钻柱的第二次弯曲或更多次弯曲,如图 1-50 所示。目前,旋转钻井所用钻压一般都超过了常用钻铤的临界压力值,如果不采取措施,下部钻柱将不可避免地发生弯曲。

在转盘钻井中,整个钻柱处于不停旋转的状态。作用在钻柱上的力,除拉力和压力外,还有由于旋转产生的离心力。离心力的作用有可能加剧下部钻柱的弯曲变形。钻柱上部的受拉伸部分,由于离心力的作用,也可能呈现弯曲状态。在钻进过程中,通过钻柱将转盘扭矩传递给钻头。在扭矩的作用下,钻柱不可能呈平面弯曲状态,而是呈空间螺旋形弯曲状态。

根据井下钻柱的实际磨损情况和工作情况来分析,钻柱在井眼内的旋转运动形式可能是自转:钻柱像一根柔性轴,围绕自身轴线旋转;也可能是公转:钻柱像一个刚体,围绕着井眼轴线旋转并沿着井壁滑动;或者是公转与自转的结合及整个钻柱或部分钻柱做无规则的旋转摆动。

从理论上讲,如果钻柱的刚度在各个方向上是均匀一致的,那么钻柱是哪种运动形式取决于外界阻力(如钻井液阻力、井壁摩擦力等)的大小,但总以消耗能量最小的运动形式出现。因此,一般认为弯曲钻柱旋转的主要形式是自转,但也可能产生公转或两种运动形式的结合,既有自转,也有公转。

在钻柱自转的情况下,离心力的总和等于零,对钻柱弯曲没有影响。这样,钻柱弯曲就可以简化成不旋转钻柱弯曲的问题。

在井下动力钻井时,钻头破碎岩石的旋转扭矩来自井下动力钻具,其上部钻柱一般是不旋转的,故不存在离心力的作用。另外,可用水力载荷给钻头加压,这就使得钻柱受力情况变得比较简单。

2)钻柱的受力分析

钻柱在井下受到多种载荷(轴向拉力及压力、扭矩、弯曲力矩、离心力、外挤压等)作用。在不同的工作状态下,不同部位的钻柱的受力的情况是不同的。

(1)轴向拉力和压力:钻柱受到的轴向载荷有自重产生的拉力、钻井液生产的浮力和施加钻压产生的压力。

① 钻柱在垂直井眼中悬挂时,在井眼内没有钻井液的情况下,处于悬挂状态的钻柱仅受到自重力的作用,由上而下处于受拉伸状态。最下端拉力为零,井口处拉力最大。

当井眼内充满钻井液时,钻柱除了受自重力的作用外,还受到钻井液的浮力作用,使钻柱的轴向拉力减小。

② 正常钻进时,下放钻柱,把部分钻柱的重力加到钻头上,使钻柱的轴向拉力减小一个相应数值,而且下部钻柱受到压应力的作用。上部钻柱受拉力作用,井口处最大,向下逐渐减小。

下部钻柱受压力作用,井底处最大。在某一深度,既不受拉,也不受压,轴向力等于零。该点称为中和点。

中和点是钻柱受拉与受压的分界点,在钻柱设计中,希望中性点始终落在刚度大、抗弯能力强的钻铤上,而不是落在强度较弱的钻杆上,使钻杆一直处于受拉伸的直线稳定状态,以免钻杆受压弯曲和受交变应力的作用。因此,设计的钻铤长度不能小于中和点高度。应当指出,由于钻头和钻柱的运动很复杂,加之地层和操作等因素,钻柱的中和点的位置是在不断上下变化的。

③ 起下钻时,作用在钻柱上部的轴向力,除了钻柱的重力(浮重)外,还有井壁及钻井液对钻柱的摩擦力和提升或下放速度变化所产生的动载。

以上对钻柱轴向力的分析假设井眼是垂直的,在倾斜或弯曲的井眼中,钻柱的自重力、钻井液液柱压力的影响以及摩擦阻力等都比较复杂,这部分内容可参阅有关文献。

(2)扭矩:在钻井过程中,转盘通过钻柱带动钻头旋转,破碎岩石,并克服钻柱与井壁和钻井液的摩擦阻力,使钻柱承受扭矩作用。钻柱承受的扭矩在井口处最大,向下随着能量的消耗逐渐减小,在井底处最小。在井下动力钻井中,钻柱承受的扭矩为动力钻具的反扭矩,在井底处最大,往上逐渐减小。

(3)弯曲力矩:在正常钻进中,由于下部钻柱受压,或由于离心力、井眼弯曲等影响,都会是钻柱发生弯曲,于是产生弯曲力矩,在钻柱内产生弯曲应力。在弯曲状态下,钻柱绕自身轴线旋转,则会产生交变弯曲应力。最大弯曲应力发生在挠度最大处。

(4)离心力:当钻柱绕井眼轴线公转时,将产生离心力。离心力将引起钻柱弯曲,使弯曲应力增加。

(5)纵向振动:钻进时,由于地层软硬不均、井底不平,特别是牙轮钻头转动时,会引起钻柱的纵向振动,使中和点上下移动,产生交变的轴向应力。纵向振动和钻头结构、所钻地层性质、泵排量不均匀、钻压及转速等因素有关。当纵向振动的周期和钻柱本身固有的振动周期相同时(或成倍数),就会产生共振现象,振幅急剧增大,称之为"跳钻",跳钻会引起钻柱的疲劳破坏和钻头事故。

(6)扭转振动和横向摆振:钻柱的旋转还会使钻具产生扭转振动和横向摆振。这种由于钻头结构、地层岩性、钻压和转速等因素的影响使钻头受力不均引起的扭转振动称为"蹩钻",表现为转盘转速忽快忽慢、声响时高时低、钻柱扭转剧烈振动。使用刮刀钻头钻进软硬交错地层时就容易引起蹩钻。在某一临界转速下,钻柱将出现横向摆振,引起钻柱严重偏磨和弯曲疲劳损坏。

(7)动载荷:起下钻过程中,由于钻柱运动速度的突然变化,会引起钻柱的纵向动载,在钻柱中产生纵向瞬时交变压力。动载的大小与操作有关。

(8)外挤压力:进行钻杆测试(DST)时,一般都在钻柱底部装一封隔器,用以封隔下部地层和管外环空。钻杆下入井内控制阀是关闭的,因此钻井液不能进入钻杆内,封隔器压紧后打开控制阀,地层流体才进入钻柱内,打开控制阀之前,钻柱承受来自钻井液静液压力作用。

由以上分析可知,转盘钻井时钻柱的受力情况是比较复杂的。这些载荷就性质来讲,可分为不变的和交变的两大类。在整个钻柱长度内,载荷作用的特点是在井口处主要受不变载荷(拉应力)的作用,而靠近井底则主要是交变载荷(拉、压、弯曲应力等),这种交变载荷的作用正是钻柱疲劳破损的主要原因。

钻柱在井下受力严重的部位,一是钻进时,下部钻柱同时受到轴向压力、扭矩和弯曲力矩的联合作用,弯曲钻柱存在着剧烈的交变应力循环,常常导致钻柱的疲劳破坏。钻头突然遇阻、遇卡会使钻柱受到的扭矩大大增加。钻进时,井口处钻柱所受到拉力、扭矩都最大。

二是起下钻时,井口处钻柱受到最大轴向拉力。如果猛提猛刹,会因动载使井口处钻柱承受更大的轴向拉力。

三是由于地层岩性变化、钻头的冲击和纵向振动等因素的存在,使得钻压大小不均匀,因而使中和点附近的钻柱受拉压交变载荷的作用,容易产生疲劳破坏。

3. 钻柱的疲劳破坏与检查使用

材料长期受交变载荷的作用,将发生疲劳破坏。钢材的疲劳破坏是逐渐发展而形成的,开始时钢材内部晶体中的原子沿晶体的滑移面发生微观屈服,在应力的交替作用下产生热能,使其结合强度降低而形成微裂纹。这种破坏是由于在交变应力作用下裂纹不断张开和闭合,裂缝面互相摩擦,不断扩大,发生损坏,因此断裂面具有无光泽细颗粒表面的特征。

1) 钻柱的疲劳破坏的类型

现场大量资料说明,疲劳破坏是钻柱破坏最常见的形式之一。其破坏的表现形式有以下几种:

(1) 大多数钻杆的破坏发生在距接头 1.2m 以内的地方。

(2) 钻杆的破坏常与钻杆内表面有严重的腐蚀斑痕有关。

(3) 从钻杆的外表面开始发生的破坏,一般与钻杆表面的伤痕有关。

(4) 由于钻铤本体的厚度大,因而钻铤的破坏通常发生在螺纹连接处。

分析钻杆的疲劳破坏的原因,可分为以下三种基本类型。

① 纯疲劳破坏。钻杆在没有任何明显的其他原因下而发生的疲劳破坏,叫纯疲劳破坏。

一般钻杆在工作时承受拉伸、压缩、扭转与弯曲交变应力的同时作用,其中拉伸与弯曲的交替是最危险的应力,易于导致钻杆疲劳。钻柱下部受压部分的钻铤长度不够长时,钻杆受压更易发生弯曲,在扭转条件下,钻杆易于疲劳破坏;在定向井或井斜大的井段迫使钻杆弯曲,特别在"狗腿"井段中,钻杆疲劳破坏的危险性更大;在海洋钻井中,由于钻井船或钻井平台随波浪起伏摇摆也会造成钻柱弯曲,导致疲劳破坏。

② 伤痕疲劳破坏。钻杆在弯曲状态下自转时,每边都要经受拉伸和压缩的交替作用,如果钻杆表面存在缺陷,这一缺陷将不断地开启与关闭,使缺陷逐渐扩大,缺陷除了具有初始变形之外,还会产生应力集中。所以,钻杆表面的各种缺陷都会影响钻杆的疲劳极限。当缺陷底部的应力达到一定程度时,缺陷将逐渐扩大,最后剩下的实体材料不足以承受整个负荷发生破坏。

钻井中造成钻杆伤痕的主要原因有:钻杆上打的钢印,电弧烧焊,大钳、卡瓦的咬伤和其他刻痕等。如果伤痕位于离接头 0.5m 以内处,就可能成为疲劳破坏的核心。周向尖锐的伤痕使应力集中反映敏感,导致钻杆破坏。

③ 腐蚀疲劳破坏。钻杆长期在腐蚀介质中工作时,由于腐蚀造成截面积减小或形成小的腐蚀坑,产生应力集中而引起的钻杆破坏,称为腐蚀疲劳破坏。通过大量现场资料说明,腐蚀

疲劳破坏是目前造成钻杆早期破坏最常见的一种。

通常，腐蚀可分为化学腐蚀和电化学腐蚀两大类。

钻杆表面与腐蚀介质产生化学反应而引起的腐蚀，称为化学腐蚀。在金属与腐蚀介质的化学反应中将产生另一种可以脱落的产物，因而使管材截面积减小，管壁变薄，使钻杆的承载能力降低，导致钻杆的疲劳破坏。

电化学腐蚀是指金属与电介质溶液接触，产生电化学作用引起的腐蚀。由于在钻井液中存在电解质物质，离解出的离子与钻杆发生电化学反应，形成微电池。反应过程中，在铁离子被带走的部位形成电化学腐蚀疤痕，引起应力集中，最后导致疲劳破坏。实际上，化学腐蚀和电化学腐蚀往往是交织在一起的，这就会加剧疲劳破坏的发生。

影响化学腐蚀的因素很多，但最重要的是温度和钻井液的 pH 值。温度升高，化学反应和电化学反应的速度加快，从而使腐蚀速度加快。pH 值是控制腐蚀疲劳的主要因素，当 pH 值从中性变为酸性时，腐蚀速度会迅速增大；而 pH 值从中性变为碱性时，腐蚀速度会缓慢降低。一般认为，钻井液的 pH 值低于 9.5 会降低钻柱的疲劳寿命。

2）钻铤的疲劳破坏

与钻杆的疲劳破坏不一样，由于钻铤本体的刚度比接头处大，接头处强度较弱且应力集中，因此大部分钻铤破坏发生在接头处。

当钻铤受到弯曲力矩作用时，在外螺纹根部和内螺纹底部会出现应力集中，在弯曲交变应力作用下，在应力集中区的螺纹根部易发生断裂；上扣时没上紧，台肩面没有密合，或由于弯曲力矩使台肩面分离，外螺纹受不到台肩面的支承，会在外螺纹根部出现应力集中，同时也由于螺纹的切口效应，此处容易产生疲劳破坏；螺纹部分的密封是靠台肩面来实现的，如果紧扣扭矩不够，在台肩面之间就可能发生钻井液泄漏，造成螺纹严重冲蚀，甚至被刺穿与疲劳破坏。

3）钻柱疲劳破坏预防

(1) 如果已知或怀疑井下存在有严重狗腿，应尽量把狗腿破坏掉，以减少钻柱的弯曲。

(2) 应根据预计最大钻压合理确定钻铤长度，使钻铤在钻井液中的重量大于最大钻压，保证钻杆始终处于拉伸状态。

(3) 尽可能降低钻杆工作的应力，并采用减振器以降低交变应力的最大值。

(4) 在钻柱的繁重工作段和弯曲井段采用厚壁钻杆以延长整个钻柱的使用寿命。

(5) 控制钻井液对钻杆的腐蚀性，可在钻杆内壁涂以塑料树脂等保护层。

(6) 经常检查起下钻工具，如吊卡、卡瓦等，使其工作状态保持完好，防止在钻杆上造成伤痕。

(7) 定期检查钻杆，发现有裂纹及壁厚变薄等情况，应及时修复或更换。

(8) 存放钻杆时，应用淡水充分清洗钻杆及接头的内外表面，以清除各种盐类及其他腐蚀物质，并用防锈化合物涂抹螺纹和接头台肩部分。

(9) 为了防止钻铤螺纹部分的疲劳破坏，应使外、内螺纹之间有一个适当的强度比值，在钻铤的适当部位加工应力减轻槽，以减轻应力集中，延长钻铤的使用寿命。

(10) 上扣时必须上紧，使台肩面受到充分的弹性压缩。这样，当钻铤在井眼内受到弯曲时，台肩面就不会分离，并可避免发生钻井液泄漏。

4) 硫化氢对钻柱的危害

金属管材在含硫化氢的液体介质中工作一段时间后突然出现裂缝,发生严重的脆性破坏。这种破坏是由于氢渗(氢原子渗入)作用和腐蚀作用的结果。由于硫化氢在这种破坏中起主要作用,所以称为硫化氢应力破坏,也叫作"氢脆"。

钻井过程中,硫化氢会因各种原因渗入钻井液。例如,所钻地层含硫流体的侵入,某些含硫原油或水被用于钻井液系统,某些钻井液处理剂在高温时的热分解等。

硫化氢与水生成弱酸,像其他酸类一样能与钻柱材料发生反应而腐蚀钻柱。这种腐蚀既可使钻柱截面积变小,强度降低,也可能产生点腐蚀,在钻柱表面形成腐蚀小坑或裂缝造成应力集中,导致钻柱的疲劳破坏。更主要的还是由于在腐蚀过程中不断产生氢,而钻井液中的硫化氢将会使氢原子形成氢分子的速度减慢,使部分氢原子进入钢材晶格内部结合成分子,因而产生很大的内应力,结果使金属脆化或发生破裂。

(1) 影响氢脆破坏的有关因素:

① 钢材的强度越大,硬度越高,越容易发生氢脆破坏。

② 硫化氢的含量越大,原子氢的浓度越高,氢脆破坏越严重。

③ 钻井液的 pH 值对硫化氢含量的影响比较大。试验证明,在 pH 值为 6~10 范围内,钻井液中硫化氢的含量随 pH 值的增加而减小。所以可以适当提高钻井液的 pH 值而降低由硫化氢引起的氢脆破坏。

④ 钻柱所受载荷越大,应力越高,越容易发生氢脆破坏。

⑤ 温度升高会引起腐蚀速度和扩散速度增加。

(2) 防止硫化氢破坏的措施:

在钻井过程中,硫化氢对钻具的破坏是非常严重的,通常采取以下措施来防止或减轻硫化氢的破坏。

① 采用抗氢脆的钢材。

② 尽量防止硫化氢侵入钻井液。如保持一定的钻井液密度,以防止地层流体侵入钻井液。

③ 根据井下可能遇到的温度,避免使用在此温度下可能分解的钻井液处理剂。尽量不使用含硫原油及含有硫化物的钻井液添加剂。

④ 如果不能防止硫化氢侵入,则应采取措施控制腐蚀速度。如保持钻井液具有较高的 pH 值,在钻具内壁涂以塑料保护膜,在钻井液中加入缓蚀剂等可不同程度地控制硫化氢的腐蚀速度。

以上方法可以获得不同程度的效果,但采用这些方法有可能影响钻井液的其他性能。所以应全面考虑,调整好钻井液性能。

四、螺杆钻具的合理使用

执行 SY/T 5383《螺杆钻具》、SY/T 5547《螺杆钻具使用、维修和管理》。

1. 螺杆钻具的结构、工作原理与特性

1) 螺杆钻具的结构与工作原理

螺杆钻具主要由旁通阀总成、马达总成、万向轴总成、传动轴总成和驱动接头等组成,如图

1-51 所示。

(1)旁通阀总成:由活塞、弹簧和旁通孔组成。其作用是起下钻时平衡钻具内外压差,即下钻时允许环空中的钻井液经旁通孔流入钻柱内;起钻时允许钻柱内的钻井液从旁通孔流出进入环空。

钻进时在高压钻井液的作用下,活塞被迫下行坐于阀座上而关闭旁通孔,使钻井液全部流入马达。

(2)马达总成:主要由定子和转子组成。定子是由钢质外壳及固定在其内部并具有螺旋形内腔的橡胶衬套组成,转子是一根钢质实心螺杆。液压马达的主要作用是把钻井液的压能转化为机械能,即当高压钻井液流过由定子与转子相互啮合形成的螺旋形空间时形成的压力差推动转子旋转,产生扭矩,通过万向轴和传动轴带动钻头转动。

(3)万向轴总成:万向轴上端与转子相连,下端与主轴相连。其主要作用是将螺杆的偏心旋转转化为主轴的同心旋转,并把螺杆的轴向水力载荷和扭矩传给主轴。

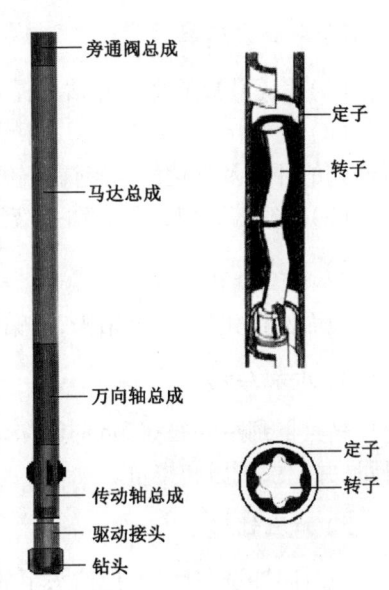

图1-51 螺杆钻具结构示意图

(4)传动轴总成:主要由传动轴(主轴)和上下两副止推轴承组成。主轴是空心的,顶部开有循环口,钻井液由此进入中心孔,经钻头水眼流出。主轴上部的小止推轴承用于承受钻具旋转部分的水力载荷和钻具空转时的钻头重力,主轴下部的大止推轴承用于承受钻进时的钻压。

(5)驱动接头:上端连接转子,下端连接钻头,作用是将马达产生的旋转扭矩传递给钻头。

2)螺杆钻具的特性

该钻具的核心是螺杆马达。在螺杆马达转子、定子传动副中,定子齿数比转子齿数多一个。两者的齿数比通常称为传动比。随着转子与定子齿数比的增大,螺杆钻具的扭矩增大但转速降低,其效率逐渐趋于下降;螺杆钻具的扭矩与液压马达的工作压降成正比,转速取决于钻井液的流量,在钻井泵排量一定的情况下,其转速几乎不受扭矩和钻压的影响,而井底钻压的增加,会引起钻具扭矩的增大,相应地使通过钻具的钻井液压差增大,引起泵压上升。因此,钻井泵的压力表可当作钻压表使用,司钻可通过观察立管压力表的读数,确定钻井技术参数。另外,根据该钻具的压力降还可算出钻头在井底工作时的扭矩,因此,可以比较准确地计算钻具的反扭角,从而打出更优质的定向井。

2. 螺杆钻具的合理使用

1)入井前的检查准备

螺杆钻具下井前必须做好以下工作:
(1)仔细阅读使用说明书。

(2)钻具入井前要认真检查钻具两端的连接螺纹、台肩及外壳有无变形,轴承磨损程度是否超过规定标准。

(3)测量螺杆钻具长度及外形尺寸,识别两端接头扣型。

(4)用木棒下压旁通阀的活塞至下限点,然后松开,检查弹簧的复位能力。

2)井口试运转

(1)用提升短节将螺杆钻具提入井口,卡上卡瓦和安全卡瓦,接上方钻杆紧扣。

(2)取下卡瓦和安全卡瓦,将螺杆钻具的旁通阀部位下放至转盘面以下,小排量开泵检查旁通阀的开关及马达的运转情况,并记录马达启动时的排量。

(3)观察停泵时是否有钻井液经旁通阀流出。

3)下钻入井

地面检查完毕,接上钻头,下钻入井,下钻时观察指重表,控制下放速度。

4)开泵启动

钻具下到距井底 0.5m 时开泵清洗井底,排量由小到大,启动螺杆钻具,逐渐增加到设计排量,并记录泵压和排量。

5)加压钻进

短时间冲洗井底后,把钻头下放至井底,缓慢加压,并注意泵压变化。在钻进 1m 后再逐步加至正常钻压或允许工作压差,开始正常钻进,并记下此时的钻压(泵压)值。

6)钻进中井下情况的判断

地层岩性变化、钻压大小、钻头磨损等情况都会改变钻头扭矩,可通过观察立管压力的变化分析判断螺杆钻具和钻头在井底的工作情况。若钻具转速下降,压差超过平均值,则要把钻具提离井底,待压力下降后再缓慢将钻具放至井底继续钻进。

7)起钻

若出现钻速、泵压、转速等突然下降,扭矩突然增大等现象,通过调整钻进参数无效时要及时起钻。

8)技术要求及注意事项

(1)根据钻井条件选择合适的钻具类型和合理的钻进参数,以提高工作效率。

(2)当使用弯接头钻定向井时,定向装置的旋转套、定位键必须和工具对正。

(3)若使用单流阀,则要将其安装在螺杆钻具上面;若在驱动接头和钻头之间加接头,则要尽量缩短其长度,以免方位产生过大变化。

(4)当钻具入井时,要控制下钻速度,遇阻不能硬压或硬砸,也不能划眼,要起钻通井。

(5)钻进时要均匀送钻,防止溜钻、顿钻,以便保持较恒定的转速和扭矩。在钻进过程中,要密切注意泵压变化。

(6)为预防卡钻,在用螺杆钻具正常钻进或取心钻进时,要经常缓慢转动钻具;若使用螺杆钻具滑动钻进进尺较慢,则应注意上下活动钻具。

（7）要保持钻井液清洁,含砂量不大于0.5%。

（8）钻具从井内起出后,要认真检查旁通阀,并将钻具内的钻井液排净。

9）钻进中常见故障的处理

钻进中常见故障的处理见表1-34。

表1-34 螺杆钻具常见故障的分析与处理

故障	原因	处理方法
泵压突然升高	(1)钻压过大,钻具转不动; (2)钻头磨损	(1)提离井底,泵压恢复正常后小钻压钻进; (2)起钻更换钻头
泵压逐渐升高	(1)钻头水眼堵塞; (2)钻头磨损; (3)地层岩性改变	(1)提离井底,检查压力,如果压差高于起始压差,可采用改变排量和上提下放钻具的方法清洗钻头,若无效则起钻; (2)若钻速下降,则起钻换钻头; (3)提离井底,检查压力,若压差与起始压差相同则继续钻进
泵压逐渐下降	(1)钻柱刺漏; (2)发生井漏	(1)起钻检查; (2)检查钻井液出入量,若确认发生井漏则准备堵漏
无进尺	(1)地层岩性改变; (2)钻头磨损; (3)螺杆钻具不转	(1)改变钻压和排量; (2)起钻更换钻头; (3)提离井底,检查压力,然后小钻压钻进

第五节 常用工具准备

一、井口工具

在钻进接单根、起下钻、下套管等作业中,上卸扣要用到一些工具,如吊钳、吊环、吊卡、卡瓦、方补心等,统称井口工具,如图1-52所示。正确使用井口工具有利于安全、优质、快速地完成钻井任务。

1. 吊钳

吊钳又名大钳,是上、卸钻杆螺纹和套管螺纹的专用工具,其结构如图1-53所示。吊钳用钢丝绳吊在井架上,钢丝绳的另一端绕过井架上的滑轮拉至钻台下方,并坠以重物,以平衡吊钳自重,调节工作高度。

1）国产B型吊钳

在以前的钻井操作中普遍适用。主要由吊杆、钳头、钳柄三大部分组成。钳头是用来扣合钻具接头和套管接头的,有5节扣合钳,相互由铰链连接,内面装有钳牙,可抱住管柱。88.9～298.5mm直径的B型吊钳可用于上卸钻具螺纹;338.5～508mm直径的B型吊钳可用于上紧套管螺纹。

由于B型吊钳在工作中费时费力,而且很不安全,现在已很少使用。

2) 国产 $Q_{10}Y-M$ 型液压大钳

目前现场采用较多的是国产 $Q_{10}Y-M$ 型液压大钳。其主要作用是：正常钻进时上卸方钻杆；起下钻时在扭矩不超过 100kN·m 范围内上卸钻杆接头；上卸直径为 203mm 的钻铤；甩钻杆时调节吊杆的螺旋杆使钻头和小鼠洞倾斜方向基本一致，可用棕绳或钢丝绳牵至井架大腿，使钳头对准小鼠洞后即进行甩钻杆操作；钻机传动系统发生故障，绞车、转盘不能工作时，用以活动钻具。

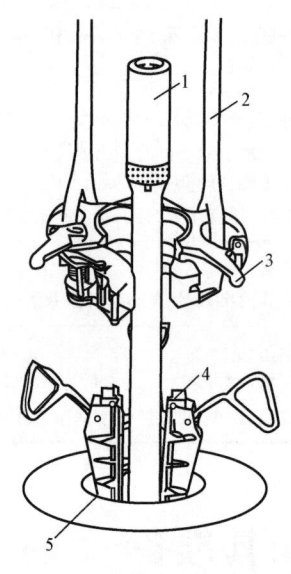

图 1-52　井口工具组合
1—钻杆；2—吊环；3—吊卡；4—卡瓦；5—转盘

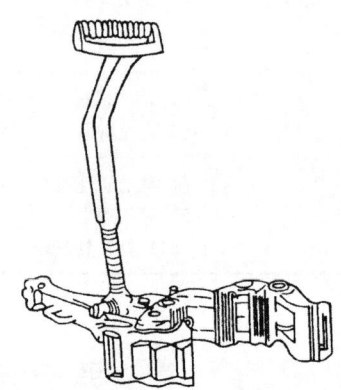

图 1-53　吊钳

在悬重较轻的情况下，为了防止因钻具长时间静止而导致卡钻，可把下钳颚板取出，将钳子送到井口咬住方钻杆或钻杆接头，就可转动坐在转盘上的井下钻具。用低挡（2.7r/min）活动井下钻具的时间不超过半小时。因此，国产 $Q_{10}Y-M$ 型液压大钳在起下钻中安全省力、扭矩可控、速度提高，代替了人工繁重而危险的手工操作。

国产 $Q_{10}Y-M$ 型液压大钳由传动系统、钳头、气控制系统和液压系统组成。

① 传动系统：由高、低速行程变速箱，不停车换挡刹车机构以及减速装置组成。

② 钳头：由卡紧机构、制动机构、复位机构以及浮动体组成。

③ 气控制系统：由气胎离合器、快速放气阀、移送气缸、夹紧气缸、气包、换向阀、气控阀板组成。

④ 液压系统：由油泵、过滤器、手动换向阀、溢流阀、油马达、油箱组成。

2. 吊环

吊环挂在大钩的耳环上用以悬持吊卡，有单臂和双臂两种型式，其结构如图 1-54 所示。吊环结构型式和基本参数已标准化，有统一的型号表示方法，如 DH350，SH150，第一个字母 D 为单臂型，S 为双臂型，第二个字母 H 是"环"字汉语拼音第一个字母，数字表示一副吊环的额定载荷×10kN。吊环长度按供货要求确定。

吊环执行 GB/T 1804《一般公差 未注公差的线性和角度尺寸的公差》、GB/T 3077《合金结构钢》、GB/T 9444《铸钢件磁粉检测》。

吊环的额定载荷系列，DH 型有 DH50，DH75，DH150，DH250，DH350 和 DH500；SH 型有 SH30，SH50，SH75 和 SH150。

DH 型单臂吊环采用高强度合金钢（如 20SiMn2MoVA）整体锻造而成，特别适用于深井作业。SH 型双臂吊环采用一般合金钢（如 35CrMo）锻造、焊接而成，适用于一般钻井作业。

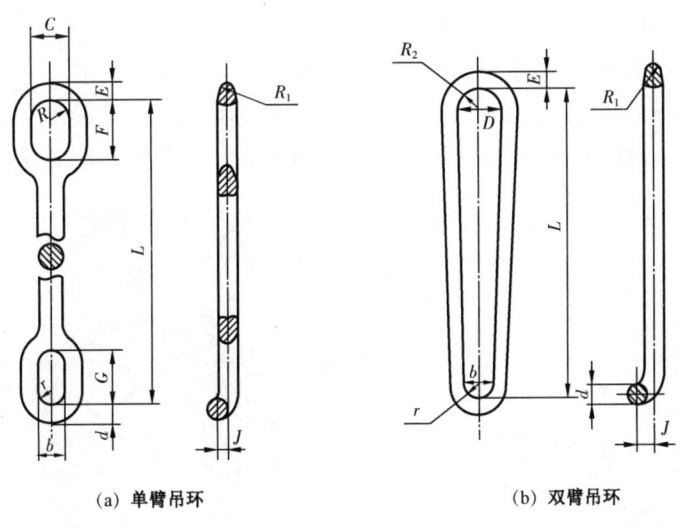

(a) 单臂吊环　　　　　　　(b) 双臂吊环

图 1-54　吊环结构型式

3. 吊卡

吊卡是井口的重要工具之一，如图 1-55 所示。它挂在吊环上，起下钻时，提升和下放钻具，并使钻具坐于转盘，并在钻进中用于接单根。执行 GB/T 1804《一般公差 未注公差的线性和角度尺寸的公差》、GB/T 3077《合金结构钢》、GB/T 9444《铸钢件磁粉检测》。

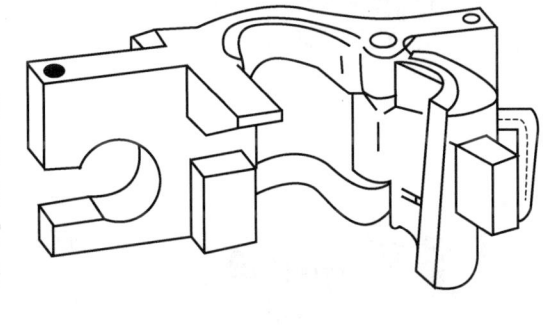

图 1-55　吊卡

吊卡按用途可分为钻杆吊卡、套管吊卡、油管吊卡抽油杆吊卡、双管吊卡、加压吊卡等；按结构型式分为对开式、侧开式（双保险）和闭锁环式三种。其基本参数也已标准化，型号用统一的代号表示：

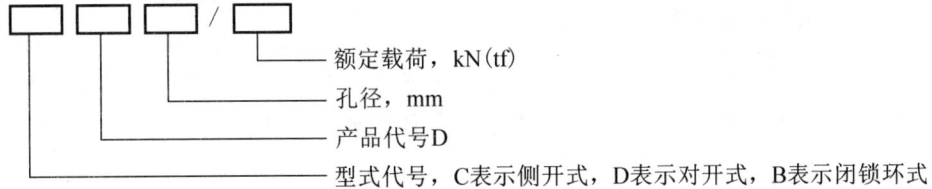

4. 卡瓦

普通卡瓦如图 1-56 所示，外形呈圆锥形，可楔落在转盘的内孔中，组合后其内壁合围成圆孔，并有许多钢牙，在起下钻、下套管或接单根时，可卡住钻杆或套管柱，以防落入井中。

安全卡瓦如图 1-57 所示，它在起下钻铤、取心筒和大直径管子时配合卡瓦使用，可以防止无台肩的管柱（如钻铤）从卡瓦中滑脱，保证作业的安全。增减牙板套的数量可以调整卡持钻铤的尺寸，拧紧调节丝杠上螺母，即可以卡紧夹持的钻铤。安全卡瓦是为无台肩的管柱人工造出一个挡肩，位于卡瓦之上，使其双保险。

动力卡瓦同普通卡瓦一样，是用来把钻杆或套管卡紧在转盘上的工具。它减轻了钻井工人的劳动强度，加快了起下钻速度，提高了工作效率。一般利用压缩空气操作。动力卡瓦的缺点是只能用于起下钻操作，在钻进时要放入小方瓦，需要将动力卡瓦移离井口，使用起来比较麻烦。

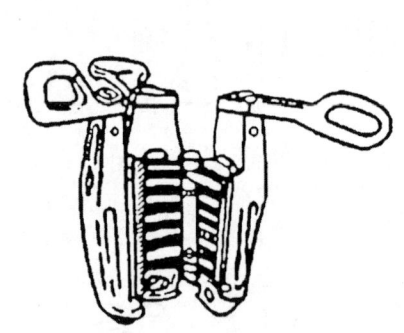

图 1-56 卡瓦

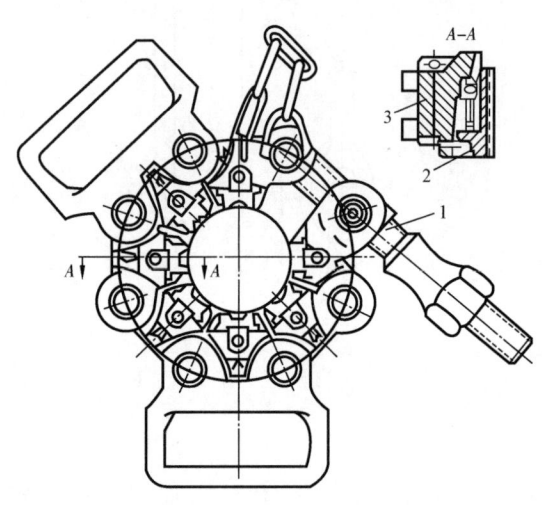

图 1-57 安全卡瓦

5. 方补心

在钻进过程中，转盘旋转通过方补心带动方钻杆转动，方钻杆又带动整个钻柱、钻头转动而破岩钻进。由于钻头的钻进，方钻杆不断向下移动，造成方钻杆与方补心的磨损。为了减少方钻杆在钻进过程中的摩擦阻力，延长方钻杆使用寿命，20 世纪 90 年代初华北油田第二机械厂研制、生产了滚子方补心，整体结构如图 1-58 所示。四个滚子分别与方钻杆的四个面接触，用于带动方钻杆转动，使滑动摩擦变为滚动摩擦，延长了方钻杆使用寿命。滚子用轴承固定在滚子方补心的壳体上。目前油田钻井井队普遍使用滚子方补心。

图 1-58 滚子方补心

二、手工工具

为了完成井场场地上某些管串的连接与卸扣工作和在必要时对某些部件进行吊装检查与维护工作,场地上配有链钳、管钳、倒链(手动链式起重机)、千斤顶及黄油枪等手工工具。

1. 管钳

1) 管钳的用途

管钳用于外径小于110mm厚壁圆形管件螺纹的紧扣或卸扣。

2) 管钳的结构

管钳主要由手柄、调节螺圈、活动板口、牙板四部分组成,如图1-59所示。两块牙板分别固定在手柄和活动板口的端面上,调节螺圈可以调节牙板开口的大小以适应不同尺寸管材螺纹的紧扣和卸扣。

3) 管钳的规格

管钳规格以全长尺寸为准,见表1-35。

表1-35 管钳规格

长度,mm	150	200	250	300	350	450	600	900	1200
最大开口直径,mm	20	25	30	40	45	60	75	85	110

2. 链钳

1) 链钳的用途

用于外径较大、管壁较薄的金属管的螺纹装卸,也可用于管壁较厚的管材上扣、卸扣。

2) 链钳的结构

主要由手柄、钳头、链条等主要部件组成,如图1-60所示。钳头上用销子固定有两块夹板,每块夹板的四边角均做成梯形齿,以便与管壁咬合,防止打滑,链条采用全包式,管子卡在二夹板的锁紧部位,使包合管子的外力分布均匀,更加适合薄壁管材的螺纹上扣、卸扣工作。

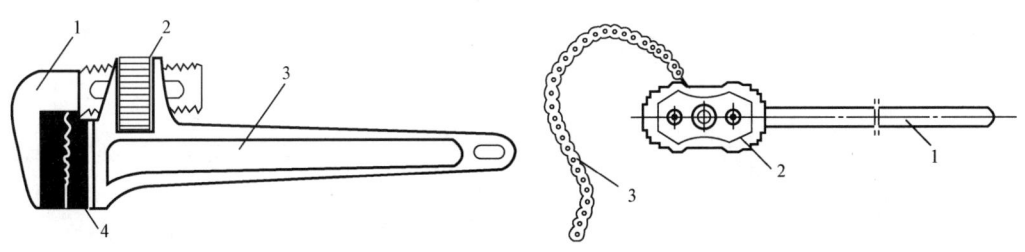

图1-59 管钳
1—活动板口;2—调节螺圈;3—手柄;4—牙板

图1-60 链钳
1—手柄;2—钳头;3—链条

3）链钳的规格

链钳规格见表1-36。

表1-36 链钳规格

规格,mm	900	1000	1200
最大使用口径,mm	50~150	50~200	50~250

3. 倒链（手动链式起重机）

1）倒链的用途

倒链是一种手动轻便的起重工具，主要用于起吊重物。

2）倒链的结构

倒链主要由链轮、手拉链、起重链、传动机构及上、下吊钩等主要部件组成。其中传动机构可分为蜗轮式和齿轮式传动两种。蜗轮式传动由于机械效率低，零件易磨损，目前很少使用。齿轮传动的倒链以SH型应用较为普遍，如图1-61所示。

3）工作原理

当提升重物时，用手向下拉动手拉链，手拉链使传动链轮按顺时针方向转动的同时又沿着圆盘套筒上的螺纹向里移动，迫使棘轮圈和摩擦片紧压在链轮轴上。链轮轴右端的传动齿轮

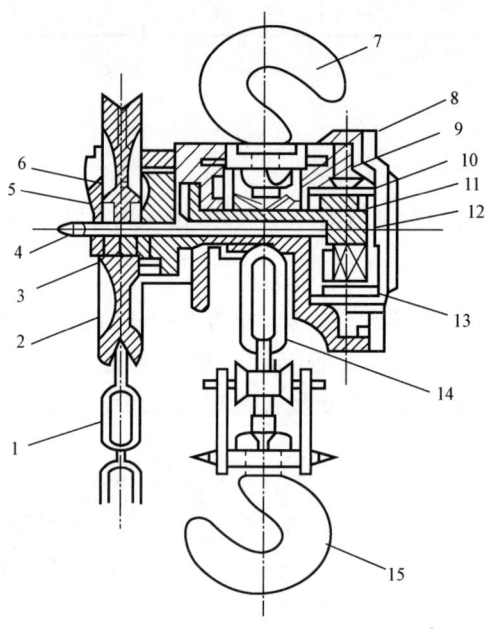

图1-61 SH型倒链结构示意图

1—手拉链；2—传动链轮；3—棘轮圈；4—链轮圈；5—圆盘；6—摩擦片；7—上吊钩；
8—固定齿轮；9—行星齿轮；10—齿轮轴；11—起重链轮；12—传动齿轮；
13—驱动机构；14—起重链；15—下吊钩

带动行星齿轮与固定齿轮相啮合,使行星齿轮以齿轮轴为中心,顺时针方向转动并带动驱动机构和起重链轮转动,在起重链带动下吊钩上升。当停止拉动手拉链时,重物靠自身的重量迫使棘轮圈上的棘爪阻止棘轮圈逆时针转动而使重物停在空中。当下放重物时,手拉链使传动链轮逆时针方向转动并沿圆盘套筒上的螺纹向外移动,而使棘轮圈、摩擦片和圆盘分离,此时行星齿轮以链轮轴为中心逆时针方向转动,同时带动驱动机构和起重链轮转动,使起重链下降。当停止拉动手拉链时,由于重物自身重量的作用,行星齿轮、传动机构、起重链轮还将继续沿逆时针方向转动,使圆盘摩擦片及棘轮圈相互压紧而产生摩擦力,棘轮圈受棘爪阻止,不能逆时针方向转动,使重物停在空中。

4) 倒链的规格

SH 型倒链规格见表 1 – 37。

表 1 – 37 SH 型倒链规格

型号	SH 0.5	SH 1	SH 2	SH 3	SH 5	SH 10
起重量,t	0.5	1	2	3	5	10
起重高度,m	2.5	2.5	3	3	3	5
试验负荷,t	0.625	1.25	2.5	3.75	6.25	12.5
两钩间最小距离,mm	250	430	550	610	840	1000
满载时手拉力,kgf[①]	195～22	21	325～36	345～36	37.5	38.5
质量,kg	11.5～16	16	45～46	45～46	73	170

① 1kgf = 9.81N。

4. 黄油枪

1) 黄油枪的用途

黄油枪用于设备保养,给设备运转部位的轴承加注润滑脂。

2) 黄油枪的结构

黄油枪主要由手压杆、注油杆、阀缸体、储油筒和拉手等部件组成,其结构组成如图 1 – 62 所示。

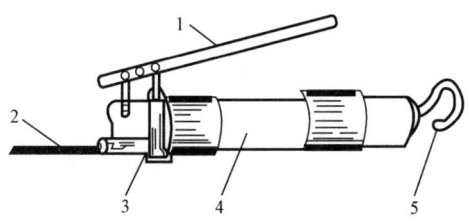

图 1 – 62 黄油枪
1—手压杆;2—注油杆;3—阀缸体;4—储油筒;5—拉手

5. 千斤顶

1) 千斤顶的用途

千斤顶是一种轻便的举升重物的工具,主要用于设备安装时的位置校对或将设备举升到适当位置,以便对某些部件进行更换或修理。

2) 千斤顶的结构

根据动力的传递方式,千斤顶可分为手动螺旋千斤顶(靠机械传递动力)和液压千斤顶(靠液体传递动力)。

手动螺旋千斤顶和液压千斤顶的结构如图1-63、图1-64所示。

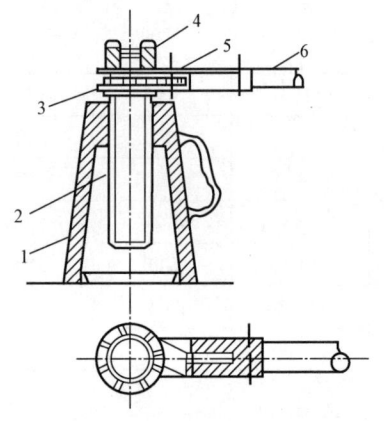

图1-63 手动螺旋千斤顶
1—支架;2—螺旋主杆;3—撑牙壳;4—活塞;
5—棘轮;6—掀动手柄

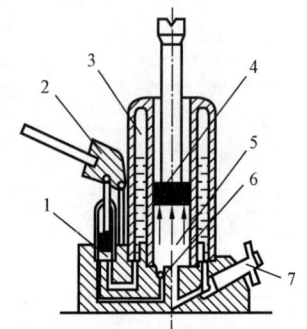

图1-64 液压千斤顶
1—油泵;2—摇把;3—储油箱;4—活塞;
5—工作缸;6—油门;7—回油阀

3) 千斤顶的规格

手动螺旋千斤顶和液压千斤顶的规格分别见表1-38和表1-39。

表1-38 手动螺旋千斤顶规格

型号	起重量,t	起重高度,mm	最低高度,mm	手柄长度,mm	操作力,kgf	自重量,kg
LQ-5	5	130	220	600	16	7.5
LQ-8	8	150	280	600	25	11
LQ-10	10	150	280	600	27	11
LQ-15	15	180	320	700	32	15
LQ-20	20	126	262	1000	60	19
LQ-25	25	126	262	1000	60	19
LQ-30	30	200	395	1000	60	27
LQ-300	30	175	320	1000	60	20
LQ-50	50	250	452	1400	80	47

表 1-39 液压千斤顶规格

型号	起重量 t	最低高度 mm	起升高度 mm	手柄长度 mm	操作力 kgf	操作人数 人	储油量 L	自重量 kg
YQ-5A	5	235	160	620	32	1	0.25	5.5
YQ-8	8	240	160	620	36.5	1	0.30	7
YQ-12.5	12.5	245	160	850	29.5	1	0.35	9.1~10
YQ-16	16	250	160	850	28	1	0.40	13.8
YQ-20	20	285	180	1000	28	1	0.60	20
YQ-30	30	290	180	1000	34.6	1	0.90	30
YQ-32	32	290	180	1000	31	1	1	29
YQ-50	50	300	180	1000	31	1	1.40	43
YQ-100	100	360	200	1000	40	2	3.50	123
YQ-200	200	400	200	1000	40	2	7	227
YQ-320	320	450	200	1000	40	2	11	435

第六节 井口准备与井场布置

一、井口准备

井口准备工作,包括挖圆井、打导管、冲大小鼠洞等,这些准备工作为钻进提供了必要的条件。执行企业标准《石油企业现场安全检查规范 第2部:钻井作业》和SY 5974《钻井井场、设备、作业安全技术规程》。

1. 挖圆井

圆井就是在井口中央挖一口圆形井或方井,深度约为2.5m,并用水泥把井四周固结起来。圆井的目的是降低井口套管头的高度,使得完井以后进行采油作业时,采油树阀门管线的高度在1~2m,便于操作,如图1-65所示。

2. 打导管

导管的作用是在钻表层井眼时,将钻井液从地表引导到钻井装置平面上来。其长度变化较大,在坚硬的岩层中约10~20m,在松软易塌地层则可能上百米。

例如,某地区使用的导管段井眼尺寸660.4mm 套管直径φ508mm,井段0~30m,施工要点如下:

(1)清水开钻。

(2)开孔的关键是保直,方钻杆接钻头,钻压5~10kN,接上钻铤后不超过40kN。

(3)下套管前,吊起508mm 套管鞋,灌上水泥浆,检查套管鞋是否完好。下508mm 套管时,要求上扣到规定扭矩。

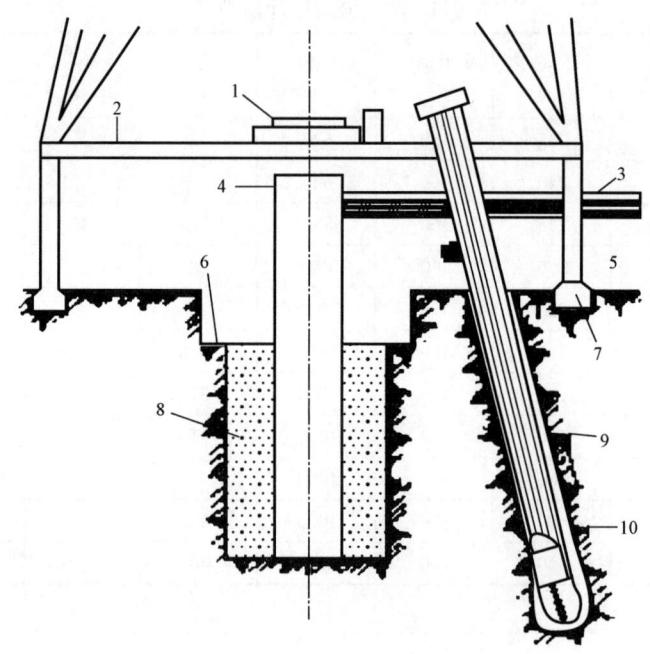

图 1-65 导管鼠洞示意图
1—转盘;2—钻台;3—钻井液出口;4—导管;5—井架底座;
6—圆井;7—井架基墩;8—水泥砂浆;9—鼠洞管;10—鼠洞

(4)导管紧好螺纹,下入井内,注意一定要与转盘找正,使其绝对居中,并用水泥固好,返至地面。封隔地表松散流砂、砂砾层,建立钻井液循环,以利于以后钻进和安装井口。

3. 冲大小鼠洞方法

常用的钻机有两个鼠洞。大鼠洞在起下钻时用于存放方钻杆和水龙头,小鼠洞在接单根时用于存放单根。大鼠洞的位置应在井眼与井架 2 号大腿的连线上,地面距井口约 2.6m,并向井口方向倾斜 8°~10°,小鼠洞位置在井口大门一侧的正前方,地面距井口中心 1.5m 左右。大、小鼠洞一般采用水力冲蚀的方法或采用涡轮、转盘钻鼠洞的方法形成。

1)冲大鼠洞

冲大鼠洞的质量看方钻杆入鼠洞,摘挂水龙头是否方便。冲大鼠洞工作程序如下:

(1)方钻杆先接好冲鼠洞的钻头,在井口钻出井眼,双钳把方钻杆上接头螺纹上紧。

(2)上提方钻杆,卸下钻头,然后下接一根钻铤,再接上冲鼠洞的钻头,钻头直径一般为 324mm,其有效长度可在 20m 以上。

(3)钻头接触地表,开泵下冲,钻台人员要用链钳配合转动方钻杆,边冲边放,深度为使下入的鼠洞管高出钻台平面 0.5m 为宜。

(4)起出钻具,鼠洞内要灌满钻井液或清水。

2)冲小鼠洞

小鼠洞管下的质量如何,直接影响接单根的速度,在钻井现场对冲小鼠洞工作很重视,有的井队队长或技术员亲自组织冲小鼠洞。冲小鼠洞的工作程序如下：

(1)方钻杆下面接钻铤,钻铤上接直径为250mm的钻头,使方钻杆下部长度与小鼠洞管的长度相等为最佳。

(2)冲小鼠洞时,钻头接触地表,调整好钻具位置,然后开泵下冲,边冲边放。

(3)冲小鼠洞的深度等于小鼠洞管的长度。

(4)冲完小鼠洞停泵,上提钻具,并灌满钻井液或清水。

4. 下鼠洞管及固定大小鼠洞管

大鼠洞管是用直径273mm的废旧套管做成,其长度一般为17m左右,比方钻杆长2~3m。大鼠洞管上端可为套管的内螺纹接头,并在接箍下气割直径为80mm对称的两个孔,用于拔鼠洞,而另一端焊成锥形,利于下入鼠洞内,并气割一孔,在拔鼠洞管的时候利于水和钻井液排出。

小鼠洞管一般是用直径为219mm的废旧套管做成,长度为12m左右,其结构与大鼠洞管相似。

钻完鼠洞后,应尽快组织下鼠管,程序如下：

(1)选好绳套,吊起鼠管,把鼠管安全下入鼠洞内。

(2)如果鼠管不到位,可用钻具重量下压,使之符合高度要求。

(3)如果鼠管下入过多,可提到一定高度,用钢丝绳把鼠管固定在井架底座上。小鼠洞上端高出转盘平面0.2m为宜。

(4)固定好鼠管,使之符合要求。

在钻鼠洞和下鼠管过程中需要注意的安全事项：

(1)接钻具、钻头要符合标准。

(2)冲鼠洞时要注意水眼畅通,泵阀门开关正确,开泵、停泵要配合好。

(3)上提鼠管的绳套要选好并拴牢,严防滑脱伤人或碰坏设备。

(4)鼠管下到位置后,要固定牢,防止下沉。

(5)鼠洞管四周要用泥土填平,以防水泥浆灌入。

二、井场布置的一般要求

井场布置执行SY/T 5466《钻前工程及井场布置技术要求》、SY 5225《石油天然气钻井、开发、储运防火防爆安全生产技术规程》、SY 5974《钻井井场、设备、作业安全技术规程》、SY/T 6202《钻井井场油、水、电及供暖系统安装技术要求》、SY/T 5972《钻机基础选型》、SY/T 6199《钻井设施基础规范》、SY/T 6355《石油天然气生产专用安全标志》。

1. 井场概况

井场是在陆地上打井时为便于钻井施工在井口周围平整出来的一片平地,面积根据钻机的大小而定。井场用于安装钻井设备如井架、动力系统、钻井泵及循环系统等,存放钻杆、套管等管材,放置水罐、油罐、钻井液材料及各种配件,有值班房、发电房、库房等临时建筑。井场的空场大小应能满足搬家、安装、固井等作业时大批车辆进出、摆放的需要。对离矿区较远的探井,尚需有职工所需的生活设施,如宿舍、厨房等。如在水面上打井,则用钻井平台来代替井场。图1-66给出了一个井场的布置图。

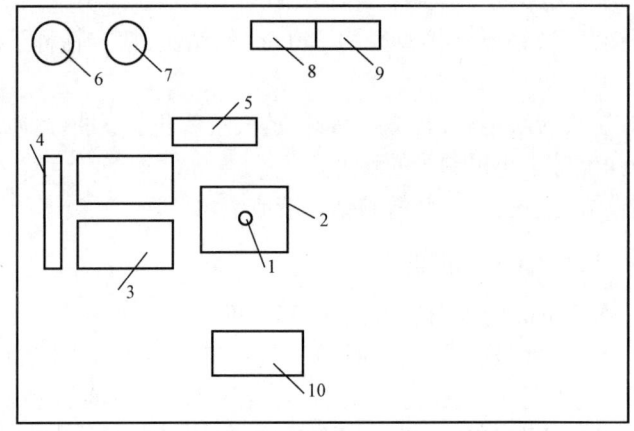

图 1-66 钻井井场
1—井口;2—井架,钻机;3—钻井泵;4—钻井液池;5—固相清除设备,除气设备;
6—水罐;7—油罐;8—值班房;9—库房;10—发电房

2. 井场的布置要求

SY 5974《钻井井场、设备、作业安全技术规程》规定了石油及天然气钻井工程井场安全要求。

1) 公路的要求

应符合 SY/T 5466《钻前工程及井场布置技术要求》的相关规定。

(1) 通往井场的道路(包括沙漠、森林、草原、海滩等无道路的地区),为钻探施工项目修筑的简易道路应满足在建井到完井、试油整个周期内,达到路面平整,其路基(桥梁)承载量、路宽、坡度应满足运送钻井设备与物资的车辆和钻井特殊作业车辆的安全行驶要求,其弯度、会车点的设置间距要充分考虑这些车辆的安全通过性。

(2) 进入井场的公路宜选择在井架大门前(或前偏左、前偏右)。

(3) 公路沿线两侧伸入路面及横跨公路的构筑物的限高,从路面标高到建筑物的净高不得低于 5m。

2) 井场的要求

(1) 井场地面应有足够的抗压强度。场面平整、中间略高于四周,有 1:100~1:200 的坡度,排水良好。在经受各种车辆和自然因素作用下,不发生过大的变形。

(2) 井场周围排水设施要畅通,钻井液大土池和废液池周围要有截水沟,防止自然水浸入。

(3) 基础平面应高于井场面 100~200mm,并应排水畅通。

(4) 井场应配备足够的钻井液储备池(罐),池(罐)应做到不垮、不漏、不渗。

(5) 井场有毒物品应单独储存,设有明显标志区别,并有专人保管和发放。

(6) 井场周围应有围栏等警示标志。

(7) 井场完井后应按规定恢复地貌。

3)各类设备基础的要求

井场各类设备基础应设置在地基承载力较大的挖方上。无论挖地基或人工处理地基,其地基承载能力不得小于0.2MPa。各类设备基础的要求执行SY/T 5972《钻机基础选型》,水泥基础应执行SY/T 6199《钻井设施基础规范》。

承载能力:埋入冻结线下250mm、高于地面100mm;执行SY/T 5466《钻前工程及井场布置技术要求》、GB 50202《建筑地基工程施工质量验收标准》。

4)各类钻机设备基础的要求

各类钻机设备基础,应根据钻机设备的载荷和地基的承载力,决定基础的结构和形式,应按SY 5974《钻井井场、设备、作业安全技术规程》、SY/T 5972《钻机基础选型》执行。

5)井场面积的确定

井场的有效使用面积不小于表1-40的要求(不包括活动住房、其他建筑电力线、通信线、井场外管线等井场附属设施的占地面积)。

表1-40 井场的有效使用面积

钻机级别	井场面积,m^2	长度,m	宽度,m
20及以下钻机	6400	80	80
30	8100	90	90
40	10000	100	100
50	11025	105	105
70及以上钻机	12100	110	110

6)大门方向的确定

井场布置应考虑当地季风的风频、风向。大门方向应背向季节风。

7)井场设备的布置

井场设备应根据地形条件和钻机类型合理布置,利于防爆和操作与管理,执行SY/T 5466《钻前工程及井场布置技术要求》。

8)安全标志的设置

井场、钻台、油罐区、机房、泵房、危险品仓库、净化系统、远程控制系统、电气设备等处应有明显的安全标志牌,并应悬挂牢固。在井场入口、井架上、钻台、循环系统等处设置风向标。井场安全通道应畅通。

9)钻井专用管材的摆放

石油钻井专用管材摆放在专用支架上,高度不得超过三层,各层边缘用绳系牢或专用装置设施固定牢,排列整齐,支架稳固。

10)井场设施的摆放

井场值班房、发电房、锅炉房、材料房、消防器材房等设施应摆放整齐,内外清洁,应符合

SY/T 5466《钻前工程及井场布置技术要求》、SY/T 6276《石油天然气工业 健康、安全与环境管理体系》、SY 5225《石油天然气钻井、开发、储运防火防爆安全生产技术规程》执行,消防器材应按 SY 5974《钻井井场、设备、作业安全技术规程》执行。

11) 场地的要求

井场场地应平整、干净、无积水和油污。废料分类堆放,道路畅通,行走方便。

12) 防洪防潮堤坝的修筑

地处海滩、河滩的井场,在洪汛、潮汛季节应修筑防洪防潮堤坝和采用其他相应预防措施。

13) 安全间距的要求

(1) 油气井井口距高压线及其他永久性设施应不小于 75m;距民宅应不小于 100m;距铁路、高速公路应不小于 200m;距学校、医院及大型油库等人口密集、高危场所应不小于 500m。

(2) 值班房、发电房、库房、化验室等工作房及油罐区距井口不小于 30m,发电房与油罐区相距不小于 20m,锅炉房在井口下风方向距井口不小于 50m。

(3) 在草原、苇塘、林区钻井时,井场周围应有防火墙或隔离带,隔离带宽度不小于 20m。

14) 消防要求

(1) 井场应配备 100L 泡沫灭火器(或干粉灭火器)两个,8kg 干粉灭火器十个,5kg 二氧化碳灭火器两个,消防斧两把,防火锹六把,消防桶八只,防火砂 $4m^3$,20m 长消防水龙带四根,$\phi 19mm$ 直流水枪两支。这些器材均应整齐清洁摆放在消防房内。机房配备 8kg 二氧化碳灭火器三只,发电房配备 8kg 二氧化碳灭火器两只。在野营房区也应配备一定数量的消防器材。

(2) 消防器材由专人挂牌管理,定期维护保养,不应挪为他用,消防器材摆放处,应保持通道畅通,取用方便,悬挂牢靠。

(3) 井场内不应吸烟。

(4) 在探井、高压井、气井的施工中,立管至钻井泵上的供水管线上宜有合格的消防管线接口。

(5) 井场火源、易燃易爆物源的安全防护应符合 SY 5225《石油天然气钻井、开发、储运防火防爆安全生产技术规程》中的要求。

15) 大门绷绳的要求

(1) 绷绳坑距井口 30~35m,坑长 15m,宽 1.5m,坑深 2m,坑木 $\phi 250mm \times 1m$(或用钢筋混凝土的地锚),并用石块和土夯实。

(2) 绷绳应用 $\phi 19mm$ 的钢丝绳组成,长 40~45m,绷绳应固定牢固,死滑轮封口拴牢。

16) 通信要求

(1) 井场通信设施宜安装在井场以外的安全地方。

(2) 井场内应使用防爆通信工具。

(3) 应满足 24h 与生产指挥机构的正常通信联络。

第二章 钻井液使用与维护

钻井液是钻井的"血液",在钻井作业中起着非常重要的作用,并贯穿整个钻井过程的始终。正确使用与维护钻井液,就必须了解钻井液的组成与功用、钻井液的配浆材料、钻井液性能测定以及复杂地层的钻井液技术;同时在实际使用与维护钻井液过程中,还要严格执行相关标准,保证钻井作业的顺利实施。

第一节 钻井液的组成与功用

钻井液是指油气钻井过程中以其多种功能满足钻井工作需要的各种循环流体的总称。钻井液又称作钻井泥浆。钻井液工艺技术是油气钻井工程的重要组成部分,是实现健康、安全、快速、高效钻井、保护油气层、提高油气产量的重要保证。

一、钻井液的组成和分类

1. 钻井液的组成

分散体系是指一种或多种物质分散在另一种物质中所形成的体系。被分散的物质称为分散相(不连续相),另一种物质称为分散介质(连续相)。热力学上把体系中物理性质和化学性质完全相同的均匀部分称为相,相与相之间有明显的相界面。钻井液是由分散介质(连续相)+分散相+化学处理剂组成的分散体。比如,以水为连续相的水基钻井液是由水(淡水或盐水)+膨润土+各种处理剂、加重材料以及钻屑所组成的多相分散体系。以油为连续相的油包水钻井液是由油(柴油或矿物油)+水滴(淡水或盐水)+乳化剂+润湿剂+亲油固体等处理剂所形成的乳状液分散体系。

2. 钻井液的分类

按密度大小可分为非加重钻井液和加重钻井液;按其与黏土水化作用的强弱可分为非抑制性钻井液和抑制性钻井液;按其固相含量的多少可分为低固相钻井液和无固相钻井液;根据分散(流体)介质不同可分为水基钻井液、油基钻井液、气体型钻井流体和合成基钻井液四种类型。水基钻井液是应用最广泛的钻井液,合成基钻井液是近期出现的一类型新环保钻井液。钻井液分类如图 2-1 所示。

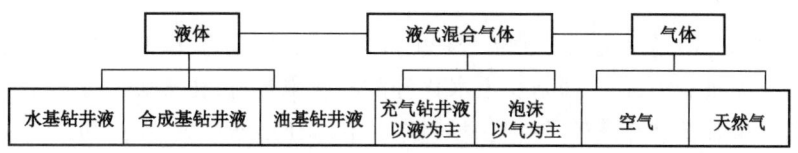

图 2-1 钻井液按分散介质分类

钻井施工

随着钻井液工艺技术的不断发展,钻井液的种类也越来越多,参考国外钻井液分类标准,在国内得到认可的主要钻井液类型有以下几种。

1) 分散钻井液

分散钻井液是指用淡水、膨润土和各种对黏土与钻屑起分散作用的处理剂(简称为分散剂)配制而成的水基钻井液。分散钻井液是出现最早、使用时间最长的一类钻井液。以其配制方法较简单,配制成本较低的优点沿用至今。

分散钻井液的主要特点是可容纳较多的固相,较适于配制高密度钻井液;容易在井壁上形成较致密的滤饼,故其滤失量一般较低。某些分散钻井液,如以磺化烤胶、磺化褐煤和磺化酚醛树脂作为主处理剂的三磺钻井液具有较强的抗温能力,适用于在深井和超深井中使用。但与后出现的钻井液类型相比,因其固相含量高,抑制性、抗污染能力较差,对提高钻速和保护油气层不利。

2) 钙处理钻井液

钙处理钻井液的组成特点是体系中同时含有一定浓度的 Ca^{2+} 和分散剂。Ca^{2+} 通过与水化作用很强的钠膨润土发生离子交换,使一部分钠膨润土转变为钙膨润土,从而减弱水化的程度。分散剂的作用是防止 Ca^{2+} 引起体系中的黏土颗粒絮凝过度,使其保持在适度絮凝的状态,保证钻井液具有良好、稳定的性能。这类钻井液的特点是抗盐、钙污染的能力较强;并且对所钻地层中的黏土有抑制其水化分散的作用,因此可在一定程度上控制页岩坍塌和井径扩大,同时能减轻对油气层的损害。

3) 盐水和饱和盐水钻井液

盐水钻井液是用盐水(或海水)配制而成的。含盐量从1%(Cl^-质量浓度为6000mg/L)直至饱和(Cl^-质量浓度为189000mg/L)之间均属于此种类型。盐水钻井液也是一类对黏土水化有较强抑制作用的钻井液。饱和盐水钻井液是指钻井液中NaCl含量达到饱和时的盐水钻井液体系。它可以用饱和盐水配成,亦可先配成钻井液再加盐至饱和。饱和盐水钻井液主要用于钻其他水基钻井液难以对付的大段岩盐层和复杂的盐膏层,也可以作为完井液和修井液使用。

4) 聚合物钻井液

聚合物钻井液是以某些具有絮凝和包被作用的高分子聚合物作为主处理剂的水基钻井液。由于这些聚合物的存在,体系所包含的各种固相颗粒可保持在较粗的粒度范围内,同时,所钻出的岩屑也因及时受到包被保护而不易分散成微细颗粒。

5) 钾基聚合物钻井液

钾基聚合物钻井液是一类以各种聚合物的钾(或铵、钙)盐和KCl为主处理剂的防塌钻井液。在各种常见无机盐中,KCl抑制黏土水化分散的效果最好;由于使用了聚合物处理剂,这类钻井液又具有聚合物钻井液的各种优良特性。因此,在钻遇泥页岩地层时,可以取得比较理想的防塌效果。

6)油基钻井液

油基钻井液是以油(柴油或矿物油)作为连续相,水或亲油的固体(如有机土、氧化沥青等)作为分散相,并添加适量处理剂、石灰和加重材料等所形成的分散体系。含水量在5%以下的普通油基钻井液已较少使用,主要使用的是油水比在(50~80):(50~20)范围内的油包水乳化钻井液。与水基钻井液相比,油基钻井液的主要特点是能抗高温,有很强的抑制性和抗盐、钙污染的能力,润滑性好,并可有效地减轻对油气层的损害等。因此,这类钻井液已成为钻深井、超深井、大位移井、水平井和各种复杂地层的重要技术手段之一。但是,由于其配制成本较高,以及使用时会对环境造成一定污染,使其应用受到一定的限制。

7)气体型钻井流体

气体型钻井流体是以空气或天然气为流动介质或分散有气体的钻井流体。气体型钻井流体主要适用于钻低压油气层、易漏失地层以及某些稠油油层。其特点是密度低,钻速快,可有效保护油气层,并能有效防止井漏等复杂情况的发生。通常又将气体型钻井流体分为四种类型。

空气或天然气钻井流体:即钻井中使用干燥的空气或天然气作为循环流体。其技术关键在于必须有足够大的注入压力,以保证能将全部钻屑从井底携至地面的环空流速。

雾状钻井流体:即少量液体分散在空气介质中所形成的雾状流体,是空气与泡沫钻井流体之间的一种过渡形式。

泡沫钻井流体:钻井中使用的泡沫是一种将气体介质(一般为空气)分散在液体中,并添加适量发泡剂和稳定剂而形成的分散体系。

充气钻井液:有时为了降低钻井液密度,将气体(一般为空气)均匀地分散在钻井液中,便形成充气钻井液。混入的气体越多,钻井液密度越低。

8)合成基钻井液

合成基钻井液是以人工合成的有机化合物作为连续相,盐水作为分散相,并含有乳化剂、降滤失剂、流型改进剂的一类新型钻井液。由于使用无毒并且能够生物降解的非水溶性有机物取代了油基钻井液中通常使用的柴油,因此这类钻井液既保持了油基钻井液的各种优良特性,同时又能大大减轻钻井液排放时对环境造成的不良影响,尤其适用于海上钻井。

9)保护油气目的钻井液(完井液)

保护油气目的钻井液(完井液)是指在储层中钻进时使用的一类钻井液,当一口井钻达目的层时,所设计的钻井液不仅要满足钻井工程和地质的要求,而且还应满足保护油气层的需要。比如,钻井液密度和流变参数应调控至合理范围,滤失量尽可能低,所选用的处理剂应与油气层相配伍,以及选用适合的暂堵剂等。

10)不侵入地层钻井液

不侵入地层钻井液是20世纪90年代发展起来的一种新型钻井液,也可作为完井液或修井液使用,它的特点是通过使用加入到水基或油基钻井液中的专用的聚合物型添加剂,使聚合物胶束在井筒周围一定深度的地层形成一个具有一定强度的封储层。

二、钻井液的基本功用

1. 钻井液的循环过程

钻井液的循环是通过钻井泵来维持的。从钻井泵排出的高压钻井液经过地面高压管汇、立管、水龙带、水龙头、方钻杆、钻杆、钻铤到钻头,从钻头喷嘴喷出,然后再沿钻柱与井壁(或套管)形成的环形空间向上流动,返回地面后经排出管线、振动筛流入钻井液池,再经各种固控设备进行处理后返回上水池,进入再次循环,这就是钻井液的循环过程和循环系统。

2. 钻井液的功用

1) 携带和悬浮岩屑

钻井液最基本的功用就是通过循环,将井底被钻头破碎的岩屑携带到地面,保持井眼清洁,保证钻头在井底始终接触和破碎新地层,不造成重复切削,保持安全快速钻进。在接单根、起下钻或因故停止循环时,钻井液又能将留存在井内的钻屑悬浮在环空中,使钻屑不会很快下沉,防止沉砂卡钻等情况。

2) 稳定井壁

井壁稳定、井眼规则是实现安全、优质、快速钻井的基本条件。性能良好的钻井液应能借助于液相的滤失作用,在井壁上形成一层薄而韧的滤饼,稳固已钻开的地层,并阻止液相侵入地层,减弱泥页岩水化膨胀和分散的程度。

3) 平衡地层压力和岩石侧压力

在钻井工程设计和钻进过程中需要通过不断调节钻井液密度,使液柱压力能够平衡地层压力和地层侧压力,从而防止井喷和井塌等井下复杂情况的发生。

4) 冷却和润滑作用

钻进时,钻头一直在高温下旋转破碎岩层,产生大量热量;钻具也不断与井壁摩擦而产生热量。通过钻井液的循环,将这些热量及时带走,从而起到冷却钻头、钻具,延长其使用寿命的作用。由于钻井液的存在,使钻头和钻具均在液体内旋转,因此在很大程度上降低了摩擦阻力,起到了很好的润滑作用。

5) 传递水动力

钻井液在钻头喷嘴处以极高的流速喷出,所形成的高速射流对井底产生强大的冲击力,从而提高了钻井速度和破岩效率。高压喷射钻井就是利用这个原理,显著地提高了机械钻速。在使用涡轮钻具钻进时,钻井液由钻杆内以较高流速流经涡轮叶片,使涡轮旋转并带动钻头破碎岩石。

6) 获取地下信息

通过岩屑和钻井液性能的变化获得井下各种信息,为钻井施工提供制订技术措施的依据。此外,为了防止和尽可能减少对油气层的损害,现代钻井技术还要求钻井液必须与所钻遇的油气层相配伍,满足保护油气层的要求;为了满足地质上的要求,所使用的钻井液必须有利于地层测试,不影响对地层的评价;钻井液还应对钻井人员及环境不发生伤害和污染,对井下工具及地面装备不腐蚀或尽可能减轻腐蚀。

一般情况下,钻井液成本只占钻井总成本的7%~10%,然而先进的钻井液技术往往可以成倍地节约钻时,从而大幅度地降低钻井成本,带来十分可观的经济效益。

三、钻井液技术的发展

钻井液工艺技术是油气钻井工程的重要组成部分,它在确保安全、优质、快速钻井中起着关键性的作用。国内外钻井实践表明,钻井液工艺技术的发展,促进了钻井工艺技术的发展,钻井工艺技术的发展反过来对钻井液工艺技术提出更高的要求。

1. 水基钻井液的发展概况

1)自然造浆阶段

1914—1916年,在打井的最初阶段,钻井是用清水作为洗井液的。钻屑里的黏土分散在水中,清水逐渐变成混水而成为钻井液,也就是所谓自然造浆。这种最原始的钻井液主要解决携带岩屑、净化井底和平衡地层压力等问题。因为没有使用化学处理剂,存在着滤失量高、性能不稳定和易引起井塌、卡钻等一系列问题。

2)细分散钻井液阶段

20世纪20—60年代,人们发现使用人工预先配制的钻井液比使用清水具有更好的功能,此时钻井液才逐渐成为了一项工艺技术。主要解决的问题是钻井液性能的稳定性和井壁稳定问题,典型技术是研制出简单的钻井液性能测定仪器,使用了专门黏土配浆和分散性化学处理剂,于是形成了以细分散钻井液为主的淡水泥浆。

3)粗分散钻井液阶段

从20世纪60年代开始,随着世界石油工业的迅速发展,钻井的数量、速度和深度均显著增长,所钻穿的地层也更加复杂多样,裸眼井段也越来越长,对钻井液性能提出了更高的要求。各种配制钻井液的原材料和处理剂的研究与使用,其性能与钻井工作关系的研究,研制出各种钻井液测试仪器和设备,使钻井液工艺技术也得到不断发展。

主要解决的问题是对付石膏、盐的污染,解决温度的影响等问题。典型技术包括各种盐水泥浆、钙处理钻井液以及形成了多达16大类的各种处理剂。显著标志是出现了新的一类钻井液处理剂——无机絮凝剂,主要是含钙离子的电解质,如石灰、石膏、氯化钙等。同时,一些抗盐抗钙能力强的处理剂发展起来,如铁铬木质素磺酸盐、钠羧甲基纤维素等。

4)聚合物不分散钻井液阶段

20世纪70年代以后,随着井深的逐渐增加,更多地钻遇高温高压及各种复杂地层,配合钻井工艺技术的钻井液技术也有了更快的发展。主要解决的问题是快速钻井和保护油气层问题,包括影响钻速和井壁稳定各种因素等。典型技术是钻井液类型不断增多,包括不分散低固相钻井液、气体钻井、保护油气层的钻井液、完井液,特别是不分散低固相聚合物钻井液的出现,使高压喷射钻井等新工艺措施得以实现,是钻井液技术发展进程中取得的重要突破。

实践证明,聚合物钻井液在提高机械钻速、稳定井壁、携带岩屑和保护油气层等方面均明显好于其他类型的水基钻井液。

2. 油基钻井液的发展概况

油基钻井液是另一大类钻井液。由于其配制成本比水基钻井液高得多,一般只用于高温深井、海洋钻井,以及钻大段泥页岩地层、大段盐膏层和各种易塌、易卡的复杂地层。

大约在20世纪20年代就用原油作为洗井介质,但其流变性和滤失量均不易控制;到了50年代,形成了以柴油为连续介质的油基钻井液和油包水乳化钻井液;为了克服油基钻井液钻速较低的缺点,70年代又发展了低胶质油包水乳化钻井液,为了进一步增强其防塌效果,还研制出了活度平衡的油包水乳化钻井液;80年代以来,为加强环境保护,特别是为了避免钻屑排放对海洋生态环境的影响,又出现了以矿物油作为连续相的低毒油包水乳化钻井液。

3. 气体型钻井流体

气体型钻井流体是第三大类钻井流体体系,这类流体主要应用于钻低压易漏地层、强水敏性地层和严重缺水地区。从20世纪30年代起,气体型钻井流体就开始应用于石油钻井中。由于受到诸多限制,应用并不十分广泛。近年来,随着欠平衡钻井技术和保护油气层技术的发展,气体型钻井流体,特别是泡沫和充气钻井流体的研究和应用受到了广泛重视。

4. 现代钻井液技术

近年来,钻井领域出现了大位移井钻井、欠平衡钻井、多分支井钻井、连续管钻井等一系列钻井新技术,推动了钻井液和完井液技术的发展。现代钻井液新技术研究主要是在符合环保要求、防止地层损害、稳定井壁、适应高温高压恶劣环境、防漏堵漏、钻井液管理等方面取得了突破性进展。例如,聚合醇类钻井液、硅酸盐钻井液、甲酸盐钻井液、合成基钻井液、正电胶钻井液、甲基葡萄糖甙钻井液、新型暂堵型钻井完井液、新型无固相钻井完井液等,满足了环保、油气层保护、稳定井壁和应付恶劣钻井环境的要求;适应各种特殊工艺井钻井液技术很快发展;在保护油气层、井壁稳定的基础研究和钻井液用原材料和处理剂研制等方面都有新进展,钻井液技术进步也推动了钻井技术的发展。

5. 我国钻井液应用技术发展回顾

我国钻井液工艺技术的发展历程与国际上该项技术的发展基本相似,也是经历了最初的自然造浆和细分散钻井液等阶段,代表性标志为钙处理钻井液阶段、三磺钻井液阶段、聚合物钻井液阶段和钻井液新技术阶段。

我国从1952年开始用石灰处理钻井液并逐渐成熟,钙处理钻井液是20世纪60年代到70年代初主要使用的钻井液类型。

三磺钻井液是20世纪70年代后期大多数井,特别是深井所使用的钻井液类型。该体系能有效降低钻井液高温高压失水,提高井壁稳定性,我国最深的几口井都是用此类钻井液钻成的,有人称这是我国钻井液技术的第一大进步。

聚合物钻井液开始时叫不分散低固相钻井液,是在20世纪70年代后期,配合"喷射钻井技术"和"优选参数钻井技术",利用丙烯酰胺聚合物形成的一种钻井液体系。为了能使聚合物钻井液能很好地适应深井钻井条件,又在三磺水基钻井液基础上引入阴离子型丙烯酰胺类聚合物,出现了聚磺钻井液,被称为我国钻井液技术的第二大进步。20 世纪 80 年代末,在聚合物分子结构上引入阳离子基团或两性离子基团,出现了阳离子聚合物钻井液和两性离子聚合物钻井液,很好地解决了地层抑制性问题,被称为我国钻井液技术的第三大进步。

我国钻井液新技术的研究与应用,保持与世界先进技术同步,在某些方面已经达到国际先进水平。

四、钻井液应用技术发展方向

钻井液工艺技术的发展是和钻井工艺技术发展紧密联系在一起的,是和钻井液化学应用技术直接相关的,当前钻井液工艺技术的关键大致包括以下方面:

(1)适用于深井、抗高温、抗盐、抗钙或镁的增黏剂、降滤失剂、降黏剂和流型改进剂的研制及复杂条件下深井抗高温高密度钻井液窄安全密度(压力)窗口的钻井及钻井液技术。

(2)复杂易坍塌地层的泥页岩稳定剂、井壁封固剂和堵漏剂研制及井壁失稳机理研究与防塌钻井液技术。

(3)大斜度井、大位移井、水平井、多底井和小井眼等特殊工艺井用润滑剂、井壁稳定剂、流型改进剂和低伤害处理剂的研制及钻井液技术。

(4)欠平衡钻井液技术。

(5)保护储层,尤其是保护低渗透油气层的各种处理剂研制及钻井液、完井液技术。

(6)环境友好、低成本的天然材料改性产品、满足环境保护要求的合成聚合物处理剂研制及环境可接受钻井液体系的研究及应用技术。

(7)钻井液无害化处理技术。

(8)计算机信息技术在钻井液中的应用和现场钻井液管理技术。

第二节　钻井液的配浆材料

一、黏土胶体化学基础知识

黏土是钻井液的主要成分,其矿物组成和性质对钻井液的性能影响很大;钻井过程中遇到的地层黏土的特性与井眼稳定、油气层保护密切相关。

1. 几种主要黏土矿物的晶体构造

1)黏土矿物的基本构造单元

组成各种黏土矿物的基本构造单元是硅氧四面体和铝氧八面体。

2)几种主要黏土矿物的晶体构造

(1)高岭石:

高岭石的单元晶层构造是由一片硅氧四面体晶片和一片铝氧八面体晶片组成的,称为 1∶1 型黏土矿物。单元晶层到相邻的单元晶层的垂直距离称为晶层间距,如图 2-2 所示。此

种构造单元晶层在 a 轴和 b 轴方向上连续延伸,在 c 轴方向上以一定间距层层地重叠构成晶体。

在高岭石单元晶层上,硅氧四面体的顶尖指向铝氧八面体,单元晶层一面为 OH 层,另一面为 O 层,层与层之间容易形成氢键,故晶层之间连接紧密;高岭石几乎无晶格取代现象,阳离子交换容量小,水分不易进入晶层中间。高岭石为非膨胀型黏土矿物,其水化性能差,造浆性能不好。在钻井过程中,含高岭石的泥页岩地层易发生剥蚀掉块,必须予以重视。

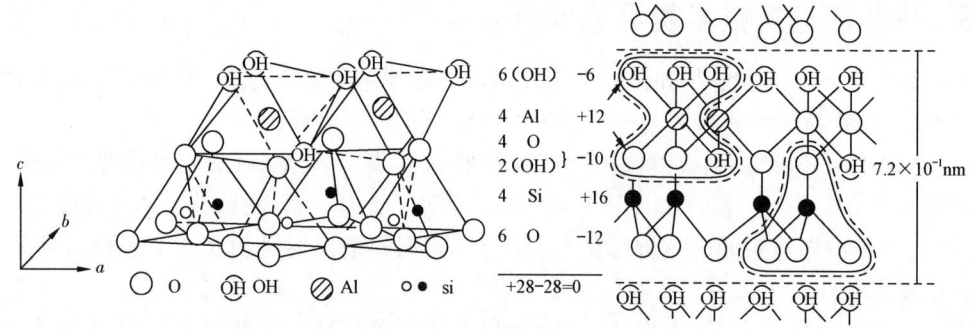

图 2-2 高岭石晶体构造示意图

(2)蒙脱石:

蒙脱石的晶层单元是由两片硅氧四面体晶片夹一片铝氧八面体晶片组成,每个四面体顶点的氧都指向晶层中央,如图 2-3 所示。此种构造单元晶层同样在 a 轴和 b 轴方向上连续延伸,而在 c 轴方向上以一定间距层层地重叠构成晶体。

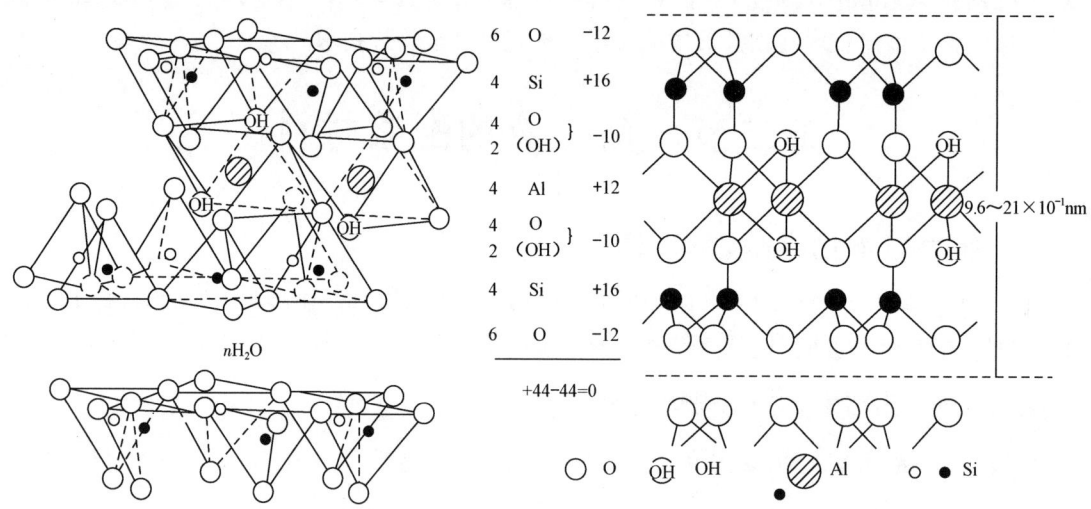

图 2-3 蒙脱石晶体构造示意图

蒙脱石晶层上下两面皆为氧原子,各晶层之间以分子间力连接,连接力弱,水分子易进入晶层之间引起晶格膨胀;更重要的是由于晶格取代作用,蒙脱石带有较多的负电荷,能吸附等电量的阳离子,水化的阳离子进入晶层之间,致使 c 轴方向上的间距增加。所谓晶格取代作用是指在晶体结构中某些原子或离子被其他化合价不同的原子或离子取代而晶体骨架保持不变的作用。例如，蒙脱石晶体中一个 Al^{3+} 被一个 Mg^{2+} 取代，会产生一个负电荷（该负电荷吸附周围溶液中的阳离子来达到电荷平衡）。晶格取代作用可以发生在八面体中，也可以发生在四面体中。

蒙脱石是膨胀型黏土矿物，其晶层的所有表面，包括内表面和外表面都可以进行水化及阳离子交换，如图 2-4 所示。蒙脱石具有很大的比表面，可以大至 $800m^2/g$。

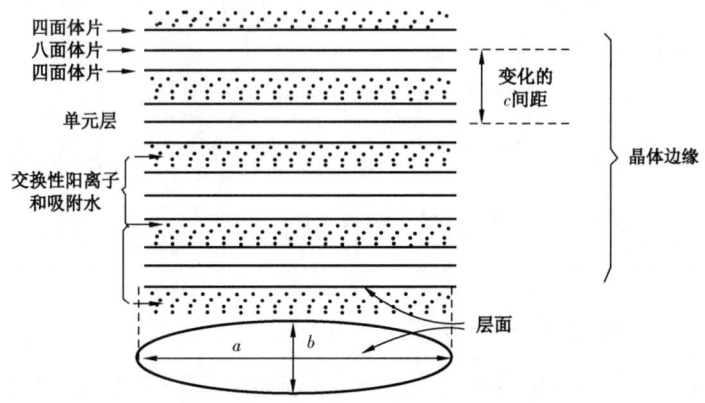

图 2-4　三层型膨胀型黏土晶格示意图

(3) 伊利石：

伊利石也称为水云母，是三层型黏土矿物，其晶体构造和蒙脱石类似，主要区别在于晶格取代作用多发生在四面体中，Al^{3+} 取代 Si^{4+}，产生的负电荷主要由 K^+ 来平衡，其结构如图 2-5 所示。

伊利石的负电荷主要产生在四面体晶片，离晶层表面近，K^+ 与晶层的负电荷之间的静电引力比氢键强；K^+（直径 0.266nm）的大小刚好嵌入相邻晶层间的氧原子网格形成的六角环空

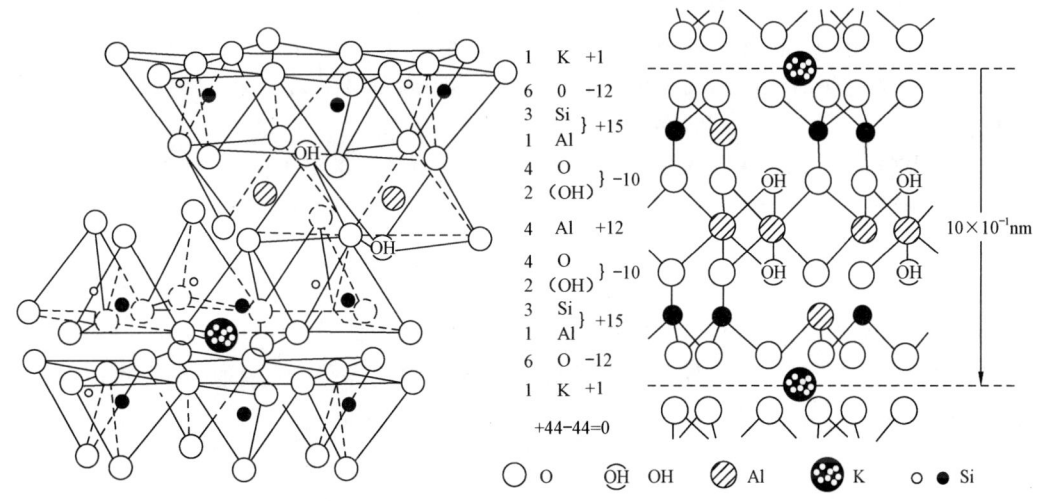

图 2-5　伊利石晶体构造示意图

穴中,是不能交换的,K^+连接通常非常牢固。因此,伊利石不易水化膨胀。

然而,在每个黏土颗粒的外表面的K^+却能发生离子交换。因此,其水化作用仅限于外表面,水化膨胀时,它的体积增加的程度比蒙脱石小得多。

伊利石是最丰富的黏土矿物,存在于所有的沉积年代中,而在古生代沉积物中占优势。钻井遇到含伊利石为主的泥页岩地层时,常常发生剥落掉块。

黏土矿物的晶体构造,特别是其表面构造和钻井液关系最密切,因为黏土和水以及处理剂的作用主要是在表面上进行的。

三种黏土矿物的特点见表2-1。

表2-1 三种黏土矿物的晶体构造和物理化学性质的特点

矿物名称	晶型	晶层间距$\times 10^{-1}$nm	层间引力	CEC,mmol·$(100g)^{-1}$
高岭石	1:1	7.2	氢键力,引力强	3~5
蒙脱石	2:1	9.6~40.0	分子间力,引力弱	70~130
伊利石	2:1	10.0	引力较强	20~40

2. 黏土—水分散体系的电学性质

通过黏土—水分散体系的电泳和电渗实验可以证明黏土颗粒带负电荷,黏土的电荷影响黏土的特性,钻井液中处理剂的作用、钻井液胶体的分散、絮凝等性质受黏土电荷的影响。

1)黏土颗粒的带电原因

黏土在自然界形成时发生晶格取代作用使黏土颗粒带负电荷,这种负电荷的数量取决于晶格取代作用的多少,而不受pH值的影响,被称为永久负电荷。不同的黏土矿物晶格取代情况是不相同的,蒙脱石的永久负电荷主要来源于铝氧八面体中的一部分铝离子被镁、铁等二价离子所取代,伊利石的永久负电荷主要来源于硅氧四面体晶片中的硅被铝取代,高岭石几乎没有晶格取代。

黏土所带电荷的数量随介质的pH值改变而改变,这种电荷叫作可变负电荷。比如黏土晶体端面上Al—OH在碱性环境中解离H^+,使黏土带负电荷;黏土晶体的端面上吸附了OH^-、SiO_3^{2-}等无机阴离子使黏土带负电荷;黏土晶体吸附有机阴离子聚电解质使黏土带负电荷等等。

黏土晶体端面上Al—OH在酸性环境中解离,可以使黏土带正电荷;片状的黏土在外力作用下,在a,b平面上结合键断裂,形成细小颗粒,在黏土颗粒断键边缘处一端带正电荷(另一端带负电荷)。

所以,晶格取代主要使钻井液中黏土颗粒层表面带负电荷;Al—OH键离解使钻井液中黏土颗粒层表面和端表面带负电;钻井液中黏土通过氢键吸附体系中的OH^-使黏土颗粒表面带负电,吸附各种电解质处理剂也使黏土颗粒带电;断键使黏土颗粒端表面一端带正电荷,另一端带负电荷。

2)黏土的带电规律

综上所述,黏土种类不同,带电原因不同,所带电荷多少不同,蒙脱石带电多,高岭石带电少;黏土颗粒不同部位所带电荷多少不同,层表面带电多,端表面带电少,层表面带负电荷,端表面所带电荷有正有负；黏土所带正电荷与负电荷的代数和即为黏土晶体的净电荷数，由于黏土所带负电荷一般多于正电荷，黏土颗粒一般都带负电荷。

3) 黏土颗粒的带电状态

带电黏土颗粒周围分布着电荷数相等、溶剂化的反离子，受黏土表面负电荷的吸引靠近黏土颗粒表面。同时，由于反离子的热运动，又有扩散到液相内的能力。固体表面上紧密地连接着的部分反离子，构成图2-6中的吸附层，其余反离子带着其溶剂化壳，扩散地分布到液相中，构成扩散层。

当胶粒运动时，界面上的吸附层随着胶粒一起运动，与外层错开，吸附层与外层错开的界面称为滑动面。从吸附层界面（滑动面）到均匀液相内的电位，称为电动电位（或 ζ 电位），从固体表面到均匀液相内部的电位，称为热力学电位。热力学电位

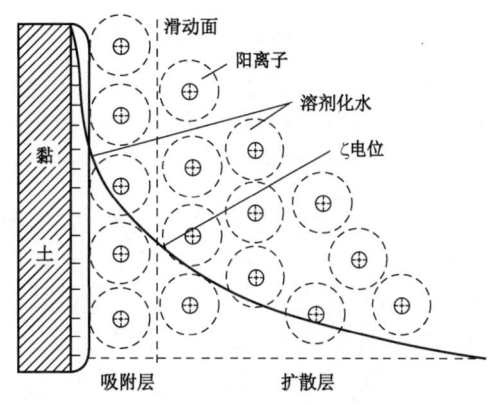

图 2-6 黏土颗粒扩散双电层

取决于固体表面所带的总电荷，而 ζ 电位则取决于固体表面电荷与吸附层内反离子电荷之差。

4) 黏土的水化和分散

(1) 黏土的水化作用：

黏土的水化作用是指黏土颗粒吸附水分子形成水化膜，使晶格层面间的距离增大发生膨胀的作用。黏土的水化作用是影响钻井液性能和井壁稳定的重要因素。

(2) 黏土水化膨胀作用的机理：

黏土矿物的水分按其存在的状态可以分为结晶水、吸附水、自由水等三种类型。结晶水是黏土矿物晶体构造的一部分，只有温度高于300℃以上时，结晶受到破坏，这部分水才能释放出来。吸附水是具有极性的水分子被吸附到带电的黏土颗粒表面上，在黏土颗粒周围形成一层水化膜，这部分水随黏土颗粒一起运动，所以也称为束缚水。自由水存在于黏土颗粒的孔穴或孔道中，不受黏土的束缚，可以自由地运动。黏土水化膨胀受表面水化力、渗透水化力和毛细管作用制约。

(3) 影响黏土水化的因素：

黏土晶体不同部位对水化的影响，黏土晶体表面的水化膜厚度是不均匀的，黏土的表面水化膜主要是阳离子水化造成的，黏土晶体所带的负电荷大部分集中在层面上，层面吸附的阳离子也多，水化膜厚；黏土晶体端面上带电量较少，水化膜薄。

黏土矿物种类对水化的影响，黏土矿物不同，带电量不同，水化作用的强弱也不同。蒙脱石的带电量多，阳离子交换容量高，水化性最好，分散度也最高；而高岭石带电量少，阳离子交换容量低，水化差，分散度也低，颗粒粗，是非膨胀性矿物；伊利石由于晶层间 K^+ 的特殊封闭作用，以及黏土单元晶层对层间阳离子产生的静电引力作用，使伊利石水化差，分散度也低，也是非膨胀性矿物。

黏土是配制钻井液的主要原材料，黏土也普遍存在于油气层中，其水化膨胀性对石油钻井和油气开采具有特别的重要性。

3. 黏土—水分散体系的稳定性

黏土—水分散体系是高度分散的多相分散体系,其分散相颗粒介于胶体和悬浮体范围,具有很大的比表面和表面能,属于热力学不稳定体系。在钻井液工艺技术中,用各种方法调整钻井液性能,比如加入各种处理剂,其本质是调整体系的稳定性。分散体系的稳定性包括两个方面,即动力(沉降)稳定性和聚结稳定性。

1)动力稳定性

动力稳定性是指在重力作用下分散相颗粒是否容易下沉的性质。一般用分散相下沉速度的快慢来衡量动力稳定性的好坏。例如,在一个玻璃容器中注满钻井液、静止24h后,分别测定上部与下部的钻井液密度。其差值越小,则动力稳定性越强,说明颗粒沉降速度很慢。影响动力稳定性的因素有以下三个:

(1)重力的影响:重力是影响动力稳定性的决定因素。分散相质点在体系中所受的净重力,主要取决于固体颗粒半径的大小和分散相与分散介质的密度差。因此,为了保证加重剂很好地悬浮,钻井液中用的加重材料必须磨得很细。

(2)布朗运动的影响:布朗运动对于胶体的动力稳定性起着重要作用,颗粒半径越小,布朗运动越剧烈,动力稳定性越好。当颗粒直径大于约 $5\ \mu m$ 时,就没有布朗运动了。

(3)介质黏度对动力稳定性的影响:在液体介质中,固体颗粒下沉的速度与介质黏度成反比,提高介质黏度可以提高动力稳定性。钻井液要求有适当的黏度,这是其重要原因之一。

2)聚结稳定性

聚结稳定性是指分散相颗粒是否容易自动地聚结变大的性质。不管分散相颗粒的沉降速度如何,只要它们不自动降低分散度聚结变大,该胶体就是聚结稳定性好的体系。

动力稳定性与聚结稳定性是两个不同的概念,但是它们之间又有联系。如果分散相颗粒自动聚结变大,所受重力增大,必然引起下沉。因此,失去聚结稳定性,最终必然失去动力稳定性。由此可见,在上述两种稳定性中,聚结稳定性是最根本的。影响聚结稳定性的因素有以下两个:

(1)胶体颗粒间的作用力:对于胶体分散体系来说,胶体颗粒聚结与否,取决于颗粒之间的引力与斥力,颗粒在布朗运动中相互碰撞时,吸力大于斥力,就聚结;反之,则保持其分散状态。

(2)影响聚结稳定性的因素:一般说来,外界因素很难改变吸引力的大小,改变分散介质中电解质的浓度与价态则可显著影响胶粒之间的斥力。随着电解质浓度的升高,胶体颗粒的电动电位降低,斥力降低。

3)黏土颗粒的分散与聚结

当钻井液中的黏土颗粒具有很强的电动电位,水化能力强,水化膜厚,颗粒间的静电斥力和机械阻力使黏土颗粒不能靠近,保持高度分散状态。当钻井液中黏土颗粒的电动电位不太大时,黏土水化也不太好,黏土颗粒棱角边缘处水化很差,这时黏土颗粒能以端—端和端—面方式连接,形成空间网架结构,黏土颗粒呈絮凝状态。如果黏土颗粒的电动电位进一步降低到很小的数值,甚至为零,黏土颗粒水化非常差,黏土颗粒会以面—面方式结合,颗粒变粗,形成聚结。在这种状态下,钻井液稳定性很差,性能变坏,不能满足钻井要求。

二、配制钻井液用黏土

黏土是配制钻井液的主要原料,是获得、调节和维护钻井液性能的基础,有专门的商品黏土供钻井使用。钻井常用黏土有膨润土、抗盐黏土(包括凹凸棒石黏土、海泡石黏土等)及有机膨润土。

1. 膨润土

膨润土是水基钻井液的重要配浆材料,其蒙脱石含量不少于85%。一般要求1t膨润土至少能够配制出黏度为15mPa·s的钻井液16m³。每吨黏土配制黏度为15mPa·s钻井液的体积数称为黏土的造浆率。我国将配制钻井液所用的膨润土分为三个等级;一级为符合API(American Petroleum Institute,美国石油学会)标准的钠膨润土;二级为改性土,经过改性,符合OCMA(Oil Company Materials Association,欧洲石油材料商协会)标准要求;三级为较次的配浆土,仅用于性能要求不高的钻井液。典型黏土的造浆率如图2-7所示。

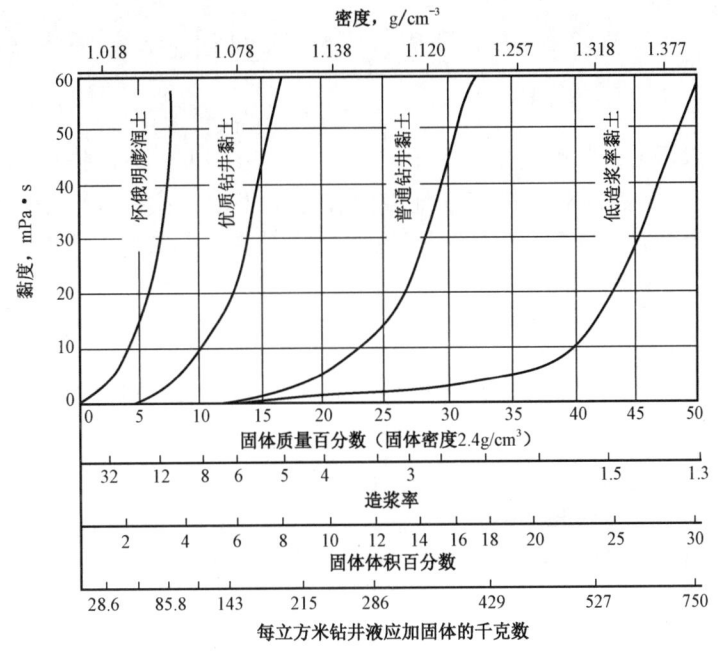

图2-7 黏土的造浆率

由于无机盐对膨润土的水化分散具有一定的抑制作用,膨润土在盐水中的造浆率比在淡水中的造浆率要低。将膨润土先在淡水中预水化,然后再加入盐水中,可以提高其在盐水中的造浆率。

膨润土在钻井液中的主要作用是增加黏度和切力、提高井眼净化能力;形成低渗透率的致密滤饼,降低滤失量;对于胶结不良的地层,可改善井眼的稳定性;防止井漏等。

膨润土适用于淡水和矿化度小于2×10^4mg/L咸水,也可作为钻井液降滤失剂、增黏剂和堵漏剂。

2. 抗盐黏土

海泡石、凹凸棒石和坡缕缟石是较典型的抗盐、耐高温的黏土矿物,主要用于配制盐水钻井液和饱和盐水钻井液。

用抗盐黏土配制的钻井液所形成的滤饼质量通常不好,滤失量较大。因此,必须配合使用降滤失剂。海泡石有很强的造浆能力,用它配制的钻井液具有较高的热稳定性。此外,海泡石还具有一定的酸溶性(在酸中可溶解60%左右),因此,在保护油气层的钻井液中,还可用作酸溶性暂堵剂。

抗盐黏土在盐水钻井液中的作用与膨润土在淡水钻井液中的作用相同。

3. 有机膨润土

有机膨润土(也称亲油膨润土)是用季铵盐类阳离子表面活性剂与膨润土进行离子交换反应制得的,反应如下:

$$\boxed{膨润土}^- Na^+ + [C_{12}H_{25}-N(CH_3)_3]^+ Br^- \rightleftharpoons \boxed{膨润土}^- [C_{12}H_{25}-N(CH_3)_3]^+ NaBr$$

从反应式可以看出,带负电的膨润土与十二烷基三甲基溴化铵阳离子形成静电吸附,带有较长烃链的活性剂分子被牢固地吸附在黏土表面,使黏土表面带有一层亲油层,由原来的亲水变为亲油(即润湿反转),可以在油中分散,其作用与水基钻井液中的膨润土类似。

4. 膨润土的评价鉴定

为了保证膨润土的质量,使用前应先进行评价鉴定。室内评价标准是将膨润土和蒸馏水配制成浓度为6%的钻井液,用1200r/min的速度强烈搅拌15min,不加任何处理剂,测定性能应达到:

(1)塑性黏度应大于15mPa·s。
(2)有效黏度应大于18mPa·s。
(3)动切力应大于1.9Pa。
(4)静切力为0~15Pa。
(5)滤失量小于15mL(0.7MPa,30min)。
(6)含砂量小于0.5%。
(7)pH值为7左右。
(8)细度要求通过200目筛。
(9)黏土密度小于2.70g/cm³。

若现场无上述实验设备,可将膨润土与清水配成密度为1.05g/cm³的钻井液,再加0.5%左右的Na_2CO_3,测量漏斗黏度应大于20s,滤失量小于10mL。

三、无机处理剂

1. 纯碱

即碳酸钠,又称苏打粉,分子式为 Na_2CO_3。无水碳酸钠为白色粉末,密度为 $2.5g/cm^3$,易溶于水,在接近 36℃ 时溶解度最大,水溶液呈碱性,pH 值为 11.5。在空气中易吸潮结成硬块(晶体),存放时要注意防潮。

纯碱在钻井液中的主要用途有:

1)促进黏土的水化分散

碳酸钠可以使钙黏土变成水化分散性好的钠黏土,即:

$$Ca\boxed{土} + Na_2CO_3 \longrightarrow 2Na\boxed{土} + CaCO_3 \downarrow$$

比如,在清水开钻时加入纯碱促进地层黏土水化,加快造浆。由于上述反应能有效地改善黏土的水化分散性能,因此加入适量纯碱可使新浆的滤失量下降,黏度、切力增大。但过量的纯碱会导致黏土颗粒发生聚结,使钻井液性能受到破坏。其合适加量需通过造浆实验来确定。

2)沉除钙离子

碳酸钠可以用来沉除钙离子以处理钙侵,即:

处理石膏侵　$Na_2CO_3 + CaSO_4 \Longrightarrow CaCO_3 \downarrow + Na_2SO_4$

处理水泥侵　$Na_2CO_3 + Ca(OH)_2 \Longrightarrow CaCO_3 \downarrow + 2NaOH$

3)恢复有机处理剂功效

含羧钠基官能团(—COONa)的有机处理剂在遇到钙侵(或 Ca^{2+} 浓度过高)而降低其溶解性时,一般可采用加入适量纯碱的办法恢复其效能。

2. 烧碱

烧碱即氢氧化钠,分子式为 NaOH。其外观为乳白色晶体,密度为 $2.0 \sim 2.28g/cm^3$,易溶于水,溶解时放出大量的热。溶解度随温度升高而增大,水溶液呈强碱性,pH 值为 14,对皮肤和织物有强烈的腐蚀性。烧碱容易吸收空气中的水分和二氧化碳,并与二氧化碳作用生成碳酸钠,存放时应注意防潮加盖。

烧碱在钻井液中的主要作用有:

(1)主要用于调节和控制钻井液的 pH 值。

(2)促进黏土的水化分散使钙黏土变成钠黏土。

(3)与单宁、褐煤等酸性处理剂一起配合使用,使之分别转化为单宁酸钠、腐殖酸钠等有效成分。

(4)用于控制钙处理钻井液中 Ca^{2+} 的浓度。

(5)单独使用 NaOH 溶液可以提高钻井液黏度、切力。但烧碱作用猛烈,加入浓度不易掌握,使用时要注意。现场将烧碱配成浓度一般为 1/5 或 1/10 的溶液使用。

3. 含钙处理剂

1) 石灰

生石灰即氧化钙,分子式为 CaO。吸水后变成熟石灰,即氢氧化钙 $Ca(OH)_2$。CaO 在水中的溶解度较低,常温下为 0.16%,其水溶液呈碱性,对皮肤和织物有腐蚀作用,并且随温度升高,溶解度降低。

石灰在钻井液中的主要用途有:

(1) 在钙处理钻井液中,石灰用于提供 Ca^{2+},以控制黏土的水化分散能力,使之保持在适度絮凝状态。

(2) 配成石灰乳堵调剂封堵漏层。

(3) 在油包水乳化钻井液中,石灰用于使烷基苯磺酸钠等乳化剂转化为烷基苯磺酸钙,并调节 pH 值。

需注意,在高温条件下石灰钻井液可能发生固化反应,使性能不能满足要求,因此在高温深井中应慎用。

2) 石膏

石膏的化学名称为硫酸钙,又名生石膏,分子式为 $CaSO_4 \cdot 2H_2O$,加热到 150℃ 脱水变成烧石膏($CaSO_4 \cdot 1/2H_2O$),又称熟石膏。硬石膏为无水硫酸钙($CaSO_4$)。石膏常温下溶解度较低(约为 0.2%),但稍大于石灰。40℃ 以前,溶解度随温度升高而增大,40℃ 以后,溶解度随温度升高而降低。吸湿后结成硬块,存放时应注意防潮。

在钙处理钻井液中,石膏与石灰的作用大致相同,都用于提供适量的 Ca^{2+}。其差别在于石膏提供的钙离子浓度比石灰高一些,此外用石膏处理可避免钻井液的 pH 值过高。

3) 氯化钙

氯化钙($CaCl_2$),通常含有六个结晶水。其外观为无色斜方晶体、密度为 $1.68g/cm^3$,易潮解,且易溶于水(常温下约为 75%)。其溶解度随温度升高而增大。氯化钙在钻井液中主要用于配制防塌性能较好的高钙钻井液;可用作水泥的速凝剂。在使用氯化钙时注意以下反应:

(1) 易和纯碱作用生成 $CaCO_3$ 沉淀:

$$CaCl_2 + Na_2CO_3 = CaCO_3\downarrow + 2NaCl$$

(2) 易和烧碱反应生成 $Ca(OH)_2$ 沉淀:

$$CaCl_2 + NaOH = Ca(OH)_2\downarrow + 2NaCl$$

用 $CaCl_2$ 处理钻井液时常常引起 pH 值降低。在氯化钙钻井液中不要加纯碱,pH 值也不能太高。

4. 氯化钠

氯化钠(NaCl)俗名食盐,纯品不易潮解,但含 $MgCl_2$、$CaCl_2$ 等杂质的工业食盐容易吸潮。常温下在水中的溶解度较大,20℃ 时为 36.0g/100g 水,且随温度升高,溶解度略有增大,食盐在钻井液中的主要用途有：

(1) 主要用来配制盐水钻井液和饱和盐水钻井液，以防止岩盐井段溶解，抑制井壁泥页岩水化膨胀。

(2) 为保护油气层，用于配制无固相清洁盐水钻井液，或作为水溶性暂堵剂使用。

(3) 用作有机处理剂的防腐剂（如用于淀粉钻井液）。

5. 氯化钾

氯化钾（KCl）外观为白色立方晶体，常温下密度为 $1.98g/cm^3$，熔点为 776℃。易溶于水，且溶解度随温度升高而增加。

KCl 是一种常用的无机盐类页岩抑制剂，具有较强的抑制页岩渗透水化的能力。若与聚合物配合使用，可配制成具有强抑制性的钾盐聚合物防塌钻井液。如 KCl—聚合物钻井液、钾、钙基聚合物钻井液等，在不稳定的地层中使用均有很好的防塌效果。

6. 硅酸钠

硅酸钠俗名水玻璃或泡花碱。分子式为 $Na_2O \cdot nSiO_2$，式中 n 称为水玻璃的模数，即二氧化硅与氧化钠的分子个数之比。水玻璃通常分为固体水玻璃、水合水玻璃和液体水玻璃三种。固体水玻璃与少量水或蒸汽发生水合作用而生成水合水玻璃。水合水玻璃易溶解于水变为液体水玻璃。液体水玻璃一般为黏稠的半透明液体。随所含杂质不同可以呈无色、棕黄色或青绿色等。n 值越大碱性越弱，n 值在 3 以上的称为中性水玻璃，n 值在 3 以下的称为碱性水玻璃。密度越大黏度越大。现场一般采用模数为 2.00 左右、密度为 $1.5 \sim 1.6g/cm^3$、pH 值为 $11.5 \sim 12$ 的水玻璃。水玻璃对玻璃有腐蚀性，故切忌用玻璃器皿存放。水玻璃能溶于水和碱性溶液，能与盐水混溶，可用饱和盐水调节水玻璃的黏度。

水玻璃在钻井液中主要作用有：

(1) 使黏土颗粒（或粉砂等）聚沉。水玻璃水解反应生成胶态沉淀，其反应式为：

$$Na_2O \cdot nSiO_2 + (y+1)H_2O \longrightarrow nSiO_2 \cdot yH_2O \downarrow + 2NaOH$$

该胶态沉淀可使部分黏土颗粒（或粉砂等）聚沉，从而使钻井液保持较低的固相含量和密度。

(2) 水玻璃对泥页岩的水化膨胀有一定的抑制作用，故有较好的防塌性能。

(3) 胶凝堵漏。当水玻璃溶液的 pH 值降至 9 以下时，整个溶液会变成半固体状的凝胶。其原因是水玻璃发生缩合作用生成较长的带支链的—Si—O—Si—链的结果，如下式表示：

$$\cdots\!-\!\mathrm{Si}\!-\!\mathrm{OH} + \mathrm{HO}\!-\!\mathrm{Si}\!-\!\cdots \longrightarrow \cdots\!-\!\mathrm{Si}\!-\!\mathrm{O}\!-\!\mathrm{Si}\!-\!\cdots + \mathrm{H_2O}$$

这种长链能形成网状结构而包住溶液中的全部自由水，使体系失去流动性。随着 pH 值的不同，其胶凝速度（即调整 pH 值至胶凝所需时间）有很大差别，可以从几秒到几十小时。利用这一特点，可以将水玻璃与石灰、黏土和烧碱等配成石灰乳堵漏剂，注入已确定的漏失井段进行胶凝堵漏。因此，水玻璃是一种堵漏剂。

(4) 化学固壁作用。水玻璃溶液遇 Ca^{2+}、Mg^{2+} 和 Fe^{3+} 等高价阳离子会产生沉淀：

$$Ca^{2+} + Na_2O \cdot nSiO_2 \longrightarrow CaSiO_3 \downarrow + 2Na^+$$

所以,用水玻璃配制的钻井液一般抗钙能力较差,也不宜在钙处理钻井液中使用。但它可在盐水或饱和盐水中使用。但研究表明,利用水玻璃这个特点,可以封闭裂缝性地层的一些裂缝,提高井壁的破裂压力,从而起到化学固壁的作用。

(5)配制水玻璃钻井液。硅酸盐钻井液是防塌钻井液的类型之一,在国内外应用中均取得很好的效果。配制硅酸盐钻井液的成本较低,且对环境无污染。

7. 重铬酸盐(重铬酸钠和重铬酸钾)

重铬酸钠又叫红矾钠,分子式为 $Na_2Cr_2O_7 \cdot 2H_2O$。其外观为红色或橘红色针状晶体,常温下密度为 $2.35g/cm^3$,有强氧化性,易溶于水(25℃时溶解度为190g/100g水)。重铬酸钾又称红矾钾,分子式为 $K_2Cr_2O_7$。外观为橙红色三斜晶体,常温下密度为 $2.68g/cm^3$,有强氧化性,不潮解,易溶于水(25℃时溶解度为96.9g/100g水)。

这两种重铬酸盐的化学性质相似,其水溶液均可发生水解而呈酸性,其化学反应式为:

$$Cr_2O_7^{2-} + H_2O \rightleftharpoons 2CrO_4^{2-} + 2H^+$$

加碱时平衡右移,故在碱溶液中主要以 CrO_4^{2-} 的形式存在。

(1)铬酸盐具有良好的稀释作用。不论黏土含量高低,铬酸盐与一般有机稀释剂合用时都是有效的钻井液稀释剂,且稀释作用不受溶液矿化度的影响,尤其是像单宁碱液、栲胶碱液及煤碱液等失去作用时(现场叫钻井液的"老化"),加入铬酸盐可以恢复其稀释效果。使用时一般配成溶液(浓度0.5%)接加入钻井液,可大大降低钻井液的黏度和切力,但加量不可太大,以免钻井液性能大幅度变化,引起井下不正常。

(2)CrO_4^{2-} 能与有机处理剂起复杂的氧化还原反应,生成的 Cr^{3+} 极易吸附在黏土颗粒表面,又能与多官能团的有机处理剂生成络合物(如木质素磺酸铬、铬腐殖酸等)。同时有降失水作用。

(3)可利用铬酸盐类化合物制备铁铬盐、铬腐殖酸、磺甲基丹宁铬等处理剂。

(4)提高深井钻井液的热稳定性(抗温可达180~190℃)。铬酸盐有时也用作防腐剂。

重铬酸盐有毒,切忌接触皮肤破伤处,并注意勿将其粉尘吸入口腔、鼻中。

8. 磷酸盐(酸式焦磷酸钠和六偏磷酸钠)

酸式焦磷酸钠的分子式为 $Na_2H_2P_2O_7$,代号SAPP,无色固体,由磷酸二氢钠加热制得。10% $Na_2H_2P_2O_7$ 水溶液的pH值为4.8。六偏磷酸钠的分子式为 $(NaPO_3)_6$,外观为无色玻璃状固体,有较强的吸湿性,易溶于水。在温水中溶解较快。溶解度随温度升高而增大,10% $(NaPO_3)_6$ 水溶液的pH值为6.8。

在钻井液技术发展的早期,磷酸盐类处理剂曾经是用于钻井液的主要稀释剂之一。不仅对高黏土含量引起的絮凝,而且对 Ca^{2+},Mg^{2+} 引起的絮凝均有良好的稀释作用。它们遇较少量 Ca^{2+},Mg^{2+} 时,可生成水溶性络离子;遇大量 Ca^{2+},Mg^{2+} 时,可生成钙盐沉淀。$Na_2H_2P_2O_7$ 特别对消除水泥和石灰造成的污染有很好的效果,因为用它既能除去 Ca^{2+},又能使钻井液的pH值适度降低。

磷酸盐类稀释剂的主要缺点是抗温性差,超过80℃时稀释性能急剧下降,这是由于它们在高温下会转化为正磷酸盐,成为一种絮凝剂。因此,一般在深部井段,应改用抗温性较强的其他类型的稀释剂。近年来该类稀释剂已较少使用。

9. 混合金属层状氢氧化物

混合金属层状氢氧化物(简称为MMH)由一种带正电的晶体胶粒所组成,常称为正电胶。目前,其产品有溶胶、浓胶和胶粉等三种剂型。实验表明,该处理剂对黏土水化有很强的抑制作用,与膨润土和水所形成的复合体具有独特的流变性能。MMH的化学组成、晶体结构、抑制页岩水化的机理,以及在钻井液中的应用等将在第六章中阐述。

10. 加重剂

加重剂由不溶于水的惰性物质经研磨加工制备而成。为了对付高压地层和稳定井壁,需将其添加到钻井液中以提高钻井液的密度。

1) 重晶石粉

重晶石粉是一种以$BaSO_4$为主要成分的天然矿石,经过机械加工后而制成的灰白色粉末状产品。它不溶于水、有机溶剂、酸和碱的溶液,只能少量溶于浓硫酸。按照API标准,其密度应达到$4.2g/cm^3$,粉末细度要求通过200目筛网时的筛余量小于3.0%。重晶石粉一般用于加重密度不超过$2.30g/cm^3$的水基和油基钻井液,它是目前应用最广泛的一种钻井液加重剂。

2) 石灰石粉

石灰石粉的主要成分为$CaCO_3$,密度为$2.7\sim2.9g/cm^3$。易与盐酸等无机酸类发生反应,生成CO_2、H_2O和可溶性盐,因而适于在非酸敏性而又需进行酸化作业的产层中使用,以减轻钻井液对产层的损害。但由于其密度较低,一般只能用于配制密度不超过$1.68g/cm^3$的钻井液和完井液。

3) 铁矿粉和钛铁矿粉

前者的主要成分为Fe_2O_3,密度为$4.9\sim5.3g/cm^3$;后者的主要成分为$TiO_2\cdot Fe_2O_3$,密度为$4.5\sim5.3g/cm^3$。它们均为棕色或黑褐色粉末。因它们的密度均大于重晶石,故可用于配制密度更高的钻井液。此外,由于铁矿粉和钛铁矿粉均具有一定的酸溶性,因此可应用于需要进行酸化的产层。

由于这两种加重材料的硬度约为重晶石的两倍,因此耐研磨,在使用中颗粒尺寸保持较好,损耗率较低,但对钻具、钻头和泵的磨损也较为严重。铁矿粉是我国用量仅次于重晶石的钻井液加重材料。

4) 方铅矿粉

方铅矿粉是一种主要成分为PbS的天然矿石粉末,一般呈黑褐色。由于其密度高达$7.4\sim7.7g/cm^3$,因而可用于配制超高密度钻井液,以控制地层出现的异常高压。由于该加重剂的成本高、货源少,一般仅限于在地层孔隙压力极高的特殊情况下使用。

四、有机处理剂

钻井液有机处理剂是使用最广泛的化学添加剂,通常可分为天然产品、天然改性产品和有机合成化合物。按其化学组分又可分为下列几类:腐殖酸类、纤维素类、木质素类、单宁酸类、沥青类、淀粉类和聚合物类等。按其在钻井液中起的作用可分为降滤失剂、降黏剂、增黏剂、絮凝剂、页岩抑制剂等。

1. 降滤失剂

钻井液的滤液侵入地层会引起泥页岩水化膨胀,导致井壁不稳定和各种井下复杂情况,钻遇产层时还会造成油气层损害。加入降滤失剂的目的,就是要通过在井壁上形成低渗透率、坚韧、薄而致密的滤饼,尽可能降低钻井液的滤失量。降滤失剂主要分为纤维素类、腐殖酸类、丙烯酸类、树脂类和淀酚类等。降滤失剂又称降失水剂。

常用的腐殖酸类降滤失剂有:

1) 褐煤碱液(NaC)

褐煤碱液又称为煤碱液,由经过加工的褐煤粉加适量烧碱和水配制而成,其中的主要有效成分为腐殖酸钠。现场常用的配方为:褐煤:烧碱:水 = 15:(1~3):(50~200)。

煤碱液是利用天然原料配制的一种低成本的降滤失剂,除了起降滤失作用外,还可兼作降黏剂。

2) 硝基腐殖酸钠

用浓度为 3N 的稀 HNO_3 与褐煤在 40~60℃下进行氧化和硝化反应,可制得硝基腐殖酸,再用烧碱中和可制得硝基腐殖酸钠。该反应使腐殖酸的平均相对分子质量降低,羧基增多,并将硝基引入分子中。

硝基腐殖酸钠具有良好的降滤失和降黏作用。其突出特点:一是热稳定性高,抗温可达 200℃以上;二是抗盐能力比煤碱液明显增强,在含盐 20%~30% 的情况下仍能有效地控制滤失量和黏度。其抗钙能力也较强,可用于配制不同 pH 值的石灰钻井液。

3) 铬腐殖酸

铬腐殖酸是褐煤与 $Na_2Cr_2O_7$(或 $K_2Cr_2O_7$)反应后的生成物,在 80℃ 以上的温度下,分别发生氧化和螯合两步反应。氧化使腐殖酸的亲水性增强,同时 $Cr_2O_7^{2-}$ 还原成 Cr^{3+};然后再与氧化腐殖酸或腐殖酸进行螯合。铬腐殖酸也可在井下高温条件下通过在煤碱液处理的钻井液中加重铬酸钠转化而得。

铬腐殖酸在水中有较大的溶解度,其抗盐、抗钙能力也比腐殖酸钠强,降滤失兼有降黏作用。

4) 磺甲基褐煤(SMC)

褐煤与甲醛、Na_2SO_3(或 $NaHSO_3$)在 pH 为 8~11 的条件下进行磺甲基化反应,可制得磺甲基褐煤。所得产品进一步用 KCr_2O_7 进行氧化和螯合,生成的磺甲基腐殖酸铬处理效果更好。

由于引入了磺甲基水化基团,与煤碱液相比,磺甲基褐煤的降滤失效果进一步增强。磺甲基褐煤是我国用于深井的"三磺"钻井液处理剂之一。其主要特点是具有很强的热稳定性,在200~230℃的高温下能有效地控制淡水钻井液的滤失量和黏度。其缺点是抗盐效果较差,在200℃单独使用时,抗盐不超过3%。但与磺甲基酚醛树脂配合处理时,抗盐能力可大大提高。

在腐殖酸类处理剂中,商品代号为K21的产品防塌效果较好,其中含有约55%的硝基腐殖酸钾,腐殖酸钾也可应用于防塌钻井液体系。此外,由腐殖酸与液氮反应制得的腐殖酸酰胺可用作油包水乳化钻井液的辅助乳化剂。

5)腐殖酸类的作用机理

(1)降滤失作用机理:

腐殖酸盐类是含有多种官能团的阴离子型大分子,吸附基团(如—OH,—CO,—OCH$_3$等)可以与黏土颗粒上的—O和—OH形成氢键吸附,吸附在黏土颗粒表面上。通过腐殖酸盐上的—COONa,—ONa,—CH$_2$SO$_3$Na等水化基团水化,使黏土颗粒表面形成吸附水化膜,同时提高黏土颗粒的ζ电位,因而增大颗粒聚结的机械阻力和静电斥力,提高钻井液的聚结稳定性,使黏土颗粒保持多级分散状态,并有相对较多的细颗粒含量,所以能形成致密的滤饼。此外,黏土颗粒上的吸附水化膜具有堵孔作用,使滤饼更加致密,从而降低滤失量。

(2)降黏作用机理:

腐殖酸分子中含有一定量的邻位酚羟基、醇羟基等基团,这些羟基能和黏土颗粒端面的Al^{3+}形成螯合作用吸附在黏土颗粒端表面,如:

通过分子链上的水化基团水化作用,增强黏土颗粒端面处的水化膜厚度,提高ζ电位,削弱黏土颗粒端—端、端—面连接能力,拆散或削弱网架结构,放出自由水,使钻井液的切力和黏度均降低。

这类通过提高黏土水化能力、提高黏土ζ电位来保持黏土细颗粒含量的处理剂统称为分散型处理剂。

2. 降黏剂

降黏剂又称为稀释剂。钻井过程中,由于温度升高、盐侵或钙侵、固相含量增加或处理剂失效等原因,使钻井液黏度、切力增加,造成开泵困难、钻屑难以除去或钻井过程中波动压力过大等现象,严重时会导致各种井下复杂情况。因此,在钻井液使用和维护过程中,经常需要加入降黏剂,降低体系的黏度和切力,使其具有适宜的流变性,钻井液降黏剂的种类很多。

1)单宁(栲胶)类

单宁广泛存在于植物的根、茎、叶、皮、果壳和果实中,是一大类多元酚的衍生物,属于弱有机酸,从不同植物中提取的单宁具有不同的化学组成,因此单宁的种类很多。我国四川、湖南、广西一带盛产五倍子单宁,云南、陕西、河南一带盛产栲胶。栲胶是用以单宁为主要成分的植物物料提取制成的浓缩产品,外观为棕黄到棕褐色的固体或浆状体,一般含单宁20%~60%。

由于单宁酸含有酯键,在NaOH溶液中易于水解。高温下水解加剧,降黏能力减弱,单宁碱液抗温能力在100~120℃之间,仅用于浅井或中深井。

单宁酸在水溶液中也可以发生水解,生成双五倍子酸(或称双没食子酸)和葡萄糖。双五倍子酸进一步水解,可生成五倍子酸。

$$5(C_{14}H_9O_9) \cdot C_6H_7O + 5H_2O \longrightarrow 5C_{14}H_{10}O_9 + C_2H_{12}O_6$$

五倍子单宁酸　　　　　　　　　双五倍子酸　葡萄糖

双五倍子酸　　　　　　　　　五倍子酸

这些水解的酸性产物在NaOH溶液中生成双五倍子酸钠和五倍子酸钠,统称为单宁酸钠或单宁碱液,是单宁在钻井液中的有效成分,代号为NaT。单宁酸钠在高浓度的NaCl、$CaCl_2$、Na_2SO_4等无机盐溶液中会发生盐析或生成沉淀,单宁碱液的抗盐、抗钙能力较差。

为了提高单宁酸钠的使用效果,将单宁与甲醛和亚硫酸钠进行磺甲基化反应,可制备磺甲基单宁(SMT),还可再进一步与$Na_2Cr_2O_7$发生氧化与螯合反应制得磺甲基单宁的铬螯合物。这两种产品的热稳定性和降黏性能比单宁酸钠有明显提高,抗温可达180~200℃。磺甲基单宁产品为棕褐色粉末或细颗粒,易溶于水,水溶液呈碱性。在钻井液中一般加0.5%~1%就获得较好的稀释效果。其适用的pH值范围在9~11之间。抗Ca^{2+}可达1000g/L,而抗盐性较差,当含盐量超过1%时,稀释效果明显下降。

单宁类降黏剂的作用机理是:单宁酸钠苯环上相邻的双酚羟基可通过配位键吸附在黏土颗粒断键边缘的Al^{3+}处,而剩余的—ONa和—COONa均为水化基团,它们能给黏土颗粒带来较多的负电荷和水化层,使黏土颗粒端面处的双电层斥力和水化膜厚度增加,从而拆散和削弱黏土颗粒间通过端—面和端—端连接而形成的网架结构,使黏度和切力下降。

因此,单宁类降黏剂主要是通过拆散结构而起降黏作用的,而对塑性黏度μ_p的影响较小。若要降低μ_p,应主要通过钻井液固相控制来实现。

由于降黏剂主要在黏土颗粒的端面起作用,因此与降滤失剂相比,其用量一般较少。当加大用量时,单宁碱液也有一定的降滤失作用。这是由于随着结构的拆散和黏土颗粒双电层斥力及水化作用增强,有利于形成更为致密的滤饼。

2)木质素类

木质素类降黏剂的典型产品是铁铬木质素磺酸盐,俗称铁铬盐,代号为FCLS,是曾经使用最多的降黏剂。其主要缺点是使用时要求钻井液的pH值较高,这不利于井壁稳定;有时容易引起钻井液发泡,因此常需配合使用硬脂酸铝、甘油聚醚等消泡剂,铁铬盐钻井液的滤饼摩擦系数较高,在深井中使用时往往需要混油或添加一些润滑剂;铁铬盐含重金属铬,在制备和使用过程中均会造成一定的环境污染,对人健康不利,已经很少使用。目前使用的是无重金属木质素类处理剂。

3) 聚合物类

(1) X-40系列降黏剂:

X-40系列降黏剂产品包括X-A40和X-B40两种。X-A40是相对分子质量较低的聚丙烯酸钠,其结构式为:

$$\mathrm{+CH_2-CH+}_n$$
$$\mathrm{\ \ \ \ \ \ \ \ \ \ \ |}$$
$$\mathrm{\ \ \ \ \ \ \ \ \ COONa}$$

该处理剂平均相对分子质量5000左右,在钻井液中加量0.3%时,可抗0.2% $CaSO_4$ 和1% $NaCl$,抗温可达150℃。

X-B40是丙烯酸钠与丙烯磺酸钠的相对分子质量较低的共聚物,其结构式为:

$$\mathrm{+CH_2-CH+}_x\mathrm{-+CH_2-CH+}_y$$
$$\mathrm{\ \ \ \ \ \ \ \ |\ \ \ \ \ \ \ \ \ \ \ \ \ \ \ \ \ |}$$
$$\mathrm{\ \ \ \ CH_2SO_3Na\ \ \ \ \ \ \ \ COONa}$$

其中丙烯磺酸钠占5%~20%。X-B40的平均相对分子质量为2340。由于引入了—SO_3Na,故X-B40的抗温和抗盐、抗钙能力均优于X-A40,但其成本比X-A40高。

X-40系列处理剂的稀释作用,主要是由其线型结构、低相对分子质量及强阴离子基团的作用。由于其相对分子质量低,可通过氢键优先吸附在黏土颗粒上,顶替掉已吸附在黏土颗粒上的高分子聚合物,从而拆散了由高聚物与黏土颗粒之间形成的"桥接网架结构";低相对分子质量的降黏剂可与高分子主体聚合物发生分子间的交联作用,阻碍了聚合物与黏土之间网架结构的形成,从而达到降低黏度和切力的目的。但若其聚合度过大,相对分子质量过高,反而会使黏度、切力增加。

(2) 两性离子聚合物降黏剂XY-27:

XY-27是相对分子质量约为2000的两性离子聚合物降黏剂。在其分子链中同时含有阳离子基团、阴离子基团和非离子基团,属于乙烯基单体多元共聚物。其主要特点是降黏的同时又可抑制页岩,与分散型降黏剂相比,只需很少的加量(通常为0.1%~0.3%)就能取得很好的降黏效果,同时还有一定抑制黏土水化膨胀的能力。

XY-27用于配制两性离子聚合物钻井液,目前国内使用广泛。同时,它在其他钻井液体系,包括分散钻井液体系中也能有效地降黏。两性离子聚合物降黏剂还兼有一定的降滤失作用,能同其他类型处理剂互相兼容,可以配合使用磺化沥青或磺化酚醛树脂类等处理剂,以改善滤饼质量,提高封堵效果和抗温能力。

两性离子聚合物降黏剂的降黏机理是:在XY-27的分子链中引入了阳离子基团,能与黏土发生离子型吸附,线性相对分子质量较低的聚合物比高分子聚合物能更快、更牢固地吸附在黏土颗粒上。同时,XY-27的特有结构使它与高聚物之间的交联或络合机会增加,从而使其比阴离子聚合物降黏剂有更好的降黏效果。

两性离子降黏剂的抑制页岩水化作用,是因为分子链中的有机阳离子基团吸附于黏土表面之后,一方面中和了黏土表面的部分负电荷,削弱了黏土的水化作用;另一方面这种特殊分子结构使聚合物链之间更容易发生缔合,因此,尽管其相对分子质量较低,仍能对黏土颗粒进行包被,不减弱体系抑制性。此外,分子链中大量水化基团所形成的水化膜,可阻止自由水分子与黏土表面的接触,并提高黏土颗粒的抗剪切强度。

在含有 FA‑367 的膨润土浆中,只需加入少量 XY‑27,钻井液的黏度、切力就急剧下降,且滤失量降低,滤饼变得致密。随其加量增加,钻井液容纳钻屑的能力明显增强。

3. 磺化苯乙烯—马来酸酐共聚物(SSMA)

SSMA 是由苯乙烯、马来酸酐、磺化试剂、溶剂(甲苯)、引发剂和链转移剂(硫醇)通过共聚、磺化和水解后制得的。其结构式为:

$$\left[CH-CH_2-CH-CH \right]_n$$

(结构式略)

钻井液用 SSMA 相对分子质量为 1000~5000,抗温可达 200℃以上,是一种性能优良的抗高温稀释剂,可在高温深井中使用,但成本较高。

除上述三种类型外,还有磷酸盐类降黏剂,腐殖酸类处理剂也可以用作降黏剂使用。

4. 增黏剂

为了保证井眼清洁和安全钻进,钻井液的黏度和切力必须保持在一个合适的范围。黏度过低时,通常采用添加增黏剂的方法提高钻井液的黏度。增黏剂均为高分子聚合物,由于其分子链很长,在分子链之间容易形成网架结构,因此能显著提高钻井液的黏度。

增黏剂除了起增黏作用外,还往往兼作页岩抑制剂(包被剂)、降滤失剂及流型改进剂。因此,使用增黏剂常常有利于改善钻井液的流变性,也有利于井壁稳定。

1) XC 生物聚合物

XC 生物聚合物又称黄原胶,是由黄原菌类作用于碳水化合物而生成的高分子链状多糖聚合物,相对分子质量可高达 5×10^6,易溶于水。加入很少的量(0.2%~0.3%)即可产生较高的黏度,并兼有降滤失作用。

具有优良的剪切稀释性能,能够有效地改进流型。用它处理的钻井液,高剪切速率下的极限黏度很低,有利于提高机械钻速;而在环形空间的低剪切速率下又具有较高的黏度,并有利于形成平板形层流,使钻井液携带岩屑的能力明显增强。

XC 生物聚合物抗温可达 120℃,在 140℃温度下也不会完全失效;抗冻性好,可在 0℃以下使用。其抗盐、抗钙能力也十分突出,是一种适用于淡水、盐水和饱和盐水钻井液的高效增黏剂。

有时需要与三氯酚钠等杀菌剂配合使用,防止各种细菌使其发生酶变降解。

2) 羟乙基纤维素(HEC)

HEC 是一种水溶性的纤维素衍生物,是由纤维素和环氧乙烷经羟乙基化制成的产品。外观为白色或浅黄色固体粉末。它无嗅、无味、无毒,溶于水后形成黏稠的胶状液,主要在聚合物钻井液中起增黏作用。其结构式为:

羟乙基($-OCH_2CH_2OH$)是弱水化基团,在水中不离解,以整个基团起作用,所以 HEC 是非离子型水溶性聚合物,聚合度一般在 300~600 之间。其水溶性和水溶液的黏度与醚化度有关,醚化度越高,水溶性越好,水溶液的黏度越高,HEC 的醚化度一般约为 0.75~0.85。

由于 HEC 分子链上含有大量的羟基,可同时吸附多个黏土颗粒,形成胶团和网架结构,使钻井液中自由水减少,内摩擦阻力增加,黏度增大。HEC 溶液的高黏性,也使钻井液中自由水黏度增加。其显著特点是在增黏的同时不增加切力,因此在钻井液切力过高造成开泵困难时常被选用。增黏程度一般与时间、温度和含盐量有关,抗温能力可达 107~121℃。HEC 增黏的同时具有降滤失作用,其机理与 Na—CMC 相同。

5. 页岩抑制剂

页岩抑制剂又称防塌剂,主要用来配制抑制型钻井液,在钻进泥页岩地层时,抑制其水化膨胀,保持井壁稳定。

1) 沥青类

沥青是原油精炼后的残留物。在钻遇页岩之前,往钻井液中加入天然沥青粉,当钻遇页岩地层时,若沥青的软化点与地层温度相匹配,在井筒内正压差作用下,沥青会发生塑性流动,挤入页岩孔隙、裂缝和层面,封堵地层层理与裂隙,提高对裂缝的黏结力,在井壁处形成具有护壁作用的内、外滤饼。其中外滤饼与地层之间有一层致密的保护膜,使外滤饼难以被冲刷掉,从而可阻止水进入地层,起到稳定井壁的作用。

将沥青进行一定的加工处理后,可制成钻井液用的沥青类页岩抑制剂。

(1) 氧化沥青:

氧化沥青是将沥青加热并通入空气进行氧化后制得的产品。经氧化后的沥青,沥青质含量增加,胶质含量降低。在物理性质上表现为软化点上升。使用不同的原料并通过控制氧化程度可制备出软化点不同的氧化沥青产品。

氧化沥青为黑色均匀分散的粉末,难溶于水,多数产品的软化点为 150~160℃,主要在水基钻井液中用做页岩抑制剂,并兼有润滑作用,一般加量为1%～2%。此外,还可分散在油基钻井液中起增黏和降滤失作用。

在软化点内,随温度升高,氧化沥青的降滤失能力和封堵裂隙能力增加,稳定井壁的效果增强。但超过软化点后,在正压差作用下,会使软化后的沥青流入岩石裂隙深处,因而不能再起封堵作用,稳定井壁的效果变差。因此,在选用该产品时,软化点是一个重要的指标。

(2)磺化沥青(SAS):

目前使用的磺化沥青实际上是磺化沥青的钠盐,是常规沥青用发烟H_2SO_4或SO_3进行磺化后制得的产品。沥青经过磺化,引入了水化性能很强的磺酸基,含有的水溶性物质约占70%。磺化沥青为黑褐色膏状胶体或粉剂,软化点高于80℃,密度约为$1g/cm^3$。

磺化沥青中由于含有磺酸基,水化作用很强,当吸附在页岩晶层断面上时,可阻止页岩颗粒的水化分散;同时不溶于水的部分又能起到填充孔喉和裂缝的封堵作用,并可覆盖在页岩表面,改善滤饼质量。但随着温度升高,磺化沥青的封堵能力会有所下降。磺化沥青还在钻井液中起润滑和降低高温高压滤失量的作用,是一种多功能的有机处理剂。

此外,为了提高封堵与抑制能力,可将沥青类产品与其他有机物进行缩合。如磺化沥青与腐殖酸钾的缩合物KAHM(俗称高改性沥青粉)在各类水基钻井液中均有很好的防塌效果。

2)钾盐腐殖酸类

腐殖酸的钾盐、高价盐及有机硅化物等均可用作页岩抑制剂,其产品有腐殖酸钾、硝基腐殖酸钾、磺化腐殖酸钾、有机硅腐殖酸钾、腐殖酸钾铝、腐殖酸铝和腐殖酸硅铝等。其中腐殖酸钾盐的应用更为广泛。

(1)腐殖酸钾(KHm):

KHm是以褐煤为原料,用KOH提取而制得的产品。外观为黑褐色粉末,易溶于水,水溶液的pH值为9～10。主要用作淡水钻井液的页岩抑制剂,并兼有降黏和降滤失作用。抗温能力180℃,一般加量为1%～3%。

腐殖酸钾的有效成分是羧钾基(—COOK)、酚钾基(—OK)和游离的K^+,K^+可以通过镶嵌或晶格固定使蒙脱石水化能力减弱,高浓度的K^+有利于减弱泥页岩的渗透水化作用,从而起到抑制作用。

(2)硝基腐殖酸钾(MHP):

MHP是用HNO_3对褐煤进行处理后,再用KOH中和提取而制得的产品。外观为黑褐色粉末,易溶于水,水溶液的pH值为8～10。其性能与腐殖酸钾相似。它与磺化酚醛树脂的缩合物是一种无荧光防塌剂,适于在探井中使用。

(3)防塌剂K21:

K21是硝基腐殖酸钾、特种树脂、三羟乙基酚和磺化石蜡等的复配产品,为黑色粉末,易溶于水,水溶液呈碱性,是一种常用的页岩抑制剂,具有较强的抑制页岩水化作用,并能降黏和降低滤失量,抗温可达180℃。

页岩抑制剂类产品还有许多。例如,各种聚合物类和聚合醇类有机处理剂,硅酸盐类、钾盐类、铵盐类和正电胶等无机处理剂都是性能优良的页岩抑制剂。

3）阳离子泥页岩抑制剂

阳离子泥页岩抑制剂（亦称黏土稳定剂），目前现场应用的是环氧丙基三甲基氯化铵（俗称小阳离子），国内商品名为 NW-1，有液体和干粉两个剂型。相对分子质量为 152。其结构式为：

$$CH_2\text{---}CH\text{---}CH_2\text{---}N^+\text{---}\underset{CH_3}{\overset{CH_3}{CH_3}} \cdot Cl^-$$
$$\underset{O}{\underbrace{\qquad\qquad}}$$

实验结果表明，小阳离子抑制岩屑分散效果优于 KCl。其机理主要是靠静电作用吸附在岩屑表面，与岩屑层间可交换阳离子发生离子交换作用也可使其进入岩屑晶层间。表面吸附的小阳离子的疏水基可形成疏水层，阻止水分子进入岩屑颗粒内部，层间吸附的小阳离子靠静电作用拉紧层片，这些作用可有效地抑制岩屑水化膨胀和分散；小阳离子所带的正电荷可中和岩屑所带负电荷，削弱岩屑颗粒间的静电排斥作用，从而降低岩屑的分散趋势。

用小阳离子的优越性在于吸附了小阳离子的钻屑表面具有一定的疏水性，不易黏附在钻头、钻铤和钻杆表面，具有明显的防泥包作用；小阳离子具有一定的杀菌作用，可有效地防止某些处理剂如淀粉类的生物降解；小阳离子不会明显影响钻井液的矿化度，具有不影响测井解释和减弱钻具在井下的电化学腐蚀等优点。

4）两性离子抑制剂

两性离子聚合物是指分子链中同时含有阴离子基团和阳离子基团，同时还含有一定数量的非离子基团的聚合物。这类聚合物是 20 世纪 80 年代以来我国开发成功的一类新型钻井液处理剂。由于引入阳离子基团，聚合物分子在钻屑上的吸附能力增强，并可中和部分钻屑的负电荷，因而具有较强的抑制钻屑分散的能力。现场应用的 XY 系列和 FA 系列两性复合离子聚合物处理剂都具有抑制作用。

如前所述，XY 系列产品作为两性离子钻井液体系降黏剂，具有很好的抑制作用。

两性离子聚合物强包被剂 FA 系列是由丙烯酸、丙烯酰胺、丙烯磺酸钠及季铵盐接枝共聚物，相对分子质量 100 万~250 万，主要作用是抑制钻屑分散，增加钻井液黏度和降低速矢量，是两性离子聚合物钻井液的主处理剂。FA367 是目前常用的产品。

FA 系列产品作为强包被剂，能在钻屑表面能发生包被吸附，从而有效地抑制钻屑的水化分散，以利于清除无用围相，维持低固相。两性复合离子聚合物靠强包被作用提高抑制性，而不影响钻井液的其他性能，甚至会有所改善。FA 系列产品除具有良好的抑制作用外，还具有良好的增黏和降滤失作用。

5）MMH 正电胶

MMH 正电胶是 20 世纪 80 年代后期开发的一种新型钻井液处理剂——混合金属层状氢氧化物（简称 MMH），因其胶体颗粒带永久正电荷，所以统称为 MMH 正电胶。以 MMH 正电胶为主处理剂的钻井液称为 MMH 正电胶钻井液。

6. 高聚物絮凝剂

高聚物絮凝剂在钻井液中的应用,很好地解决了钻屑分散问题,形成了不分散无固相或不分散低固相钻井液体系,其絮凝、剪切稀释和抑制作用,使高压喷射钻井技术得到很好的实现,钻速显著提高,钻井成本显著降低。

1) 聚丙烯酰胺(PAM)

高聚物絮凝剂的絮凝作用主要是高聚物分子同时吸附在两个以上的颗粒上,在颗粒之间形成桥联,然后通过大分子的蜷曲使这些颗粒产生聚结或絮凝。

PAM 分子链上的酰胺基($-CONH_2$)是吸附基团,能与颗粒表面是氧产生氢键吸附,在颗粒间架桥,形成絮凝团块,造成动力不稳定而沉降。非水解聚丙烯酰胺分子链上几乎都是吸附基团,对黏土颗粒和钻屑具有较强的吸附和絮凝作用,故表现出完全絮凝的性质。随聚丙烯酰胺相对分子质量增大,絮凝能力、提黏效应、堵漏和防漏效果都会提高。钻井液中作为絮凝剂使用时,相对分子质量在 100 万~500 万范围;作为降滤失剂使用时,相对分子质量在 10 万~90 万范围;在缺少优质黏土,用聚丙烯酰胺作为稳定剂使用,或与相对分子质量较高的聚丙烯酰胺配合作为选择性絮凝和降滤失剂使用时,相对分子质量在 10 万以下。

2) 醋酸乙烯酯—顺丁烯二酸酐共聚物(VAMA)

醋酸乙烯酯—顺丁烯二酸酐共聚物分子结构式为:

$$\vphantom{\Big|}\text{—}[CH_2\text{—}CH]_x\text{—} + \text{—}[CH\text{—}CH]_y\text{—} \xrightarrow[H_2O]{\text{引发}} \text{—}[CH_2\text{—}CH\text{—}CH\text{—}CH]_n\text{—}$$

在碱性环境中水解为:

$$\text{—}[CH_2\text{—}CH\text{—}CH]_n\text{—}$$

其分子链上有吸附基团($-OH$,$-COOH$)和水化基团($-COONa$),吸附基团能与黏粒表面形成氢键吸附,水化基团能使黏土颗粒表面增强水化,VAMA 除具有选择性絮凝作用外,还能增加黏土的黏度,故常称为双功能聚合物。其相对分子质量在 7 万以下时,是很好的降黏剂,并具有较好的降滤失能力。

3) 阳离子聚丙烯酰胺(CPAM)

太阳离子带有阳离子基团,靠静电作用吸附在钻屑上,吸附力较强,桥联作用较好;太阳离子可降低钻屑的负电性,减小颗粒间的静电排斥作用,容易形成密实絮凝体,所以其絮凝效果优于阴离子聚合物。

除絮凝作用外,太阳离子也具有较强的抑制岩屑分散能力。一般絮凝能力强时,其抑制能力也较强。太阳离子对岩屑的包被吸附作用和负电性降低作用是其具有良好抑制性的主要原因。

第三节 钻井液性能测定

钻井液性能是衡量钻井液质量的指标,只有性能合格的钻井液才能满足钻井工程的要求,才能实现安全、快速、优质钻井。按照 API 推荐的钻井液性能测试标准,需检测的钻井液常规性能包括密度、漏斗黏度、塑性黏度、动切力、静切力、API 滤失量、HTHP 滤失量、pH 值、碱度、含砂量、固相含量、膨润土含量和滤液中各种离子的质量浓度等。

一、钻井液流变参数的测量与计算

钻井液的流变参数与钻井工程有着密切的关系,是钻井液重要性能之一。因此,在钻井过程中必须对其流变性进行测量和调整,以满足钻井的需要。钻井液的流变参数主要包括塑性黏度、漏斗黏度、表观黏度、动切力和静切力、流性指数、稠度系数等。

1. 旋转黏度计的构造及工作原理

旋转黏度计是目前现场中广泛使用测量钻井液流变性的仪器。它由电动机、恒速装置、变速装置、测量装置和支架箱体等五部分组成。恒速装置和变速装置合称旋转部分。在旋转部件上固定一个能旋转的外筒。测量装置由测量弹簧、刻度盘和内筒组成。测定时,内筒和外筒同时浸没在钻井液中,它们是同心圆筒,环隙 1mm 左右。当外筒以某一恒速旋转时,它就带动环隙里的钻井液旋转。由于钻井液的黏滞性,使与扭簧连接在一起的内筒转动一个角度。根据流变方程,转动角度(剪切应力大小的反映)的大小与钻井液的黏度成正比正。于是,钻井液黏度的测量就转变为内筒转角的测量。转角的大小可从刻度盘上直接读出。通过仪器结构设计和选取合适的测量弹簧,设计成经过简单计算就可以得出现场常用流变性参数的直读式旋转黏度计。

外筒和内筒的特定几何结构决定了旋转黏度计转子的剪切速率与其转速之间的关系。按照范氏仪器公司设计的外筒、内筒组合(两者的间隙为 1.17mm),转子转速与剪切速率的关系为:$1\text{r/min} = 1.703\text{s}^{-1}$。

旋转黏度计的刻度盘读数 θ(θ 为圆周上的刻度数,不考虑单位)与剪切应力 τ(单位为 Pa)成正比。当设计的扭簧系数为 3.87×10^{-5} 时,两者之间的关系可表示为:

$$\tau = 0.511\theta$$

2. 流变参数的测量

使用旋转黏度计流变参数步骤如下:

(1)将预先配好的钻井液进行充分搅拌,然后倒入量杯中,使液面与黏度计外筒的刻度线相齐。

(2)将黏度计转速设置在 600r/min,待刻度盘稳定后读取数据。

(3)再将黏度计转速分别设置在 300,200,100,6 和 3r/min,待刻度盘稳定后读取数据。

(4)用直读公式计算各流变参数。

必要时,通过将刻度盘读数换算成 τ,将转速换算成 γ,绘制出钻井液的流变曲线。

二、钻井液的滤失与造壁性测量

1. 滤失性能的评价方法

滤失性能包括滤失量和滤饼质量,分为静滤失评价和动滤失评价。国内外通常采用API滤失量测试装置进行静滤失量评价,包括常规和高温高压滤失仪两种;动滤失量评价目前尚未建立评价标准,所用的仪器有动滤失仪以及自行研制的动滤失装置。

2. API气压滤失仪

API气压滤失仪是用于测定钻井液在常温及0.689MPa,30min内通过4580mm^2滤失面积的标准滤失量的一种仪器。主要由气源总体部件、安装板、减压阀、压力表、放空阀、钻井液杯、挂架和量筒等组成,其结构如图2-8所示。为了获得可比性结果,需要使用直径为90mm的符合标准的滤纸。

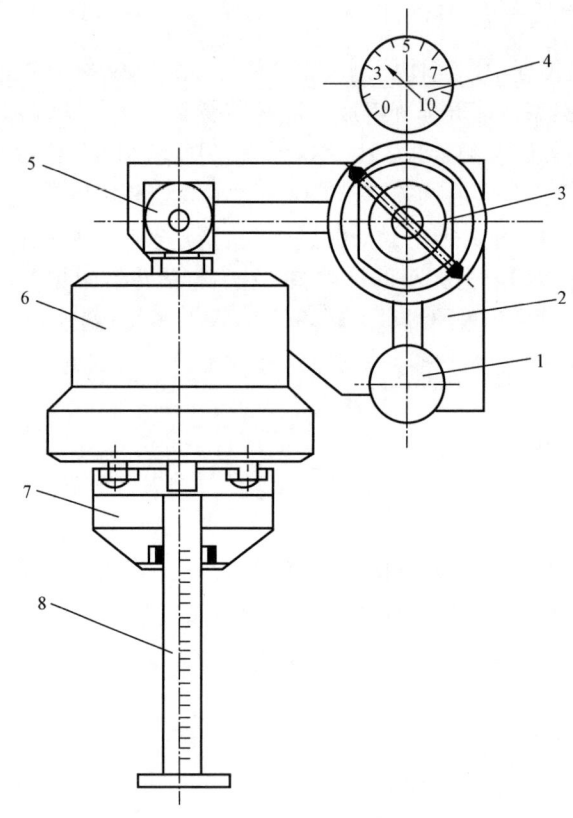

图2-8 API气压滤失仪结构示意图
1—气源总体部件;2—安装板;3—减压阀;4—压力表;5—放空阀;6—钻井液杯;7—挂架;8—量筒

用API气压滤失仪测定滤失量的步骤:
(1)从箱中取出仪器,把气源总成悬挂在仪器箱的箱沿上,然后关闭减压阀和放空阀。
(2)接好气瓶管线,并使其与气源总成连接,顺时针旋转减压阀手柄,使压力表指示的压力低于 0.689MPa。

(3)将钻井液杯口向上放置,用食指堵住钻井液杯上的小气孔,并倒入钻井液,使液面与杯内环形刻度线相平,然后将"O"型橡胶垫圈放在钻井液杯内阶台处,铺平滤纸,顺时针拧紧底盖卡牢。将钻井液杯翻转,使气孔向上,滤液引流嘴向下,逆时针转动钻井液杯 90°装入三通接头,并且卡好挂架及量筒。

(4)迅速将放空阀退回三圈,微调减压阀手柄,使压力表指示为 0.689MPa,并同时按动秒表记录时间。

(5)在测量过程中应将压力保持为 0.689MPa。

(6)30min 时测试结束,切断压力源。如用气弹,则可将减压阀关闭,由放气阀将杯中的压力放掉,再按任意方向转动 1/4 圈,取下钻井液杯。

(7)滤失量测量结束后,应小心卸开钻井液杯,倒掉钻井液并取下滤纸,尽可能减少对滤纸的损坏;用缓慢水流冲洗滤纸上的滤饼,然后用钢板尺测量并记录滤饼厚度。

(8)测量结果处理:

测量 30min,量筒中所接收的滤液体积就是所测标准滤失量。有时为了缩短测量时间,一般测量 7.5min,其滤液体积乘以 2 即是所测标准滤失量,其单位为毫升(mL)。

测量 30min,所得滤饼厚度即是钻井液滤饼厚度;若测 7.5min,则所得滤饼厚度也需乘以 2。同时对滤饼的外观进行描述,如软、硬、韧、致密性等。

3. 高温高压滤失量测定仪

对于深井钻井液,必须测量高温高压条件下的滤失量(即 HTHP 滤失量)。API 给出了测量高温高压条件下 API 滤失量的标准,测量压差为 3.5MPa,测量时间为 30min;由于高温高压滤失仪渗滤面积只有常规滤失仪的一半,因此,按照 API 标准,应将 30min 的滤失量乘以 2 才是 HTHP 滤失量,其单位为毫升(mL)。温度低于 204℃时,使用一种特制的滤纸,温度高于 204℃时,则使用一种金属过滤介质或相当的多孔过滤介质盘。目前国内也生产高温高压滤失仪。

4. 动滤失量测定仪

目前使用较多的动态滤失仪有两种类型,一种是利用转动的叶片来使钻井液流动,渗滤介质为滤片;另一种用泵使钻井液循环流动,过滤介质为陶瓷滤芯。动态滤失仪可用于测量模拟钻井条件下,当滤饼被冲蚀速度与沉积速度相等时的动态滤失量。国内也研制了不同型号的动滤失量测定仪,所有动滤失装置都具有模拟高温高压的功能。

三、钻井液密度和含砂量

1. 钻井液密度

钻井液的密度是指单位体积钻井液的质量,常用单位是克每立方厘米(g/cm^3)或千克每立方米(kg/m^3)。钻井液密度是确保安全、快速钻井和保护油气层的一个十分重要的参数。通过钻井液密度的变化,可调节钻井液在井筒内的静液柱压力,以平衡地层孔隙压力和地层构造应力,以避免发生井喷和井塌。如果密度过高,将引起钻井液过度增稠、易漏失、钻速下降、对油气层损害加剧和钻井液成本增加等一系列问题;而密度过低则容易发生井涌、甚至井喷,还会造成井塌、井径缩小和携屑能力下降。因此,在一口井的钻井工程设计中,必须准确、合理地确定不同井段钻井液的密度范围,并在钻进过程中随时进行测量和适时调整。

1)钻井液密度测量

钻井液密度用专门设计的钻井液密度计测定,如图2-9所示。钻井液密度计由秤杆、主刀口、钻井液杯、杯盖、游码、校正筒、水平泡和带有主刀垫的支架组成。钻井液杯的容积为140mL。钻井液密度计的测量范围为 $0.95 \sim 2.00 g/cm^3$。秤杆上的刻度为 $0.01 g/cm^3$,秤杆上带有水平泡,测量时用来调整水平。

2)密度的测量步骤

(1)放好密度计的支架,使之尽可能保持水平。
(2)将待测钻井液注满清洁的钻井液杯。
(3)盖好钻井液杯盖,并缓慢拧动压紧,使多余的钻井液从杯盖的小孔中慢慢流出。
(4)用大拇指压住杯盖孔,清洗杯盖及秤杆上的钻井液并擦净。
(5)将密度计的主刀口置于主刀垫上,移动游码,使秤杆呈水平状态。
(6)读出并记录游码的左边边缘所示刻度,就是所测钻井液的密度。
(7)清洗干净。

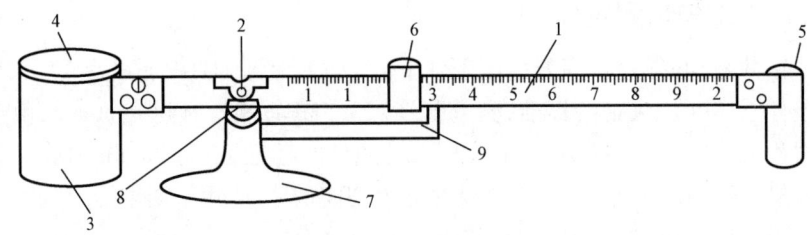

图2-9 钻井液密度计
1—秤杆;2—主刀口;3—钻井液杯;4—杯盖;5—校正筒;6—游码;7—底座;8—主刀垫;9—挡壁

3)密度计的校正

测定前要先用清水标定,在钻井液杯中注满清水(理论上是4℃时的纯水,一般可用20℃以下的清洁淡水),盖上盖擦干,置于刀架上。当游码左侧对准密度 $1.00 g/cm^3$ 的刻度线时,秤杆呈水平状态,说明密度计是准确的,否则旋开校正筒上盖,增减其中铅粒,直至水平泡处于两线中央,称出淡水密度为 $1.00 g/cm^3$ 时为止。

4)使用注意事项

(1)保持密度计清洁干净,以保证测量结果的准确性。
(2)要经常用规定的清水进行校正。
(3)使用后,密度计的刀口不能放在支架上,要保护好刀口,不得使其腐蚀磨损,以免影响测量数据的准确性。
(4)注意保护好水平泡,不能碰撞,以免损坏。

5) 钻井液密度调节

(1) 加入重晶石等加重材料是提高钻井液密度最常用的方法。在加重前,应调整好钻井液的各种性能,特别要严格控制低密度固相的含量。一般情况下,所需钻井液密度越高,则加重前钻井液的固相含量及黏度、切力应控制得越低。

加入可溶性无机盐也是提高密度较常用的方法。如在保护油气层的清洁盐水钻井液中,通过加入 NaCl,可将钻井液密度提高至 $1.20g/cm^3$ 左右。

(2) 为实现平衡压力钻井或欠平衡压力钻井,有时需要适当降低钻井液的密度。通常降低密度的方法有以下几种:

① 用机械和化学絮凝的方法清除无用固相,降低钻井液的固相含量。
② 加水稀释,但往往会增加处理剂用量和钻井液费用。
③ 混油,但有时会影响地质录井和测井解释。
④ 钻低压油气层时可选用充气钻井液等。

2. 钻井液含砂量

含砂量是指钻井液中不能通过 200 目(200 孔/in^2 或 80 孔/cm^2)筛网,即粒径大于 $74\mu m$ 的砂粒占钻井液总体积的百分数。在现场应用中,该数值越小越好,一般要求控制在 0.5% 以下。

1) 含砂量过大对钻井的危害

(1) 使钻井液密度增大,对提高钻速不利。
(2) 使形成的滤饼松软,导致滤失量增大,不利于井壁稳定,并影响固井质量。
(3) 滤饼中粗砂粒含量过高会使滤饼的摩擦系数增大,容易造成压差卡钻。
(4) 增加对钻头、钻具和其他设备的磨损,缩短其使用寿命。

2) 含砂量测量和控制

钻井液含砂量用专门设计的含砂量测定仪进行测量。该仪器由一个刻度瓶和一个带漏斗的筛网筒组成,所用筛网为 200 目。其结构如图 2-10 所示。

3) 测量方法

(1) 将一定体积(一般为 50mL 或 100mL)的钻井液注入刻度瓶中,然后注入清水至刻度线。
(2) 用手堵住瓶口并用力振荡,然后将容器中的流体倒入筛网筒过筛。
(3) 筛完后把漏斗套在筛网筒上反转,漏斗嘴插入玻璃容器,将不能通过筛网的砂粒用清水冲入玻璃容器中。
(4) 待砂粒全部沉淀后读出体积刻度。锥体中下部的刻度线

图 2-10 筛洗法含砂仪

为含砂量体积分数的分度线,若取 50mL 钻井液,读数乘以 2 就是所测钻井液的含砂量。也可用下式求出钻井液含砂量 N:

$$N = (V_{砂粒}/V_{钻井液}) \times 100\%$$

4)降低钻井液含砂量的方法

(1)机械除砂。充分利用振动筛、除砂器、除泥器等设备,对钻井液的固相含量进行有效的控制。

(2)化学除砂。通过加入化学絮凝剂,将细小砂粒絮凝变大,再配合机械设备清除。常用的絮凝剂有聚丙烯酰胺或部分水解聚丙烯酰胺等。

四、钻井液固相含量测量

1. 钻井液固相含量

钻井液固相含量通常用钻井液中全部固相的体积占钻井液总体积的百分数来表示。固相含量的高低以及固相颗粒的类型、尺寸和性质均对钻井时的井下安全、钻井速度及油气层损害程度等有直接的影响。因此,在钻井过程中必须对其进行监测和有效控制。

2. 钻井液中固相的类型

一般情况下,钻井液中存在着各种不同组分、不同性质和不同颗粒尺寸的固相。根据其作用不同,可分为有用固相和无用固相。根据其性质的不同,可将钻井液中的固相分活性固相和惰性固相。凡是容易发生水化作用或易与液相中某些组分发生反应的称为活性固相,主要是指膨润土;凡是不容易发生水化作用或不易与液相中某些组分发生反应的称为惰性固相,主要包括石英、长石、重晶石以及造浆率极低的黏土等。除重晶石外,其余的惰性固相均被认为是有害固相,是需要尽可能加以清除的物质。

3. 固相含量测量

1)测量方法

(1)向蒸馏器内注入 20mL 钻井液,将插有加热棒的套筒连接到蒸馏器上。

(2)将蒸馏器的引流管插入冷凝器的孔中,然后将量筒放在引流嘴下方,以接收冷凝成液体的油和水。

(3)接通电源,使蒸馏器开始工作,直至冷凝器引流嘴中不再有液体流出时为止。这段时间一般需 20~30min。

(4)待蒸馏器和加热棒完全冷却后,将其卸开。用铲刀刮去蒸馏器内和加热棒上被烘干的固体。用天平称取固体的质量,并分别读取量筒中水、油的体积。

2)测量结果的处理

通常用固相所占有的体积分数表示钻井液的固相含量,需要注意的是,对于含盐量 <1% 的淡水钻井液,很容易由实验结果求出钻井液中固相的体积分数;但对于含盐量较高的盐水钻井液,被蒸干的盐和固相会共存于蒸馏器中。此时需扣除由于盐析出引起体积增加的部分,才

能确定钻井液中的实际固相含量。

4. 钻井液固相控制的方法

钻井液中的固相含量越低越好,要通过固相控制不断地清除钻屑等有害固相,使膨润土和重晶石等有用固相的含量维持在适当范围,一般固相含量应控制在5%左右。实现提高钻速、保证安全的要求。固相控制有以下几种方法:

(1)清水稀释法。向钻井液中加入大量清水,可降低钻井液的固相含量,但该方法要增加钻井液的容器或放掉部分井液,不仅增大成本,并且易使钻井液性能变坏。

(2)替换部分钻井液法。用清水或低固相钻井液替换一定体积高固相含量的钻井液,可减少清水和处理剂的用量,但仍有浪费。

(3)化学絮凝法。在钻井液中加入高分子絮凝剂,使钻屑等无用固相在钻井液中不水化分散,而絮凝成较大颗粒沉淀。

(4)机械设备清除法。主要设备有振动筛、除砂器、除泥器、离心分离机等。

第四节 复杂地层的钻井液技术

随着深井、超深井、丛式井及水平井等特殊井的增加和欠平衡钻井等新技术的应用,钻井中遇到的井壁失稳、井漏、井喷及卡钻等井下复杂情况和钻井事故越来越突出,已经成为影响安全优质快速钻井和经济效益的主要因素之一。因此,做好复杂情况下的钻井液工作尤为重要。

一、井壁不稳定机理及钻井液技术

井壁不稳定是指钻井或完井过程中出现的井壁坍塌、缩径、地层压裂等井下复杂情况,如图2-11所示。前两者造成井径扩大或缩小,后者易造成井漏。井壁失稳严重影响钻井速度、质量及成本,甚至延误勘探与开发的速度。为了保持井壁稳定,实现优质安全钻进,必须搞清井壁失稳地层的结构特征、井壁失稳的原因、相关的钻井工程与钻井液技术措施等。

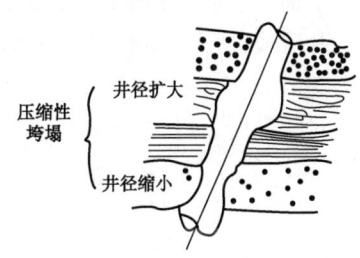

图2-11 井壁失稳的类型

1. 井壁不稳定现象

1)井塌现象

返出钻屑尺寸增大,数量增多并混杂;钻井液的黏度、切力、密度、含砂量明显增高,泵压增高且不稳定,严重时会出现憋泵现象,并可憋漏地层;扭矩增大,蹩钻严重,停转转盘打倒车;上提钻具遇卡、下放钻具遇阻,下钻(或接单根)下不到井底,划眼遇阻,严重时会发生卡钻或无法划至井底;井径扩大,出现糖葫芦井眼,测井遇阻卡。

2)缩径现象

当钻井过程中发生缩径时,由于井径小于钻头直径,会出现扭矩增大、蹩钻等现象,严重时转盘无法转动,甚至被卡死;上提钻具或起钻遇卡,严重时发生卡钻;下放钻具或下钻遇阻,如地层缩径严重,可使井眼闭合。

3) 压裂现象

当钻井液的循环压力大于地层破裂压力时,就会压裂地层,使地层出现裂缝,钻井液漏失,从而导致泵压的下降;如果液柱压力降到易塌地层的坍塌压力或孔隙压力之下,就可能发生井塌或井喷等复杂情况。

2. 井壁不稳定的原因

井壁失稳的实质是力学不稳定。当井壁岩石所受的应力超过其本身的强度时,就会发生井壁不稳定。其原因十分复杂,主要可归纳为力学因素、物理化学因素和钻井工程措施等三个方面,后两个因素最终均因影响井壁应力分布和井壁岩石的力学性能而造成井壁失稳。

1) 力学因素

钻井过程中保持井壁力学稳定的必要条件是钻井液液柱压力必须大于地层坍塌压力,小于地层破裂压力。坍塌压力是指井壁发生剪切破坏的临界井眼压力。钻井过程中造成井壁力学不稳定的原因可归纳为以下几个方面。

(1) 液柱压力小于地层坍塌压力:孔隙压力异常不仅发生在储层中,在泥页岩地层中也较普遍地存在。以往钻井液密度设计均依据所钻遇油气水层的孔隙压力,而没考虑易坍塌地层可能存在异常孔隙压力与地应力。在实际钻井过程中,同一裸眼井段部分地层的坍塌压力往往大于油气水层的孔隙压力,依据孔隙压力确定的钻井液密度在高坍塌压力地层钻进时,井筒中钻井液液柱压力就不足以平衡地层坍塌压力,就会使所钻地层处于力学不稳定状态,引起井壁坍塌。

对盐膏层、含盐膏泥岩和高含水的软泥岩等地层,其高度延展性几乎可以传递上覆地层的全部负荷,如井筒中钻井液液柱压力不足以平衡其产生塑性变形的压力,此类岩层就会发生蠕变。所谓蠕变是指材料在恒应力状态下,变形随时间而逐渐增大的一种特性。岩盐在深部高温高压下,由于具有蠕变特性,即使井壁上的应力仍处于弹性范围,也会导致井眼随时间而逐渐缩小。由于岩盐层的塑性变形(蠕变)引起井眼缩径,常导致起下钻遇阻卡、卡钻。例如,中原油田文—218井使用密度为 1.79g/cm³ 钻井液,钻进岩盐层至3912m时,从电测得知在3856~3899m井段井径缩小18%~23%(比钻头直径小40~50mm)。继续电测时又发生遇阻,下钻划眼至3912m,后上提遇卡。因此,岩盐层的蠕变或塑性变形是钻进该类地层时造成井下复杂情况的一个重要原因。

此外,盐膏层中的泥岩在上覆盖层压力与井温作用下,黏土表面所吸附的水会逐渐被挤出成为孔隙水,使体积约增大40%~70%。若泥岩被盐层所封闭,而盐层不具备渗透性能,水无处可排,则会导致在两个盐层之间的泥岩孔隙中形成异常压力带。钻开此类地层时,如果钻井液液柱压力低于此类泥岩发生塑性变形的压力,泥岩就会缩径,导致井下复杂情况。盐膏层塑性变形不仅发生在岩盐中,而且还会发生在含盐泥岩中。

(2) 起钻抽吸作用使液柱压力降低:在起钻过程中,由于未及时灌注钻井液,或钻井液塑性黏度和动切力过高以及起钻速度过快等均会产生高的抽吸作用,使作用于井壁的液柱压力下降,当其低于地层坍塌压力时就会发生井塌。此外,在裸眼井段,如果所钻过的上部地层中存在大段含蒙脱石或伊蒙无序间层的泥岩,在钻进下部地层时如用时过长,上部泥岩就会吸水膨胀而造成井径缩小,起钻至此井段则发生"拔活塞"抽吸作用,环空灌不进钻井液,从而产生很大的抽吸压力而形成负压差,严重时便会抽塌下部地层。

(3)井喷或井漏导致井筒中液柱压力降低:钻井过程中如发生井喷或井漏,均会造成井筒中液柱压力下降。当此压力小于地层坍塌压力时,就会出现井塌。

(4)钻井液密度过高:钻井过程中,如所采用的钻井液密度过高,大大超过地层孔隙压力,会有更多的钻井液滤液进入地层,加剧地层中黏土矿物水化,引起地层孔隙压力增加及围岩强度降低,最终导致地层坍塌压力增大。当坍塌压力的当量密度超过钻井液密度时,井壁就会发生力学不稳定,造成井塌。

2)物理化学因素

一般来讲,岩石均由非黏土矿物、晶态黏土矿物(如蒙脱石、伊利石、伊蒙间层矿物、绿泥石、绿蒙间层、高岭石等)和非晶态黏土矿物(如蛋白石等)所组成,但不同岩性地层所含的矿物类型和含量不完全相同。对井壁稳定性产生影响的主要组分是地层中所含的黏土矿物。

当地层被钻开后,在井筒中钻井液与地层孔隙流体之间的压差、化学势差和地层毛细管力的驱动下,钻井液滤液进入地层,引起地层中黏土矿物水化膨胀,导致井壁不稳定。地层中的黏土矿物与水接触发生水化膨胀,其影响因素是多方面的。

(1)地层中所含黏土矿物不同,其水化膨胀程度不同,黏土矿物膨胀能力的顺序为蒙脱石>伊蒙间层矿物>伊利石>高岭石>绿泥石。

(2)地层中含有石膏、氯化钠和芒硝等无机盐时,则会促使地层发生吸水膨胀。比如,当地层中含有无水石膏时,无水$CaSO_4$吸水转变为$CaSO_4 \cdot 2H_2O$,其体积增加约26%,因而含膏泥岩的膨胀性与其中无水石膏含量有密切关系。

(3)地层中存在着层理裂缝,部分微细裂缝在井下高有效应力作用下处于闭合状态,但当与水接触时,水仍然会沿着这些微缝进入,引起地层水化膨胀。

(4)时间、温度和压力对泥页岩的水化膨胀会产生一定影响。地层中的黏土矿物与钻井液滤液接触时间增长会加剧黏土水化膨胀;随着温度升高,黏土的水化膨胀速率和膨胀量都明显增高;而压力增高可抑制黏土水化膨胀。

(5)钻井液中所含有机处理剂和可溶性盐的类型及含量、滤液的pH值等均会影响黏土的水化膨胀。

由于地层中所含的黏土矿物吸水发生水化膨胀,产生水化应力,改变了井筒周围地层的孔隙压力与应力分布,从而引起井壁岩石强度降低,地层坍塌压力发生变化。当井壁岩石所受到的周向应力超过岩石的屈服强度时,就会发生井壁不稳定。因此,井壁不稳定是物理化学因素与力学因素共同作用所导致的结果。

3)钻井工程措施

钻井工程措施也是影响井壁稳定的重要因素。钻井过程中,由于起下钻速度过快、钻井液静切力过大、开泵过猛、钻头泥包等原因,均可能发生强的抽吸作用,降低钻井液作用于井壁的压力,造成井塌;钻井过程中如果发生井喷、井漏或起钻没灌满钻井液,会造成井内液柱压力大幅度下降,造成井壁岩石受力失去平衡而导致井塌;当钻进破碎性地层或层理裂隙发育的地层时,如果钻井液环空返速过高,在环空形成紊流,则对井壁的冲刷力有可能超过被钻井液浸泡后的岩石强度,这时就会造成井壁坍塌;井身质量不好,如井眼方位变化大,狗腿度过大,易造成应力集中,加剧井塌的发生;钻易塌地层时,如转速过高、起钻用转盘卸扣,由于钻具剧烈碰击井壁,从而加速井塌。

总之,在钻井过程中,如果影响井壁稳定性的一些工程措施不当,有可能降低钻井液作用在井壁上的压力和岩石强度,导致井壁不稳定。

3. 稳定井壁的钻井液技术

(1)确定合理的钻井液密度。为了保持井壁稳定,必须依据所钻地层的地层破裂压力 $p_{破}$($p_{漏}$)、地层孔隙压力 $p_{地}$ 和地层坍塌压力 $p_{坍}$ 三个压力剖面来合理确定钻井液密度,保持井壁处于力学稳定状态,防止井壁发生坍塌或塑性变形。如果钻井液柱压力(包括钻井液液柱静压力和循环压力)$p_{液}>p_{破}$ 则井漏,$p_{液}<p_{坍}$ 则井塌,$p_{液}<p_{地}$ 则井喷。当 $p_{地}>p_{坍}$ 时,应满足 $p_{破}>p_{液}>p_{地}$,安全压力(当量钻井液密度)$\Delta p = p_{破} - p_{地}$;当 $p_{坍}>p_{地}$ 时,应满足 $p_{破}>p_{液}>p_{坍}$,$\Delta p = p_{破} - p_{坍}$。Δp 越大钻井越容易,Δp 越小,钻井越困难。

(2)优选防塌钻井液类型与配方。提高钻井液的抑制性;采用物理化学方法封堵地层的层理和裂隙,阻止钻井液滤液进入地层;提高钻井液对地层的膜效率(在井壁上形成有效的页岩稳定膜即半透膜,阻止水及钻井液进入地层),降低钻井液活度使其小于或等于地层的水活度;降低钻井液高温高压滤失量和滤饼渗透率,尽量减少钻井液进入地层的量等。

(3)常用防塌钻井液类型。国内外常用防塌钻井液有油基(或油包水)钻井液、饱和盐水钻井液、KCl(或 KCl 聚合物)钻井液、钙处理钻井液、聚合物(包括聚丙烯酰胺、钾铵基聚合物、两性离子聚合物、阳离子聚合物、聚磺等)钻井液、硅基(或稀硅酸盐)钻井液和聚合醇(或多元醇)钻井液等。

二、易漏地层的钻井液技术

1. 井漏的原因与预防

井漏是在钻井、固井、测试等作业中,各种工作液(包括钻井液、水泥浆、完井液及其他流体等)在压差作用下漏入地层的现象。表现为正常循环情况下,井口返出的钻井液的数量少,严重时井口不返钻井液,钻井液池液面下降,有时会发生钻速突然变快或钻具突然放空、泵压明显下降等现象。钻井液漏失是钻井作业中的一种常见的井下复杂情况,在各个层段、各类岩性的地层中都可以发生。一旦发生漏失,不仅延误钻井时间,损失钻井液,损害油气层,干扰地质录井工作,而且还可能引起井塌、卡钻、井喷等一系列复杂情况与事故,甚至导致井眼报废,造成重大的经济损失。因此,在钻井过程中应尽量避免井漏发生。

1)井漏的原因

井漏发生的基本条件,一是地层中存在能使钻井液流动的漏失通道,如孔隙、裂缝或溶洞,二是井筒与地层之间存在能使钻井液在漏失通道中发生流动的正压差。漏失通道要有足够大的开口尺寸和足以克服钻井液在漏失通道中的流动阻力的压差时才会发生井漏。在钻井过程中采取措施不当,比如钻井液密度过高、下钻速度过快、在易漏层开泵过猛等,都会使地层中原本不会产生井漏的漏失通道的开口尺寸扩张、相互连通而发生井漏,或使原本无漏失通道的地层压裂而引发井漏。如果地层破裂压力小于钻井液液柱压力和环空压耗或波动压力之和时,地层被压裂,产生井漏。如果漏失通道中含有非常活跃的天然气,井漏后容易发生井喷。除钻井液密度对井漏有影响外,钻井液黏度、切力及流变性、滤饼质量,直接影响井漏的发生和井漏的严重程度。

2) 井漏的预防

对付井漏应坚持预防为主的原则,预防井漏主要有以下几种方法。

(1) 设计合理的井深结构:如果同一裸眼井段存在多个压力系统,钻井液性能无法同时满足防喷、防塌和防漏要求时,必须设计合理的井身结构,用套管封隔低破裂压力地层、高压层和漏失层,才能保证钻井作业的顺利进行,井身结构设计必须以各种地层压力剖面为依据。

(2) 确定合理的钻井液性能:在确定裸眼井段钻井液性能时,尤其是钻井液密度,应使作用于井壁上的总压力小于地层的最小破裂压力和漏失压力,大于地层坍塌压力和孔隙压力。对于孔隙、裂缝、溶洞十分发育的地层和易破碎地层,为防止井漏的发生,钻井液密度产生的液柱压力尽可能地接近或约低于地层孔隙压力,实现近平衡或欠平衡钻井。

钻井液黏度和切力也是影响漏失的因素之一。钻井液密度确定后,依据井下具体情况确定合理的钻井液流变性,同样可有效地预防井漏的发生。对于地层松软、压力低的浅井段,采用大直径钻头钻进时,应选用低密度高黏切钻井液,以增大漏失阻力,防止井漏;而对于深井的高压小井眼井段或深井压力敏感层段,应选用低黏切钻井液,以尽可能降低环空循环压耗,防止井漏。

2. 井漏的处理

1) 调整钻井液性能与钻井工程措施

调整钻井液性能与钻井工程措施主要包括降低钻井液密度、改变钻井液黏度和切力、降低钻井液排量、简化钻具结构、控制钻进速度等,其目的是降低井内液柱压力、环空压耗、波动压力,增加钻井液在漏失通道中的流动阻力,降低或消除井漏压差,达到处理井漏的目的。

需要注意的是降低钻井液密度时要分阶段缓慢进行,同时又要使钻井液的其他性能不要有太大波动,防止因钻井液密度的降低而引起井喷、井塌等井下复杂情况的发生。

2) 桥接堵漏和水泥浆堵漏

桥接堵漏是利用不同形状、尺寸的桥接材料,根据井漏性质,以不同的配方混于钻井液中,配成堵漏浆液直接注入漏层的一种堵漏方法。由于该方法使用方便、施工安全,对孔隙和裂缝造成的部分漏失或失返漏失一般具有较好的堵漏效果。

水泥浆在凝固状态前呈流动态状,可以适应各种漏失通道堵漏需要。对于大裂缝或溶洞等引起的严重井漏、破碎性地层引起的诱导性井漏,首先考虑水泥浆堵漏。

3) 强行钻进与随钻堵漏

钻井过程中,有时会钻遇长段天然孔洞、裂缝,造成严重井漏,如果采用堵漏作业往往事倍功半。对于这样的井漏,在条件允许的情况下,采用强行钻进,完全通过漏层以后,再下入套管封隔漏层会收到好的效果。

随钻堵漏是把桥接堵漏材料加入到钻井液中边钻进边堵漏,与停钻堵漏相比,可以节省处理井漏的时间。对于微小裂缝和孔隙性地层引起的部分漏失或钻遇长段易漏破碎带时,若漏速小于 $30m^3/h$,一般可采用随钻堵漏。例如,2005 年,辽河油田某区块钻井四口,有三口井发生漏失。漏失地层岩性以砾石为主,砂粒粗,渗透性高,以渗透性漏失为主,适合实施随钻防漏堵漏钻井液技术。根据实验结果,在聚合物分散钻井液中加 1.5% 防漏堵漏剂到完井,取得明显效果。

4) 静止堵漏

静止堵漏是在发生完全或部分漏失的情况下,将钻具起出漏失井段或起至技术套管内,静止一段后,漏失现象即可消失。

静止堵漏主要适用于钻井过程中因操作不当,人为憋裂地层而发生诱导裂缝引起的井漏;钻井液密度过高,液柱压力超过地层破裂压力而引起的井漏等情况。无论什么原因发生的井漏,在堵漏的准备阶段均可采用静止堵漏。

采用静止堵漏,发生堵漏时应立即停止钻进,将钻具起至安全井段,静止 8~24h。如果将钻具起至技术套管内静止,静止时间内可以不循环钻井液;如果在裸眼井段静止,应定时灌钻井液,保持钻井液面在套管内,防止再次发生漏失;在发生部分漏失的情况下,如果循环堵漏无效,最好在起钻前先替入堵漏钻井液然后再起钻,以增强静止堵漏效果;采用静止堵漏后再次下钻时,应控制下钻速度,尽量避免在漏失层开泵循环;恢复钻进后,钻井液的密度、黏度和切力不宜立即做大幅度调整,防止再次发生井漏。

5) 暂堵法堵漏

暂堵法堵漏是指应用堵漏材料对油气层进行封堵,油气井投产后采用相应的解堵剂进行解堵的一种方法。此法主要用于渗透性和微裂缝性地层漏失,并能有效地减小因漏引起的油气层损害。各油田已广泛使用的封堵剂有单向压力封堵剂或易酸溶、油溶、水溶的堵漏剂进行堵漏。

三、预防井喷的钻井液处理

井喷是指地层流体失去控制,喷到地面或是窜至其他地层里的现象。它是钻井工程较为常见的恶性事故。轻则使油气层受到破坏,影响钻井工期;重则使油气井报废,延误油气田的勘探开发工作,甚至造成人员伤亡。

在钻井过程中,井底压力小于地层压力是导致井喷发生的根本原因。对地层压力掌握不准确,所设计的钻井液密度过低,不足以平衡地层压力;由于井内液柱高度下降、钻井液密度下降、起钻抽吸作用、气侵等都会导致井内钻井液柱压力下降。

1. 预防井喷的技术措施

预防井喷应采取的措施包括钻井液技术措施和钻井工程措施两个方面。

1) 预防井喷的钻井液技术措施

选用合理的钻井液密度。依据三个地层压力剖面,设计合理的钻井液密度,对于油层或水层,密度附加值为 0.05~0.10g/cm³,对于气层,则附加值为 0.07~0.15g/cm³。对于探井,应依据随钻地层压力监测的结果,及时调整钻井液密度,始终保持井筒中液柱压力高于裸眼井段最高地层孔隙压力。

进入油、气、水层前,调整好钻井液性能。除调整钻井液密度,使其达到设计要求之外,在保证钻屑正常携带的前提下,应尽可能采用较低的钻井液黏度与切力,特别是终切力随时间变化幅度不宜过大,以降低起下钻过程中的压力波动。

严防井漏。需要加重时,防止因加重速度过快而压漏地层。应注意控制开泵泵压,防止憋漏地层。对于裸眼井段存在不同压力系统的地层,下部油、气、水层压力超过上部裸眼井段地层的漏失压力时,应在进入高压层之前进行堵漏,防止钻至高压油、气、水层时因井漏而诱发井喷。

钻遇到高压油气层时,应注意随时监测钻井液密度,一旦发现气侵,应立即开动除气器,并使用消泡剂除气,以及时恢复钻井液密度。

钻开油、气、水层后,钻进过程中应随时观测钻井液池中钻井液的体积总量;起钻时应灌满钻井液,并监测灌入钻井液的量;下钻时,应观测钻井液池液面和从井筒中所返出钻井液的量;下钻时应分段循环钻井液,以避免大量气体因上返时膨胀而形成井涌。循环时要计算油气上窜速度,用以判断油气活跃程度和钻井液密度是否适当;凡钻遇高压油、气、水层的井,应储备高于井筒内钻井液密度的加重钻井液,其数量应接近井筒中钻井液的量。

2)预防井喷的钻井工程措施

预防井喷的钻井工程措施包括控制在油气层钻进时的机械钻速,以防因钻速过快而造成油气进入井筒;依据三个地层压力剖面设计合理的井身结构,防止上喷下漏或下喷上漏造成液柱压力下降而引起井喷;按井的类别正确选用井控装置,发现溢流应及时使用井控装备,以防止井喷的发生等。

2. 发现溢流及压井液

溢流往往是井喷征兆的第一信号,一旦发现溢流,必须立即关闭防喷器,用一定密度的加重钻井液进行压井,以迅速恢复液柱压力,重新建立压力平衡,制止溢流。

1)发现溢流

有油气侵入钻井液时,机械钻速突然升高或出现放空现象,钻井液中出现油气显示,钻屑中发现油砂或水砂,气测值增大或氯离子含量增大;钻进过程中钻井液性能变化大,钻遇油气层时,密度降低,黏度、切力和温度升高。地层水侵入钻井液时,密度下降,黏度、切力开始增高而后又下降,滤失量增大,pH 值下降,氯离子含量增大表明是地层盐水侵入;密度、黏度和切力下降表明是淡水侵入。

钻进过程中泵压下降,从环空返出的钻井液量不正常,钻井液罐液面增加,停泵后出口仍有钻井液返出。起钻时灌钻井液不正常,灌入钻井液的体积小于起出钻具的体积,甚至不能灌入钻井液。停止起钻后钻井液出口仍有钻井液返出。下钻时返出的钻井液量不正常,从井口返出的钻井液量超过下入钻具的体积,钻井液池面增加。下钻后循环过程中钻井液返出量很大,停泵后钻井液继续外溢。

2) 处理井喷对压井液的要求

正确选用压井液是缩短处理溢流、井喷时间、防止处理过程中再出现井漏、卡钻等井下复杂情况与事故的重要技术措施之一。

压井钻井液的密度可由式(2-1)和式(2-2)求得：

$$\rho_{m1} = \rho_m + \Delta p \tag{2-1}$$

$$\Delta p = 100 \times \frac{p_d}{D} + \rho_c \tag{2-2}$$

式中 ρ_m——原钻井液密度，g/cm^3；

ρ_{m1}——压井液密度，g/cm^3；

Δp——压井所需钻井液密度增量，g/cm^3；

p_d——发生溢流关井时的立管压力，MPa；

D——垂直井深，m；

ρ_c——安全密度附加值，g/cm^3。

式中 ρ_c 取值的一般原则仍然是油、水层为 $0.05\sim0.10g/cm^3$，气层为 $0.07\sim0.15g/cm^3$。用于压井的钻井液密度不宜过高，以防止压漏地层，诱发更为严重的井喷。但其密度亦不宜过低，否则压不住井。

3) 压井液的性能

压井液的类型和配方应与发生溢流前的井浆相同，对其性能的要求也应与原井浆相似，即必须使压井液具有较低的黏度，适当的切力；尽可能低的滤失量、滤饼摩擦系数和含砂量；很好的稳定性，以防止重晶石沉淀和压井过程中发生压差卡钻。

4) 压井用加重钻井液配制

用于压井的加重钻井液，其体积量通常为井筒体积加上地面循环系统中钻井液体积总和的 $1.5\sim2$ 倍。配制加重钻井液时，必须预先调整好基浆性能，膨润土含量不宜过高（应随加重钻井液密度的增大而减小），然后再加重。往钻井液中加入重晶石一定要均匀，力求保持稳定的钻井液性能。采取循环加重压井时，加重应按循环周加入重晶石，一般每个循环周密度提高值控制在 $0.05\sim0.10g/cm^3$，以求均匀、稳定。

第三章 井控操作

井控是有效地控制地层压力,保证钻井作业顺利进行的重要保证。本章从井控设备安装、保持井内压力平衡、发现溢流与关井、压井四个方面阐述了井控的理论知识与实际操作。钻井作业中,要严格执行相关标准。

井控就是采取一定的方法,控制地层孔隙压力,基本保持井内压力平衡,保证钻井作业的顺利进行。目前,井控技术已从单纯的防喷发展为保护油气层、防止破坏资源、防止环境污染,是高速低成本钻井技术的重要组成部分和实施近平衡压力钻井的重要保证。

为了满足油气井压力控制的要求,在钻井过程中需要对地层压力、地层流体、钻井主要参数、钻井液参数等进行准确监测和预报,一旦发生溢流、井喷时,能迅速控制井口、节制井眼中流体的排放,并及时泵入压井液使之在维持稳定的井底压力条件下重建井底与地层之间的压力平衡。

根据井涌的规模和控制方法的不同,井控作业分为以下三个等级:

一级井控(初次井控)是依靠井内适当的钻井液密度产生的液柱压力来控制地层孔隙压力,地层流体没有进入井内,井涌量为零。

二级井控是井内使用的钻井液密度产生的液柱压力不能平衡地层孔隙压力,地层流体流入井内,井口出现溢流,依靠地面设备和适当的井控技术,排除被地层流体浸污的钻井液,恢复井内压力平衡。

三级井控筛二次井控失败,井涌量大,发生了井喷失控(地面或地下井喷),采用适当的技术和设备重新恢复对井的压力控制。

第一节 安装井控设备

一、钻井井控设备的组成

井控设备是指为实施油、气、水井压力控制技术而设置的一整套专用的设备、仪表和工具,是对井喷事故进行预防、监测、控制、处理的必备装置。当钻井液柱静液压力小于地层流体压力时,地层流体将进入井眼,引起井涌(溢流)时,通过井控设备可以做到有控施工,既可以减少对油气层的损害,又可以保护套管,防止井喷和井喷失控,实现安全作业。

井控设备主要由检测设备、控制设备、处理设备三部分组成。检测设备有:气体测量设备、液面测量仪、密度计、黏度计;控制设备有:防喷器、内防喷工具、采油(气)树;处理设备有:节流管汇、压井管汇、除气器、引流放喷装置、地面加压及其他辅助设备等。典型的井控装置配套示意图如图3-1所示。

根据有关规定的要求,首先应配齐的井控装置有:液压防喷器和节流压井管汇及控制系统、套管头、方钻杆上旋塞阀、方钻杆下旋塞阀、钻具旁通阀、钻具回压阀、钻井液除气器、液气分离器、起钻灌钻井液装置和循环罐液面监测装置等。井控设备中的不压井起下钻及加压装置与清障、井下安全阀、灭火设备是用于特殊作业的。

组成井控设备的设施很多,其中有些设备具有多种功能,比如钻井液罐液面监测仪又隶属钻井参数仪表等,为突出重点,在井控设备的论述中以井控专用设备为主要研讨内容。

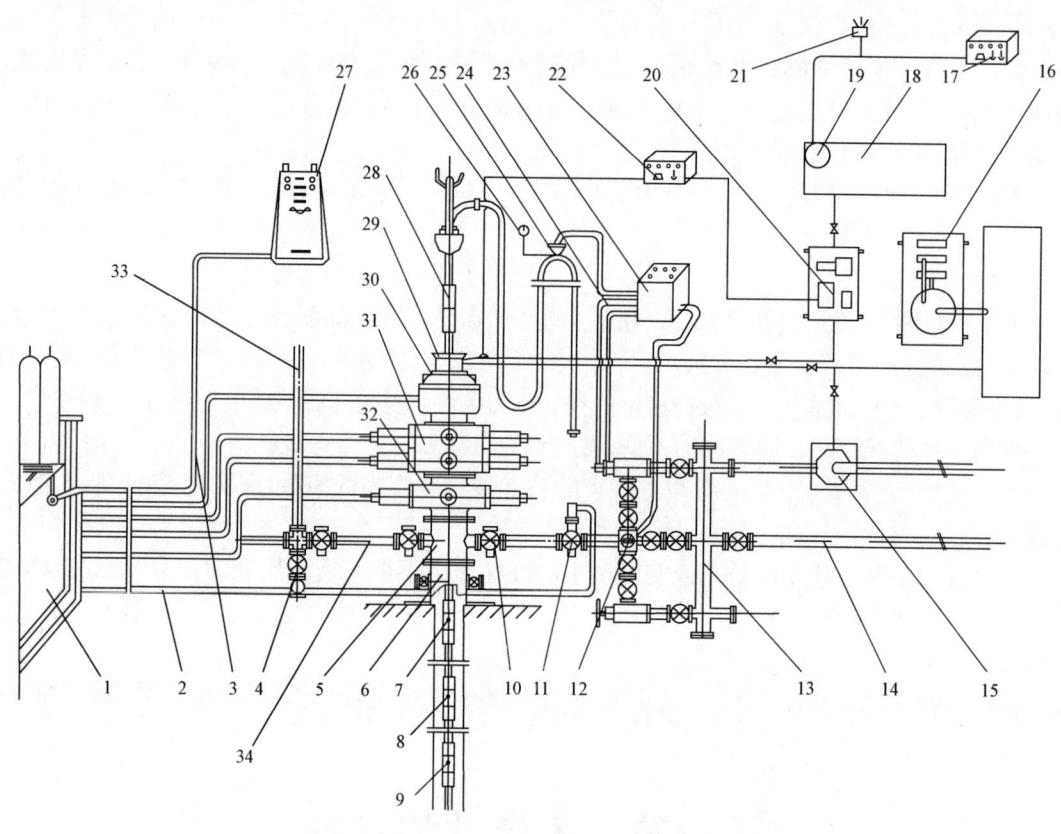

图3-1 井控装置配套示意图

1—液压防喷器控制装置;2—防喷器液压管线;3—防喷器气管束;4—压井管汇;5—钻井四通;6—套管头或底法兰;7—方钻杆下旋塞;8—旁通阀;9—钻具止回阀;10—手动闸阀;11—液动闸阀;12—套管压力表;13—节流管汇;14—放喷管线;15—钻井液液气分离器;16—真空除气器;17—钻井液池液面监测仪;18—钻井液罐;19—钻井液液面监测传感器;20—自动灌钻井液装置;21—钻井液池液面报警器;22—自动灌钻井液装置报警箱;23—节流管汇控制箱;24—节流管汇控制线;25—压力变送器;26—立管压力表;27—防喷器司钻控制台;28—方钻杆上旋塞;29—防溢管;30—PF形防喷器;31—双闸板防喷器;32—单闸板防喷器;33—反循环管线;34—防喷管汇

二、井口井控装置

1. 井口防喷器

井口钻进控制设备的核心部件是防喷器。防喷器应满足现代钻井工艺的要求:安全可靠,耐压能力高;操作方便,能快速关闭和开启,可在司钻台上控制,也可在远离井口的远程控制台上控制;能够有控制地泄压,称为放喷。能在不压井情况下进行边喷边进行钻进、起下钻具、完井和换装井口等作业。

1)防喷器的分类

根据职能不同,防喷器可分为环形防喷器(万能防喷器)、闸板防喷器和旋转防喷器。

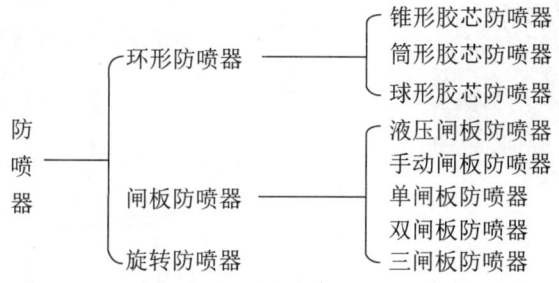

(1)环形防喷器(万能防喷器):

环形防喷器封井时,既能全封闭井内无钻柱时的井口,也能对工作通径以下的任何形状的钻柱、油管、套管、方钻杆、测井电缆、钢丝绳等进行密封,故又称万能防喷器。

锥形胶芯防喷器主要由壳体、承托胶芯的支持筒、活塞、锥形胶芯、顶盖、防尘圈、螺栓、盖板、吊环、挡圈、上接头、下接头组成。锥形胶芯防喷器结构如图3-2所示。其工作原理是:在使用时是靠液压操作的,液压系统的压力油通过壳体上的下接头进入液缸,推动活塞向上移动,由于活塞锥面的推动而挤压胶芯,胶芯顶面有顶盖限制,使胶芯径向收缩紧抱管柱,或当井内无管柱时完全将空间封死。当需要打开时,操纵液压系统,使压力油从上面的接头进入上液缸,同时下液缸回油,活塞下行,胶芯在弹性作用下逐渐恢复原形,井口打开。此防喷器一般完成关井动作的时间不大于30s,打开时间稍长。

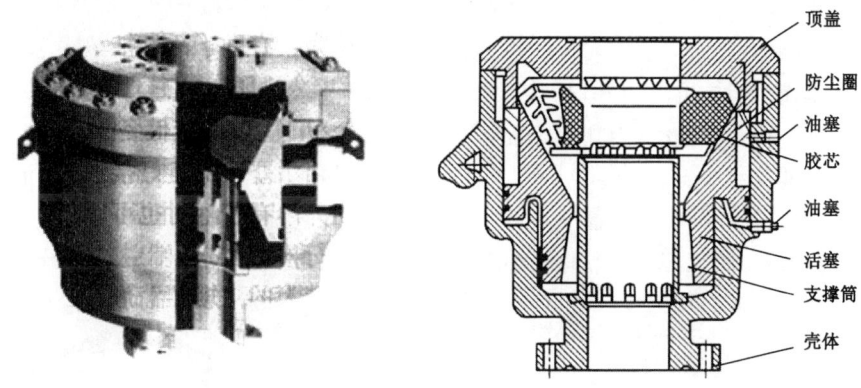

图3-2 锥形胶芯环形防喷器

球形胶芯喷器主要由顶盖、胶芯、活塞、亮体、接合环及防尘圈组成。球形胶芯防喷器结构如图3-3所示。其工作原理是:关井动作时,下油腔(关井油腔)里的压力油推动活塞迅速向上移动,胶芯被迫沿顶盖球面内腔,自下而上、自外缘向中心挤压、收拢、变形,从而实现封井。开井动作时,上油腔(开井油腔)里的压力油推动活塞向下移动。胶芯所受挤压力消失,在橡胶弹力作用下迅速恢复原状,井口打开。

筒形胶芯防喷器主要是为了满足修井和带压作业时,需密封多种规格钻具,频繁更换胶芯以及过油管和油管接箍的要求而设计的。该防喷器具有体积小、开关迅速、液压流量小、更换

 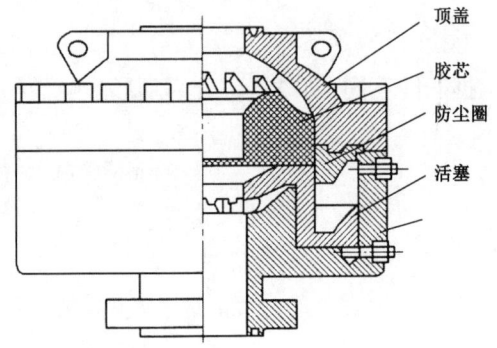

图3-3 球形胶芯防喷器

胶芯方便快捷、密封范围大、密封安全可靠的优点。

（2）闸板防喷器：

闸板防喷器按闸板数量可分为单闸板防喷器、双闸板防喷器、三闸板防喷器，如图3-4所示。

 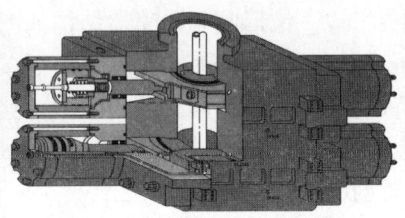 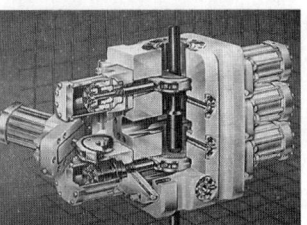

（a）单闸板防喷器　　　　　　（b）双闸板防喷器　　　　　　（c）三闸板防喷器

图3-4 闸板防喷器

当井内无钻具时，可封闭井口，特殊情况下配以剪切闸板可切断钻具封井，称为全封闸板防喷器，如图3-5(a)所示；当井内有钻具时，可封闭套管（或井壁）与钻具间的环形空间，称为半封闸板防喷器，如图3-5(b)所示。在关井情况下，可通过旁侧出口连接管汇进行钻井液循环、节流放喷、压井等作业。闸板由橡胶芯子、闸板体、盖板和螺钉组成。闸板体由合金钢制成，能承受高压力；橡胶芯子有较高的强度和韧度，保证高压下密封性能良好。

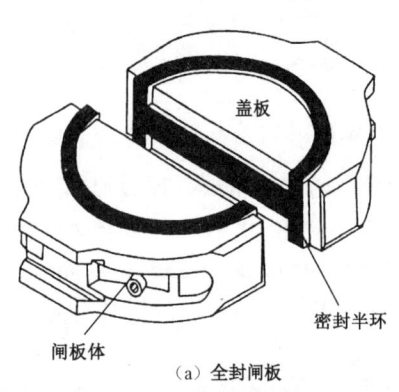 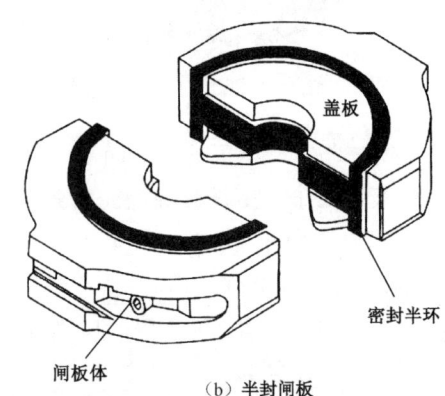

（a）全封闸板　　　　　　　　　　　　（b）半封闸板

图3-5 双闸板防喷器结构示意图

(3) 旋转防喷器：

旋转防喷器一般结构如图3-6所示。其功用是与闸板或万能防喷器联合工作以实现边喷边钻。旋转筒通过轴承坐于外壳,钻杆带动自封头和旋转筒在外壳内旋转。

2) 防喷器的型号

国产防喷器的型号由代号和基本参数组成,代号用汉字拼音字母表示;第一组数字表示直径(cm);第二组数字表示工作压力(MPa)。

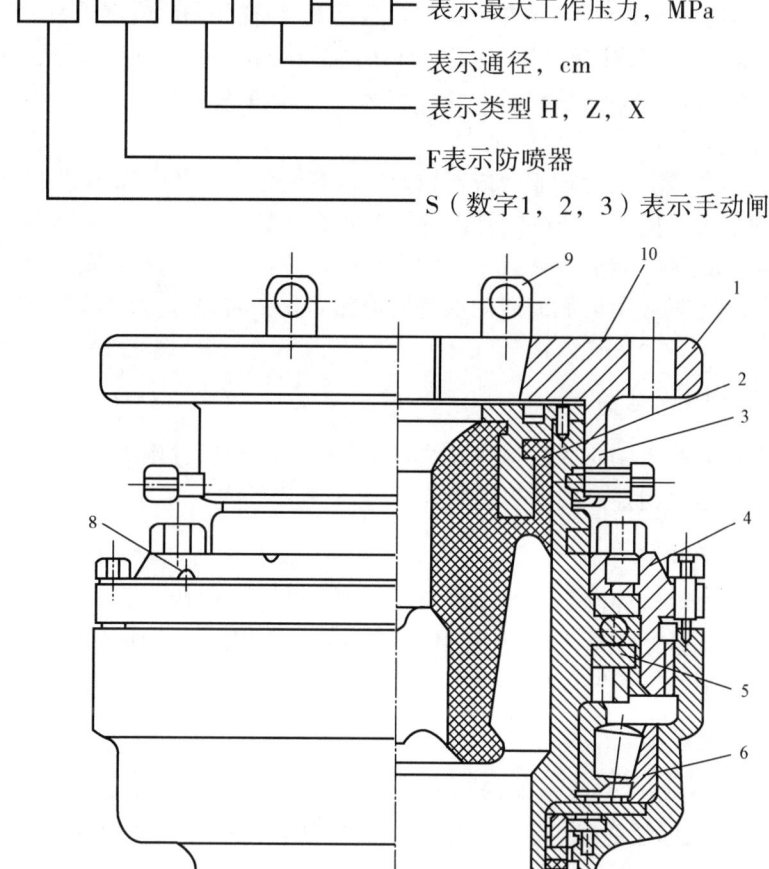

图3-6 旋转防喷器
1—旋转头;2—自封头;3—旋转筒;4—顶盖;5—8164轴承;6—2007960轴承;
7—外壳;8—直通式注油杯;9—方补心;10—圆柱销

防喷器的最大工作压力是指防喷器安装在井口投入工作时所能承受的最大井口压力(强度指标),液压防喷器的最大工作压力分为五个级别:14MPa,21MPa,35MPa,70MPa,105MPa;

防喷器的公称通径是指防喷器的上下垂直通孔直径(尺寸指标),液压防喷器的公称通径共分为九种:180mm,230mm,280mm,346mm,426mm,476mm,528mm,540mm,680mm。

例如:

(1)FZ23—21:表示单闸板防喷器通径为230mm,最大工作压力为21MPa。

(2)2FZ35—35:表示双闸板防喷器通径为346mm,最大工作压力为35MPa。

(3)FH28—35:表示环形防喷器通径为280mm,最大工作压力为35MPa。

3)钻井工艺对防喷器的要求

(1)关井动作迅速:SY/T 5964《钻井井控装置组合配套、安装调试与维护》中规定,钻井井控装置组合配套型式、安装、调试与维护要求,闸板防喷器关闭应能在小于或等于10s内完成;对于公称通径小于476mm的环形防喷器,关闭时间不应超过30s;对于公称通径大于或等于476mm的环形防喷器,关闭时间不应超过45s。

(2)操作方便:操作者在远程控制台或司钻台操作就能使液压防喷器迅速进行开或关,快速控制井口。同时还可以使用辅助遥控装置关井或手动操作关井。

(3)密封安全可靠:防喷器壳体要有足够的机械强度,密封件密封必须安全可靠。

(4)现场维修方便:防喷器的胶芯或闸板易磨损和老化变质,故此要求防喷器在现场维修方便。

2. 液压防喷器控制装置

液压防喷器都必须配备相应的控制装置。防喷器的开关是通过操纵控制装置实现的,防喷器动作所需液压油也是由控制装置提供的。

1)控制装置的功用

控制装置的功用就是预先制备与储存足量的液压油并控制液压油的流动方向,使防喷器得以迅速开关。当液压油由于使用消耗,油量减少,油压降低到一定程度时,控制装置将自动补充储油量,使液压油始终保持在一定的压力范围内。

2)控制装置的组成

控制装置由远程控制台(又称蓄能器装置或远控台)、司钻控制台(又称遥控装置或司控台)以及辅助控制台(又称辅助遥控装置)组成。另外,还可以根据需要增加氮气备用系统和压力补偿装置等,如图3-7所示。

远程控制台是制备、储存液压油并控制液压油流动方向的装置。它由油泵、蓄能器组、控制阀件、输油管线、油箱等元件组成。通过操作三位四通转阀(换向阀)可以控制压力油输入防喷器油腔,直接使井口防喷器实现开关。远程控制台通常安装在面对井场左侧,距离井口25m左右处。

司钻控制台是使远程控制台上的三位四通转阀动作的遥控系统,间接操作井口防喷器开关。司钻控制台安装在钻台上司钻岗位附近。

辅助控制台安置在值班房或队长房内,作为应急的遥控装置备用。

氮气备用系统可为控制管汇提供应急辅助能量。如果蓄能器和(或)泵装置不能为控制管汇提供足够的动力液,可以使用氮气备用系统为管汇提供高压气体,以便关闭防喷器。

压力补偿装置是控制装置的配套设备,在进行强行起下钻作业时,可以减少环形防喷器胶芯的磨损,同时确保过接头后使胶芯迅速复位,确保钻井安全。

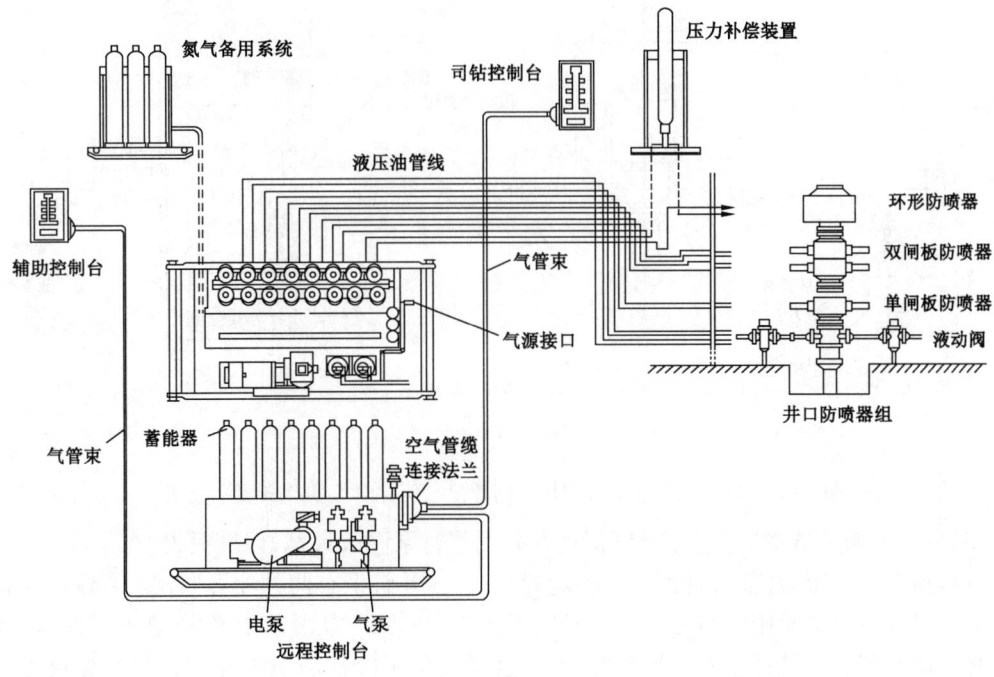

图 3-7　防喷器控制装置组成示意图

三、井口管汇

节流压井管汇是实施油气井压力控制技术必不可少的井控设备。在钻井施工中,一旦发生溢流或井喷,可通过节流压井管汇循环出被浸污的钻井液或泵入加重钻井液压井,以便恢复井底压力平衡,同时可利用节流管汇控制一定的井口回压来维持稳定的井底压力。压井汇管也可用于反循环压井。节流与压井管汇安装布置如图 3-8 所示。

1. 节流管汇

节流管汇是控制井内流体和井口压力、实施油气井压力控制技术的可靠而必要的设备,主要由节流阀、闸阀、管线、压力表和控制箱组成。其主要功用为:

(1)压井时实施节流循环,控制井内流体的流出井口,控制井口回压(立管压力和套管压力),维持井底压力,用以平衡地层压力,并且保持不变,制止溢流。

(2)泄压作用,降低井口压力,实现"软关井"。

(3)分流放喷作用,将溢流物引出井场以外,防止井场着火和人员中毒,确保钻井安全。

2. 压井管汇

压井管汇主要由单向阀、平板阀、压力表、三通或四通组成,它的功用为:

(1)当全封闸板关井时,通过压井管汇向井眼内强行泵入加重钻井液,实现反循环压井。

(2)发生井喷时,通过压井管汇向井眼内强行泵入清水,以防燃烧起火。

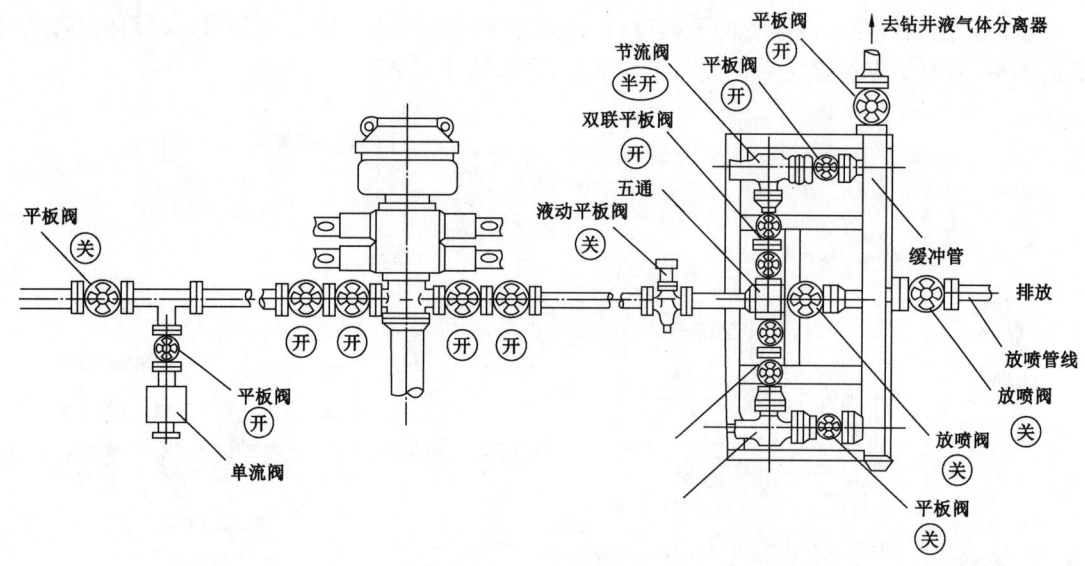

图3-8 最大工作压力(35MPa)的节流与压井管汇安装布置示意图

(3)发生井喷着火时,通过压井管汇往井眼内强行泵注灭火剂,以助灭火。

按其额定工作压力,节流管汇有三种配置形式,压井管汇有两种配置形式。节流压井管汇其额定工作压力应与所用防喷器组合的额定工作压力一致。从经济上考虑,在开钻时,可安装一套此井将要配置的最高压力节流压井管汇,这就避免了经常随防喷器组合改变导致压力级别的改变而更换节流压井管汇,由此可将节流压井管汇的备用量减到最少。

四、其他井控装置

其他井控装置包括钻具内防喷工具、钻井液液位监测报警仪、钻井液自动灌注系统、钻井液气体分离器、钻井液除气器、点火装置等。

1. 钻具内防喷工具

钻井过程中,当地层压力超过井底压力时,钻井液被推动沿钻柱水眼向上喷出,为了保护水龙带不被高压憋坏,需要使用钻具内防喷工具。它的使用还可起到节约钻井液、保持钻台清洁、减少环境污染的作用。

1) 方钻杆上、下旋塞阀

方钻杆上、下旋塞阀一般采用球阀结构,其开启和关闭多采用手动方式。通过专用扳手旋转球心轴,实现开关旋塞。上旋塞阀也有采用气动远程控制的方式。联合使用上、下旋塞阀时,无论方钻杆处于任何位置,都有一个可使用,即当其中一个发生故障时,另一个可起作用。钻井作业时,方钻杆球阀的水眼畅通并不影响钻井液的正常循环。需要关井时,可关闭方钻杆上旋塞或下旋塞阻止井内流体沿钻具上窜,用于保护水龙带和立管。为防止起下钻铤过程中发生井喷,钻台上应备有短节或单根,它可连接方钻杆和钻铤。

2) 钻具止回阀

按结构型式分,钻具止回阀有碟形、浮球形、箭形、投入式等,它们的使用方法不相同。有的被连接在钻柱上,有的在需要时才连接在钻柱上,而有的在需要时才投入钻具水眼内起封堵井内压力的作用。钻具止回阀装在钻柱上,允许钻井液自上而下流动,但不允许钻井液向上流动。根据现场使用经验,在正常钻井过程中通常并不装设钻具止回阀。因为把钻具止回阀(投入式除外)长期连接在钻柱上进行钻井作业,其零部件(尤其是密封件)会因钻井液的冲刷、腐蚀而损坏,当发生井喷时就能不封堵水眼。一般情况是将钻具止回阀放在钻台上备用,需要时再连接到钻柱上。

目前,现场大量使用的箭型止回阀性能优于弹簧式碟型止回阀。它受钻井液冲蚀作用小,表面有较高硬度,密封垫采用耐冲蚀、抗腐蚀的尼龙材料,其整体性能好。

投入式止回阀由止回阀组件和一个联顶接头组成。联顶接头事先装在靠近钻链的钻柱部位上,当发生井涌或井喷和进行不压井起下钻作业时,投入钻具水眼的止回阀组件将自动锁紧在联顶接头处,即可封堵水眼。需要时还可通过此阀循环出气侵钻井液。止回阀组件除有橡胶密封圈以增强其密封能力外,还有强有力的锁紧细齿使其可靠牢固地锁在联顶接头处。

止回阀的安全注意事项:
(1)经常检查其阀芯,若有刺痕或损坏,应立即更换。
(2)经常检查阀芯,以防堵塞。
(3)投入式止回阀的阀芯密封圈应远离有腐蚀性的物品,如酸或碱。

2. 钻井液液位监测报警仪

钻井液液位监测报警仪是最常见的监控装置,主要用于对钻井液罐液位进行监测,发现溢流、井漏异常显示并报警。图3-9为NYB2000报警仪示意图。

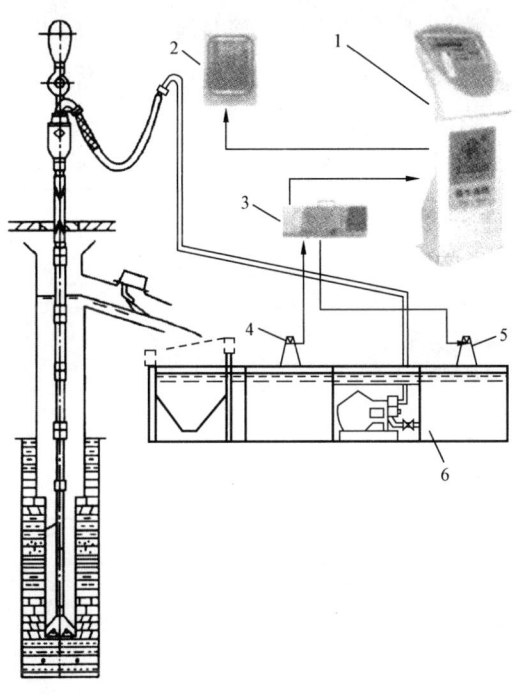

图3-9 NYB2000报警仪示意图
1—微机台;2—显示报警器;3—接线盒;4,5—液位传感器;6—钻井液罐

液位监测报警仪具有以下功能：

（1）数据采集和处理功能：能实时测量钻井液罐的液位、储液量、总储液量和变化量，并将数据进行分析处理。

（2）显示与报警功能：微机台和钻台安装的显示报警器能同步显示钻井液罐的储液量、总储液量和变化量。当钻井液液位超过设定值时，微机台和显示报警器将同时进行溢流、井漏异常显示与报警，提醒操作者注意，及时校对罐内液量，并采取相应的措施。

（3）报表打印功能：能定时输出打印钻井液罐液位数据报表，实时输出打印溢流、井漏异常显示与报警数据资料报表。

（4）传输处理功能：能将采集的数据传送到计算机数据库存储，以便进行相应的数据分析处理。

在钻井现场，钻井液罐内液面波动对监测数据带来较大影响，导致其准确性不如人工监测。为消除误差，可在钻井液罐内监测区域设置缓冲隔离带，或其他可维持液面相对稳定的措施。

3. 钻井液自动灌注系统

起钻作业时，随着钻柱的起出，井筒钻井液液面不断下降，钻井液对井底的静液压力将逐渐降低，外加钻柱提升的抽吸作用，起钻时极易导致溢流与井喷。据统计，井喷事故有17%～30%是在起钻作业时发生的。为了预防井喷，起钻时必须往井筒及时灌注钻井液。

起钻灌注钻井液较好的方法是采用自动灌注钻井液装置。自动灌注钻井液装置由电控柜、自灌装置报警箱、液流传感器、砂泵等组成。该装置调节好后可以定时自动往井筒灌钻井液，当溢流或井漏发生时，钻台上的自灌装置报警箱可以发出声响与灯光报警信号。自动灌注钻井液装置的组成与井场安装情况如图3-10所示。

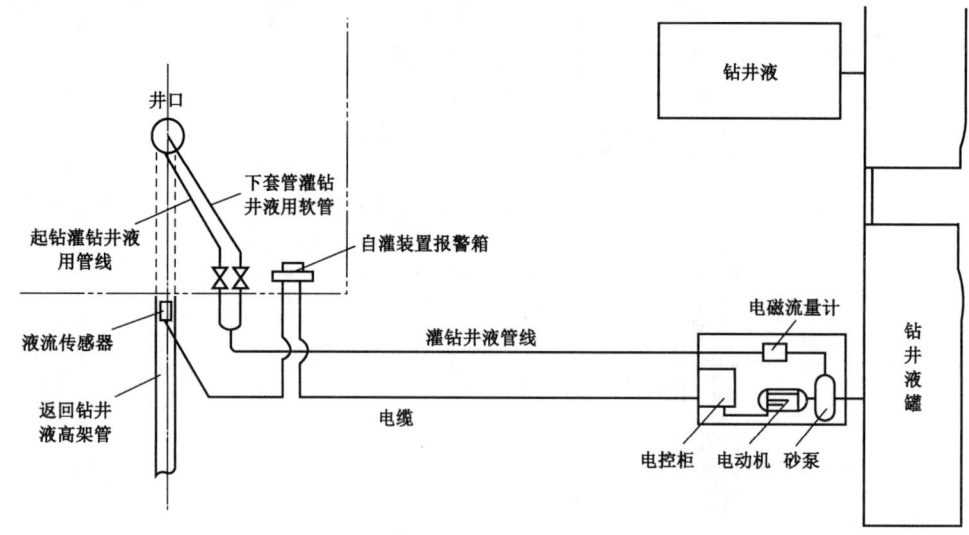

图3-10 自动灌注钻井液装置示意图

液流传感器装设在返回钻井液的高架管上,它可以将井筒灌满情况、溢流情况以及井漏情况用电信号传输到钻台上的自灌装置报警箱。

自灌装置报警箱装设在钻台上,报警箱面板上装有显示电源、灌注、井涌、井漏四个不同颜色的指示灯以及音响报警器,向操作人员显示灌钻井液情况与报警。

电控柜与砂泵安装在钻井液罐附近。电控柜用于调节灌注间隔定时,井涌定时、井漏定时、音响时限等工作参数。灌注间隔定时在 4~48min 范围内选择,调定时间继电器。电泵按间隔定时、自动往井筒灌钻井液。待钻井液自井口返出后,液流传感器的浆板被液流冲击抬起,砂泵随即断电停灌。砂泵灌浆时,报警箱上灌注灯亮(绿灯),砂泵停灌则灯熄。

井涌定时在 10s~2min 范围内选择,通常按 30s 调定时间继电器。当砂泵按灌注间隔定时启动灌钻井液,钻井液自井口返出,砂泵停罐后井口仍有钻井液返出,这种情况表明油气共有溢流发生。这时,液流传感器的浆板将继续被液流冲击抬起,持续时间达到 30s 时报警箱上井涌灯亮(红灯),同时电笛长鸣报警。

井漏定时在 1~12min 范围内选择,调定时间继电器。当砂泵按灌注间隔定时启动灌浆而井口始终无钻井液返出,砂泵连续运转达到所调定的时间时会自动停灌,报警箱上井漏灯亮(黄灯),同时电笛长鸣报警。

音响定时在 10s~2min 范围内选择,通常按 20s 调定时间继电器。电笛报警持续 20s 停止鸣声。

电控柜调节好后,全套设备自动投入工作。自动灌注钻井液装置的工作情况可用四句话概括:定时灌注、灌满自停、超时报漏、续流报涌。起钻自动灌注钻井液装置对溢流、井喷有较好的预防作用。

4. 钻井液气体分离器

钻井液气体分离器用于将节流管汇中流出的气侵钻井液进行净化处理,除去混入钻井液中的空气与天然气,回收初步净化的钻井液。图 3-11 为钻井液气体分离器示意图。

分离器罐体焊装在角钢支架上,罐体直径 1.2m,罐高约 3m,支架 1m。来自节流管汇的气浸钻井液,从罐顶注入罐中,钻井液流经伞状障碍时,液流漫散,混在钻井液中的气体随即上升到罐顶部,而密度大的钻井液则沉落在罐底,经钻井液排出管线导引至钻井液净化系统进一步净化处理。这样,既避免

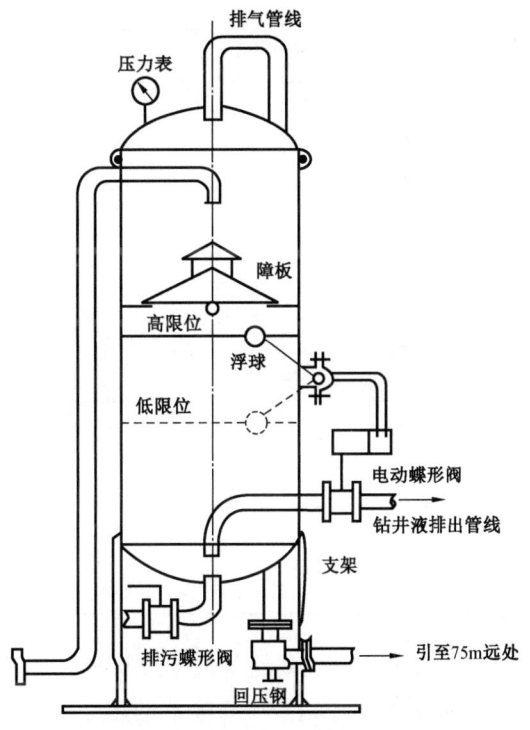

图 3-11 钻井液气体分离器示意图

了天然气对周围环境的污染,又避免了钻井液的流失。

五、井控装置的组合配套、安装调试与维护

井控装置的组合配套、安装调试与维护执行 SY/T 5964《钻井井控装置组合配套、安装调试与维护》。

1. 防喷器组

(1)防喷器组的一般要求:

① 防喷器组包括在钻井过程中各次开钻时所配置的液压防喷器及钻井四通等。

② 配置的液压防喷器和钻井四通应符合 SY/T 5964《钻井井控装置组合配套、安装调试与维护》的规定。

(2)防喷器的组合要求:

① 防喷器、钻井四通、转换四通及配套使用的转换法兰、双法兰短节和转换短节等的额定工作压力与公称通径系列;法兰型式、尺寸及技术要求;法兰用密封垫环型式、尺寸及技术要求均应符合 SY/T 5964《钻井井控装置组合配套、安装调试与维护》的规定。

② 防喷器公称通径与套管公称直径的组合应符合表 3-1 的规定。

表 3-1 防喷器公称通径与套管公称直径的组合

防喷器公称通径,mm	防喷器最大工作压力,MPa				
	14	21	40	70	105
	套管外径,mm				
180	114.3~177.8				
230	193.7~219.1				
280	219.1~244.5				219.1
					244.5
346	298.4~339.7				273.1
					298.4
426	406.4				
476	—				473.1
528	—		508.0		—
540	580.0			—	

③ 防喷器组压力等级的选用应与裸眼井段中最高地层压力相匹配。

④ 选用各次开钻液压防喷器的压力等级和组合形式,应按图 3-12、图 3-13、图 3-14 的组合形式进行选择。

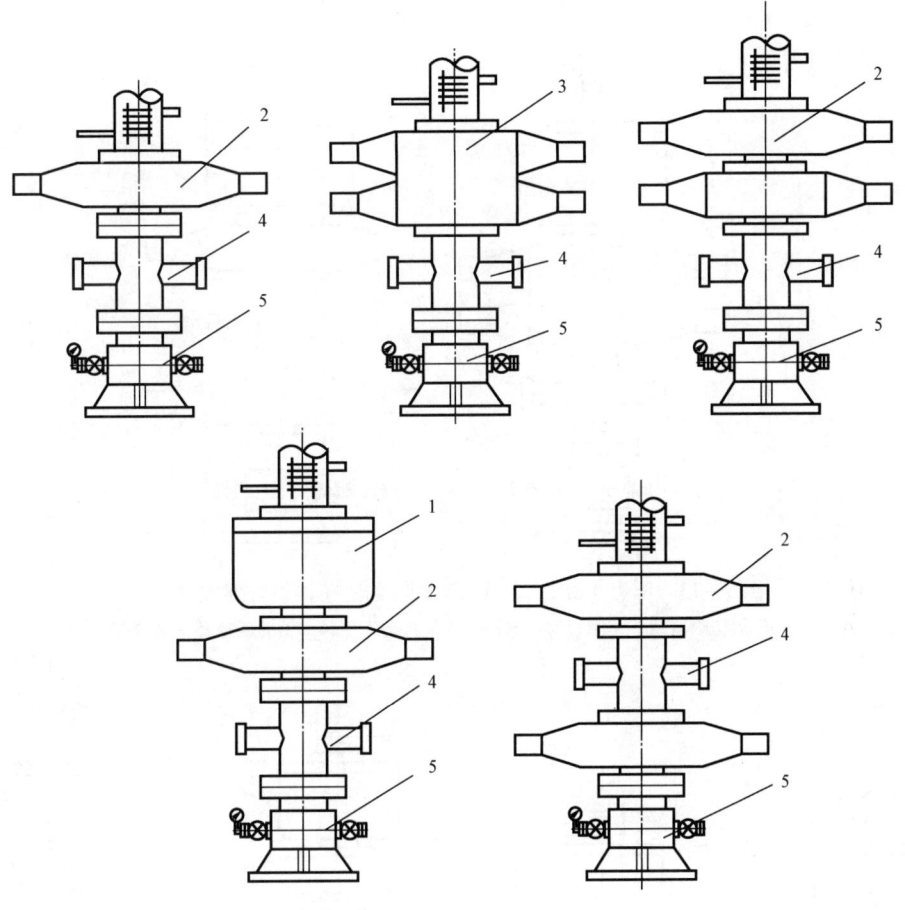

图 3-12 压力等级为 14MPa 的防喷器组合形式
1—环形防喷器;2—单闸板防喷器;3—双闸板防喷器;4—钻井四通;5—套管头

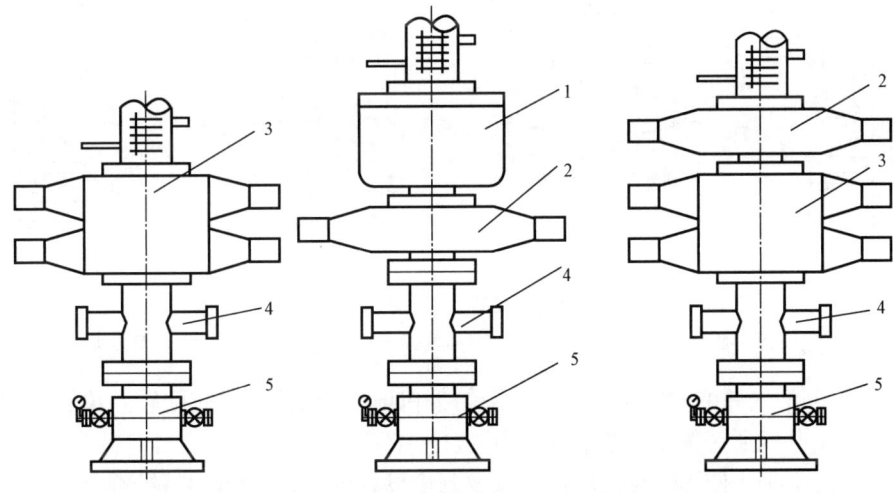

图 3-13 压力等级为 21MPa,35MPa 的防喷器组合形式
1—环形防喷器;2—单闸板防喷器;3—双闸板防喷器;4—钻井四通;5—套管头

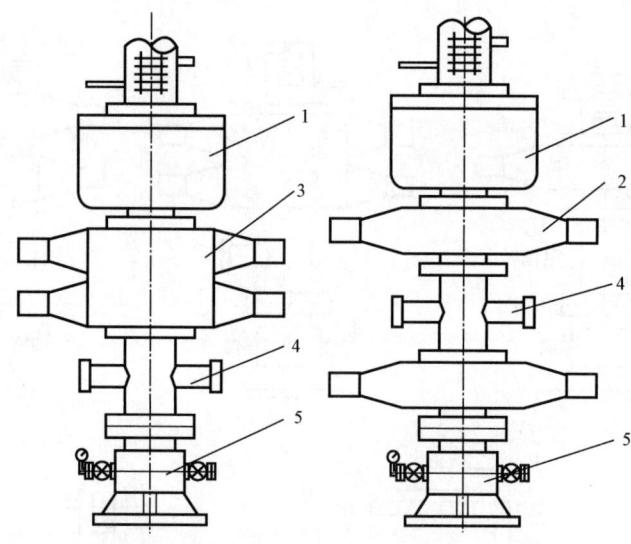

图 3-13 压力等级为 21MPa,35MPa 的防喷器组合形式(续)
1—环形防喷器;2—单闸板防喷器;3—双闸板防喷器;4—钻井四通;5—套管头

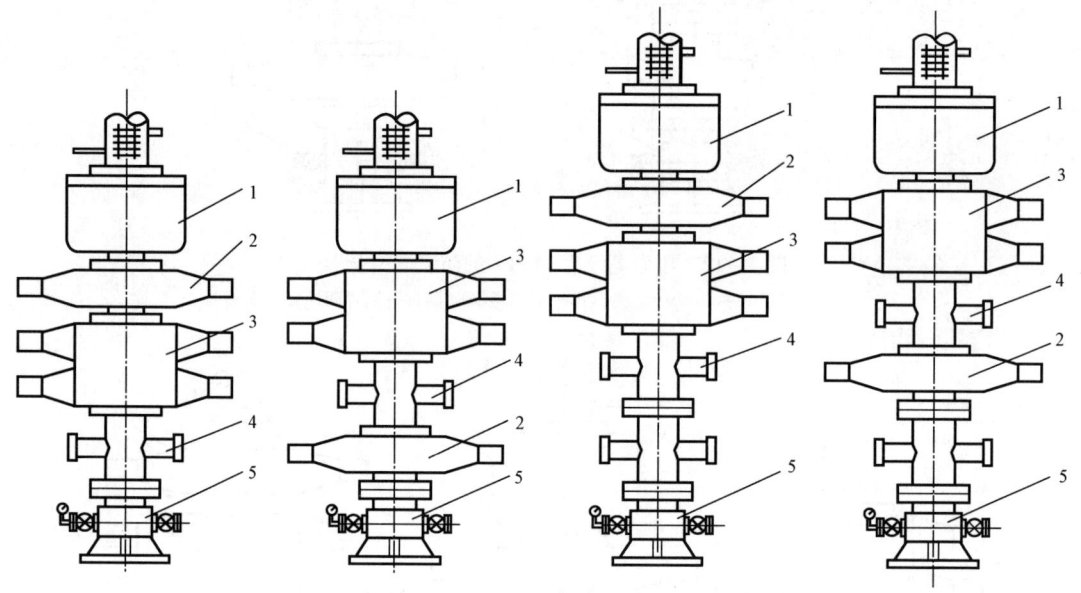

图 3-14 压力等级为 70MPa,105MPa 的防喷器组合形式
1—环形防喷器;2—单闸板防喷器;3—双闸板防喷器;4—钻井四通;5—套管头

⑤ 根据不同油气井的实际情况,可采用单钻井四通和双钻井四通配置。单钻井四通和双钻井四通的下钻井四通旁侧出口应在基础面之上。

⑥ 在硫化氢环境中使用的井控装置,金属材料应具有抗应力开裂的性能,符合 NACE MR0175 的规定,并应通过相关检验部门检验;非金属材料应能承受指定的压力、温度和硫化氢环境,具

有在硫化氢环境中满足使用而不失效的性能,并应通过相关检验部门检验。

⑦ 在硫化氢环境中使用的井控装置需要更换的零部件,其材料牌号、力学性能及抗硫化氢性能应与原零部件的性能一致或更高。

⑧ 含硫油气井、高压高产油气井、区域探井,应安装剪切闸板防喷器。

⑨ 防喷器组特殊组合形式仅适用于参数井、预探井、沙漠井、滩海井等,防喷器组特殊组合形式不应受井身结构的限制。

(3)防喷器组的安装要求：

① 防喷器顶部安装防溢管时,用螺栓连接,不用的螺栓用丝堵堵住。防溢管宜采用两半组合式。防溢管与防喷器的连接密封可用金属密封垫环或专用橡胶圈。

② 防喷器上的液控管线接口应面向钻机绞车一侧。

③ 防喷器组安装完毕后,应校正井口、转盘、天车中心,其偏差不大于10mm。用16mm的钢丝绳在井架底座的对角线上将防喷器组绷紧固定。

④ 闸板防喷器应配备手动或液压锁紧装置。具有手动锁紧机构的防喷器应装齐手动操作杆,靠手轮端应支撑牢固,手轮应接出井架底座,可搭台便于操作。手动操作杆与防喷器手动锁紧轴中心线的偏斜应不大于30°。手动操作杆手轮上应挂牌标明开关圈数及开关方向。

2. 防喷器控制装置

(1)防喷器控制装置包括远程控制台和司钻控制台等。配置的防喷器控制装置应符合SY/T 5053.2《钻井井口控制设备及分流设备控制系统规范》的规定。

(2)远程控制台应有足够的在停泵、井口无回压时关闭一套全开状态的环形防喷器和闸板防喷器组,并打开液动闸阀的液体量,且剩余液压应不小于1.4MPa。

(3)远程控制台应安装在面对井场左侧、距井口不少于25m的专用活动房内,并保持2m宽的行人通道;周围10m内不允许堆放易燃、易爆、腐蚀物品。

(4)远程控制台上的全封闸板防喷器控制换向阀应装罩保护。

(5)控制剪切闸板防喷器的远程控制台上应安装防止误操作剪切闸板防喷器控制换向阀的限位装置。

(6)远程控制台电源应从发电房或配电房用专线直接引出,并用单独的开关控制。

(7)管排架与防喷管线距离应不少于1m。在穿越汽车道、人行道等处应用防护装置实施保护。

(8)气管缆的安装应沿管排架安放在其侧面的专门位置上,剩余的管缆盘放在靠远程台附近的管排架上,不允许强行弯曲和压折。

(9)司钻控制台应安装在钻机司钻操作台侧,并固定牢固。

(10)根据特殊要求,对重点井、含硫油气井、区域探井和环境特殊井可配置防喷器辅助控制台装置。防喷器辅助控制台装置应安装在平台经理或工程师值班房便于操作处。

(11)司钻控制台、远程控制台和防喷器之间的液路连接管线在连接时应清洁干净,并确保连接正确。

(12)司钻控制台和远程控制台气源应从专用气源排水分配器上用管线分别连接到远程控制台和司钻控制台上。

(13)应安装防喷器/钻机刹车联动防提安全装置(钻机防提断装置)。该装置按钮盒应安装在钻机操作台上,其气路与防碰天车气路并联。

3. 井控管汇

1)井控管汇一般要求

(1)井控管汇包括防喷管汇、节流管汇、压井管汇和放喷管线等。

(2)井控管汇的额定工作压力应不低于各次开钻所配置的钻井井口装置最高额定工作压力值。

(3)井控管汇所配置的闸阀应为明杆平板阀或带位置指示器的平板阀。

2)防喷管汇

(1)采用双钻井四通的防喷管汇包括:

① 1号、4号、5号、8号闸阀接出井架底座以外的防喷管汇包括1~8号闸阀及其闸阀间相连的管线、螺栓、密封垫环和法兰等零部件,如图3-15(a)所示。

② 1号、4号、5号、8号闸阀接在井架底座以内的防喷管汇包括1~8号闸阀及与节流管汇、压井管汇相连的管线、螺栓、密封垫环和法兰等零部件,如图3-15(b)所示。

(2)采用单钻井四通的防喷管汇包括:

① 1号、4号闸阀接出井架底座以外的防喷管汇包括1~4号闸阀及其闸阀间相连的管线、螺栓、密封垫环和法兰等零部件,如图3-16(a)所示。

② 1号、4号闸阀接在井架底座以内的防喷管汇包括1~4号闸阀及与节流管汇、压井管汇相连的管线、螺栓、密封垫环和法兰等零部件,如图3-16(b)所示。

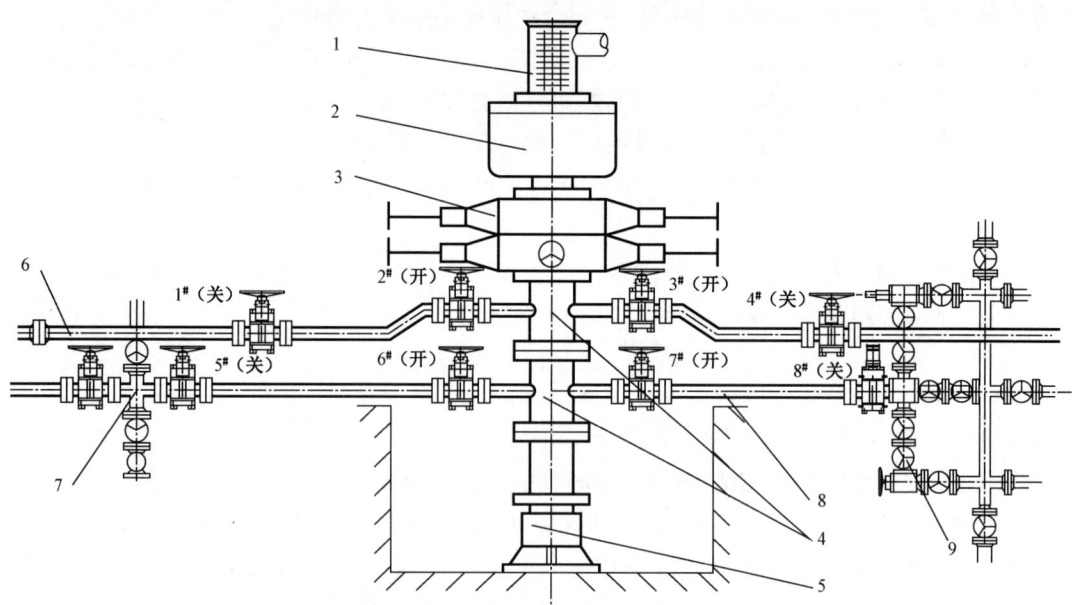

图3-15(a) 双钻井四通防喷管汇示意图
1—防溢管;2—环形防喷器;3—闸板防喷器;4—钻井四通;5—套管头;
6—放喷管线;7—压井管汇;8—防喷管线;9—节流管汇

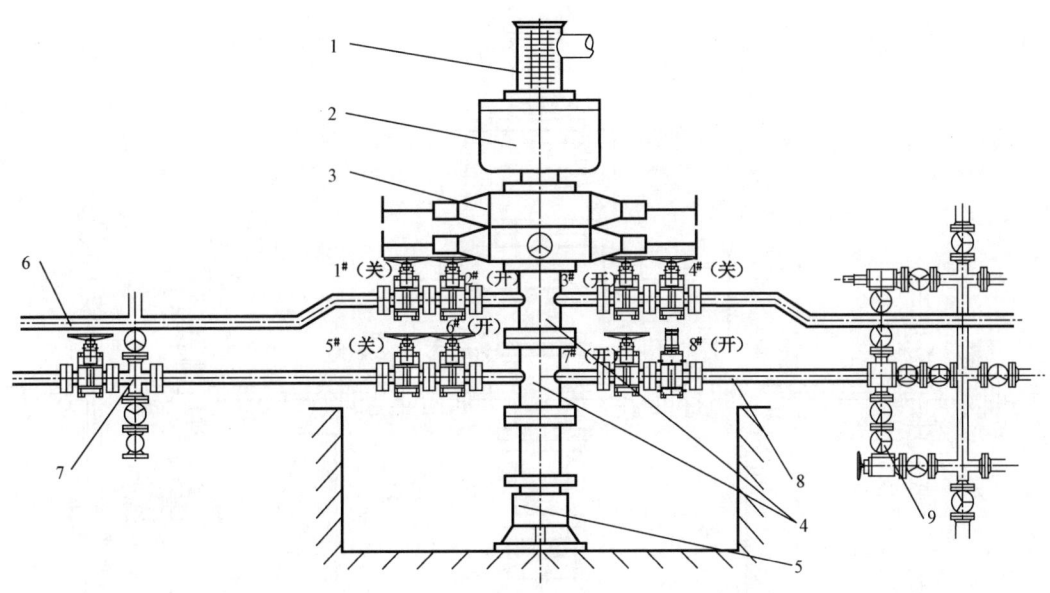

图 3-15(b) 双钻井四通防喷管汇示意图
1—防溢管;2—环形防喷器;3—闸板防喷器;4—钻井四通;5—套管头;
6—放喷管线;7—压井管汇;8—防喷管线;9—节流管汇

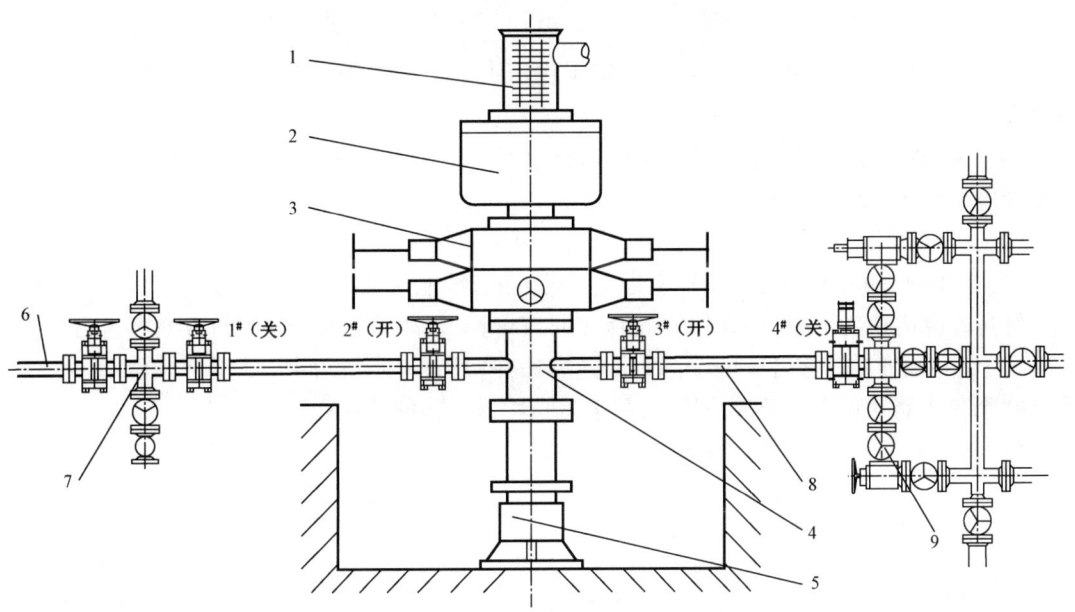

图 3-16(a) 单钻井四通防喷管汇示意图
1—防溢管;2—环形防喷器;3—闸板防喷器;4—钻井四通;5—套管头;
6—放喷管线;7—压井管汇;8—防喷管线;9—节流管汇

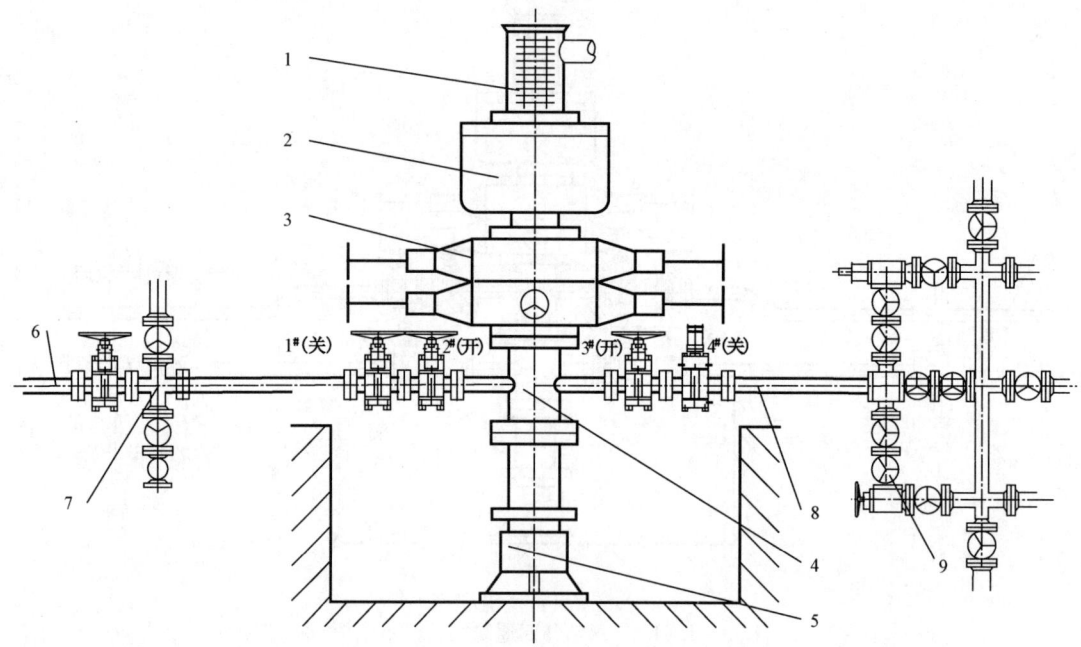

图 3-16(b) 单钻井四通防喷管汇示意图
1—防溢管;2—环形防喷器;3—闸板防喷器;4—钻井四通;5—套管头;
6—放喷管线;7—压井管汇;8—防喷管线;9—节流管汇

(3)与节流管汇、压井管汇连接的额定工作压力大于或等于35MPa的防喷管线应采用金属材料。

(4)钻井四通至节流管汇之间的部件通径应不小于78mm;钻井四通至压井管汇之间的部件通径应不小于52mm。

(5)防喷管汇上的液动闸阀,应由防喷器控制装置控制。

(6)采用双钻井四通连接时,应考虑上、下防喷管线能从钻机底座工字梁下(或上)顺利穿过。转弯处应用角度不小于120°的预制铸(锻)钢弯头。防喷管线等不允许在现场进行焊接。

(7)钻井四通两翼应各有两个闸阀。紧靠钻井四通的手动闸阀应处于常开状态,其余的手动闸阀和液动闸阀应处于常关状态;并编号挂牌,标明开、关状态。

(8)防喷管线长度若超过7m应固定牢固。

(9)在寒冷地区冬季作业时,应考虑防喷管汇等所用材料的低温性能,各组件可通过加热、排放、充填适当的流体等方式防冻。

3)节流、压井管汇

(1)配置的节流管汇和压井管汇应符合SY/T 5323《石油天然气工业 钻井和采油设备 节流和压井设备》的规定。

(2)节流管汇的压力级别和组合形式应与防喷器压力级别和组合形式相匹配,并按图3-17、图3-18、图3-19、图3-20的组合形式进行选择。

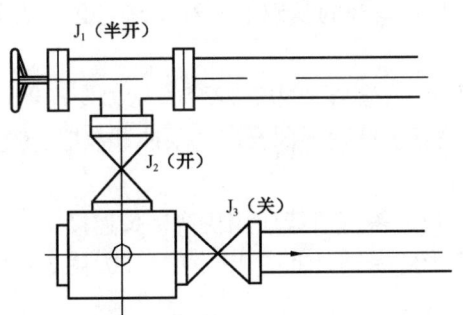

图 3-17　14MPa 节流管汇组合形式
J_1—手动节流阀；J_2，J_3—手动闸阀

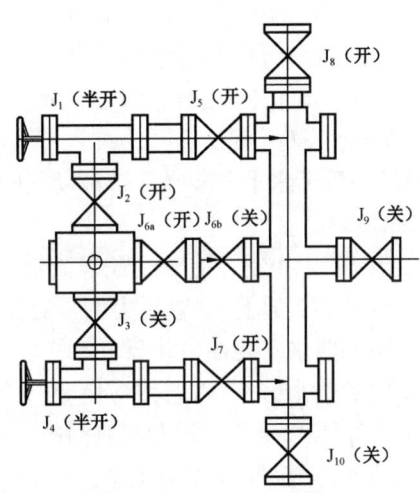

图 3-18　21MPa 和 35MPa 节流管汇组合形式
J_1，J_4—手动节流阀；
J_2，J_3，J_5，J_{6a}，J_{6b}，J_7，J_8，J_9，J_{10}—手动闸阀

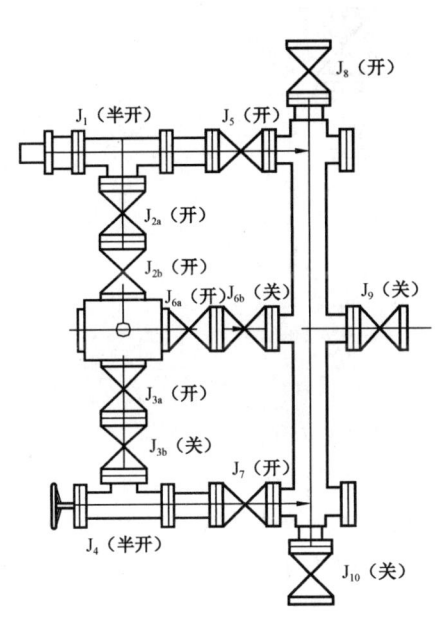

图 3-19　35MPa 和 35MPa 节流管汇组合形式
J_1—液动节流阀；J_4—手动节流阀；
J_{2a}，J_{2b}，J_{3a}，J_{3b}，J_5，J_{6a}，J_{6b}，J_7，J_8，J_9，J_{10}—手动闸阀

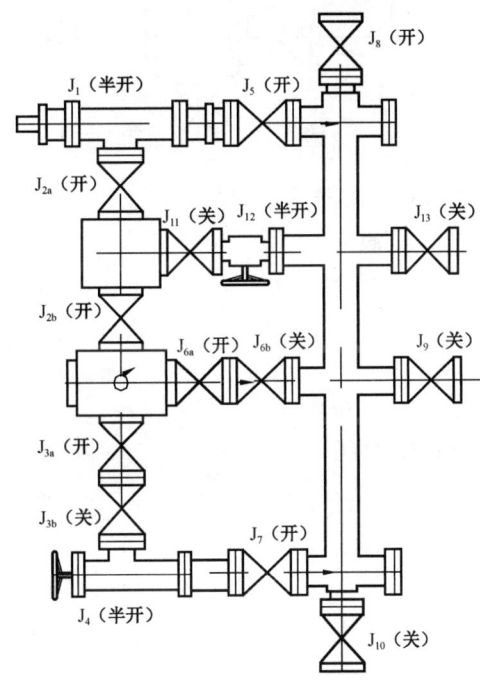

图 3-20　70MPa，105MPa，140MPa 节流管汇组合形式
J_1—液动节流阀；J_4，J_{12}—手动节流阀；
J_{2a}，J_{2b}，J_{3a}，J_{3b}，J_5，J_{6a}，J_{6b}，J_7，J_8，J_9，J_{10}，J_{11}，J_{13}—手动闸阀

(3)压井管汇为压井作业专用,其组合形式如图3-21所示,其压力级别和组合形式应与防喷器压力级别和组合形式相配。

(4)节流管汇水平安装在井口液动闸阀端井架底座外的基础上。若节流管汇基础坑低于地平面,应排水良好。

(5)压井管汇水平安装在井口液动闸阀对称端井架底座外的基础上。若基础坑低于地平面,应排水良好。

(6)节流管汇控制台应安装在节流管汇上方的钻台上,套管压力表及套管压力变送器应安装在节流管汇五通上,立管压力变送器在立管上应垂直于钻台平面安装。泵冲计数器、传感器应按说明书要求安装在钻井泵上。

(7)供给控制台的气源管线应用专门的闸阀控制,所有液气管线应用快换接头连接。

(8)节流管汇、压井管汇上所有闸阀应按图3-17、图3-18、图3-19、图3-20、图3-21所示编号挂牌,并标明开、关状态。

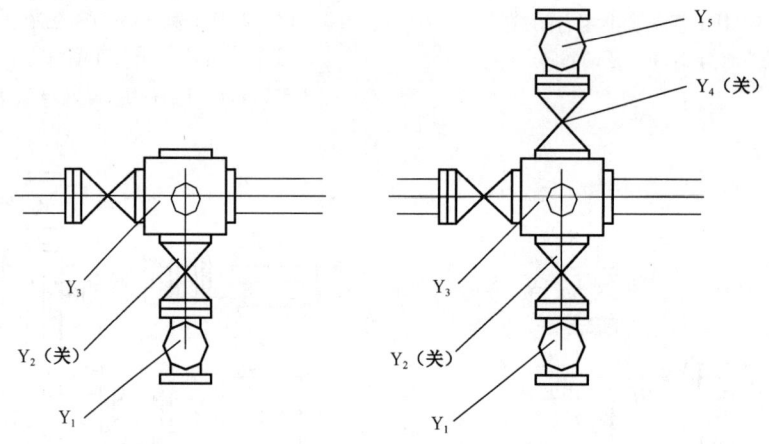

图3-21　35MPa,70MPa,105MPa节流管汇组合形式
Y_1、Y_5—单流阀;Y_2、Y_4—手动闸阀;Y_3—五通

4)放喷管线

(1)放喷管线是指节流管汇和压井管汇后的管线,至少应有两条。其通径应不小于78mm,布局应考虑当地季节风向、居民区、道路、油罐区、电力线及各种设施等情况。

(2)放喷管线出口距井口的距离应不小于75m。含硫油气井放喷管线出口距井口的距离应不小于100m,距各种设施应不小于50m。转弯处应用角度不小于120°的预制铸(锻)钢弯头。

(3)放喷管线不允许活接头连接和在现场进行焊接连接。每隔10~15m及转弯处应采用水泥基墩与地脚螺栓或地锚固定。放喷管线悬空处要支撑牢固。

(4)放喷管线出口处应用双基墩固定,并应配备性能可靠的点火装置。两条放喷管线走向一致时,管线之间应保持大于0.3m的距离,管线出口方向应朝同一方向。

(5)水泥基坑的长×宽×深的尺寸应为0.8m×0.8m×1.0m。遇地表松软时,基础坑体积应大于 1.2m³。

(6)放喷管线应有防冻、防堵措施,确保放喷时畅通。

5)**其他井控装置**

(1)其他井控装置一般要求:

① 其他井控装置包括钻具内防喷工具、钻井液池液面检测仪、钻井液自动灌注系统、钻井液液气分离器、钻井液除气器、点火装置等。

② 其他井控装置宜根据各油田的具体情况配备,以满足井控工艺的要求。

(2)钻具内防喷工具:

① 方钻杆旋塞阀应符合 SY/T 5525《旋转钻井设备 上部和下部方钻杆旋塞阀》的规定。

② 钻具止回阀应符合 GB/T 25429《钻具止回阀规范》的规定并满足以下要求:

(a)钻具止回阀的安装位置应以最接近钻柱底端为原则。不能安装钻具止回阀时,应制订相应内防喷措施。

(b)在钻具中接入的投入式止回阀,其阀座短节尺寸应和所用的钻具一致,投入阀芯应能从短节上部钻具的最小水眼通过。

(c)钻台上应配置和钻具尺寸一致的备用钻具止回阀。

③ 钻具旁通阀应按井控设计要求配备。额定工作压力、外径、强度应与钻具止回阀一致。安装位置如下:

(a)应安装在钻铤与钻杆之间。

(b)无钻铤的钻具组合,应安装在距钻具止回阀 30~50m 处。

(c)水平井、大斜度井,应安装在井斜 50°~70°井段的钻具中。

(3)钻井液池液面检测仪:

① 钻井液池液面检测仪应能准确显示钻井液池液量变化,并应在液量超过预调范围时报警。

② 坐岗用观察钻井液罐液面高度的标尺刻度,宜根据钻井液罐结构尺寸换算成立方米体积单位标注,以便快速直读。

(4)钻井液自动灌注系统:

① 定时定量自动灌注作业。

② 对井涌、井漏或异常情况进行监测报警。

③ 对灌注钻井液瞬时排量、累积流量进行记录和显示。

④ 钻井液自动灌注系统应有强制性人工灌注保障措施,确保当自动灌注系统失效时,用人工完成钻井液灌注等作业。

(5)钻井液液气分离器和钻井液除气器:

① 钻井液液气分离器的压力等级和处理量的选择应满足钻井工程设计要求。

② 钻井液液气分离器应安装在节流管汇汇流管出口一侧,与节流管汇用专用管线连接。其钻井液出口管线应接至循环罐上的振动筛。

③ 钻井液液气分离器排气管线走向应沿当地季节风的下风方向,按设计通径接出井场 50m 以远,并应配备性能可靠的点火装置。

④ 钻井液液气分离器钻井液进出口管线、排气管线应采用法兰连接，通径应不小于设计进出口尺寸，转弯处应用预制铸（锻）钢弯头，各管线出口处应固定牢固。

⑤ 钻井液除气器应安装在钻井液循环罐或地面上。设备和管线应固定牢固，避免吸入或排出钻井液时产生太大的震动。除气器排气管线应接出15m以远。

（6）固定（或自动）点火装置：应建立维护、检查及使用制度，确保点火装置在高速、高压流体作用下的正常工作。

4. 防喷器及控制装置调试

（1）通径小于476mm的环形防喷器，关闭时间不应超过30s；通径大于或等于476mm的环形防喷器，关闭时间不应超过45s。使用后的环形胶芯应在30min内恢复原状。闸板防喷器的关闭时间不应超过10s，闸板总成打开后应完全退到壳体内。

（2）检查防喷器/钻机刹车联动防提安全装置在关闭防喷器半封闸板时是否正常工作。

（3）远程控制台储能器应充氮气压力为（7±0.7）MPa，气源压力为0.65~0.80MPa，电源电压（380+19）V。

（4）远程控制台换向阀转动方向、司钻控制台换向阀转动方向与防喷器开关状况应一致。

（5）关闭远程控制台的储能器，其电动泵和气动泵的总输出液量应在2min内使环形防喷器（不包括分流器）密封在用的最小尺寸钻具，打开所有液动闸阀，并使管汇具有不小于8.4MPa的压力。

（6）启动远程控制台的电动泵和气动泵，在15min内应使储能器的液压从（7±0.7）MPa升至21MPa。

（7）检查远程控制台的压力控制器和液气开关，分别控制电动泵和气动泵。当泵的输出压力达（21±0.7）MPa时应自动停泵，并在系统压力降至（18.5±0.3）MPa时自动启动。

（8）检查远程控制台储能器溢流阀是否能在23.1MPa全开溢流，闭合压力应不低于21MPa。

（9）将司钻控制台二次仪表在无液压情况下调节到零位。

（10）远程控制台压力变送器进气压力值范围按说明书调节。

（11）在储能器压力为21MPa、环形防喷器调压阀出口压力为10.5MPa和管汇压力为21MPa的情况下，用丝堵堵严液压油出口，使各三位四通换向阀分别在"中位""开位"和"关位"5min后，检查3min内的压力降。处于"中位"时压力降应不大于0.25MPa，处于"开位""关位"时应不大于0.6MPa。

（12）管排架和高压软管可做31.5MPa耐压试验。保压10min后，不允许有泄漏，各处不允许有明显的变形、裂纹等缺陷。

（13）远程控制台气源压力0.8MPa，切断气源后观察3min内司钻控制台各操作阀分别在"中位""开位"和"关位"的压力降，在"中位"时应不大于0.05MPa，"开位"和"关位"时应不大于0.20MPa。

（14）调节压力变送器，使司钻控制台与远程控制台上的储能器压力误差不大于0.6MPa，管汇压力和环形压力误差不大于0.3MPa。

5. 节流管汇及控制箱调试

(1)节流控制箱气泵、变送器气源压力、储能器的充气压力和溢流阀的溢流压力,应符合表 3-2 的规定。

(2)储能器充压时间应不超过 4min。

(3)液动节流阀开关应无阻卡。用开关速度调节阀调节全开至全关应在 2min 以内完成。

(4)检查阀位开度表能否正常显示开关程度,并把开关位置调节到全程的 3/8～1/2 位置。

(5)检查立压变送器、套压变送器工作情况及二次仪表与立管和套管压力是否一致。

(6)对电动节流控制箱,按产品使用说明书规定的技术参数进行调试。

表 3-2 气动节流控制箱调压值

部 件	35MPa 节流控制箱,MPa	70MPa 节流控制箱,MPa
阀位变送器	0.35	0.35
压力变送器	0.35	0.35
气泵停泵的工作压力	1.05～1.10	3
储能器氮气压力	0.35±0.05	1.00±0.05
溢流阀	1.2	3.5

6. 试压

(1)在井控车间(基地),环形防喷器(封闭钻杆,不封空井)、闸板防喷器、四通、防喷管线、内防喷工具和压井管汇等应做 1.4～2.1MPa 的低压试验和额定工作压力试压;节流管汇按各控制元件的额定工作压力分别试压,并应做 1.4～2.1MPa 的低压试验。试验要求应符合 SY/T 7010《井下作业用防喷器》、GB/T 22513《石油天然气工业　钻井和采油设备　井口装置和采油树》、GB/T 25429《钻具止回阀规范》、SY/T 5323《石油天然气工业　钻井和采油设备　节流和压井设备》、SY/T 5525《旋转钻井设备　上部和下部方钻杆旋塞阀》的有关规定。

(2)在钻井现场安装好后,井口装置应做 1.4～2.1MPa 的低压试验。在不超过套管抗内压强度 80% 的前提下,环形防喷器的高压试验值应为封闭钻杆试压到额定工作压力的 70%;闸板防喷器、四通、防喷管线、压井管汇和节流管汇的各控制元件应试压到额定工作压力;其后的常规试验压力值应大于地面预计最大关井压力。

(3)钻开油气层前及更换井控装置部件后,应用堵塞器或试压塞试压。

(4)除防喷器控制系统、各防喷器液缸和液动闸阀应用液压油作 21MPa 控制元件、油路和液缸可靠性试压外,井控装置的密封试压均应用清水密封试压,试压稳压时间应不少于 10min,密封部位不允许有渗漏,其压降应不大于 0.7MPa。

(5)放喷管线密封试压应不低于 10MPa。

(6)在井控车间(基地)的试压记录应使用压力计和图表记录器。压力测试范围不允许小于压力计最大量程的 25%,且不允许超过压力计最大量程的 75%。钻井现场的试压具体要求应按钻井工程设计和有关井控技术规定进行。

第二节　保持井内压力平衡

一、井内各种压力的概念

所谓压力,是指物体单位面积上所受的垂直力。压力是井控工作的主要对象。正确理解井下各种压力及相互关系,对于掌握井控技术和防止井喷非常重要。

压力的单位是帕,符号是 Pa。1Pa 是 $1m^2$ 面积上受到 1N 的力时形成的压力,即:

$$1Pa = 1N/m^2$$

根据需要,有时用千帕(kPa)或兆帕(MPa)来表示,现场多用兆帕(MPa)。三者之间的换算关系为:

$$1MPa = 1 \times 10^3 kPa = 1 \times 10^6 Pa$$

1. 静液压力

静液压力是由液柱重量引起的压力。它的大小与液体的密度及液柱的垂直高度成正比,而与液柱的横向尺寸及形状无关。如果静液压力用 P_h 来表示,则有式(3-1):

$$p_h = \rho g h \tag{3-1}$$

式中　p_h——静液压力,MPa;
　　　ρ——液体密度,g/cm^3;
　　　h——液柱垂直高度,m;
　　　g——重力加速度,$9.8m/s^2$。

垂直高度越高,静液压力越大。为了讨论问题和应用的方便,油田上普遍使用压力梯度的概念。压力梯度是指每增加单位垂直深度压力的变化量,见式(3-2):

$$G = \frac{p}{D} \tag{3-2}$$

式中　G——压力梯度,kPa/m;
　　　p——压力,kPa 或 MPa;
　　　D——深度,m 或 km。

静液压力受液体密度、含盐浓度、气体的浓度以及温度的影响。含盐浓度高会使静液压力增大,溶解气体量增加和温度增高会使静液压力减小。

油、气田钻井中所遇到的静液压力,在地层中为水和原油,在井眼中为水、原油、水泥浆或钻井液。地层水为淡水或盐水,其密度为 $1.0 \sim 1.07 g/cm^3$,多数接近 $1.07 g/cm^3$,原油密度为 $0.88 g/cm^3$,钻井液密度为 $1.04 \sim 2.35 g/cm^3$,水泥浆的密度多为 $1.8 \sim 1.9 g/cm^3$。气体密度很小,多略而不计。

2. 上覆岩层压力

地下某一深处的上覆岩层压力就是指该点以上至地面岩石的重力和岩石孔隙内所含流体

的重力之总和施加于该点的压力。地下岩石平均密度大约为 2.16~2.64g/cm³,于是平均上覆岩层压力梯度大约为 22.62kPa/m。其计算公式见式(3-3):

$$p_o = 9.8H[(1-\phi)\rho_r + \phi\rho] \tag{3-3}$$

式中　p_o——上覆岩层压力,kPa;
　　　H——上覆岩层厚度,m;
　　　ϕ——基岩孔隙度,%;
　　　ρ_r——基岩密度,g/cm³;
　　　ρ——孔隙流体密度,g/cm³。

3. 地层压力

地层压力是地下岩石孔隙内流体的压力,也称孔隙压力。正常情况下,地下某一深度的地层压力等于地层流体作用于该处的静液压力,这个压力就是由某深度以上地层流体静液压力所形成的。盐水是常见的地层流体,它的密度大约为 1.07g/cm³。因此,地层压力梯度大约是 10.496kPa/m。

如果地层压力接近正常静液压力,则地层内的流体与地面必然连通。当这种通道被封闭层或隔层截断,隔层下部的流体就部分承受上部岩层的重量,地层压力超过静液压力,称这种地层为异常高压地层,或超压地层,如图 3-22 所示。有些

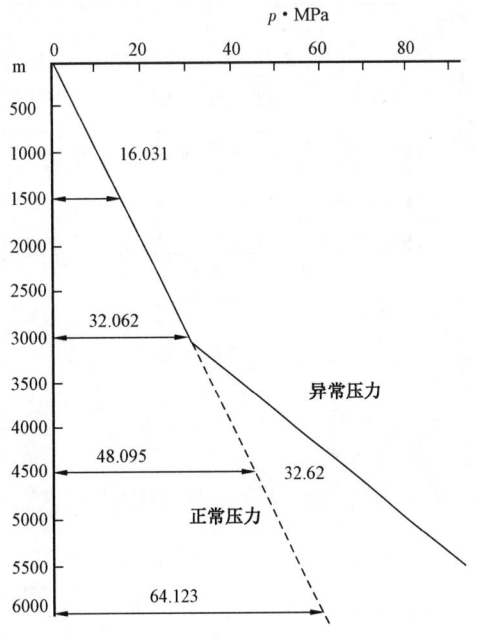

图 3-22　砂岩层的正常和异常压力

地层是异常低压的,即其压力低于盐水柱压力。这种情况发生于衰竭产层和大孔隙的老地层。

4. 地层破裂压力

地层破裂压力是指地层抵抗水力压裂的能力。作用于井内某一地层上的水力压力达到一定值时,会使该地层发生破裂,此压力值称为该地层的破裂压力。

地层破裂压力也可用地层破裂压力梯度表示,见式(3-4):

$$G_f = \frac{p_f}{D} \tag{3-4}$$

式中　G_f——地层破裂压力梯度,kPa/m;
　　　p_f——地层破裂压力,kPa;
　　　D——井深,m。

地层破裂压力在钻井、完井和油气井压力控制中是十分重要的参数,是井身结构设计、确定钻井用最大钻井液密度和关井最大允许套压的重要依据,是保证快速、安全钻井的重要条件。

地层破裂压力和上覆岩层压力、地层压力、岩性及地下应力状态等因素有关。可以利用理论方法进行计算,但有一定的局限性。地层破裂压力还可以采用液压实验法来进行测定。

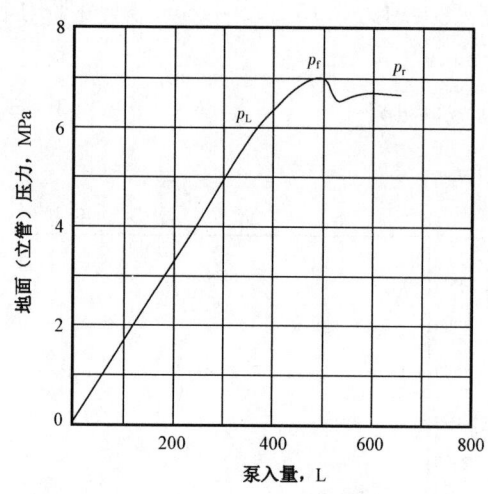

图3-23 液压试验曲线

具体步骤是:
(1)循环调整钻井液性能,保证钻井液密度稳定,上提钻头至套管鞋以上,关闭封井器。
(2)缓慢启动泵,以1L/s左右的排量向井内注入钻井液。
(3)准确记录不同时间的注入量和立管压力,并作注入量与立管压力的关系曲线,如图3-23所示。
(4)从图上确定各压力值:
漏失压力p_L,即开始偏离直线点的压力值。
破裂压力p_f,即最大压力值点的压力。
传播压力p_r,压力趋于平缓之点。
(5)确定地层破裂压力梯度,见式(3-5):

$$G_f = 9.8\rho_m + \frac{p_f}{D} \tag{3-5}$$

(6)确定最大允许钻井液密度,见式(3-6):

$$\rho_{mmax} = \rho_m + \frac{p_L}{9.8D} \tag{3-6}$$

式中 ρ_m——钻井液密度,g/cm³;
    D——测试层的井深,m;
    p_L——漏失压力,MPa。

考虑安全,实际的ρ_{mmax}应比计算的ρ_{mmax}小。

试验时应注意试验压力不应超过地面设备、套管承压能力,否则可提高试验用的钻井液密度。

有时在钻进几天后进行液压试验时,可能由于岩屑堵塞了岩石孔隙,导致试验压力很高,这是假象,应当注意。

液压试验法只适用于砂、页岩为主的地区,对于石灰岩、白云岩等地层的液压试验,目前尚待解决。

5. 基岩应力

基岩应力是指岩石颗粒与颗粒之间的压力,也称岩石骨架应力或有效上覆岩层压力。
上覆岩层压力、地层压力和基岩应力之间的关系可用式(3-7)表示:

$$p_o = p_p + \sigma \tag{3-7}$$

式中 σ——基岩应力,MPa;
    p_p——地层压力,MPa。

由上式可以看出,上覆岩层压力是由岩层中的流体压力和基岩应力来平衡。在正常压力环境下,岩石的颗粒与颗粒之间是互相接触的,下部岩石支撑着上部岩石的重量。而岩石孔隙中的流体是可渗透的,上下连通的,因此流体的重量是由流体自身来支撑。如果由于各种地质原因,使岩石颗粒与颗粒之间的压力减小,那么上覆岩层重量的一部分就会压在孔隙中的流体上,使孔隙压力增加,形成异常高压,如图3-24所示。

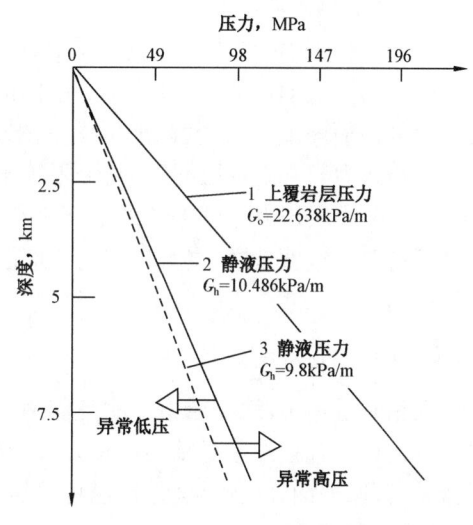

图3-24 地下各应力的关系

6. 压力过渡带

压力过渡带是由正常地层压力过渡到异常高压的层段。异常高压层中的流体在压差的作用下,要向正常压力地层流动。由于渗透性和流动阻力的影响,其压力随着流经的孔道增长而减小,直至减小到正常压力。由于泥、页岩盖层总是具有一定的渗透性。因此均有压力过渡带。过渡带的厚度取决于异常高压层中流体的流出量和压力降低所经历的时间等。

由于过渡带代表了正常地层压力逐渐向异常高压变化的特征,对检测异常高压层和钻开异常高压层都是很重要的。

二、异常高压形成的原因及地层压力预测方法

1. 异常高压形成的原因

我国大部分油田,世界大部分沉积盆地都有异常高压发生,即地层压力梯度大于正常压力梯度。异常高压的形成,往往是多种因素综合作用的结果,这些因素与地质、物理、化学作用有关。一般异常高压的形成原因有:压实作用、构造运动、成岩作用、密度差作用、流体运移作用等。目前普遍公认的是沉积压实不均。

(1)沉积物的快速沉降,压实不均匀。

沉积物的压缩过程是由上覆沉积层的重力引起的。随着地层的沉降,上覆沉积物重复地增加,下覆岩层就逐渐被压实。如果沉积速度较慢,沉积层内的岩石颗粒就有足够的时间重新紧密地排列,并使孔隙度减小,空隙中的过剩的流体被挤出。如果是开放的地质环境,被挤出的流体就沿着阻力小的方向、或向着低压高渗透的方向流动,于是便建立了正常的静液压力环境。这种正常沉积压实的地层,随着地层埋藏深度的增加,孔隙越致密,密度越大,孔隙度越小。如果沉积速度很快,岩石颗粒就没有足够的时间去排列,孔隙内流体受到限制,基岩基岩无法增加它的颗粒与颗粒之间的压力,即无法增加它对上覆岩层的支撑能力。由于上覆岩石继续沉积,负荷增加,而下面基岩的支撑能力没有增加,空隙中的流体必然开始部分地支撑本来应由岩石颗粒所支撑的那部分上覆岩层压力,从而导致了异常高压。异常高压必然是一个被圈闭的密闭系统,密封结构通常是一个低渗透的岩层(如页岩),这个地渗透层阻碍了流体的散逸,导致欠压实和异常高压。

(2) 高的供水源。

(3) 地质的构造作用。造成地层上升、巨大的应力挤压。

(4) 水热增压作用。温度升高,流体体积膨胀。

(5) 渗透作用。水由盐浓度低的一侧通过泥岩半透膜向高侧渗透。

一般认为异常高压层的压力,上限等于上覆岩层的总重量。但有资料证实,在局部地区存在有比上覆岩层压力梯度大的地层压力梯度。这些超高压地层可认为是存在一种"压力桥"的局部情况。这就是说,覆盖在超高压地层上面的岩石的强度承受了一部分超高压地层中向上的作用力。

2. 地下压力测试

在钻井过程中,地层压力预测与监测工作十分重要。准确预测和检测地层压力,可以为钻井工程设计中合理的井身结构和钻井液密度设计提供依据,为平衡钻井打下基础,能有效提高机械钻速,保护油气层不被污染,避免井涌、井喷、井漏等事故的发生,保证安全钻进和施工质量、低成本和高效益。

1) 地层压力预测

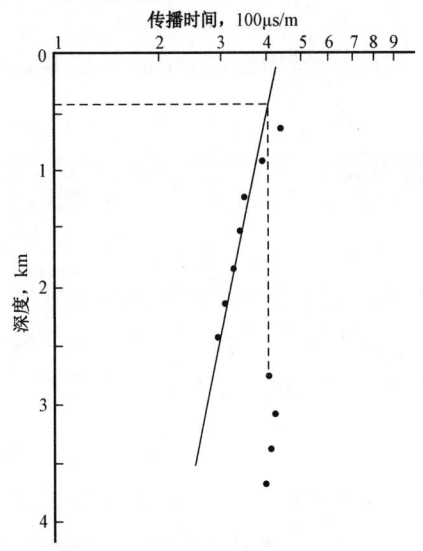

图 3-25 传播时间与深度的关系

钻井前通常参考地震资料,利用地震波每米传播时间来预测地层压力。

在正常压力地层,随着岩石埋藏深度的增加,上覆岩层压力逐渐增加,地层孔隙度逐渐减小,这就使地震波的传播速度随岩石埋藏深度的增加而成正比增加,而传播时间随之减小。当地震波到达高压油气层时,由于高压油气的存在,地震波在流体中的传播速度低于在岩石固体骨架中的传播速度,另外,由于异常高压地层孔隙度大,这些因素都会导致地震波的传播速度下降,传播时间随之增大,如图 3-25 所示。因此,如果地震波传播时间随深度的增加而明显增加,便有可能是异常高压地层的显示。可以根据地震波在不同深度地层中的传播时间,在半对数坐标纸上绘出传播时间与深度的关系曲线,然后用等效深度法或根据经验公式计算地层压力的大小。

2) 地层压力监测

在钻井过程中要通过随钻压力监测判断地层压力的变化,随钻压力监测主要包括机械钻速法、d 指数法及 dc 指数法、标准化(正常化)钻速法、页岩密度法和 C 指数法等。这些方法中,dc 指数法较为简便易行,应用也最广泛。但是 dc 指数法只适用于泥页岩地层。

由于异常高压地层形成的地质条件复杂,要准确评价一个地区的地层压力,只应用一种方法是不够的,应利用包括地震和测井资料在内的多种方法进行科学的分析和解释。

(1)机械钻速法:

钻进时的机械钻速与钻压、转速、钻头类型及尺寸、水利因素、钻井液性能、地层岩性等诸多因素有关。在保持其他因素不变的情况下,影响机械钻速的因素主要是钻井液液柱压力与地层孔隙压力之间的压差。如果钻井液密度不变,地层压力升高,机械钻速也升高。进入高压过渡带,机械钻速会明显加快,这是因为压力过渡带岩石压实程度比正常情况下随井深增加而增大的情况小,岩石孔隙度增大有利于钻进,钻井液液柱压力与地层压力接近平衡,压持效应小。同时,压力过渡带地层压力升高,有助于岩石颗粒脱离母体,这些都有利于钻速的提高。

但是在钻进过程中要保持其他因素不变是不实际的。同时,钻遇压力过渡带,随机械钻速的增加而伴随其他现象,如高压层压力释放而引起的页岩拥塌、返出岩屑增加、遇阻频繁等,这有助于判断是否进入了压力过渡带。但这个方法不易准确预报异常地层压力,更无法对地层压力做定量计算。

(2)页岩密度法:

一般情况下,随着深度的增加,页岩压实程度增加,孔隙度减小,页岩密度增大。但在压力过渡带或异常高压地层,由于岩石欠压实,孔隙度比正常情况下大,其密度比正常情况下小。因此,可利用岩石密度的变化检测地层压力。其方法是,钻进中,取页岩井段返出的岩屑,测其密度,做出密度与深度的关系曲线,通过正常压力地层的密度值画出正常趋势线。偏离正常趋势线的点,即压力异常点,开始偏离的部分即为过渡带的顶部,如图3-26所示。

① 岩屑的选取:

岩屑选取的可靠性直接影响岩屑密度的准确度。在页岩井段,每3~5m取一次砂样,钻速快时可10m或20m取一次,钻速慢时重要层位也可每米取一次。选取岩屑时注意记准迟到时间,除去掉块和磨圆的岩屑。用清水洗去岩屑上的钻井液,用吸水纸将岩屑擦干(或烘干,取一致的干度)。

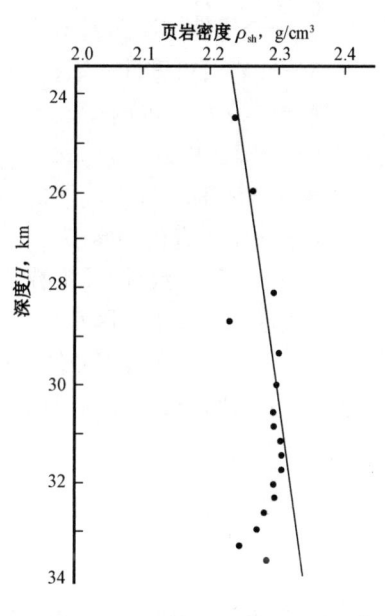

图3-26 页岩密度随深度的变化

② 岩石密度的称量方法:

(a)钻井液密度计称量:将适量岩屑放入密度计的量杯中,加盖后数值等于$1g/cm^3$;再加淡水充满量杯,加盖后称得杯内的密度值ρ_T;利用式(3-8)计算页岩密度ρ_{sh}值。

$$\rho_{sh} = \frac{1}{2 - \rho_T} \qquad (3-8)$$

式中 ρ_{sh}——页岩密度,g/cm^3;

ρ_T——页岩与淡水混合物的密度,g/cm^3。

(b)密度液法:把岩屑放入标准密度液内,看其在液柱内停留的位置,直接读出密度大小。

③ 页岩密度法的作图方法:

将ρ_{sh}值按相应的深度画到坐标纸上,纵坐标是井深,横坐标是ρ_{sh}值。根据上部正常压力井段的页岩密度数据做出正常压实趋势线并延长。画正常压实趋势线时应尽量使密度数据点分布在趋势线的两侧,以利准确求值。

④ 用透明标准图版求出测点的地层压力:

把透明标准图版覆盖在 $H - \rho_{sh}$ 图上,使标准图版的正常地层压力当量密度线与 $H - \rho_{sh}$ 图上的正常密度趋势线重合,则偏离正常趋势线的点落在透明版的某线上或两线间。版上所表示的密度值即该地层的地层压力当量密度值。

(3) dc 指数法:

① 监测原理:

dc 指数法是在机械钻速法的基础上建立起来的,钻速方程见式(3-9):

$$v_{pc} = KN^e \left(\frac{W}{D}\right)^d \tag{3-9}$$

式中　v_{pc}——机械钻速,m/h;

　　　K——岩石可钻性系数;

　　　N——转速,r/min;

　　　e——转速指数;

　　　W——钻压,kN;

　　　D——钻头直径,mm;

　　　d——钻压指数,即 d 指数。

假设钻井条件(水利因素、钻头类型)和地层岩性不变(均为泥岩页岩),则 K 值保持常量不变,取 $K = 1$。又因泥岩页岩均属软地层,转速 N 与机械钻速 v_{pc} 呈线性关系,即 $e = 1$。

将上述钻速方程整理、取对数,得 d 指数表达式,见式(3-10):

$$d = \frac{\lg\left(\dfrac{0.0547 v_{pc}}{N}\right)}{\lg\left(\dfrac{0.0685 W}{D}\right)} \tag{3-10}$$

在实际钻井过程中,往往记录的是进尺和钻时,当用钻时资料时,d 指数表达式见式(3-11):

$$d = \frac{\lg\left(\dfrac{3.282 L}{NT}\right)}{\lg\left(\dfrac{0.0685 W}{D}\right)} \tag{3-11}$$

式中　L——钻时记录间距,m;

　　　T——钻时,min。

d 指数法的前提之一是保持钻井液密度不变,这在实际施工中难以达到。尤其在进入压力过渡带以后,为了安全起见,需提高钻井液密度。这样,d 指数随之升高,影响了它的正常显示。为了消除此影响,提出了修正的 d 指数,即 dc 指数,见式(3-12):

$$dc = \frac{\lg\left(\dfrac{3.282}{NT}\right)}{\lg\left(\dfrac{0.0685W}{D}\right)} \cdot \frac{\rho_n}{\rho_d} \qquad (3-12)$$

式中　ρ_n——正常压力的地层水密度(一般取 $1.0 \sim 1.07$),g/cm³;

ρ_d——在用钻井液密度,g/cm³。

在正常地层压力情况下,随着井深的增加,机械钻速 v_{pc} 逐渐降低,dc 指数变大,在 dc 指数录井图上表现为随井深的增加,dc 指数逐渐增大的趋势;当进入异常高压地层时,井底压差减小,机械钻速增加,相应的 dc 指数就会减小,在 dc 指数录井图上表现为向左偏离了正常趋势,如图 3-27 所示。这就是 dc 指数检测异常高压地层的原理。

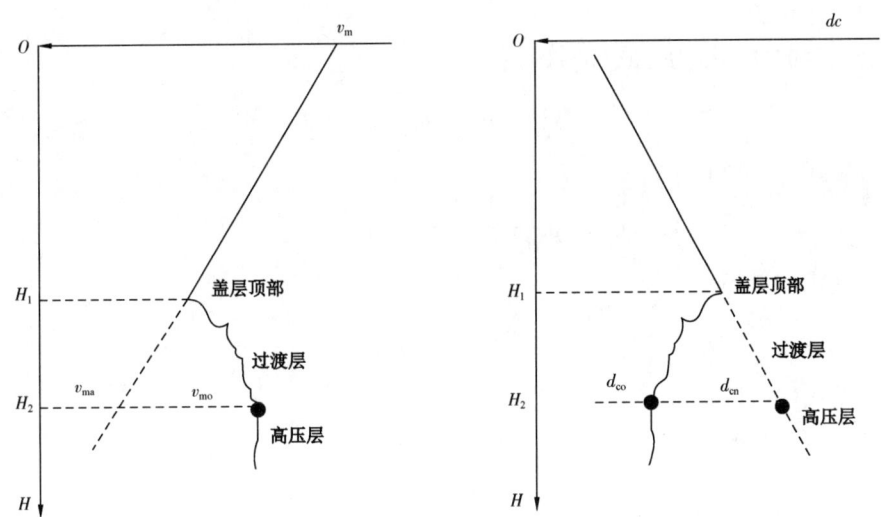

图 3-27　机械钻速、dc 指数与井深关系图

② 监测方法:

(a)按一定深度取点,一般 $1.5 \sim 3m$ 取一点,如果钻速高可 $5 \sim 10m$,重点井段 $1m$ 取一点,同时记录每点对应的钻速、钻压、转速、地层水和钻井液密度。在数据选取、处理时,必须做到合理、准确地采集相应的各种数据参数,并去除非泥页岩、水利参数变化大、井底不干净、吊打及取心等影响计算精度的井段,以保证 dc 指数的准确性、有效性、指导性。

(b)计算 dc 指数。

(c)将 dc 值按相应的深度画到半对数坐标纸上,纵坐标是井深(等刻度),横坐标是 dc 值(对数刻度)。

(d)从正常压力井段延长做出正常趋势线。可以按几何关系写出其直线方程,也可以根据数理统计分析理论回归出其直线方程。

(e)通过 dc 值偏离正常趋势线的程度估算出地层压力值或根据 A. M. 诺玛纳公式计算出地层压力。

A. M. 诺玛纳公式见式(3-13):

$$\rho_p = \frac{d_{cn}}{dc}\rho_n \qquad (3-13)$$

式中　ρ_p——地层压力当量密度,g/cm³;
　　　d_{cn}——正常趋势线的 dc 值;
　　　dc——实际得到的 dc 值;
　　　ρ_n——地区正常地层压力当量密度,g/cm³。

三、井内压力与地层压力的平衡

井底压力是指井眼内作用于井底的总压力。在钻井过程中,作用于井底的压力是随钻井作业的不同而变化的。

停钻静止时的井底压力见式(3-14):

$$p_b = p_m \qquad (3-14)$$

起钻时见式(3-15):

$$p_b = p_m - p_{sb} - p_{mp} \qquad (3-15)$$

下钻时见式(3-16):

$$p_b = p_m + p_{sw} \qquad (3-16)$$

钻进时见式(3-17):

$$p_b = p_m + p_{bp} + \Delta p_c \qquad (3-17)$$

划眼时见式(3-18):

$$p_b = p_m + p_{sw} + p_{bp} \qquad (3-18)$$

式中　p_b——井底压力,MPa;
　　　p_m——钻井液静液压力,MPa;
　　　p_{sb}——抽汲压力,MPa;
　　　p_{sw}——激动压力,MPa;
　　　p_{mp}——起钻液面下降而减小的压力,MPa;
　　　Δp_c——岩屑进入钻井液后增加的压力,MPa;
　　　p_{bp}——环空流动阻力,MPa。

井底压力与地层压力的平衡条件应为:

$$p_b = p_p$$

但是在钻井的实际作业中均要保持 $p_b = p_p$ 是很困难的,如在停钻时保持井底压力与地层压力的平衡,其平衡条件为:$p_b = p_p = p_m$。而在其他作业中则达不到平衡,会产生井底压差。井底压力与地层压力之差称为压差。按此方法可将井眼压力状况分为过平衡、欠平衡和平衡三种情况。过平衡(又称正压差)是指井底压力大于地层压力;欠平衡(负压差)是指井底压力小于地层压力;平衡是井底压力等于地层压力的情况。

钻井作业应在平衡与近平衡压力下进行。近平衡压力钻井有利于提高钻速,保护油气层,并能安全钻进。实施近平衡压力钻井,主要是选择合适的钻井液密度,控制适当的井底压力与地层压力差。针对井眼不稳定,有些地层在高温高压下容易蠕变,导致缩径、垮塌等情况,则应采用略高于平衡压力的密度来抑制井眼的不稳定,但井底压力不能高于地层破裂压力,避免压漏地层。

在近平衡压力钻进中,钻井液密度的确定,以地层压力为基准,再增加一个安全附加值,以保证作业安全。安全附加值主要考虑以下两个因素:一是平衡停泵后当量循环密度;二是平衡抽吸压力。附加方式主要有以下两种:

一是按密度附加,其安全附加值为:

油水井:0.05~0.10g/cm³　　气井:0.07~0.15g/cm³

二是按压力附加,其安全附加值为:

油水井:1.5~3.5MPa　　　　气井:3.0~5.0MPa

一旦井底压力和地层压力之间的平衡关系被打破了,就会发生溢流,对溢流处理不当就可能引发井喷事故。

第三节　发现溢流与关井

所谓溢流,通常是指当地层压力大于井内压力时,地层中的流体进入井内并推动井内钻井液外溢的现象。这种现象也称井涌。失去控制的溢流则称为井喷。

一、溢流产生的原因

井底压力小于地层压力是导致溢流发生的根本原因。而引起井底压力减小的原因则是多方面的。

1. 对地层压力掌握不准确

在钻开异常高压层时,由于对地层压力掌握不准确,造成钻井液密度设计偏低,不能平衡地层压力,导致溢流发生。这种情况在地质条件复杂地区和新探区,尤其容易发生,应引起警惕,并尽力做好地层压力的预报工作。

2. 井内钻井液柱高度下降

由起钻时灌入的钻井液量不够或漏失引起井内钻井液液柱高度下降,静液压力减小,是引起溢流发生或井喷的一个重要原因。钻井液液柱高度下降对浅井井底压力的影响比深井大。因此,在钻开浅油、气层时应更加重视。

3. 钻井液密度下降

在钻进过程中引起钻井液密度下降的主要原因是:钻开异常高压层时,地层中的流体侵入而引起密度下降,静液压力减小。当地层流体侵入钻井液后,如不及时采取措施,将受侵污的钻井液再泵入井内,地层流体的侵入就会更加严重,钻井液密度则进一步下降,形成恶性循环,最后可能导致井喷。

4. 起钻时产生抽汲压力

起钻时产生的抽汲压力是引起井底压力减小的一个重要原因。统计资料表明,25%以上的井喷是由起钻时的抽汲压力引起的。

检查抽汲压力的方法:一是核对灌入井内的钻井液量,灌入井内的钻井液量应等于起出钻具的体积,如发现灌入的钻井液小于起出钻具的体积,就说明有较大的抽汲压力,地层流体已进入井内。二是短起下钻法,即在正式起钻前,先从井内起出5~10根立柱,然后再下回井底,开泵循环。观察返出的钻井液,如发现有油、气侵,说明有抽汲压力引起地层流体进入井内。

通过检查,发现地层流体已进入井内后,应停止起钻作业,提高钻井液密度,然后再进行起钻。

二、溢流的发现方法

地层流体进入井内,在地面上会从各个方面显示出来。认真观察和监视这些显示,就能及时发现溢流。

在钻井的不同作业中,地层流体进入井内的显示是不同的。

1. 钻进过程中溢流的发现

1) 钻井液池液面升高

在钻进过程中,由于地层流体进入井内,使钻井液返出量增多,钻井液池液面升高,是发现溢流的一个可靠信号。对于不同地层,地层流体侵入井内的情况有所不同,钻井液池液面升高的速度也不同。

钻开高渗透的高压地层时,地层压力未被钻井液液柱压力所平衡,这是最危险的溢流。其显示是钻井液从井内快速流出,钻井液池液面迅速升高。在从井内流出大量钻井液以前,钻井液并无气侵显示,通常流出开始时伴随有钻进放空现象。

另一种情况是高渗透地层的压力比钻井液液柱压力稍高,这种溢流是难以迅速发现的,地层流体进入井内的速度开始很小,钻井液池液面升高也很缓慢。当天然气接近地面时体积迅速膨胀,钻井液快速流出,钻井液池液面有较明显的升高。

钻开低渗透的高压层时,虽然地层压力未被钻井液液柱压力所平衡,因地层流体流入井内的速度很小,钻井液池液面变化很缓慢,如果压差很小,常常只有气侵的显示。

为了能及时发现溢流,每台钻机均应有钻井液池液面指示装置、记录仪表和报警装置,以便报告钻井液池液面的变化。显示仪表应装在钻台上司钻能看到的地方,便于司钻能随时了解钻井液池液面的变化情况。另外,司钻应该注意钻井液池内添加和排放钻井液的情况。

2) 出口管钻井液流速增加

在排量不变的情况下,地层流体进入井内,钻井液返出量增多,出口管的钻井液流速加快。若为天然气溢流,天然气随钻井液上返并不断膨胀,越接近地面越迅速,钻井液流速也越来越大。在钻井液出口处安装流速测量仪表,可以迅速发现溢流显示。

3)钻速加快或放空

钻遇异常高压层时,由于地层孔隙度增加和压差减小,钻速增快。特别是地层压力等于和大于井底压力时,钻速的增加非常显著。钻碳酸盐地层时,如裂缝发育或有溶洞,不仅钻速增加,而且还会有放空和蹩钻、跳钻现象。

4)循环泵压下降

天然气进入井内后,随钻井液上返并不断膨胀,环空内的钻井液量减少,使环空的钻井液静液压力小于钻柱内的静液压力,产生了一个压力差。由于压力差的作用方向与流动阻力的方向相反,故使泵压下降。

当地层压力大于井底压力时,在井底产生一个负压差,也会使泵压下降。

地层流体侵入井内,环空钻井液密度下降,流动阻力减小,泵压下降。

5)钻井液中的显示

从井内返出的钻井液中可以发现油花、油味或气泡、硫化氢味。钻井液性能也会发生变化,如油侵会使钻井液密度或黏度下降。气侵会使钻井液密度下降、黏度增加。

2. 起下钻时溢流的发现

起钻时,主要是检查灌入井内的钻井液体积是否等于起出钻具的体积,如起钻灌钻井液困难,灌入的钻井液体积小于起出钻具的体积,说明有溢流发生。

下钻时则是看井口返出的钻井液体积是否等于下入钻具的体积,如返出钻井液的体积大于下入钻具的体积就说明有溢流发生;下钻接单根或停止下放钻具时,出口管钻井液仍然外溢,也表明有溢流发生。

3. 起完钻后溢流的发现

发生溢流会出现悬重增加或减少、循环泵压下降或上升等间接显示。直接显示则是:

(1)钻井液密度下降和黏度上升或下降。

(2)气泡增多。

(3)气测烃类含量增加。

(4)氯根含量增高。

(5)油味或硫化氢味很浓。

(6)出口钻井液返出量增加或减少。

(7)钻井液池内未加钻井液而液面上升。

三、关井与关井后井内压力的控制

溢流是井喷的预兆,发现溢流后,应立即停止作业,迅速关井,防止形成井喷。不论溢流大小均应及时控制,否则都有可能转化为井喷。迅速关井,可以控制住井口,使井控工作处于主动,有利于实现安全压井;可以制止地层流体继续进入井内;可以使井内有较多的钻井液,可以减小关井和压井时的套管压力值;同时能较准确地确定地层压力和压井钻井液密度。

钻井施工

关井操作程序与关井方法、井控装置和溢流发生时所进行的钻井作业有关。目前采用的关井方法有软关井和硬关井两种方法。所谓软关井,就是停泵后先适当打开节流阀,再关封井器,然后关节流阀。这种关井方法关井时间较长,在关井过程中地层流体仍要继续进入井内,关井套压相对较高。所谓硬关井,就是停泵后立即关闭封井器。这种关井方法关井时间短,关井套压相对较低。但关井时可能产生水击现象。

关井操作程序执行 GB/T 31033—2014《石油天然气钻井井控技术规范》。

1. 软关井操作程序

(1)钻进中发生溢流时:

① 发:发出信号。

② 停:停转盘,停泵,上提方钻杆(带顶驱时为:停顶驱,停泵,上提钻具)。

③ 开:开启液(手)动平板阀。

④ 关:关防喷器(先关环形防喷器,后关半封闸板防喷器)。

⑤ 关:先关节流阀(试关井),再关节流阀前的平板阀。

⑥ 看:观察、记录立管和套管压力以及钻井液增减量,并迅速向队长或钻井技术人员及甲方监督报告。

(2)起下钻杆中发生溢流时:

① 发:发出信号。

② 停:停止起下钻作业。

③ 抢:抢接钻具止回阀或旋塞阀。

④ 开:开启液(手)动平板阀。

⑤ 关:关防喷器(先关环形防喷器,后关半封闸板防喷器)。

⑥ 关:先关节流阀(试关井),再关节流阀前的平板阀。

⑦ 看:观察、记录立管和套管压力以及钻井液增减量,并迅速向队长或钻井技术人员及甲方监督报告。

(3)起下钻铤中发生溢流时:

① 发:发出信号。

② 停:停止起下钻作业。

③ 抢:抢接防喷单根或防喷立柱。

④ 开:开启液(手)动平板阀。

⑤ 关:关防喷器(先关环形防喷器,后关半封闸板防喷器)。

⑥ 关:先关节流阀(试关井),再关节流阀前的平板阀。

⑦ 看:观察、记录立管和套管压力以及钻井液增减量,并迅速向队长或钻井技术人员及甲方监督报告。

(4)空井中发生溢流时:

① 发:发出信号。

② 开:开启液(手)动平板阀。

③ 关:关防喷器(先关环形防喷器,后关全封闸板防喷器)。

④ 关：先关节流阀（试关井），再关节流阀前的平板阀。

⑤ 看：观察、记录立管和套管压力以及钻井液增减量，并迅速向队长或钻井技术人员及甲方监督报告。

注：空井发生溢流时，若井内情况允许，可在发出信号后抢下几柱钻杆，然后实施关井。

如果溢流严重，有立刻发生井喷的可能，应迅速关闭全闭式封井器。如果井内有电缆应果断将电缆切断。如果溢流不严重，应迅速下入尽可能多的钻杆，然后按起下钻杆时的关井程序关井。如果井内有电缆，应先起出电缆再下钻。

2. 硬关井操作程序

（1）钻进中发生溢流时：

① 发：发出信号。

② 停：停转盘，停泵，上提方钻杆（带顶驱时为：停顶驱，停泵，上提钻具）。

③ 关：关防喷器（先关环形防喷器，后关半封闸板防喷器）。

④ 关：关节流阀前的平板阀。

⑤ 开：开启液（手）动平板阀。

⑥ 看：观察、记录立管和套管压力以及钻井液增减量，并迅速向队长或钻井技术人员及甲方监督报告。

（2）起下钻杆中发生溢流时：

① 发：发出信号。

② 停：停止起下钻作业。

③ 抢：抢接钻具止回阀或旋塞阀。

④ 关：关防喷器（先关环形防喷器，后关半封闸板防喷器）。

⑤ 关：关节流阀前的平板阀。

⑥ 开：开启液（手）动平板阀。

⑦ 看：观察、记录立管和套管压力以及钻井液增减量，并迅速向队长或钻井技术人员及甲方监督报告。

（3）起下钻铤中发生溢流时：

① 发：发出信号。

② 停：停止起下钻作业。

③ 抢：抢接防喷单根或防喷立柱。

④ 关：关防喷器（先关环形防喷器，后关半封闸板防喷器）。

⑤ 关：关节流阀前的平板阀。

⑥ 开：开启液（手）动平板阀。

⑦ 看：观察、记录立管和套管压力以及钻井液增减量，并迅速向队长或钻井技术人员及甲方监督报告。

（4）空井发生溢流时：

① 发：发出信号。

② 关：关全封闸板防喷器。

③ 关:关节流阀前的平板阀。
④ 开:开启液(手)动平板阀。
⑤ 看:观察、记录立管和套管压力以及钻井液增减量,并迅速向队长或钻井技术人员及甲方监督报告。

注:空井发生溢流时,若井内情况允许,可在发出信号后抢下几柱钻杆,然后实施关井。

3. 关井立管压力的确定

1) U形管原理

用 U 形管原理描述井眼—地层压力系统,如图 3-28 所示,将钻柱和环空视为一连通的 U 形管,井底所在地层视为 U 形管底部。若环空发生溢流后关井,则钻柱、环空、地层压力系统有如下关系,见式(3-19):

$$p_d + p_{md} = p_p + p_{ma} \tag{3-19}$$

式中 p_d——关井立管压力,MPa;
p_{md}——钻柱内钻井液柱压力,MPa;
p_p——地层压力,MPa;
p_{ma}——环空液柱压力,MPa。

由这一关系式可知,地层压力可由关井立管压力 p_d 和关井套管压力 p_a 两个方向进行求取,但由于环空受进入井筒地层流体的影响,钻井液密度难于精确计算,因此一般由立管压力计算地层压力。

2) 钻柱中未装钻具回压阀时确定关井立管压力的方法

立管压力可直接从立管压力表读取。但值得注意的是,发生溢流后由于井眼周围的地层流体进入井筒,致使井眼周围的地层压力形成压降漏斗,此时井眼周围地层压力低于实际地层压力,越远离井眼,越接近或等于原始地层压力。一般情况下,待关井 10~15min 后,井眼周围的

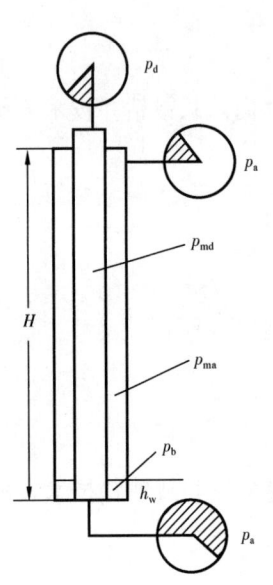

图 3-28 溢流关井水力学系统图

地层压力才恢复到原始地层压力,此时读到的立管压力值才是地层压力与钻柱内钻井液静液柱压力之差。

井眼周围地层压力恢复时间的长短与地层压力与井底压力的差值、地层流体种类、地层渗透率等因素有关。为了更准确地确定关井立管压力,一般是在关井后每 2min 记录一次关井立管压力和关井套管压力,根据所记录的数据,做关井压力—关井时间的关系曲线,如图 3-29 所示。随着关井时间的增加,立管压力起初不断增加,一段时间后,立管压力则不随时间的变化而变化,可借助曲线,当曲线变得平滑时找出关井立管压力值。

3) 钻具中装有钻具回压阀时测定关井立管压力的方法

如果所装钻具回压阀是带有传压孔的,则不影响在立管压力表上读取关井立管压力。如

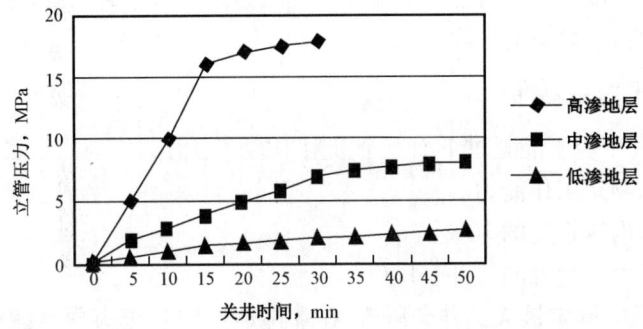

图 3-29 关井时间与关井压力关系曲线

果是普通回压阀,关井立管压力可以用以下方法确定。

(1)不循环法:在不知道钻井泵泵速和该泵速下的循环压力时采用。

① 在井完全关闭的情况下,缓慢启动泵并继续泵入钻井液。

② 注意观察套管压力,当套管压力开始升高时停泵,并读出立管压力值(p_{d1})。

③ 从读出的立管压力值中减去套管压力升高值,则为所测定的关井立管压力值,见式(3-20):

$$p_d = p_{d1} - \Delta p \tag{3-20}$$

式中　p_d——关井立管压力,MPa;

　　　p_{d1}——停泵时立管压力值,MPa;

　　　Δp——关井套管压力升高值,MPa。

(2)循环法:在知道钻井泵泵速和该泵速下的循环压力时采用。

① 缓慢启动泵,调节节流阀保持套管压力等于关井套管压力。

② 使泵速达到压井泵速,套管压力始终等于关井套管压力。

③ 读出立管总压力(p_t),减去循环压力,则差值为关井立管压力值,见式(3-21):

$$p_d = p_t - p_{ci} \tag{3-21}$$

式中　p_t——立管总压力,MPa;

　　　p_{ci}——已知泵速下的循环压力,MPa。

4)圈闭压力对关井立管压力的影响

所谓圈闭压力,是指立管压力表或套管压力表上记录到的超过平衡地层压力的压力值。产生圈闭压力的原因主要有两点,一是停泵前关井;二是关井后天然气溢流滑脱上升。显然,若用含有圈闭压力的关井立管压力值所计算出来的地层压力是不准确的。

检查或消除圈闭压力的方法:通过节流管、汇,从环空放出少量钻井液,这样可排除钻柱内被污染的钻井液。每次放出钻井液 40~80L,然后关闭节流阀和平板阀,观察立管压力的变化。如果立管压力下降,说明有圈闭压力。应再次打开节流阀和平板阀放 40~80L 钻井液,然后关井。如果立管压力仍有下降,重复以上操作,直到立管压力停止下降为止。此时的立管压力才是真实的关井立管压力。如果放出钻井液后,立管压力没有变化,而套管压力有所增加,说明没有圈闭压力,套管压力升高是由于环空静液压力减小所引起的。排放钻井液过程中,若立管压力一直下降到零,则停止排放。

4. 关井套管压力的控制

关井后的最高套压值不能超过下面三个极限中的最小值。
(1)井口装置的额定工作能力。
(2)套管最小抗内压强度的80%。
(3)地层破裂压力所允许的关井套压值。

根据地层破裂压力确定最大关井套压值,在掌握地层破裂压力梯度的条件下可以通过计算求得,否则,参考国外的经验确定。

对于只下了表层套管的井段,最大关井套压值不能超过套管下入深度的11.2%。如套管下入深度为500m,最大关井套压值为:

$$500 \times 0.112 \times 98 \times 10^{-3} = 5.488(\text{MPa})$$

对于已下技术套管和油层套管的第三、第四次开钻井段,最大关井套压值不能超过套管下入深度的18.5%。如套管下入深度为2000m,最大关井套压值为:

$$2000 \times 0.185 \times 98 \times 10^{-3} = 36.26(\text{MPa})$$

5. 溢流的处理

(1)溢流应在本油田规定数量内发现并报警。
(2)发现溢流显示应立即按关井操作规定程序迅速关井;关井后应及时求得关井立管压力、关井套压和溢流量。
(3)起下钻中发生溢流,应尽快抢接钻具止回阀或旋塞。只要条件允许,控制溢流量在允许范围内,尽可能多下一些钻具,然后关井。
(4)电测时发生溢流应尽快起出井内电缆。若溢流量将超过规定值,则立即砍断电缆按空井溢流处理,不允许用关闭环形防喷器的方法继续起电缆。
(5)任何情况下关井,其最大允许关井套压不得超过井口装置额定工作压力、套管抗内压强度的80%和薄弱地层破裂压力所允许关井套压三者中的最小值。在允许关井套压内严禁放喷。
(6)关井后应根据关井立管压力和套压的不同情况,分别采取如下的相应处理措施:
① 关井立管压力为零时,溢流发生是因抽汲、井壁扩散气、钻屑气等使钻井液静液柱压力降低所致,其处理方法如下:
(a)当关井套压也为零时,保持原钻进时的流量、泵压,以原钻井液敞开井口循环,排除侵污钻井液即可。
(b)当关井套压不为零时,应在控制回压维持原钻进流量和泵压条件下排除溢流,恢复井内压力平衡;再用短程起下钻检验,决定是否调整钻井液密度,然后恢复正常作业。
② 关井立管压力不为零时,可采用工程师法、司钻法、边循环边加重法等常规压井方法压井:

(a)所有常规压井方法应遵循在压井作业中始终控制井底压力略大于地层压力的原则。

(b)根据计算的压井参数和本井的具体条件(溢流类型、钻井液和加重剂的储备情况、加重能力、井壁稳定性、井口装置的额定工作压力等),结合常规压井方法的优缺点选择其压井方法。

(7)天然气溢流不允许长时间关井而不作处理。在等候加重材料或在加重过程中,视情况间隔一段时间向井内灌注加重钻井液,同时用节流管汇控制回压,保持井底压力略大于地层压力排放井口附近含气钻井液。若等候时间长,则应及时实施司钻法第一步排除溢流,防止井口压力过高。

(8)空井溢流关井后,应根据溢流的严重程度,采用强行下钻分段压井法、置换法、压回法等方法进行处理。

(9)压井施工前应进行技术交底、设备安全检查、人员操作岗位落实等工作。施工中安排专人详细记录立管压力、套压、钻井液泵入量、钻井液性能等压井参数,对照压井作业单进行压井。压井结束后,认真整理压井作业单。

第四节 压 井

在发生溢流关井成功后,为平衡地层压力,需要向井内泵入高密度钻井液,重建井内压力平衡,恢复钻井作业。所谓压井,就是溢流发生后,在井内重新建立一个钻井液液柱压力来平衡地层压力的工艺。

一、压井的基本原理与原则要求

1. 压井原理

压井是以 U 形管原理为依据进行的。钻柱内与环形空间是一个连通的 U 形管体系,利用节流阀产生的阻力(即回压)和井内的钻井液液柱压力所形成的井底压力来平衡地层压力,压井过程中始终保持井底压力不变,制止地层流体再进入井内。应用在井控作业中,即井底压力的大小可以通过分析管柱内压力或环空压力而获得,并且通过改变环空压力或节流阀回压可以控制井底压力,同时影响立管压力使之产生同样大小的变化。

在压井循环时,井内存在如下平衡关系,见式(3-22):

$$p_T - p_{cd} + p_{md} = p_b = p_a + p_{ma} + p_{bp} \qquad (3-22)$$

式中 p_T——循环时立管总压力,MPa;

p_{md}——钻柱内的钻井液静液压力,MPa;

p_{cd}——钻柱内压力降,MPa;

p_{ma}——环空内钻井液静液压力,MPa;

p_a——环空回压,MPa;

p_b——井底压力,MPa;

p_{bp}——环空流动阻力,MPa。

压井循环时,随着压井液的逐渐泵入,钻柱内静液压力 p_{md} 逐渐增大,要维持井底压力略大于地层压力并保持不变,就可以通过控制循环立管总压力 p_T 逐渐降低实现,而循环立管总压力又是通过调节节流阀的开启程度控制的。可见,压井循环时的总立管压力可作为判断井底压力的压力计使用。

2. 压井基本要求

现场用压井方法有多种,不论采用什么方法压井,均应达到下列基本要求。

(1)压井时 $p_b \geq p_p$,使地层流体在压井过程中和压井结束后不再进入井内。

(2)压井过程中,不能发生溢流失控造成井喷事故。

(3)压井时不能使井筒受压过大,要保证不压漏地层,避免出现井下复杂情况或地下井喷。

(4)要保护好油气层,防止损害油气层的生产能力。

二、压井的基本数据计算

1. 判别溢流种类

根据流入井筒的地层流体种类分,常见的溢流流体有:天然气、石油、盐水、硫化氢、二氧化碳等。若气体进入井内,就称为气体溢流,若是 $2m^3$ 气体进入井内,则称 $2m^3$ 气体溢流。

根据井控技术要求,若按排除溢流所需的钻井液密度增量来分,如排除溢流所需的钻井液密度增量为 $0.1g/cm^3$,则称为 $0.1g/cm^3$ 的溢流。

计算溢流在环空中占据的高度,见式(3-23):

$$h_w = \frac{\Delta V}{V_a} \qquad (3-23)$$

式中 h_w——溢流在环空中占据的高度,m;

ΔV——钻井液增量,m^3;

V_a——溢流所在位置井眼单位环空容积,m^3/m。

计算溢流物的密度,见式(3-24):

$$\rho_w = \rho_m - \frac{p_a - p_d}{0.00981 h_w} \qquad (3-24)$$

式中 ρ_w——溢流物的密度,g/cm^3;

ρ_m——当前井内钻井液密度,g/cm^3;

p_a——关井套管压力,MPa;

p_d——关井立管压力,MPa。

如果 ρ_w 在 $0.12 \sim 0.36 g/cm^3$ 之间,则为天然气溢流。

如果 ρ_w 在 $0.36 \sim 1.07 g/cm^3$ 之间,则为油溢流或混合流体溢流。

如果 ρ_w 在 $1.07 \sim 1.20 g/cm^3$ 之间,则为盐水溢流。

2. 地层压力

计算地层压力 p_p，见式(3-25)：

$$p_p = p_d + \rho_d g H \qquad (3-25)$$

式中　p_d——关井立管压力，MPa；
　　　ρ_d——钻具内钻井液密度，g/cm³；
　　　H——垂直井深，m。

3. 压井液密度

计算压井液密度，见式(3-26)：

$$\rho_k = \rho_d + \frac{p_d}{gH} \qquad (3-26)$$

压井液密度的最后确定要考虑安全附加值，同时其计算结果要适当取大。

4. 初始循环压力

压井液刚开始泵入钻柱时的立管压力称为初始循环压力，见式(3-27)：

$$p_{Ti} = p_d + p_{ci} \qquad (3-27)$$

式中　p_{ci}——低泵速泵压，即压井排量下的泵压，可用低泵冲试验法求得，MPa。

因为压井施工很难调节节流阀使立管压力刚好等于计算值，为保证压井成功，可考虑给理论计算结果附加一定数值，根据施工经验，一般可取 1.5~3.5MPa。

溢流发生后，也可以用关井套管压力求初始循环总压力：

(1)缓慢开启节流阀并启动泵，控制套管压力等于关井套管压力。
(2)使排量达到压井排量，保持套管压力等于关井套管压力。
(3)此时的立管压力表读值近似于所求初始循环总压力。

值得注意的是，此法中保持套管压力不变的时间要短（<5min），以免压漏地层。此法优点在于钻遇异常高压层前未记录压井排量下的循环压力，或者虽有记录，但变换了泵或更换了缸套等情况下可测定初始循环压力。

5. 终了循环压力

压井液到达钻头时的立管压力称为终了循环压力，见式(3-28)：

$$p_{Tf} = \frac{\rho_k}{\rho_d} p_{ci} \qquad (3-28)$$

式中　p_{Tf}——终了循环压力，MPa。

6. 压井液从地面到达钻头的时间

计算压井液从地面到达钻头的时间，见式(3-29)：

$$t_d = \frac{1000 V_d}{60 Q} \qquad (3-29)$$

钻井施工

式中　V_d——钻具内容积,m^3;
　　　Q——压井排量,L/s。

7. 压井液从钻头到达地面的时间

计算压井液从钻头到达地面的时间,见式(3-30):

$$t_a = \frac{1000 V_a}{60 Q} \qquad (3-30)$$

式中　V_a——环空容积,m^3;
　　　Q——压井排量,L/s。

三、压井方法

1. 司钻法压井

司钻法压井,先用原密度钻井液循环出受侵钻井液,然后再将加重钻井液泵入井内循环的压井方法。

(1)司钻法压井步骤:

① 录取关井资料,计算压井所需数据,填写压井施工单,绘出压力控制进度表,作为压井施工的依据,并判断侵入流体类型。

② 开始以选定的泵速泵入原密度钻井液,开节流阀,调节节流阀使套管压力等于原关井套管压力并维持不变。

③ 保持压井排量不变,调节节流阀使立管压力等于初始循环压力,在整个循环周保持不变,此时气柱被循环上升,不断膨胀。调节调节阀时,注意压力传递的迟滞现象。

④ 气体开始从节流阀排出,同时套压急剧下降。当全部受侵钻井液排出后,关井检查,此时关井立管压力和关井套管压力相等。在排除溢流过程中,准备好加重钻井液。

⑤ 缓慢开泵,开始泵入加重钻井液,迅速开节流阀、平板阀,调节节流阀。使用节流阀控制来改变立管压力比较复杂,最简便的方法是在加重钻井液到达井底以前,保持关井套管压力不变来保持井底压力不变。

⑥ 当加重钻井液到达井底以后,继续循环。为保持井底压力不变,需调节节流阀保持立管压力不变。加重钻井液在环空中不断上升,直至井口,此时套管压力应降为零。井内压力恢复平衡,关井检查,井口无外溢,压井结束。

(2)司钻法压井过程中立管压力及套管压力变化规律:

① 立管压力变化规律如图3-30所示:第一循环周$0 \sim t_2$时间内,立管压力保持初始循环压力p_{ti}不变;第二循环周$t_2 \sim t_3$时间内,压井液由井口至钻头,立管压力由p_{ti}下降到p_{tf};$t_3 \sim t_4$时间内,压井液由井底返出井口,立管压力保持终了循环压力p_{tf}不变。

② 天然气溢流套管压力变化规律如图3-30所示:$0 \sim t_1$时间内,天然气溢流上返到井口,套管压力逐渐上升并达到最大值;$t_1 \sim t_2$时间内,天然气溢流返出井口,套管压力下降到关井立管压力值;$t_2 \sim t_3$时间内,压井液由井口到井底,套管压力不变,其值等于关井立管压力值;$t_3 \sim t_4$时间内,压井液由井底沿环空返至井口,套管压力逐渐下降到零。

油及盐水溢流套管压力变化规律如图 3-31 所示:$0 \sim t_1$ 时间内,溢流物沿环空上返到井口,套管压力等于关井套管压力不变;$t_1 \sim t_2$ 时间内,溢流物返出井口,套管压力由关井套管压力下降到关井立管压力;$t_2 \sim t_3$ 时间内,压井液由井口到井底,套管压力不变,其数值等于关井立管压力;$t_3 \sim t_4$ 时间内,压井液由井底沿环空返至井口,套管压力逐渐下降到零。

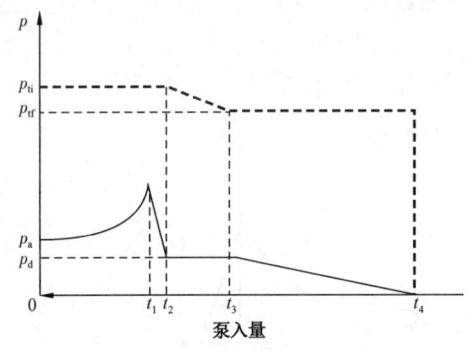

图 3-30 司钻法压井排除气体溢流时立管压力及套管压力变化趋势

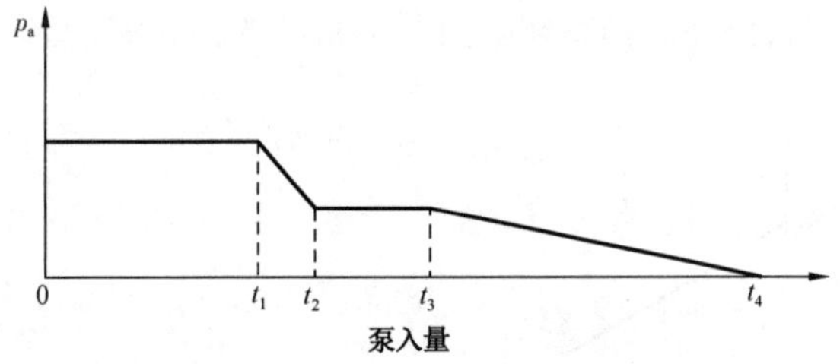

图 3-31 司钻法压井排除液体溢流时套管压力变化趋势

2. 工程师法压井

工程师法压井(一次循环法或等待加重法)是指发现溢流关井后,先配制压井液,然后将配制好的压井液直接泵入井内,在一个循环周内将溢流排除并建立管压力平衡的方法。在压井过程中保持井底压力不变。

工程师法压井与司钻法相比,其共同点是两种方法均以保持井底压力不变的原则进行循环压井,其不同点在于工程师法压井时,循环排出受侵钻井液和把加重钻井液打入井内是同时完成的。

(1)工程师法压井步骤:

① 录取关井资料,计算压井数据,填写压井施工单。压井施工单与司钻法压井施工单略有不同,主要区别是立管压力控制进度表不同。

② 配制压井液。压井液密度要均匀,其他性能尽量与井内钻井液保持一致。

③ 缓慢开泵,将压井液泵入井内。逐渐打开节流阀,调节节流阀,使套管压力等于关井套管压力不变,直到排量达到选定的压井排量。

④ 保持压井排量不变,在加重钻井液到达井底之前,钻杆内原有轻钻井液被加重钻井液所顶替,立管压力随之减少;同时环空的气体循环上升,不断膨胀,套压也在不断变化。为了保持压井循环过程中井底压力不变,需找出加重钻井液到达井底之前的立管压力变化规律,调节节流阀。

⑤ 当加重钻井液进入环空后,为了保持井底压力不变,调节节流阀,使立管压力不变。加重钻井液刚进入环空时,因气体膨胀有限,套压下降;而当气体接近地面时气体膨胀加剧,套压升高;气体到达井口时,套压最大;之后,气体从井口排出,套压急剧下降。

⑥ 压井液返出井口 h 后,停泵关井,检查关井套管压力、关井立管压力是否为零,如为零则开井,开井无外溢说明压井成功。

(2)工程师法压井过程中立管压力及套管压力变化规律:

①立管压力变化规律如图3-32所示:$0 \sim t_1$时间内,压井液从地面到钻头,立管压力由初始循环压力p_{ti}下降到终了循环压力p_{tf};$t_1 \sim t_4$时间内,压井液由井底返至井口,立管压力保持终了循环压力不变。

②溢流为油或盐水时套管压力变化如图3-33中曲线②所示:$0 \sim t_1$时间内,压井液由地面到钻头,套管压力不变,其值等于初始关井套管压力;$t_1 \sim t_2$时间内,压井液进入环空,溢流物逐渐到达井口,套管压力缓慢下降;$t_2 \sim t_3$时间内,溢流排出井口,套管压力迅速下降;$t_3 \sim t_4$时间内,压井液排替环空内原来密度的钻井液,套管压力逐渐降低。

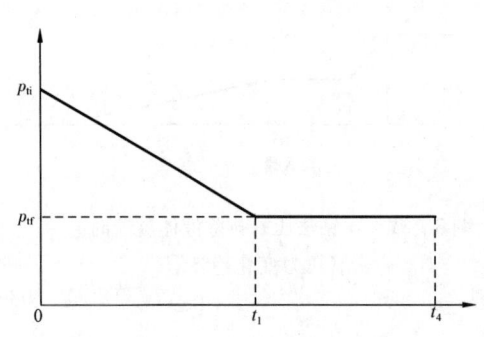
图3-32 工程师法压井立管压力控制曲线

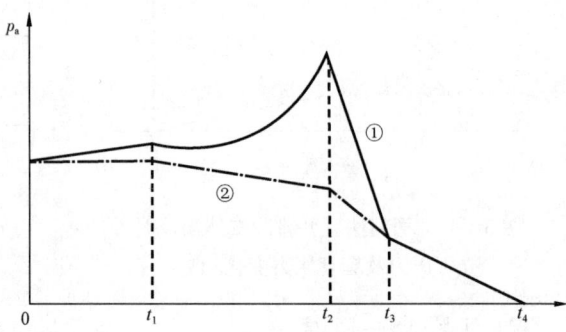
图3-33 工程师法压井套管压力变化曲线

溢流为气体时套管压力变化如图3-33中曲线①所示:$0 \sim t_1$时间内,压井液从地面到钻头,气体在环空上升膨胀,套管压力逐渐升高到第一个峰值;$t_1 \sim t_2$时间内,套管压力的变化受压井液柱和气体膨胀的影响。一般是压井液在环空开始上升时,套管压力稍有下降,然后有一段套管压力平稳,变化不大,然后逐渐升高,气体接近井口时套管压力迅速升高,达到第二个峰值。两个峰值哪个为极值,取决于溢流井深、压井液与原钻井液密度差、井眼环空容积系数及压井排量等因素,多数第二个峰值为极值;$t_2 \sim t_3$时间内,气体排出,套管压力迅速下降;$t_3 \sim t_4$时间内,压井液排替原钻井液,套管压力逐渐下降;加重钻井液返至井口、套管压力下降为零,压井结束。

3. 循环加重法压井

1)边循环边加重法压井

关井并计算压井液密度以后,如果此时地面已有储备的密度较高的钻井液,且在较长时间关井,井下容易卡钻等情况下,则可以立即用重钻井液循环压井。压井期间,仍然通过调节节流阀保持井底压力略大于地层压力,并维持不变。本方法立压随重钻井液循环而下降值可参照司钻法第二循环周原理计算,由于用来压井的重钻井液密度低于应该配置的钻井液密度,故在压井期间,还必须按要求或按阶段加重压井钻井液密度。每加重并循环一次,立压就下降一次,直至达到要求。

该方法兼有司钻法与工程师法的优点,但压井期间立压下降值复杂,实施难度较大。

2) 循环加重法压井

循环加重法为修正的司钻法。早期阶段,按司钻法压井,即开始第一循环周。同时,迅速在备用钻井液罐配置压井钻井液。一旦压井液配置完毕,立即中断司钻法第一循环周,并应用工程师法继续压井。压井期间立压变化值仍可参照司钻法立压变化计算方法计算。该方法仍然兼有司钻法与工程师法的优点。其缺点是压井曲线计算复杂。总之,两种循环加重法其优缺点皆介于司钻法与工程师法之间。

4. 压井作业中应注意的问题

(1) 开泵与节流阀的调节要协调。从关井状态改变为压井状态时,开泵和打开节流阀应协调,节流阀开得太大,井底压力就降低,地层流体可能侵入井内;节流阀开得太小,套管压力升高,井底压力过大,可能压漏地层。

(2) 控制排量。整个压井过程中,必须用选定的压井排量循环并保持不变,由于某种原因需改变排量时,必须重新测定压井时的循环压力,重算初始压力和终了压力。

(3) 控制好压井液密度。压井液密度要均匀,其大小要能平衡地层压力。

(4) 要注意立管压力的滞后现象。压井过程中,通过调节节流阀控制立管压力、套管压力,从而达到控制井底压力的目的,压力从节流阀处传递到立管压力表上,要滞后一段时间,其长短主要取决于井深、溢流的种类及溢流的严重程度。

(5) 节流阀堵塞或刺坏。钻井液中的砂粒、岩屑很可能堵塞节流阀,高速液流可能刺坏节流阀。堵塞时套管压力升高,解决的办法是迅速打开节流阀,疏通后,迅速关回到原位,若不能成功,应改用备用节流间。若节流阀刺坏严重,应改用备用节流阀或更换节流阀。

(6) 钻具刺坏。钻具刺坏,泵压下降,泵速提高,钻具断,悬重减小。可观察立管压力、套管压力,若两者相等,说明溢流在断口下方,若是气体溢流,让气体上升到断口时,再用高密度钻井液压井;若关井套管压力大于关井立管压力,说明溢流已经上升到断口上方,可立即用高密度钻井液压井。

(7) 钻头水眼堵。水眼堵时,立管压力迅速升高,而套管压力不变。记下套管压力,停泵关井,确定新的立管压力值后,再继续压井;水眼完全堵死,不能循环时,先关井,再进行钻具内射孔,然后压井。

(8) 井漏。压井过程中若发生井漏,应先进行堵漏作业,然后再进行压井。

第四章 钻井施工

钻井施工是钻井作业的中心环节,本章主要从钻进施工过程、直井钻井施工、定向井钻井施工、取心钻井施工、欠平衡钻井施工、深井与超深井钻井施工几大部分加以介绍。在介绍理论知识的同时,解读了与钻井施工有关的部分标准内容,未涉及的,在施工过程中,可根据具体情况按相关标准执行。

第一节 钻进施工过程

一、正常钻进

1. 正常钻井技术要求

执行 SY 5974《钻井井场、设备、作业安全技术规程》、SY/T 5431《井身结构设计方法》,正常钻井安全技术要求包括:

1) 第一次钻进

第一次钻进井眼要直入井,钻具应符合 SY/T 5369《石油钻具的管理与使用 方钻杆、钻杆、钻铤》、GB/T 22512.2《石油天然气工业 旋转钻井设备 第 2 部分:旋转台肩式螺纹连接的加工与测量》、GB/T 20656《石油天然气工业 新套管、油管和平端钻杆现场检验》的规定。

第一次钻进是指埋设导管后,下表层套管前的第一次钻进。

(1) 导管鞋应坐在硬地层上,对松软地层下加深导管。

(2) 用动力钻具钻鼠洞时要专人指挥。

(3) 大鼠洞的位置和斜度要有利于方钻杆的顺利起下。

(4) 鼠洞管下入后应用土埋好,地面涂水泥。

(5) 鼠洞的位置、鼠洞管的斜度与出露钻台高度,应有利于方钻杆的起放和摘挂水龙头操作方便。

(6) 第一次钻进井眼要直,入井钻具应符合 SY/T 5369《石油钻具的管理与使用 方钻杆、钻杆、钻铤》要求的质量标准。

(7) 第一次钻井开始,控制钻压不大于钻铤柱质量的 60%。

(8) 钻进中应根据井下情况变化和地面设备、仪表采集的信息变化分析判断,及时采取相应措施,实现安全钻进。

2) 再次钻进

再次钻进指封固表层套管后的各次钻进。

(1) 再次钻进前应先安装好井口装置,并找正天车、转盘和井口中心,固定牢固。

(2) 钻完固井水泥塞,再次恢复钻进,应对套管采取保护措施:在钻铤未出套管鞋前,钻压不大于钻铤质量的60%,转盘速度采用低转速;技术套管下入较深、再次钻进井段较长的井,应采取保护套管的措施。

(3)钻具组合应满足钻井工程设计要求,符合 SY/T 5088《钻井井身质量控制规范》有关规定。

(4)易缩径的软地层使用 PDC 钻头和喷射钻头应根据实际情况,每次钻进进尺不大于 300~500m 应进行短程起下钻,起出长度应超过新钻进井段,以防缩径卡钻。

(5)钻井液的选择:对长段泥岩地层,应进行矿物组分分析,并依此选择具有相应抑制性的钻井液体系;钻井液进行净化处理,按钻井设计要求控制固相含量。固控设备配备应有振动筛、除砂器、离心机和除泥器(或清洁器);钻井液性能应满足录井、测井和测试要求。

(6)钻进中应根据井内情况变化(钻速、钻井液性能、钻属性能、钻井液体积和进出口流量等)和地面设备运转、仪表信息变化,判断分析异常情况,及时采取相应处理措施。

(7)新牙轮钻头入井开始钻进时应采用轻压、适当转速钻进 0.2~1.0m,再逐渐增至正常钻压和转速,不应加压启动转盘。

(8)新金刚石钻头入井开始钻进时,应在钻头接触井底前 0.5~1.0m 先开大排量清洁井底,然后采用轻压、适当转速钻进 0.5~1.0m,再逐渐恢复到正常钻压和转速。

(9)钻进中出现下列情况之一时应终止钻头使用:钻头在井底工作有异常,如突发性蹩钻和跳钻、钻速突降、转盘扭矩增大等,经处理无效;钻头在井底工作正常,但钻头经济曲线率变化超过允许范围;钻井泵泵压突变,已判断为循环短路、钻头喷嘴脱落或堵塞;发生严重溜钻。

(10)使用金刚石钻头时井底应无金属落物。不能用金刚石钻头划眼。

(11)长井段的划眼或扩眼时应采用铣齿牙轮钻头。如用镶齿钻头划眼时,转速应控制在 60r/min 以下。

(12)钻具在井内静止时间不得超过 3min,防止黏附卡钻。

(13)安全钻达下技术(油层)套管深度后,应根据钻井设计要求,及时进行测井、固井等其他作业。

2. 正常钻井操作步骤

1)外钳工

(1)把吊卡放于转盘旁边的操作台上,钻杆钩子、链钳、手锤、活动扳手等手工具放至手工具箱内,并保持手工具的整洁。

(2)当方钻杆下行遇阻时,要向方钻杆方部涂抹机油。

(3)观察返出钻井液的流速变化,有无油花、气泡,及时发现溢流,提醒司钻关井,及时发现井漏,并提醒司钻采取防漏措施。

(4)井架工上提场地单根时,站在大门靠钻台偏房一侧,待钻杆单根外螺纹即将离开大门坡道时双手推住单根,然后转身,面向转盘,双手拉住单根,将单根缓慢送至小鼠洞前面,用钢丝刷清洗钻杆外螺纹。当井架工将钻杆单根提至小鼠洞上方时,右臂抱紧钻杆本体,左手扶住钻杆,使单根对准小鼠洞口,在井架工下放单根时,扶正钻杆,使单根缓慢进入小鼠洞内。

(5)待钻杆内螺纹接头接近小鼠洞时,与内钳工配合,将吊卡抬至小鼠洞上方,并扣上吊卡活门。井架工下放钻杆单根,钻杆单根压紧吊卡;也可用钻杆叉子或者钻杆卡子卡住钻杆单根。

(6)方钻杆方部全部入井后,即钻完方入,司钻上提钻具,当单根接头出转盘面0.5m刹车后,与内钳工配合放入小补心。

(7)扣吊卡。待司钻慢放钻具坐稳吊卡,刹住刹把后,观察钻井参数仪悬重显示及司钻停泵情况,若发现异常,及时提醒司钻。

(8)在内钳工操作液气大钳卸扣时,准备好钻杆钩或棕绳。液气大钳要打在钻杆内螺纹接头处。

(9)在鼠洞单根内螺纹均匀地涂上螺纹脂,随后司钻上提方钻杆。

(10)面向井架大门,左脚在前,站在小鼠洞旁的操作台上,右脚站在转盘护罩上,前腿弓,后腿绷,身体向前倾斜,左手在上,右手在下,双手扶住方钻杆下接头,在内钳工的配合下对扣。

(11)待司钻用自动旋扣器上扣后,内钳工操作液气大钳按规定扭矩紧扣。去掉吊卡,司钻提单根出小鼠洞,配合内钳工用钻杆钩或棕绳送单根至井口,检查单根外螺纹,井口钻具接头内螺纹涂好螺纹脂后对扣。

(12)待紧扣后,司钻上提钻具并刹车,与内钳工配合打开吊卡并移出转盘面。

(13)观察司钻开泵后钻具接头处是否刺漏钻井液,必要时重新紧扣。

(14)司钻下放方钻杆使滚子方补心入转盘内,继续进行钻进。

(15)待井架工操作小绞车吊单根至钻台面时,与内钳工配合卸下单根护丝,将单根平稳放入小鼠洞,卸下上提螺纹后,检查钻杆接头内螺纹及密封端面有无损坏,并在内螺纹上涂好螺纹脂。

2)内钳工

(1)认真观察泵压表所指示的泵压,发现泵压升高或泵压降低都要提醒司钻采取相应的技术措施。

(2)认真观察指重表所指示的悬重与钻压,发现悬重升高与降低及钻压异常等情况时,要及时提醒司钻,采取相应的技术措施。

(3)及时检查钻台所有链条,防止链条销子露出,并及时给链条上加机油。

(4)盘好旋绳,把卡瓦躺放在绞车前方的操作台上,安全卡瓦放至钻台偏旁,并清洁上述钻台工具。

(5)保持钻台清洁。

(6)井架工上提场地单根时,站在大门靠指重表一侧,与外钳工一起推住钻杆单根,防止碰坏钻杆螺纹,并将钻杆单根缓慢送至小鼠洞前面,逆时针旋转钻杆护丝,护丝卸开后用双手投到钻台下边。

(7)当钻杆单根处于小鼠洞上方时,左臂抱钻杆,右手扶钻杆,左膝顶住小鼠洞,使钻杆单根顺利进入小鼠洞,避免碰坏钻杆螺纹。

(8)方钻杆方部全部进入井口后,司钻上提钻具,将滚子方补心取出转盘。

(9)扣吊卡。

(10)用液气大钳卸扣。若用大钳卸扣,则将内钳打在方钻杆方保接头部位,推紧大钳进行松扣,扣松开后用内钳卸扣。

(11)面向井架大门,站在井口,双手推扶方钻杆至小鼠洞,配合外钳工与小鼠洞的钻杆对扣。

(12)司钻用自动旋扣器上扣后,操作液气大钳按规定扭矩紧扣。用大钳上扣时,则将内钳打在小鼠洞内的钻杆内螺纹接头处,咬紧,待上扣器上完扣后配合外钳紧扣,再摘去内钳。

(13)对扣。

(14)待上扣器上完后打内钳紧扣。

(15)拉去吊卡。

(16)下钻,使方钻杆上的滚子方补心坐入转盘大方瓦内,开泵钻井液循环正常后,开动转盘,正常钻进。

3)副司钻

钻进时副司钻要保证两台钻井泵的正常运转,为井筒内输送设计规定压力和排量的钻井液。观察、测量和维护钻井液性能的稳定。经常检查钻井泵的工作情况(包括上水阀、上水管线、活塞、拉杆密封装置及各润滑和固定部位),发现问题及时处理和整改。经常检查压风机的工作情况,维护压风机的正常运转,保证气控系统压缩空气的需要。

4)司钻

(1)钻井中的操作配合:

两脚分开与肩同宽,重心稍向前,右手扶刹把,手心朝下。稳抬刹把,缓缓下放井内钻柱,将方钻杆放入转盘,方补心坐稳于转盘内时刹住刹把。眼看泵压表,当泵压上升到设计压力后,左手合上转盘离合器启动转盘。轻抬刹把,使钻头平稳的接触井底,眼看指重表逐渐给钻头加压到规定钻压,开始钻进。

在钻进过程中,司钻要按制订的配合参数执行,操作要平稳,送钻要均匀。钻进过程中司钻要做到"五到":能看到的看到(看到仪表、滚筒、转盘、游车等设备的运转工作情况)、能听到的听到(听设备的运转声、钻工的呼唤声、气路控制系统排气阀的排气声)、能闻到的闻到(闻到各气胎的离合器是否发出异常气味)、能想到的想到(想到人、设备、井下、质量)、能说到的说到(提醒和安排钻工做下道工序的准备工作或该做的工作)。

方钻杆打完后,等悬重恢复3~5格时,方可做划眼或接单根的工作。

(2)钻井中的异常情况的处理:

① 新钻头下至距井底8~9m时,应采用小排量,后用大排量进行循环,将井底沉砂悬浮起来。带泵压正常后,应在无钻压下启动转盘。然后加钻压2~3t,根据钻头的类型确定牙轮跑合时间,一般为30~40min,无异常现象后再加至规定钻压钻进。钻进中要注意指重表、泵压表的变化情况,并随时从转盘的声响、链条的运行、泵压的变化、刹把的感觉、进尺的快慢、钻井液的返出等方面分析判断井下情况。合理调整钻压、泵压和转盘转速。

② 若钻进中出现蹩跳现象时,应采取减压、慢转等方法处理。仔细判断和处理好地层交界面。若遇先软后硬和倾斜角载大的地层,应采取"打窝窝"的所谓"吊打"办法把井打直。

③ 集中思想,均匀送钻,防止溜钻、顿钻事故的发生。若发现溜钻或顿钻超过15t时,应立即循环钻井液起钻。必要时要对钻具进行探伤检查。

④ 若在正常钻进中发现泵压下降超过1MPa时,应立即停止钻进,检查地面有关设备(钻

井泵、高压管线、阀门)可能引起泵压下降的原因。在确认无地面因素,而钻井液性能亦无较大变化时,应立即起钻。大钳松扣,旋绳卸扣,并指导井口人员细心检查钻具有无刺伤。

⑤ 在用牙轮钻头钻进中,若有蹩劲、转盘负荷增大、转动不均匀、转盘停转后有轻微倒转现象、进尺忽然变慢、转盘链条有跳动等现象时,应根据钻头使用时间,综合分析。确定钻头不宜使用时,应及时停钻循环钻井液,准备起钻。

刮刀钻头使用后期,钻头直径被磨小,刀片的高度被磨短,一般会出现进尺缓慢、转盘负荷减轻和钻头接触井底泵压升高而提离井底,则泵压降低等现象,此时应停止钻进,准备起钻。

⑥ 转盘未停不得上提钻具。钻头有负荷时,不得启动转盘。钻进中出现溜钻或顿钻,在刹住车的同时,应立即摘掉转盘离合器。

⑦ 若设备发生故障不能继续钻进时,应尽量设法循环钻井液和活动钻具。若已失去循环和活动能力,一般可将钻具下放,将悬重的2/3压向井底,使钻具在井下呈多次弯曲,与井壁产生点接触,以减少黏附卡钻的可能性。

⑧ 无论在小鼠洞或井口,均应用吊钳或液气大钳按要求紧扣。在紧扣过程中,防止方钻杆倒扣。钻具在井内不循环时,一般静止时间不得超过3min。

⑨ 刹把处一定不能离开人,且不得将刹把交给不熟悉的人员操作。

二、接单根与起、下钻

一口井的钻进过程中,接单根与起、下钻是两项最重要的基本过程,约占全井钻进总时间的10%~50%,并且需要各个岗位互相配合、协调一致才能进行。因此,如何能够安全,顺利,高效地进行接单根与起、下钻对于快速优质钻井起到十分重要的作用。现代钻井为提高钻井效率,降低接单根与起、下钻时间,不断发展出新的钻井技术,如顶驱钻井系统就节省了2/3的接单根时间,套管钻井技术只有接单根时间而没有起下钻时间,这些先进技术都大大提高钻井了效率。

接单根与起、下钻时,由于停转盘停泵,容易发生压差卡钻、胡塌掉块等井下事故。另外,起钻过程中容易发生井涌、溢流等复杂情况,司钻、副司钻、井架工、内外钳工必须按照操作规程,密切配合,尽量减少操作时间。在完成作业任务、执行相关的技术要求的同时,做好工具的维护和保养,清楚操作过程中可能发生的故障及风险,并能正确地处理和预防,注意个人安全和环境保护。

1. 接单根作业

在钻进中过程中,随着岩石的破碎,井眼不断加深,因此钻柱也需要及时接长,每当井眼加深了一根钻杆的长度,也就是方钻杆打完时,就要再接一根钻杆,此过程称为接单根。

1)接单根技术要求

执行 SY 5974《钻井井场、设备、作业安全技术规程》,接单根安全技术要求包括:

(1)接单根前应做好单根、井口工具和材料的检查准备。

(2)用双吊钳卸方钻杆时,应先旋松螺纹,再用转盘低速(10~12r/min)卸开螺纹。不能用单吊钳转盘冲击松开螺纹。

(3)采用小鼠洞接单根时,应用吊钳按规定力矩旋紧连接螺纹,操作时应注意防止单根和方钻杆的连接螺纹退松。

(4)接单根时应有防落物入井措施。

(5)接好单根和方钻杆连接螺纹后,应开泵建立正常循环,才能下放钻柱恢复钻进。

2)接单根工作过程

(1)钻完一个单根要提起下划 1~2 次,停转盘、停泵、提出方钻杆,使其下面第一根钻杆的母接箍提出转盘面 0.5m 以上,内、外钳工配合扣上吊卡,将钻具稳坐在吊卡上并使指重表悬重回零,用液压大钳或 B 型钳将钻杆螺纹卸开。

(2)上提方钻杆距钻杆母接箍 0.3~0.5m 处刹车,涂好钻具螺纹密封脂,并推方钻杆至小鼠洞位置,下放方钻杆,与钻杆对扣,对上扣后用旋扣器或液压大钳上紧螺纹。

(3)上提方钻杆,缓慢将钻杆起出,不能撞击钻杆螺纹。

(4)待钻杆提出距对扣钻杆母接箍 0.3~0.5m 处刹住刹把,用棉纱擦去钻杆螺纹上的钻井液,涂好钻具螺纹密封脂。

(5)扶正钻杆,下放单根对扣,然后用液压大钳按标准紧扣。

(6)接单根时,要保证卸扣不磨扣,上扣不压扣。

(7)接完单根后,要先开泵,在证实钻具不刺不漏后再下放钻具,在距井底 2~3m 时启动转盘,缓慢下放钻具,待钻头接触井底后,逐渐加压到规定的钻压钻进。

(8)接钻铤单根的步骤和方法与上述相似,不同的是钻铤坐井口时要用卡瓦和安全卡瓦卡紧,钻铤单根在小鼠洞时用安全卡瓦卡紧。

2. 起下钻作业

由于钻头在井底破碎岩石,钻头会逐渐磨损,当磨损达到其使用寿命时需要更换钻头,这样就必须将全部钻柱从井内起出来,更换新钻头,之后再重新将全部钻柱下入井中,这一过程称为起下钻。有时为了处理井下事故,测井斜等特殊情况,也需要起下钻。另外还有短起下钻,其目的是为了防止井下事故,在钻遇复杂地层时,经常进行短起下钻,防止井壁坍塌掉块、缩径。

施工准备应按企业标准《井下作业现场施工准备质量要求》、企业标准《起下管杆作业规程》、SY 5974《钻井井场、设备、作业安全技术规程》、SY/T 5369《石油钻具的管理与使用 方钻杆、钻杆、钻铤》、SY/T 5198《钻具螺纹脂》、SY/T 6268《油井管选用推荐作法》、SY/T 6417《套管、油管和钻杆使用性能》执行。

1)起下钻技术要求

根据 SY 5974《钻井井场、设备、作业安全技术规程》的要求,起下钻技术要求包括以下几项:

(1)起下钻前应按照操作岗位负责分工,做好仪表、工具、器材和安全防护设施的检查,井口操作应有防落物入井措施。

(2)起钻前应根据井眼条件、机械钻速、钻井液性能和地质录井资料要求,充分循环洗井,清洁井筒。

(3)起下钻应根据钻机载荷、钻具质量、井眼条件,采用双吊卡或卡瓦操作。在井深大于

1000m 或大钩载荷大于 300kN 时,用双吊卡加小方补心或用长钻杆卡瓦。

(4)起下钻铤应同时使用提升短节(或提升接头)、卡瓦,安全提升短节和钻铤连接螺纹应用吊钳(或动力吊钳)旋紧,安全卡瓦应卡在距卡瓦上部 0.05~0.10m 处。不应用转盘旋卸钻铤螺纹。

(5)钻具连接螺纹应按 SY/T 5369《石油钻具的管理与使用 方钻杆、钻杆、钻铤》规定的最佳扭矩值旋紧。宜采用带有直读扭矩仪的液压大钳旋卸钻具螺纹。

(6)连接钻具螺纹应采用符合 SY/T 5198《钻具螺纹脂》规定性能指标的润滑脂。

(7)螺纹连接前应保持螺纹清洁完好。

(8)下钻应采用限速措施。下钻大钩载荷超过 300kN 应使用辅助刹车。

(9)钻具装有止回阀下钻时每下 20~30 柱钻杆向钻具内灌满一次钻井液。

(10)起下钻在复杂卡阻井段应降低上提下放速度。阻卡载荷超过当时钻具悬重(定向井、水平井考虑摩阻影响)50~100kN 时,要及时采取措施,彻底消除阻卡后才能恢复正常作业。

(11)井下不正常或深井段下钻应分段循环钻井液。

(12)钻具下完接方钻杆后,先开泵循环正常再转入正常作业。

2)起下钻作业步骤

(1)起钻杆:

① 司钻配合内外钳工根据起钻方式采用以下方法挂吊卡:

(a)双吊卡起钻时的挂吊卡:内外钳工各抓牢一只吊环在司钻缓慢下放游车的同时,将吊环从侧面推进吊卡耳环内,司钻及时刹车;内外钳工各将一根卡瓦安全销插进吊卡耳环的销孔内,用死扣绳结拴牢在吊环臂 30~40cm 处;司钻合低速气开关连带三下,第 1~2 次拉紧大钩弹簧,第 3 次上提钻具,即一起二带三负荷。

(b)单吊卡起钻时挂吊卡:内钳工抓住吊环,外钳工抓住吊卡活门,在司钻缓慢下放游车时,将吊卡扣合在钻杆母接箍下钻杆本体上;司钻合低速气开关连带三下,第 1~2 次拉紧大钩弹簧,第 3 次上提钻具,即一起二带三负荷;内外钳工在司钻上提钻具的同时,内钳工抓住钻杆卡瓦中间于柄,外钳工抓住两边手柄,合力将卡瓦拉出井口;内钳工面向井口,左脚踩转盘外壳,右脚踏操作台,双手握刮泥器刮泥。接头出转盘面时检查有无刺坏和偏磨损坏现象。外钳工面向井口,右脚踩转盘外壳,左脚踏操作台,双手握刮泥器刮泥,眼看指重表,接头出转盘面检查有无刺坏和偏磨损坏现象;上提钻具时司钻左手不离气开关,右手不离刹把,眼看指重表,耳听柴油机声音,随时注意突然遇卡,同时用两眼余光看滚筒钢丝绳位置和井口钻具接头数,准备摘车。吊卡起离井口 8m 左右,低速放气一次。当第三个接头出转盘面时,摘低速气开关,距转盘面 0.5m 时刹车。

② 司钻配合内外钳工采用下列方式之一座吊卡或卡瓦:

(a)座吊卡:内外钳工待第三个接头出转盘面 0.3m 放下刮泥器各搬一只吊卡耳,迅速扣合在内接头以下卡住钻杆;司钻抬刹把缓慢下放钻柱,待接头稳座吊卡悬重回零后,再将滚筒钢丝绳下放半圈。

(b)座卡瓦:内外钳工待第三个接头出转盘面 1.0m 左右放下刮泥器,内钳工抓住卡瓦中间手柄,外钳工抓住两边手柄,合力将卡瓦推入井口,卡住钻杆;司钻抬刹把缓慢下放钻柱,待钻杆稳座卡瓦悬重回零后,再将滚筒钢丝绳下放半圈。

③ 司钻配合内外钳工用液压大钳卸扣:

(a)内钳工操作液压大钳气门,外钳工手拉钳头手柄,将大钳上、下钳口卡在钻杆外、内接箍上,外钳工扣合液压大钳活门。

(b)内外钳工配合将换向手柄打到卸扣位。

(c)内钳工将挡切换到低速位,操作气开关将钳头缓慢抱紧卸松扣后,将挡切换到高速位,操作气开关卸扣,直到扣卸开。

(d)内钳工将挡切换到低速位,将钻杆接箍松开,直到钳口无外露钳头后,操作气开关,将液压大钳退出井口。

④ 司钻合低速气开关将钻柱提离内接头 0.2m 左右,外钳工右手持钻杆钩,钩口朝外,钩住钻杆,内钳工右手推钻杆,二人合力将立柱排入钻杆盒内。

⑤ 内外钳工返回原位调整大钳高度,检查接头台肩与螺纹。

⑥ 井架工系好安全带,站在操作台内,游车上升时眼看钢丝绳有无明显断丝,如每扭矩(200mm)断经超过七丝,严重磨损或挤压变形,应停车检查,根据情况倒换大绳。要防止大绳进指梁,待立柱内接头过指梁的适当位置发出停车信号,用信号锤敲钻杆一起、二放、三不动,紧急情况连续敲。

⑦ 停车后绕好兜绳,转盘卸扣时用兜绳扶正钻杆,并注意吊卡,防止摆动把吊卡活门甩开。

⑧ 配合钻台将立柱拉进钻杆盒内的同时,用力拉紧兜绳,并固定于 U 形卡上,换成八字形卡牢,使立柱靠近操作台。

⑨ 立柱坐在钻杆盒排位后,眼看吊卡下放至离开内接头台肩时,用手打开吊卡活门。再拉兜绳使立柱靠在操作台上,眼看游车并护送游车过指梁。

⑩ 用右手轻推钻杆进指梁,松开兜绳的活端并拉出兜绳。用钻杆钩将立柱摆放整齐。如立柱摆放不稳时,应用细绳固定。

⑪ 司钻待井架工将立柱拉入指梁后,抬刹把使游车下行,游车过指梁后,调整吊卡活门位置朝向井架工方向。

⑫ 双吊卡起钻时,内钳工待空吊卡离转盘 1.2m 左右时,伸左手抓住吊环,身体向左倾,右手拔出吊卡销。外钳工伸右手抓住吊环,身体向右倾,左手拔出吊卡销,在吊卡坐于转盘的同时,拉出吊环,配合司钻起车。

⑬ 重复以上动作直至钻杆起完。

(2)起下钻铤:

① 当钻铤内螺纹起出转盘面 0.5m 左右时,司钻摘低速气开关刹车,内钳工抓卡瓦中间手柄,外钳工抓左、右手柄同时用力将卡瓦推拉卡牢在距钻铤内螺纹端 0.5m 左右处。

② 外钳工双手平端安全卡瓦,使安全卡瓦下端面距卡瓦上端面 50mm,环绕钻铤一周,内钳工调整调节丝杠,插入连接销,顺势用扳手将锁紧螺母拧紧,外钳工手持 1kg 手锤沿安全卡瓦外围敲击,直至拧紧为止。

③ 内、外钳工配合副司钻拉猫头将扣卸松。

钻井施工

④ 用旋绳将扣卸开。

⑤ 待钻铤拉入钻杆盒内排好后,内、外钳工合力将提升短节右旋拧紧在钻铤上,并用内、外钳紧扣。

⑥ 井架工将钻铤拉入指梁后,游车下行,当空吊卡下行距提升短节 0.2m 时,内、外钳工合力向后拉,顺势扣合在提升短节上。

⑦ 内、外钳工配合副司钻猫头紧扣后,用相反的动作卸去安全卡瓦。

⑧ 司钻抬刹把下放钻铤入井,当第三个单根剩余 4~5m 时减慢下放速度,内、外钳工在钻具缓慢下放的同时将卡瓦卡牢在钻铤内螺纹头高出转盘面的 0.5m 处,距卡瓦上端面约 50mm 处卡牢安全卡瓦。

⑨ 内、外钳工用双钳配合猫头将提升短节螺纹卸开,内、外钳工摘开吊卡将提升短节摆放在钻杆盒旁。

(3) 下钻杆:

① 司钻右手扶刹把,左手合低速离合器开关起空车;当空吊卡上升超过转盘约 2m 时,改换高速,眼看滚筒钢丝绳排列情况,中途摘高速气开关 1~2 次,检查放气情况。游车上升到一定高度,摘掉高速气开关,抬头上看目送游车过指梁,待井架工发出停车信号后,立即刹车。

② 井架工待游车过指梁后,伸出右手,手心向下,左右晃动,发出停车信号,立即倒车(视线不清的情况下,用信号锤敲击钻杆为"一起、二放、三不动")。

③ 井架工在游车上升时,将钻杆靠在指梁顶端,兜好兜绳。吊卡上行至与身体平行时伸双手调整吊卡活门位置,游车停稳后,右手用力拉兜绳将钻杆拉出指梁外,左手用力对准吊卡活门猛推钻杆至吊卡体内,右手顺势抓住活门将其关闭,检查没问题后发出起升信号。

④ 司钻待井架工扣好吊卡发出起车信号后,上提立柱出钻杆盒,与钻工配合送立柱至井口,待立柱下接头高出井口钻具接头 0.2m 左右时刹车,下放立柱对扣一次成功,滚筒钢丝绳松回一圈时刹车。

⑤ 紧扣:

(a) 内钳工操作液压大钳气门,外钳工手拉钳头手柄,将大钳上、下钳口卡在钻杆外、内接箍上,外钳工关上液压大钳活门。

(b) 内、外钳工配合将换向手柄打到紧扣位。

(c) 内钳工将挡切换到低速位,操作气开关将钳头缓慢抱。紧卸松扣后,将挡切换到高速位,操作气开关紧扣,扣紧完后,切换低速挡紧扣。

(d) 内钳工操作气门开关,将钻杆接箍松开,直到钳口元外露钳头后,操作气开关,将液压大钳退出井口。

(e) 大钳紧扣后,司钻右手扶刹把,左手两次合低速上提钻具,当内接头距转盘面 0.5m 左右刹车。

(f) 双吊卡下钻时,外钳工右手抓吊卡耳,左手抓吊卡活门顺势下压将活门打开,内钳工抓另一吊卡耳,合力将吊卡拉离井口;单吊卡下钻时,内钳工抓住钻杆卡瓦中间手柄,外钳工抓两边手柄,合力将卡瓦拉出井口。

(g) 司钻待吊卡或卡瓦拉开后,慢抬刹把,眼看指重表下放钻具,接头过转盘时点刹一下,如转盘方向不对时,司钻待井口操作人员离开转盘后,适当转动转盘。

(h)悬重300kN时应挂辅助刹车(用水冷却的刹车载下钻前就必须通水,严禁等刹车载发热时再通冷却水);起空车要排好大绳。

(i)必须使用螺纹密封脂;上扣做到不磨扣,不顿扣;下井钻具必须双钳紧扣。

(j)下钻时要控制下放速度,防止突然遇阻或刹车失灵造成顿钻。

(k)下钻时要注意井口钻井液返出情况,其返出量应与下入的钻具体积相一致。

(l)座吊卡或卡瓦,挂空吊卡。

⑥ 下钻:

(a)双吊卡下钻:上单根剩余4~5m时减慢下放速度,使吊卡稳座转盘。如转盘方向不对,司钻应待井口人员离开转盘后,适当转动转盘;放松大钩弹簧,内外钳工各抓一只吊环,在吊环悬空的瞬间,摘开吊环,顺势挂入空吊卡内,插入吊卡安全销。

(b)单吊卡下钻:上单根剩余4~5m时减慢下放速度,当内接头离转盘面1.0m时,内钳工抓住卡瓦中间手柄,外钳工抓住两边手柄,合力将卡瓦推入井口,卡住钻杆;司钻抬刹把缓慢下放钻柱,待钻杆稳座卡瓦悬重回零后,再将滚筒钢丝绳下放。

(c)内钳工打开吊卡活门,配合司钻起车。

⑦ 重复以上动作直至下钻完成。

3)起下钻安全注意事项

(1)内、外钳工:

① 井口操作时,应站至合适位置,不能挡住司钻视线。

② 司钻应准确将吊环停至摘挂位置。

③ 内、外钳工应相互配合摘、挂吊环,插好保险销。

④ 若吊环未一次摘挂成功应立即打手势,提示司钻不可起升游车。

⑤ 下钻对扣时,要熟练准确,防止碰、砸钻具端面。

⑥ 注意防止落物入井。

(2)井架工:

① 二层台各种绳索固定牢固,所用工具一律用保险绳固定在井架上。

② 操作时必须待游车停稳后扣合吊卡,确认吊卡扣牢后方能发出起车信号。

③ 不准用手拉立柱内螺纹,下放立柱前及时松开兜绳。

④ 注意听天车有无杂音,随时注意游车的上升位置,及时提醒司钻。

⑤ 夜间操作时,照明设施要符合要求。

⑥ 手势信号:右手伸直,扇面形,左右摆动为停止;右手伸直,手心向下,自上而下摆动为下放;右手伸直,手心向上,自下而上摆动为上升。视线不清时用敲击信号:一上、二下、三不动,紧急情况,急促连续敲击。

(3)司钻:

① 站姿、手位、眼观方向符合要求。

② 不得加压启动转盘。

③ 送钻应均匀。

④ 接、卸钻具时不得碰、砸钻具接头及端面。

⑤ 接单根动作要迅速，下放速度要控制，开泵不宜过快，做到"晚停早开"，因故终止钻井液循环时，钻具在井内静止时间不超过3min，应及时活动钻具，防止沉砂卡钻。起钻前应该调整好钻井液的性能，适当提高钻井液的黏度，加大泵排量，以保证将井内岩屑彻底携带出来，并使用好地面固控设备。当井下情况比较复杂，有坍塌现象或欠平衡压力钻进时，起钻前应提高钻井液密度，以防钻井液长时间在井内静止，静液柱压力不足以平衡地层压力，造成井塌或其他事故。

第二节　直井钻井施工

一、井眼轨迹的基本概念

井眼轨迹一般都是一条空间曲线。在施工中为了进行轨迹控制就必须准确描述井眼轴线的几何形状和空间位置。井眼轴线的几何、方位参数是井眼轨道设计、轨迹监测和计算、轨迹控制的依据。执行SY/T 5088《钻井井身质量控制规范》。

石油钻探施工，就是按照一定的目的和要求，有控制地使井眼轨迹（实钻的井眼轴线）沿着预先设计的井眼轨道（设计的井眼轴线）顺利钻达预定的井下目标。井口与设计的目标在一条铅垂线上的井称为直井，设计目标与井口不在一条铅垂线上的井称为定向井。

1. 井眼轨迹的基本参数

井眼轨迹的参数是描述井眼轴线形状及方位的参数之一，包括测斜仪器在每个点上测得的井深、井斜角、井斜方位角等，也叫监测参数。

1）测量井深

测深指井口（通常以转盘面为基准）至测点的井眼长度，也称之为斜深。测深既是测点的基本参数之一，又是表明测点位置的标志，常以字母 L 表示。

井深的增量为井段，以 ΔL 表示。二测点之间的井段称为测段。一个测段的两个测点中，井深小的称为上测点，井深大的称为下测点。

2）井斜角

过井眼轴线上某测点作井眼轴线的切线，该切线向井眼前进方向的部分称为井眼方向线。井眼方向线与铅垂线之间的夹角就是井斜角。井斜角表示了井眼轨迹在该测点处倾斜的大小。

井斜角常以希腊字母 α 表示，单位为（°）。一个测段内井斜角的增量总是下测点井斜角减去上测点井斜角，以 $\Delta\alpha$ 表示。如图 4-1 所示，A 点的井斜角为 α_A，B 点的井斜角为 α_B，AB 井段的井斜角增量为：$\Delta\alpha = \alpha_B - \alpha_A$。

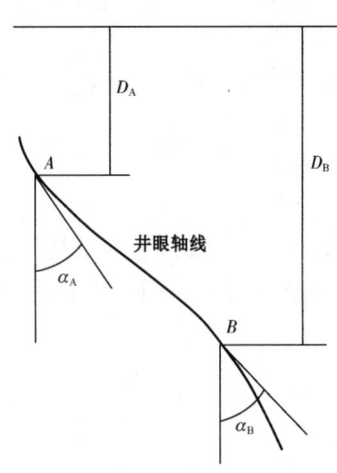

图 4-1　井斜角示意图
D_A，D_B—分别为 A，B 点的垂深

3) 井斜方位角

某测点处的井眼方向线投到水平面上,称为井眼方位线或井斜方位线。以正北方位线为始边,顺时针方向旋转到井眼方位线上所转过的角度,即井斜方位角。如图 4-2 所示。正北方位线是指地理子午线沿正北方向延伸的线段。

注意"方位"与"方向"的区别。方位线是水平面的矢量,而方向线则是空间的矢量。只要讲到方位、方位线、方位角,都是在某个水平面上;而方向和方向线则是在三维空间内(当然也可能在水平面上)。井眼方向线是指井眼沿轴线上某一点处井眼前进的方向线。该点的井眼方位线则指该点井眼方向线在水平面上的投影。

井斜方位角常以字母 ϕ 表示,单位为度(°)。井斜方位角的增量是下测点的井斜方位角减去上测点的井斜方位角,以 $\Delta\phi$ 表示。井斜方位角的值可以在 0°~360°范围内变化。如图 4-2 所示,A 点的井斜方位角为 ϕ_A,B 点的井斜方位角为 ϕ_B,AB 井段的井斜方位角增量为 $\Delta\phi = \phi_B - \phi_A$。

井斜方位角还有另一种表示方式,称为"象限角"如图 4-3 所示。它是指井斜方位线与正北方位线或正南方位线之间的夹角。象限角在 0°~90°之间变化,书写时需要注明所在的象限,如 N67.5°W。

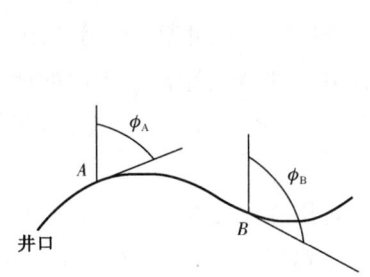

图 4-2 井斜方位角示意图

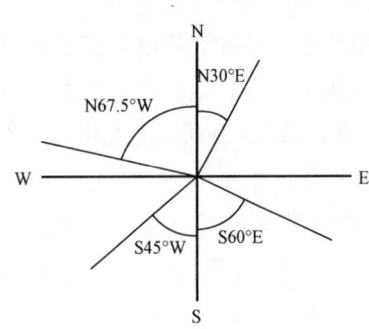

图 4-3 象限角示意图

4) 磁方位校正

用磁性测斜仪测得的井斜方位角称为磁方位角,它是以磁北方位线为基准的。而地质、工程所设计的方位均为地理方位(正北方位)。由于大地磁场随着地理位置和时间在不断变化,磁北方位与正北方位并不重合,所以需要对所测得的磁性方位进行校正。这种校正称为磁方位校正。

磁北方位与正北方位的夹角,称为磁偏角。磁偏角又分为东磁偏角和西磁偏角。东磁偏角指磁北方位线在正北方位线的东面,西磁偏角指磁北方位线在正北方位线的西面,如图 4-4 所示。磁方位角并不是真方位角,这就需要经过换算求得真方位角。

换算的方法如下:

(1) 井斜方位角的值在 0~360°范围内变化时:

真方位角 = 磁方位角 + 东磁偏角

真方位角 = 磁方位角 − 西磁偏角

(2)使用象限角进行井斜方位角校正时,必须记住东磁偏角和西磁偏角分别在各个象限里,是"加上"还是"减去",如图4−5所示,不可混淆。

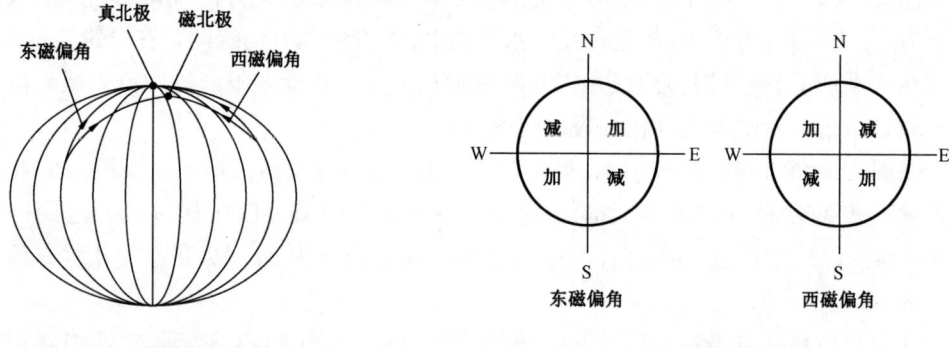

图4−4 磁偏角示意图　　　　　　　　图4−5 象限角的校正

2. 井眼轨迹的计算参数

井眼轨迹的计算参数也是描述井眼轴线形状及方位的参数之一,是根据监测参数计算出来的其他几何、方位参数,计算参数可用于描述轨迹的形状和位置,也可用于轨迹绘图。

(1)垂直井深(垂深):是指井眼轨迹上某点至井口所在水平面的距离。垂深的增量简称为垂增。垂深常以字母 D 表示,垂增以 ΔD 表示。如图4−1所示,A,B 两点的垂深分别为 D_A,D_B,AB 井段的垂增为: $\Delta D_{AB} = D_B - D_A$。

(2)水平投影长度:简称平长,是指井眼轨迹上某点至井口的长度在水平面上的投影长度。水平投影长度的增量称为平增。平长以字母 S 表示,平增以 ΔS 表示。在水平投影图上,可以反映其真实形状,平长和平增在图4−6中是指曲线的长度。在垂直剖面图上可以反映其真实值,如图4−10所示。

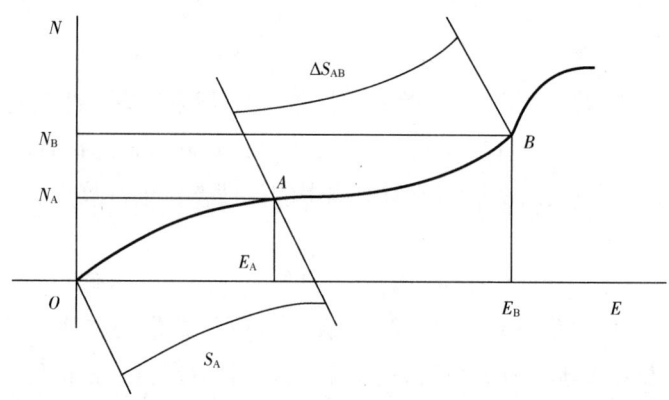

图4−6 水平投影长度和水平坐标

(3)水平位移:简称平移,是指轨迹上某点至井口所在铅垂线的距离,或指轨迹上某点至井口的距离在水平面上的投影。此投影线称为平移方位线。水平位移常以字母 C 表示。如图 4-7 所示,A,B 两点的水平位移分别为 C_A 和 C_B。水平位移又称作闭合距。

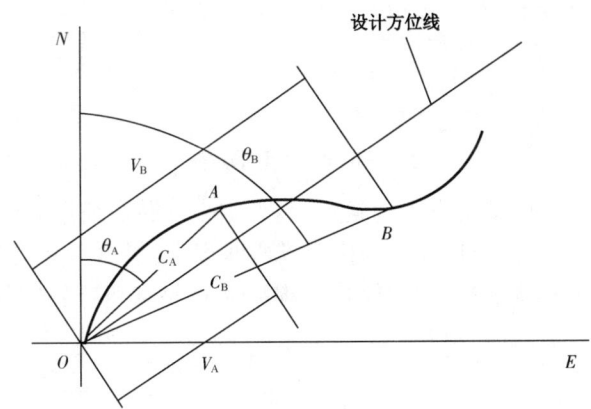

图 4-7　平移、平移方位角与视平移示意图

水平位移和水平投影长度是完全不同的概念。在实钻的井眼轨迹上,两者的区别是明显的。但在二维设计轨迹上两者是相同的。

(4)平移方位角:是指平移方位线所在的方位角,即以正北方位为始边顺时针转至平移方位线上所转过的角度,常以字母 θ 表示,如图 4-7 所示。A,B 两量点的平移方位角分 θ_A,θ_B。

在国外将平移方位角称作闭合方位角。而我国油田现场常特指完钻时的平移方位角为闭合方位角。

(5)N 坐标和 E 坐标:是指轨迹上某点在以井口为原点的水平面坐标系里的坐标值。此水平面坐标系有两个坐标轴,一是南北坐标轴,以正北方向为正方向;二是东西坐标轴,以正东方向为正方向。如图 4-6 所示,A,B 两点的水平坐标分别为 N_A,E_A 和 N_B,E_B。水平坐标可以有增量,以 ΔN,ΔE 表示。

(6)视平移:亦称投影位移,是指水平位移在设计方位线上的投影长度。视平移以字母 V 表示。如图 4-7 所示,A,B 两点的视平移分别为 V_A,V_B。显然,当实钻轨迹与设计轨迹偏差很大、甚至背道而驰时,视平移可能成为负值。

(7)井斜变化率:是指单位长度井段内井斜角的变化值。通常以两测点间井斜角的变化量与两测点间井段长度的比值表示。常用的单位是(°)/30m。

(8)方位变化率:是指单位长度井段内方位的变化值。通常以两测点方位角的变化量与两测点间井段长度的比值表示。常用的单位是(°)/30m。

(9)井眼曲率:是指井眼轨迹曲线的曲率。随着井深增加,井斜角和方位角的变化实质上反映的是井眼前进方向的变化。沿着井眼前进方向上两个点方向变化的角度,称为两点间的全角变化值或"狗腿角",用 ε 表示,如图 4-8 所示。它既反映井斜角的变化,又反映了井方位角的变化。

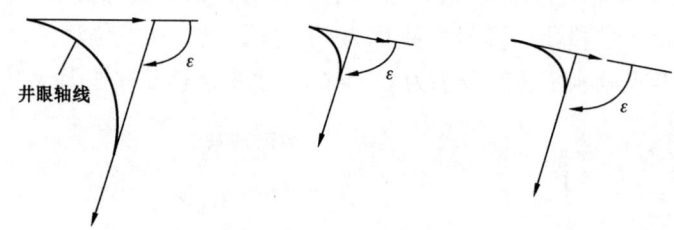

图4-8 狗腿角示意图

显然,在井段长度不变的情况下,"狗腿角"越大则表示井眼前进方向变化得越快,井眼弯曲越厉害。为了表示井眼前进方向变化的快慢或弯曲程度,引出了井眼曲率的概念。井眼曲率也称为全角变化率,又称狗腿严重度(简称为狗腿度),是指单位长度井段内"狗腿角"的大小。井眼曲率以 k 表示,见式(4-1):

$$k = \frac{\varepsilon}{\Delta L} \tag{4-1}$$

式中 k——井眼曲率,(°)/m;
ε——该测段的狗腿角,(°);
ΔL——该测段的长度,m。

常用计算 ε 的方法有以下两种。

假设测段是空间曲线,见式(4-2):

$$\varepsilon = \sqrt{\Delta\alpha^2 + \Delta\phi^2 \sin^2\alpha_c} \tag{4-2}$$

式中 $\alpha_c = \dfrac{\alpha_A - \alpha_B}{2}$ 为该测段的平均井斜角,α_A 和 α_B 分别为上、下两个测点的井斜角。

假设测段是平面曲线,见式(4-3):

$$\cos\varepsilon = \cos\alpha_A \cos\alpha_B + \sin\alpha_A \sin\alpha_B \cos\varphi \tag{4-3}$$

井眼曲率并不表示井斜的程度。井眼曲率大并不表示井斜得严重(也许井斜角并不很大),而是反映井眼方向变化剧烈程度,即井眼弯曲程度。井眼曲率的重要性是每个钻井工作者必须了解的。

一般计算过程:先求出 ε ,再求 k 。

3. 钻井井身质量控制参数

本内容执行 SY/T 5088《钻井井身质量控制规范》。

1)井身质量

井身质量指井眼施工作业的质量,包括井眼轨迹、井径扩大率等内容。

2)水平靶区

水平靶区指目标点在水平面上的靶区。

3）着陆点

着陆点指实钻井眼轴线与水平靶区平面的交点。

4）井口头倾斜角

井口头倾斜角指表层套管头顶法兰基准面与水平面的夹角。

4. 井眼轨迹的图示表示方法

1）柱面图表示法

实钻井眼是一条空间曲线，设想经过这条曲线上的每一个点作一条铅垂线，所有这些铅垂线就构成了一个曲柱面，如图 4-9 所示。柱面图表示法包括两张图，一张是垂直剖面图，一张是水平投影图，如图 4-10 所示。水平投影图是曲柱面与水平面的交线，垂直剖面图是将曲柱面展平到平面上的井眼轴线。

这两张图可以反映出井身参数的真实值。例如，井深和井斜角的真实值可以在垂直剖面图上反映出来，井斜方位角可以在水平投影图上表示出来。柱面图作图容易，直接利用测斜资料即可作图。

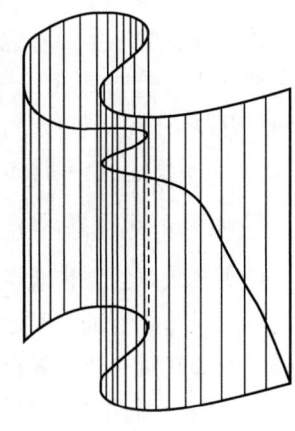

图 4-9　垂直剖面图

2）投影图表示法

投影图表示法相当于机械制图中的视图表示法。包括两张图，一张水平投影图，相当于俯视图；一张垂直投影图，相当于侧视图，如图 4-11 所示。其投影面选在原设计方位线所在的铅垂平面上（横坐标 V，纵坐标 D）。

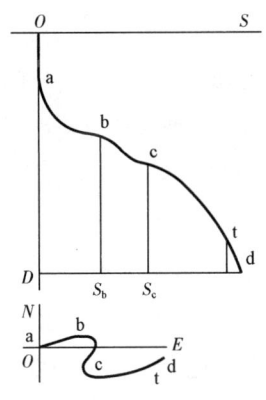

图 4-10　柱面图法

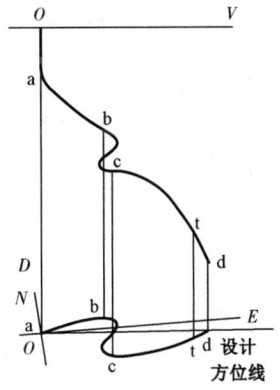

图 4-11　投影图

投影图主要用于指导施工。因为从图上可以直接看出是需要增斜还是降斜，是需要增方位还是减方位。而且，根据这两张图，可以想象出井眼轴线的空间形状。但它的缺点是垂直投影图不能反映出井身参数的真实值。

二、井斜产生的原因及其变化规律

井斜问题是油气钻井生产中一个非常重要的实际问题,随着直井井深的不断增加,井斜问题也更加突出,危害更加严重,不仅会造成很低的机械钻速,导致钻井周期长、钻井成本高,而且往往造成井身质量差,严重时导致中途填井重钻或报废。如何控制井眼轨迹与井眼轨道近似重合在一条铅垂线上的钻井技术称为直井技术。一般来说,实钻轨迹总是偏离设计轨道的,超出允许范围的井斜会造成多方面的危害。

钻井实践表明,影响井斜的原因是多方面,如地质因素,钻具结构,钻进技术措施,操作技术,以及设备安装质量等。

1. 地质因素对井斜的影响

影响井斜的地层因素包括地层倾角、层状结构、各向异性、岩性软、硬交替及断层等。其中起主要作用的是地层倾角,其他因素对井斜的作用都与地层倾角紧密相连。当地层倾角小于45°时,井眼一般沿上倾方向偏斜;当地层倾角大于60°时,井眼将向下倾方向偏斜;在45°至60°之间是不稳定区,有时向上倾斜有时向下倾斜。

1)倾斜层状地层对井斜的影响

钻头在倾斜的层状地层中钻进时,当钻至每个层面交界处时,此处岩层不能长时间支持所加的钻压而趋向沿垂直层面发生破碎。在井眼上倾一侧的小斜台很容易钻掉。相反,在井眼下倾一侧却残留一个小斜台,它就向小变向器作用一样,对钻头施加一个横向力,把钻头推向上倾的一侧,从而引起井斜,如图4-12所示。此外,还会减少井眼的有效尺寸,可能引起以后其他事故的发生。

2)地层各向异性

由于岩层的成层状况、层理、节理、纹理以及岩石的成分、结构、胶结物、颗粒大小等因素造成岩层在不同方向上的强度不同,称为地层各向异性。一般来说,垂直地层层面的强度较小,钻进时钻头将沿着这个破碎阻力最小的方向倾斜。所以,当钻头在地层中钻进时,就会沿着阻力最小的方向前进,如图4-13所示。

3)岩性软硬交错对井斜的影响

当钻头从软地层进入硬地层时,如图4-14所示。钻头在A侧接触到硬岩石,而在B侧还是软岩石,B侧钻速快,钻出的井眼自然会偏斜。另外,由于钻头两侧受力不均,在A侧的井底的反力的合力比B侧大,将产生一个弯矩,扭转钻头,使其沿着地层上倾方向发生倾斜。

相反,当钻头由硬地层进入软地层时,井眼有向地层下倾方向倾斜的趋势。但是,当钻头快钻出硬地层时,此处岩石不能再支撑钻头的重负荷,岩石将沿着垂直于层面方向发生破碎,在硬地层一侧留下一个台肩,迫使钻头回到地层上倾方向。所以钻头由硬地层进入软地层也有可能向地层上倾方向发生倾斜。

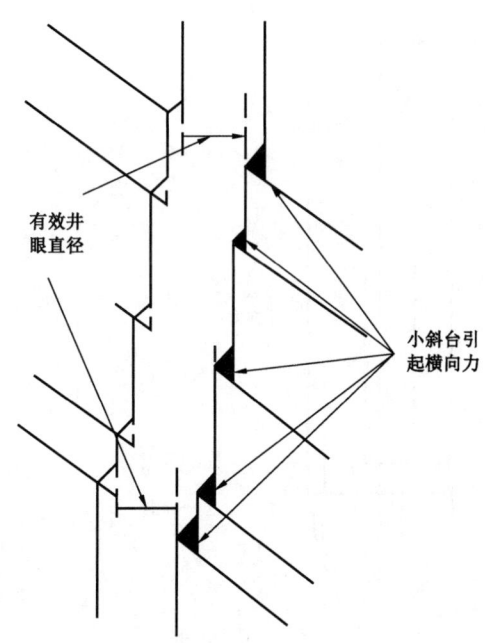

图4-12 地层的小变向器的造斜作用

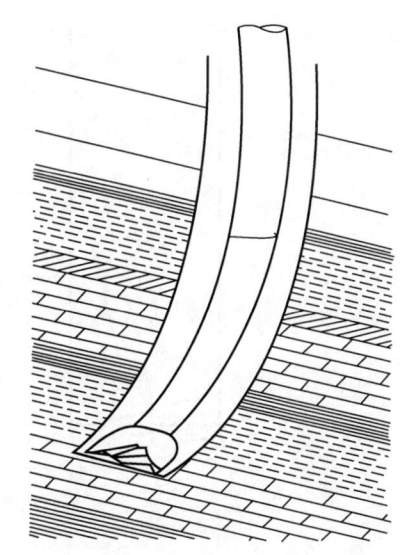

图4-13 钻头趋于与地层垂直方向钻进

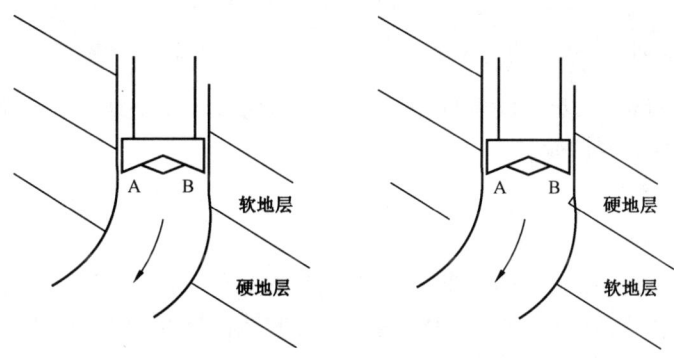

图4-14 岩性变化对井斜的影响

此外,断层也常常会引起井斜。这是由于多数断层在发生错动时,往往不是沿一个面,而是沿一个破碎带。很明显,由于破碎带的岩石疏松,当钻头进入破碎带时受力不均,工作不稳定,也容易产生井斜。

2. 下部钻柱弯曲对井斜的影响

下部钻具弯曲,引起钻头倾斜,在井底形成不对称切削,新钻的井眼将偏离原井眼方向;下部钻具弯曲使钻头受到侧向力的作用,迫使钻头进行侧向切削,也使新钻的井眼将偏离原井眼方向,如图4-15所示。产生下部钻具弯曲的原因主要是钻具和井眼之间有一定的间隙,钻具有弯曲的空间,当压力超过一定值后,钻柱将发生弯曲。

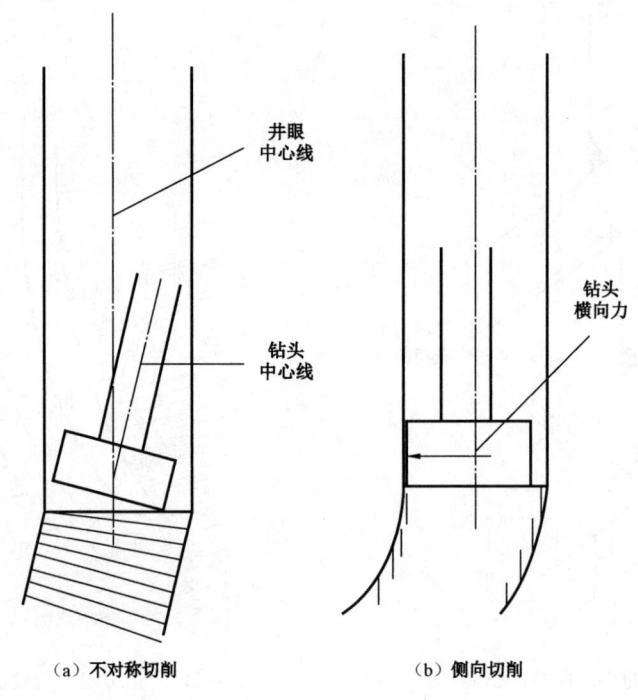

图 4-15　钻头不对称切削导致井斜

3. 其他因素对井斜的影响

(1)钻机安装质量。在安装设备时,天车、游车和转盘三点不在一条铅垂线上,或转盘安装不平而引起钻具一开始就倾斜等。

(2)使用了弯钻具。

(3)钻压控制不好。

(4)井眼扩大。除了地质和钻具原因外,井眼扩大也是井斜的重要原因。井眼扩大后,钻头可在井眼内左右移动,靠向一侧,也可使受压弯曲的钻柱挠度加大,于是钻头轴线与井眼轴线不重合,导致井斜。

在实际钻井施工中上述因素一般不是独立存在的。地质原因是客观存在的,是无法改变的,钻具原因则可人为控制。在这方面人们设计了许多种防斜钻具组合,最常见的就是满眼钻具组合和钟摆钻具组合。井眼扩大总是有一个过程,不会刚一钻就马上扩大,所以可以利用这个过程防斜。

三、防斜和降斜措施

在存在井斜问题的地区钻直井,应采用综合性的防斜工艺技术措施,才能收到预期的效果,尤其是在井斜严重的地区。

1. 充分了解和掌握地层特性

因为地层因素是影响井斜的因素,所以充分了解和掌握所钻地区和井的地层特性是非常重要的,尤其是井斜问题严重的地区,如果忽视这一最基本的因素,往往导致井斜控制的失败,从而造成严重的后果。

在做钻井工程设计时,应充分了解各地层倾角大小和岩性状况,各层段造斜能力的大小,这是制订合理的防斜工艺措施的基础。

2. 合理的井斜控制计划

在钻井设计中,应根据地层特性和地质设计对井斜的要求等,做出分井段的井斜控制设计,它包括井段的允许最大全角变化率和最大井斜角。在满足井斜控制标准要求的前提下,一方面力求井斜趋势稳定,避免井斜加剧和频繁的增减变化。另一方面要尽力满足解放钻压的要求,以利于提高钻速。

在开始井段保持较小井斜角是必须的,其后应允许井斜角逐渐加大,只要井底水平位移不超过规定范围,在地层造斜能力较强的情况下,片面追求全井都保持很小井斜角是无益的,因为采用轻压吊打的办法将大大降低钻速,延长钻井时间,增加钻井费用。

3. 严格执行技术措施,打直上部浅井段

据资料统计,深井钻井的上部井段(2000m 以内)钻井时间不到全井钻井时间的十分之一,所以提高深井钻井速度的潜力应立足于深部井段,但上部浅井段的井身质量直接影响到全井的施工作业,因此更应注意浅井段的井斜问题。

4. 采用合理的下部钻具组合

控制井斜的方法通常采用防斜钻具,以减小钻头上的增斜力或增大减斜力,使井斜不超过一定允许范围,同时又允许加大钻压以提高钻速。两种基本的下部钻具组合是满眼钻具和钟摆钻具。塔式钻具是钻表层时常用的一种下部钻具组合,但是,一旦井眼发生偏斜,这种钻具就成为最简单的钟摆钻具,即光钻铤钟摆钻具。

1) 钟摆钻具

(1) 钟摆钻具的工作原理:

在下部钻柱的适当位置安装一个扶正器,当发生井斜时,该扶正器支撑在井壁上形成支点,使下部钻柱悬空。则该扶正器以下的钻柱就好像一个钟摆,产生一个钟摆力。

该钻具是利用斜井内切点以下钻铤重量的横向分力把钻头推向井壁下方,以达到逐渐减小井斜的效果。运用这个原理组合的钻具称为钟摆钻具。图 4-16 为钟摆钻具示意图,切点以下钻铤

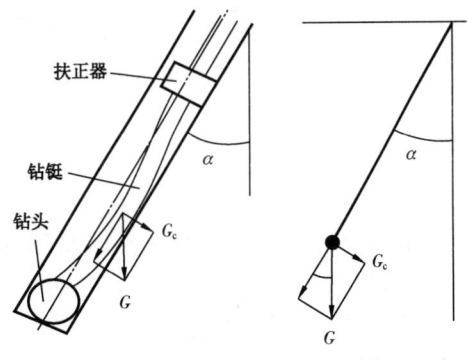

图 4-16 钟摆钻具示意图

长度(又称悬臂段)为 L,在钻井液中单位长度钻铤的重量为 q_w,井斜角为 α,则钟摆力 F 见式(4-4):

$$F = Lq_w\sin\alpha \tag{4-4}$$

式中 F——钻头上的钟摆力,kN;
　　　L——切点以下钻铤长度,m;
　　　q_w——单位长度钻铤的重量,kN/m;
　　　α——井斜角,(°)。

从上式可以看出,对一定斜度的井眼来说,井斜角 α 是一定的,因此增大纠斜力的主要办法是增大切点以下钻铤的重量 Lq_w,其办法有二。

一是使用大尺寸钻铤或加重钻铤,在同一钻压下,不易被压弯,切点位置高,因而切点以下钻铤长度 L 大,有利于增大减斜力。

二是安装一个稳定器,以提高切点位置,增大其下部钻铤的重量,使减斜作用增大。除此之外,稳定器对下部钻铤还起到扶正作用,因而可减小钻头倾斜角,限制增斜力。大尺寸钻铤加稳定器组成的钟摆长度大,重量也大,其减斜效果最好。对钟摆钻具来说,稳定器的安放位置十分重要,是这种钻具的技术关键。

(2)钟摆钻具的设计:

钟摆钻具组合的关键在于计算扶正器至钻头的距离,此距离太小,则钟摆力小,此距离太大则扶正器和钻头之间的钻柱与井壁会产生新的接触点,所以 L_s 称为最优距离,见式(4-5):

$$L_s = \sqrt{\frac{\sqrt{B^2-4AC}-B}{2A}} \tag{4-5}$$

其中

$$A = \pi^2 q_m \sin\alpha$$

$$B = 82Wr$$

$$C = -184.6\pi^2 rE$$

$$r = (d_h - d_c)/2$$

式中 E——钻铤的抗弯刚度,kN·m^2;
　　　W——钻压,kN;
　　　d_h——井径,m;
　　　d_c——钻铤直径,m。

考虑到扶正器的磨损和井径扩大,在实际使用时,扶正器至钻头的距离可比计算的 L_s 降低 5%~10%。

(3)钟摆钻具使用特点:

① 钟摆钻具组合的钟摆力随井斜角的大小而变化。井斜角大则钟摆力大,井斜角等于零,则钟摆力也等于零。所以,钟摆钻具组合多数用于纠斜。

② 该钻具组合的性能对钻压特别敏感。钻压增大,增斜力增大,钟摆力减小;钻压过大还

会将扶正器以下的钻柱压弯,出现新的接触点,从而完全失去钟摆组合的作用。所以钟摆钻具组合在使用中必须严格控制钻压。

③ 在尚未井斜或井斜角很小时,要想继续钻进而保持不斜,只能减小钻压,采用"吊打",钻速很慢,所以这时多用满眼钻具组合。

④ 扶正器与井眼的间隙对钟摆钻具组合的性能影响特别明显,当扶正器直径因磨损而减小时应及时更换或修复。

⑤ 钟摆钻具组合需要较复杂的设计和计算。

⑥ 钟摆钻具的缺点是在直井内无防斜作用。

2)满眼钻具

(1)满眼钻具的工作原理:满眼钻具一般是由几个外径与钻头直径相近的稳定器(3~5个)与一些外径较大的钻铤组成。为了发挥满眼钻具的防斜作用,在钻具上至少要有三个稳定点,即除靠近钻头有一稳定器外,其上面应再安放两个稳定器才能保持有三点接触井壁。如果只有两点接触[图4-17(a)],钻具不能保证井眼的直线性。如果有三点接触就不会发生这种情况[图4-17(b)],可以通过三点直线性来保持井眼的直线性和限制钻头的横向移动。

① 在垂直或接近垂直井眼中的防斜作用:当钻具在垂直或接近垂直的井眼中工作时,它的作用是保持井眼沿着铅直方向钻进,如图4-18所示。上稳定器能抵消由于其上部钻具弯曲所产生的横向力,使其下钻具居中。中稳定器能抵消其上一根钻铤一旦弯曲所产生的横向力,并使其下部钻铤处于井眼中心,它也帮助下稳定器抵消地层横向

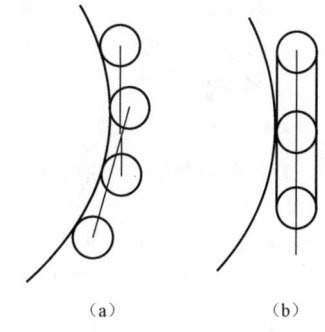

图4-17 满眼钻具的防斜作用

力。下稳定器的作用自然是抵消地层横向力,限制钻头的横向移动。当地层横向力不大时,满眼钻具能保持刚直居中状态,使井眼沿着铅直方向钻进。

② 增斜时防斜作用:当钻遇使井斜增大的地层时,满眼钻具能有力地抵抗地层横向力,减少井斜变化。在地层横向力的作用下,下扶正器和钻头靠向井壁高的一侧,如图4-19所示,抵抗地层横向力,限制钻头的横向移动。同时,地层横向产生一个弯矩作用于短钻铤,由于短钻铤的刚度大,能反抗地层力的扭弯,这个反力将驱使钻头靠向井眼低的一侧,产生纠斜作用。中稳定器也帮助其下部钻具抵抗地层横向力。同时,在已斜井眼内,上稳定器以上的钻铤由于自重作用,靠在井眼低的一边,并以该稳定器为支点将压力下传,作用于其下一根钻铤有一个弯矩,此弯矩使中稳定器靠向井眼低的一边,再以中稳定器为支点将力下传,使钻头趋向于井眼低的一边,也产生一个纠斜力。所以,满眼钻具在增斜地层中,能限制井斜增大速度,使井斜角缓慢地增大,可防止狗腿、键槽现象的发生。

③ 减斜时钻具的作用:如果井眼已发生偏斜而地层力又使其趋向于恢复垂直状态,满眼钻具的作用是防止井斜角过快的减小。如图4-20所示,下、中稳定器将抵抗地层横向力,限制钻头向下侧移动。短钻铤也抵抗弯曲力矩,保持下稳定器趋向井眼高的一边。同时中稳定器以上钻铤所产生的弯矩,也将使中稳定器趋向于井眼高的一边,帮助下稳定器抵抗地层横向

力。所以钻具在减斜时能有力地抵抗地层减斜力,减少井眼的减斜率,使井眼不致产生狗腿、键槽等不良现象。

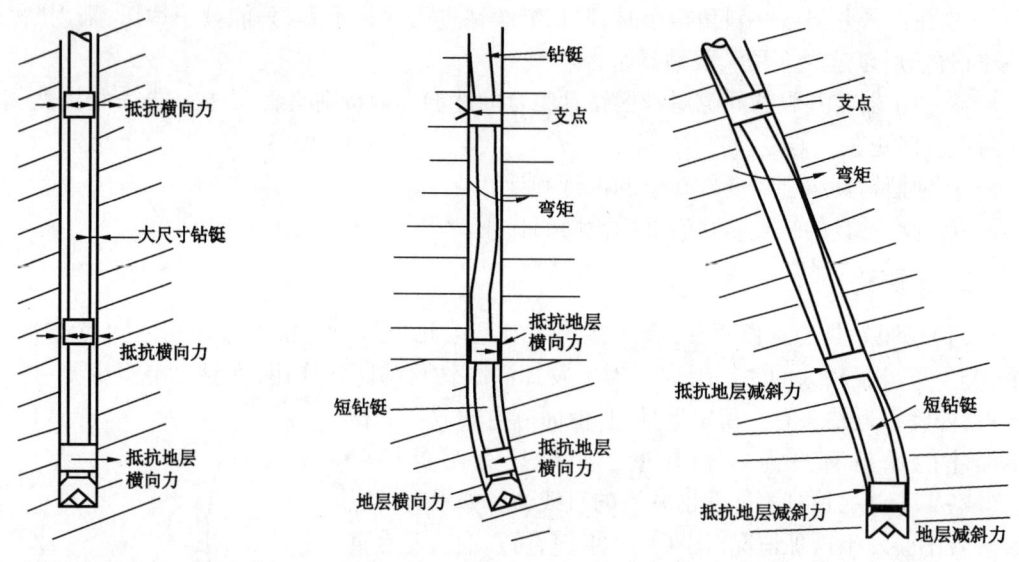

图4-18 在垂直井中的横向力　　图4-19 增斜时的横向力　　图4-20 减斜时的横向力

满眼钻具由于具有刚度大和填满井眼两个特点,在直井中当地层横向力不大时,能保持直眼钻进,在钻遇增斜或减斜地层时也能有力地控制井斜变化率,使井斜不致过快地增大或减小,不会形成狗腿或键槽等影响井身质量的隐患。

(2)满眼钻具的设计:很明显,如果钻具与井眼的间隙为零,钻具长度适当,刚度很大,且井壁支撑完全,井眼就不可能从原来的方向发生偏斜。然而,完全实现上述条件是不可能的。但在设计中应力求达到钻具的抗弯强度最大,与井眼间隙尽可能小,有适当长度,并有足够支撑面,以便发挥满眼钻具的防斜效能。

① YXY满眼钻具组合:YXY组合一般包括四个扶正器,如图4-21所示自下而上,分别为:

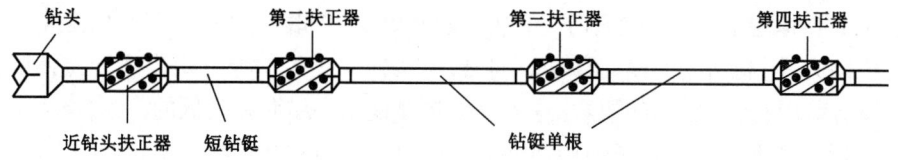

图4-21 YXY满眼钻具组合结构

近钻头扶正器:简称近扶,紧装在钻头之上。该扶正器直径较大,与钻头直径仅差1~2mm。在易斜地区,长度可加长;在特别易斜的地层,可将两个扶正器串联起来。依靠其支撑在尚未扩大的井壁上,抵抗钻头所受的侧向力,有效地防止钻头侧向切削。同时,由于其直径大、刚度大,可有效地防止钻头倾斜,从而阻止钻头的不对称切削。

中扶正器:简称中扶或二扶。中扶的位置需要经过严格的计算。中扶的直径与近扶相同。中扶的主要作用是保证中扶与钻头之间的钻柱不发生弯曲,使这段钻住不发生倾斜,从而防止钻头对井底的不对称切削。

上扶正器:简称上扶或三扶。安置位置在中扶之上一个钻铤的单根处。上扶的直径一般与近扶和中扶相同。

第四扶正器:简称四扶,一般情况下可以不装,仅在特别易斜的地层才装,安装位置在上扶之上一个钻铤单根处。直径要求与上扶相同。上扶与四扶的作用在于增大下部钻柱的刚度,协助中扶防止下部钻柱轴线发生倾斜。

② YXY 组合中扶位置的计算见式(4-6):

$$L_\mathrm{p} = \sqrt[4]{\frac{16CE}{q_\mathrm{m}\sin\alpha}} \qquad (4-6)$$

其中 $\qquad C = (d_\mathrm{h} - d_\mathrm{s})/2$

式中 L_p——中扶距钻头的最优长度,m;

C——扶正器与井眼的半间隙,m;

d_h——井眼直径,m;

d_s——扶正器外径,m;

E——短钻铤的抗弯刚度,kN·m²;

q_m——钻铤在钻井液中的线重,kN/m;

α——允许的最大井斜角,(°)。

(3)满眼钻具组合的使用要注意以下问题:

① 在已经发生井斜的井内使用满眼钻具组合并不能减小井斜角,只能做到使井斜角的变化(增斜或降斜)很小或不变化。所以满眼钻具组合的主要功用是控制井眼曲率,而不能控制井斜角的大小。

② 用满眼钻具组合的关键在于一个"满"字,即扶正器与井眼的间隙对满眼钻具组合的性能影响非常显著。在使用中应使间隙尽可能小。设计间隙一般为 0.8~1.6mm。在使用中,因扶正器磨损,间隙将增大。当间隙值达到或超过设计值两倍时,应及时更换或修复扶正器。

③ 保持"满"的另一个关键在于井径不扩大。这要求有好的钻井液护壁技术。即使钻井液护壁技术不好,井径的扩大总要经过一定的时间才会发生,只要抢在井径扩大以前钻出新的井眼,则仍可保持"满"的效果。这就要求加快钻速,现场工作人员将此概念总结为"以快保满,以满保直"。

④ 在钻进软硬交错或倾角较大的地层时,要注意适当减小钻压,并要勤划眼,以便消除可能出现的"狗腿"。

⑤ 不宜在井眼曲率较大的井段使用。

3) 钟摆—满眼组合

在井斜严重的地层,用满眼钻具钻进时,井斜要逐渐增大,当接近或达到设计允许极限时,必须改用钟摆钻具、控制钻压,使井斜缓慢地降下来。但是,一旦恢复满眼钻进时,钻具组合下至钟摆钻具钻进井段,要遇阻甚至卡钻。为了避免这种情况的发生,在钟摆降斜时可将原满眼钻具接在钻铤段之上,组成钟摆—满眼组合方式,这样在恢复满眼钻进时,一般只需在钟摆钻铤长度井段划眼。

4）其他纠斜方法

除了以上介绍的防斜技术外，还有几种纠斜方法，如偏心钻铤、塔式钻具、方钻铤、钻铤偏心短节。下面简单介绍一下偏心钻铤的使用。

偏重钻铤是在普通钻铤的一侧钻一排孔眼，造成一边重一边轻，当钻具旋转时就产生一个离心力，转速越高，离心力越大，钻具每转一圈就会有一次钟摆力和离心力的重合，这样对井壁产生较大的冲击纠斜力，使井斜角减小。同时，由于这种周期性的旋转不平衡性使下部钻柱发生强迫振动，这种弹性的横向振动大大提高了钻头切削井壁下侧的纠斜能力。此外，由于离心力的作用，使偏重钻铤的重边在旋转时永远贴向井壁，从而使下部钻柱具有公转的运动特性，消除了自转时对井斜的影响，这样就使偏重钻铤在直井中更具有防斜作用。

偏重钻铤是一种有效的防斜钻具，可用于易斜地区，并能使用较大钻压。无论是在开钻时就下井使用，还是在钻开易斜层之前下井使用，它都有良好防斜效果。它既可用于防斜，也可用于纠斜。当井斜角达到规定限度前，可用偏重钻铤在较高钻压下纠斜，而且效果很好。

在钻定向井时，如需减斜或者要将井眼恢复垂直，使用偏重钻铤也很有效，而且还可以使用较大钻压。

结构简单，使用方便。一般在偏重钻铤之上接普通钻铤即可，不需要安放稳定器，便于起下钻，时效也高。在井下工作安全可靠性高，不易产生井漏和卡钻的危险。偏重钻铤使用时要特别注意防止泥包，以免影响防斜效果。

5. 自动垂直钻井系统

自动垂直钻井系统的研究始于20世纪80年代末。它实际上是垂直导向钻井系统，该系统利用自动变径工具，对钻头施加径向力，克服钻头的侧向力，自动纠斜，保证钻头垂直钻进。

VDS系统是在传动轴外壳上装有能自动伸缩扶正器的井下动力钻具系统。系统由井下工具、压力传感器、地面控制装置和司钻显示器组成。

在钻井过程中，当井眼偏离垂直方向而向某一方向造斜时，其内部的电子控制电路检测到井斜传感器测出的井斜信号，并通过控制电磁阀的电流，改变四个液缸内的压力，推动其上面的四个可伸展的翼肋，使其压靠并支撑井壁，同时利用井壁的反作用力推动钻头沿井斜相反的方向钻进。由于电子控制电路实时采集井斜数据，并对液缸加以控制，保证了钻头始终以垂直状态钻进。

为最大限度地增大导向作用力，导向工具应尽可能靠近钻头。导向装置有近钻头外部导向和近钻头内部导向两种工作方式。

SDD自动直井钻井系统是在VDS系统基础上研制的新一代自动直井钻井系统。该系统提供了一种能够自动连续钻直井，而无须地面人员参与过程控制的垂直导向装置。

SDD系统的技术具有连续监测井斜、连续校正任何微小的井斜、井下自动导向、地面可实时监控井眼轨迹和井下工具的工作状态、寿命可超过钻头寿命等特点。

四、井身质量监视和计算

1. 井身质量的控制项目

本内容执行 SY/T 5088《钻井井身质量控制规范》。

1) 垂直探井

垂直探井井身质量控制项目包括:
(1) 数据采集间隔, m。
(2) 井斜角 α, (°)。
(3) 目标点水平位移 S, m。
(4) 全角变化率 G, (°)/30m。
(5) 目的层平均井径扩大率 C_p, 用百分数表示。
(6) 井口头倾斜角, (°)。

2) 定向探井

定向探井执行 SY/T 5619《定向井下部钻具组合设计方法》, 定向探井井身质量控制项目包括:
(1) 数据采集间隔, m。
(2) 靶区半径, m。
(3) 全角变化率 G, (°)/30m。
(4) 目的层平均井径扩大率 C_p, 用百分数表示。
(5) 井口头倾斜角, (°)。

3) 垂直开发井

垂直开发井井身质量控制项目包括:
(1) 数据采集间隔, m。
(2) 井斜角 α, (°)。
(3) 目标点水平位移 S, m。
(4) 全角变化率 G, (°)/30m。
(5) 目的层平均井径扩大率 C_p, 用百分数表示。
(6) 井口头倾斜角, (°)。

4) 定向开发井

定向开发井井身质量控制项目包括:
(1) 数据采集间隔, m。
(2) 靶区半径, m。
(3) 全角变化率 G, (°)/30m。
(4) 目的层平均井径扩大率 C_p, 用百分数表示。
(5) 井口头倾斜角, (°)。

5）水平开发井

水平开发井井身质量控制项目包括：
(1) 数据采集间隔，m。
(2) 全角变化率 G，(°)/30m。
(3) 着陆点水平靶靶区，m。
(4) 水平段纵横偏移，m。
(5) 井口头倾斜角，(°)。

2. 随钻监测仪

1）随钻测量（MWD）

随钻测量就是 Measurement While Drilling(MWD)，MWD 适用于实时监测井眼轨迹的几何参数(井斜角、井斜方位角)、定向参数(工具面角)、工艺参数(钻压、转速、泵压等)及地层的物理性质(电阻、伽马等)。

MWD 由井下监测部分(各种参数的传感器、输出监测信号等)、信号传输部分(编码器、传送部分、动力部分)、地面接收部分(译码器、计算、显示、存储、打印等)组成。

随钻测量技术根据信号传输途径的不同可以分成有线随钻测量和无线随钻测量两类。

2）有线随钻测斜仪

有线随钻测斜仪系统主要包括井下测斜仪和保护筒总成；地面接收器(计算机)、电源接口箱、司钻显示器；信号传输电缆及其密封装置等。主要用在定向井定向施工、扭方位作业、套管开窗侧钻，直井、定向井打水泥塞侧钻、直井纠斜等。

KEEPER 陀螺测斜仪是美国科学钻井公司（SDI）生产的第三代自寻北陀螺测斜仪，是一种非磁性测量仪器，主要用于井眼轨迹测量和磁性环境下的测量施工，最大的优点是不受井下磁性环境干扰，常常用来套管开窗及套管内井身轨迹测量与施工，具有自动寻北、用途广泛、测量速度快、测量精度高等特点。

KEEPER 陀螺测斜仪地面仪器连接如图 4-22 所示。KEEPER 陀螺井下仪器结构如图 4-23 所示。

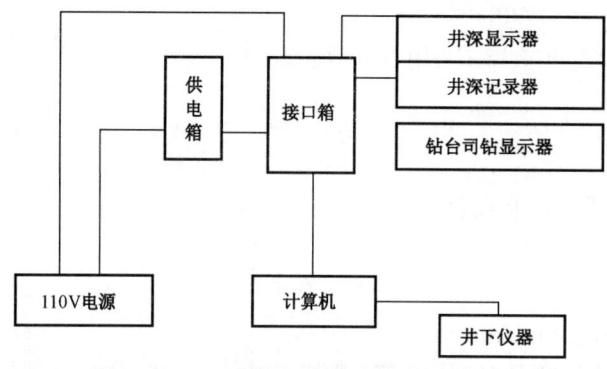

图 4-22　KEEPER 陀螺测斜仪地面仪器连接示意图

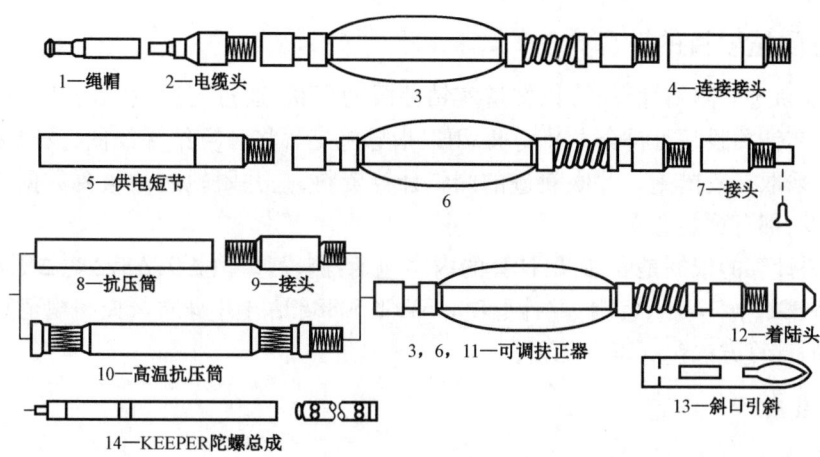

1—绳帽　2—电缆头　3—　4—连接接头
5—供电短节　6—　7—接头
8—抗压筒　9—接头　3,6,11—可调扶正器　12—着陆头
10—高温抗压筒　13—斜口引斜
14—KEEPER陀螺总成

图 4-23　KEEPER 陀螺井下仪器结构示意图

有线随钻测量的缺点是:井口装置复杂,需要电缆密封装置,起下钻时增加了很多不便。测量时必须停泵,对钻进速度有影响,影响钻井完井的时间。钻井过程中需要多次的停泵、监测,甚至还要停止钻井液循环,这些都是发生事故的隐患。以上的不方便都是由于有线随钻测量中使用了电缆作为传输媒介。

3)无线随钻测斜仪

美国 SPERRY—SUN 公司生产的 DWD 无线随钻测斜仪,主要用于定向井,水平井的井身轨迹随钻测量施工。DWD 是以正脉冲方法传输信号。井下部分自备发电机,以钻井液为动力给探管供电。地面上的钻井液压力传感器检测来自井下的钻井液脉冲信息,通过计算机处理后得到井斜角、井斜方位角、工具面及其他信息。

DWD 井下仪器结构如图 4-24 所示。DWD 地面仪器结构如图 4-25 所示。

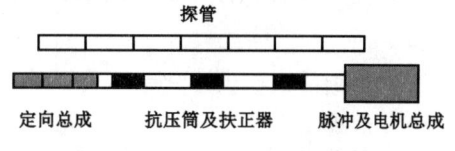

图 4-24　DWD 井下仪器结构示意图

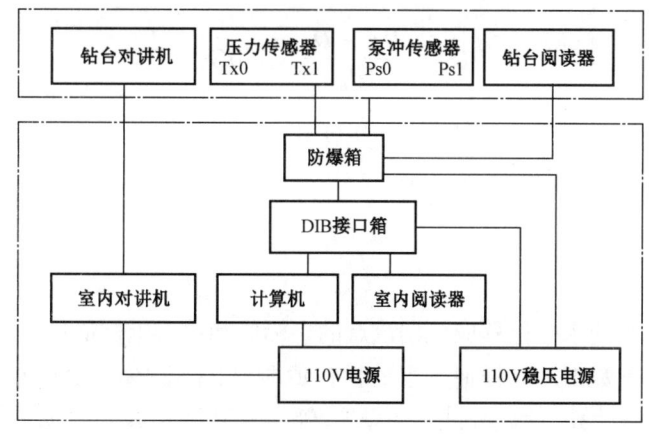

图 4-25　DWD 地面仪器结构示意图

3. 井身质量项目的计算方法

根据井眼轨迹的测斜计算,可以知道实钻井眼的形状,通过与原设计的井眼形状进行对比,可以知道实钻井眼是否符合设计要求,用以指导施工。将计算结果绘图,及时掌握轨迹发展的趋势,并采取有效措施。井眼轨迹的测斜计算资料,是井眼轨迹的重要数据,对钻井、采油、修井、开发,都有重要意义。

进行测斜计算的依据是 α, ϕ, L;计算的内容包括:测段计算($\Delta D, \Delta S, \Delta N, \Delta E, K$),共计五项;测点计算($D, S, N, E, C, \theta, V$),共计七项。SY/T 5088《钻井井身质量控制规范》中规定,井身质量项目的计算方法包括以下几项。

1)全角变化率

(1)计算法:全角变化率按式(4-7)计算。

$$G_{ab} = \frac{30}{\Delta L_{ab}} \sqrt{(\alpha_a - \alpha_b)^2 + \Delta \phi_{ab}^2 \sin^2 \frac{\alpha_a + \alpha_b}{2}} \qquad (4-7)$$

式中　G_{ab}——测量点 a 和 b 间井段的全角变化率,(°)/30m;

　　　ΔL_{ab}——测量点 a 和 b 间井段长度,m;

　　　α_a——测量点 a 处的井斜角,(°);

　　　α_b——测量点 b 处的井斜角,(°);

　　　$\Delta \phi_{ab}$——测量点 a 和 b 间的方位角变化量(a 和 b 两测量点方位角 ϕ_a 和 ϕ_b 终边的夹角),(°)。

注:如果 $|\Delta \phi_{ab}| > 180°(\Delta \phi_{ab} = \phi_a - \phi_b)$,当 $\phi_a > \phi_b$ 时,则 $\phi_a = \phi_a - 360°$;当 $\phi_b > \phi_a$,则 $\phi_b = \phi_b - 360°$。

(2)查表法:为了减少计算工作量,可以采用根据上述公式制作的全角变化率查表计算。

2)平均井径扩大率

平均井径扩大率按式(4-8)计算:

$$C_p = \frac{D_{ph} - D_b}{D_b} \times 100\% \qquad (4-8)$$

式中　C_p——某井段平均井径扩大率,用百分数表示;

　　　D_{ph}——某井段实测平均井径,mm;

　　　D_b——钻头直径,mm。

3)水平位移

(1)直井任何一点的水平位移应根据该点的坐标值和井口坐标值进行计算。

(2)根据井斜测量数据计算任何一点的坐标值时,可采用平均角法、校正平均角法、圆柱螺旋线法、最小曲率法计算,计算公式见 SY/T 5088—2017《钻井井身质量控制规范》中的附录 A。

4) 定向井靶心距

(1) 靶心水平距:定向井靶心水平距应根据井眼轴线与靶区平面交点(中靶点)和设计靶心的坐标值计算。根据井斜测量数据计算此交点和靶心坐标值时,可采用平均角法、校正平均角法、圆柱螺旋线法、最小曲率法计算,计算公式见 SY/T 5088—2017《钻井井身质量控制规范》中的附录 A。

(2) 靶心垂直距:定向井靶心的垂直距等于实际井眼轴线与靶区平面交点(中靶点)的垂直井深和设计靶心垂直井深之差值。实际中靶点的垂直井深可采用平均角法、校正平均角法、圆柱螺旋线法、最小曲率法计算,计算公式见 SY/T 5088—2017《钻井井身质量控制规范》中的附录 A。

(3) 靶心空间距:定向井靶心空间距按式(4-9)计算。

$$R = \sqrt{\Delta H^2 + S_s^2} \qquad (4-9)$$

式中 R——靶心空间距,m;
　　　ΔH——靶心垂直距,m;
　　　S_s——靶心水平距,m。

5) 井口头倾斜角

用水平仪放置于表层套管头顶法兰面上,至少读取三个不同方向上的水平仪读数,取其最大读数,单位以度(°)表示,精度取到小数点后两位数字。

五、探井井身质量的控制要求

参照 SY/T 5088《钻井井身质量控制规范》,探井井身质量的控制要求包括以下内容。

1. 垂直探井

1) 数据采集间隔

数据采集间隔不大于 300m。

2) 井斜角及井底水平位移

探井在实钻过程中,通常以各种单点测斜仪投测或吊测井斜数据为依据,井斜角的控制应不大于表 4-1 中规定数值,正常情况下不需考核水平位移和全角变化率。如果测得井斜角数据超标,应以磁性多点测斜仪,或电子多点测斜仪,或有线/无线随钻测斜仪及陀螺多点测斜仪进行连续数据复测并计算全角变化率和井底水平位移,连续三个测点的数据应不大于表 4-2 中全角变化率和表 4-1 中井底水平位移的数值。对于地层倾角大于 10°或有特殊要求的井,按钻井设计要求进行控制。

表 4-1　垂直探井井斜角及井底水平位移控制

井深,m	井斜角,(°)	井底水平位移,m
0~500	≤1	≤10
>500~1000	≤2	≤30

续表

井深,m	井斜角,(°)	井底水平位移,m
>1000~2000	≤3	≤50
>2000~3000	≤5	≤80
>3000~4000	≤7	≤120
>4000~5000	≤9	≤160
>5000~6000	≤11	≤200
>6000~7000	≤12	≤240
>7000~8000	≤14	≤290
>8000~9000	≤16	≤350

3)全角变化率

实钻过程中如遇井斜角超过表4-1的规定,应进行全井段连续数据复测,连续三个测点的全角变化率应不大于表4-2规定的数值。

表4-2 垂直探井全角变化率控制

井深,m	井段,m						
	≤1000	≤2000	≤3000	≤4000	≤5000	≤6000	>6000
≤1000	≤2.00°						
≤2000	≤1.75°	≤2.25°					
≤3000	≤1.50°	≤2.00°	≤2.50°				
≤4000	≤1.50°	≤1.75°	≤2.25°	≤2.75°			
≤5000	≤1.25°	≤1.75°	≤2.00°	≤2.50°	≤3.00°		
≤6000	≤1.25°	≤1.50°	≤2.00°	≤2.25°	≤2.50°	≤3.25°	
>6000	≤1.25°	≤1.50°	≤1.75°	≤2.25°	≤2.75°	≤3.25°	≤3.50°

4)目的层平均井径

目的层平均井径扩大率不宜大于25%。

5)井口头倾斜角

井口头倾斜角不大于0.5°。

2. 定向探井

1)数据采集间隔

直井段和稳斜井段不大于100m,造斜和扭方位井段不大于30m。

2)靶区半径

定向井在实钻过程中,中靶半径应不大于表4-3中规定的数值。对于常规定向井只需控制靶心水平距,如有需要也可同时控制靶心垂直距,特殊定向井按钻井设计执行。

表 4-3　定向探井靶区半径控制要求

测量井深,m	靶区半径,m	测量井深,m	靶区半径,m
≤500	≤15	≤3000	≤80
≤1000	≤30	<4000	≤120
≤1500	≤40	<5000	≤165
≤2000	≤50	≤6000	≤215
≤2500	≤65		

3）全角变化率

直井段和稳斜井段不大于3°/30m,造斜和扭方位井段不大于5°/30m。

以磁性多点测斜仪,或电子多点测斜仪,或随钻测斜仪及陀螺多点测斜仪数据为依据计算全角变化率,连续三个测点的全角变化率不大于上述规定数值。

4）目的层平均井径

目的层平均井径扩大率不宜大于25%。

5）井口头倾斜角

井口头倾斜角不大于0.5°。

六、常规开发井井身质量的控制要求

常规开发井包括垂直井、定向井和水平井井型,特殊开发井包括分支井、大位移井等井型,常规开发井按以下要求控制,特殊开发井按钻井设计要求进行控制。

1. 垂直开发井

1）垂直开发井的水平位移

垂直开发井的水平位移通常以最底部一个储层顶的位移为准,实钻过程中水平位移的控制应不大于表4-4中规定的数值。

表 4-4　垂直开发井水平位移控制要求

测量井深,m	水平位移,m	测量井深,m	水平位移,m
≤500	≤15	≤3000	≤75
≤1000	≤30	≤4000	≤90
≤1500	≤40	≤5000	≤120
≤2000	≤50	≤6000	≤150
≤2500	≤60		

2）其他项目

其他项目的控制方法和要求同探井井身质量的控制要求中的垂直探井。

2. 定向开发井

1）靶区半径

定向井在实钻过程中，中靶半径应不大于表4–5中规定的数值。对于常规定向井只需控制靶心水平距，如有需要也可同时控制靶心垂直距，特殊定向井按钻井设计执行。

表4–5　定向开发井靶区半径控制要求

测量井深,m	靶区半径,m	测量井深,m	靶区半径,m
≤500	≤10	≤3000	≤65
≤1000	≤20	≤4000	≤90
≤1500	≤30	≤5000	≤120
≤2000	≤40	≤6000	≤180
≤2500	≤50		

2）其他项目

其他项目的控制方法和要求同探井井身质量的控制要求中的定向探井。

3. 水平开发井

1）数据采集间隔

直井段不大于100m，从造斜点开始采用随钻测斜工具实时跟踪测量。

2）全角变化率

直井段不大于3°/30m，长半径水平井造斜和扭方位井段不大于6°/30m，连续三个测点的全角变化率不大于上述规定数值。中短半径水平井造斜和扭方位井段按钻井设计进行要求控制。

3）纵横偏移的控制

着陆点水平靶靶区及水平段纵横偏移的控制执行SY/T 5955《定向井井身轨迹质量》。

4）井口头倾斜角

井口头倾斜角不大于0.5°。

七、钻井井眼防碰技术

在SY/T 6396《丛式井平台布置及井眼防碰技术要求》中，规定了钻井井眼防碰设计和施工的技术要求。该标准适用于石油、天然气井的钻井井眼防碰设计与施工作业，不适用于高压井、高含硫井、高危井。

1. 术语与定义

1）最近距离扫描

最近距离扫描指计算参考井井眼轴线上任一点到相邻井眼轴线的最近距离和方位角。

2) 水平距离扫描

水平距离扫描指计算参考井井眼轴线上任一点到相邻井眼轴线的水平距离和方位角。

3) 法面扫描

法面扫描指以参考井井眼轴线上任一点为基准点,作垂直于该点处井眼方向的法平面,该法面与邻井的交点称为扫描点,计算基准点到扫描点的距离和方位角。

4) 误差椭圆

误差椭圆指由仪器误差、测量误差、计算方法误差等因素引起的井眼位置的不确定性所构成的三轴椭球在水平面上的投影。

2. 轨道防碰设计

1) 井眼轨道的设计方法

井眼轨道的设计方法按 SY/T 5435《定向井轨道设计与轨迹计算》的规定执行。

2) 对井眼轨迹数据处理的要求

测量及计算数据应换算到统一坐标系下。

3) 对邻井井眼轨迹数据的要求

对邻井井眼轨迹数据有疑义时,应使用陀螺测斜仪重新测取老井的轨迹数据,测量间距不大于 30m。

4) 轨道防碰设计空间安全距离要求

(1) 采用具有误差椭圆分析的防碰扫描软件,采用最近距离扫描法搜索最近空间距离,亦可用水平距离扫描、法面扫描进行验证。

(2) 防碰扫描间距应不大于 20m,危险井段扫描间距应不大于 5m。

(3) 进行防碰扫描时,井眼方位角应使用当时、当地的方位修正角统一修正到网格北上,各井井深均要修正到统一基准面上。

(4) 以井眼中心距模式扫描井眼轨迹,邻井井眼轨迹之间的空间防碰距离大于两井井眼轨迹计算误差椭球半径之和。

5) 防碰技术对钻井工程施工设计书提示的要求

钻井工程施工设计书要提示邻井井身结构、井眼轨迹和防碰扫描的数据和图表。

6) 井身结构设计要求

井身结构除按 SY/T 5431《井身结构设计方法》的规定执行外,丛式井组中各井的表层套管下深宜交替错开 10m 以上。

3. 防碰施工技术要求

1) 井口坐标复测后的防碰扫描要求

立井架或整拖作业后,应对井口坐标进行复测,并利用复测坐标进行防碰扫描。

2）钻井井眼轨迹测量要求

（1）测斜仪器可采用电子单多点测斜仪、陀螺测斜仪或随钻测斜仪。

（2）测斜仪器的测量及检验、测斜仪器精度按 SY/T 5416.1《定向井测量仪器测量及检验 第 1 部分：随钻类》的规定执行。

（3）钻具组合无磁钻铤长度、测斜仪在无磁钻铤中的位置按 SY/T 5619《定向井下部钻具组合设计方法》的规定执行。

（4）造斜前的直井段或每次下套管前必须多点测斜，测量间距不大于 30m。使用单点测斜仪控制轨迹时，直井段测斜间距不大于 100m，在防碰危险井段要加密测量。

（5）测读数据时，应查看磁倾角等磁参数是否处于正常状态，有磁干扰的井段应改用陀螺测斜仪重新测量。

（6）随钻测斜仪、单点测斜资料可作轨迹监测之用，宜在钻达防碰危险点之前测电子多点数据，并以电子多点数据判断相碰的可能性。

3）现场防碰施工要求

（1）设备安装按 SY/T 5954《开钻前验收项目及要求》的规定执行。

（2）防碰井段宜选用旋转钻进和牙轮钻头。

（3）每测一点都要防碰扫描、搜索出当前井与各邻井的最近空间距离，做好待钻井段设计，预测出井眼轨迹的发展趋势以及与邻井的最近空间距离，判断是否有相碰的危险。有相碰危险时，及时采取措施。

（4）施工中密切注意测量的地磁参数出现异常、蹩跳、钻时突然加快、放空、钻时突然变慢、振动筛有水泥或铁屑返出等异常现象。发现异常现象时，应立即停钻，及时分析原因并采取有效措施。

第三节　定向井钻井施工

一口井的设计目标与井口不在一条铅垂线上的井统称为定向井。随着 21 世纪科学技术的飞速发展，钻井施工中使用的地面设备、井下监测仪器、导向钻井工具、钻井液工艺技术等都得到了快速发展和提高。目前定向钻井技术已不再是一种单纯的钻井工艺措施了，而是提高油藏采收率、降低钻井成本的重要技术手段之一。它所带来的经济效益，证明了这一综合性配套技术的明显优势和巨大的内在潜力。定向井钻井技术应按 SY/T 6332《定向井轨迹控制》、企业标准《定向井作业操作规程》、SY/T 5619《定向井下部钻具组合设计方法》、企业标准《定向井下部钻具组合》、SY/T 5383《螺杆钻具》、SY/T 5547《螺杆钻具使用、维修和管理》、SY/T 5435《定向井轨道设计与轨迹计算》、SY/T 6396《丛式井平台布置及井眼防碰技术要求》、SY/T 6332《定向井轨迹控制》、SY/T 6543.1《欠平衡钻井技术规范　第 1 部分：液相》执行。

一、定向井的基本概念与主要参数

1. 定向井的适用范围

定向井的适用范围可以归结为地面环境条件限制，地下地质条件要求，钻井技术需要，经济、有效勘探开发油气藏的需要等方面。

1) 地面环境条件限制

油田埋藏在高山、城镇、森林、沼泽等地貌复杂的地下,或井场设置和搬家安装遇到障碍物时,通常在它们附近打定向井。油田埋藏在农田、草场等地下,为少占耕地常在一个井场打丛式定向井。在海洋、湖泊、盐田、河流等水域上勘探开发油气田,往往建立海上平台、人工岛或从岸边打定向井、丛式井、大位移井等。

2) 地下地质条件要求

直井难以穿过的复杂层、盐丘、断层等常采用定向井。

3) 钻井技术需要

遇到井下事故无法处理或不易处理时,常采用定向钻井技术,比如井下落物侧钻、井喷着火打救援井等。遇高陡构造,在定向井建井周期或钻井成本优于直井时,也常采用定向井。

4) 经济、有效勘探开发油气藏的需要

原井钻探落空或钻遇油水边界、气顶时,可在原井眼内侧钻定向井;遇多层系或断层断开的油气藏,可用一口定向井钻穿多组油气层;对于裂缝性油气藏,可打定向井(水平井)穿遇更多裂缝;低压低渗稠油单斜油藏,采用定向井可最大限度地穿透产层,如图4-26所示。采用水平井可大幅度提高单井产量和采收率,并能有效地开发边际油气藏,或用二次完井开发老油田而取得经济效益。受某些客观条件的限制,为了提高采收率,可打分支井、丛式井,如图4-27所示。

图4-26 定向井

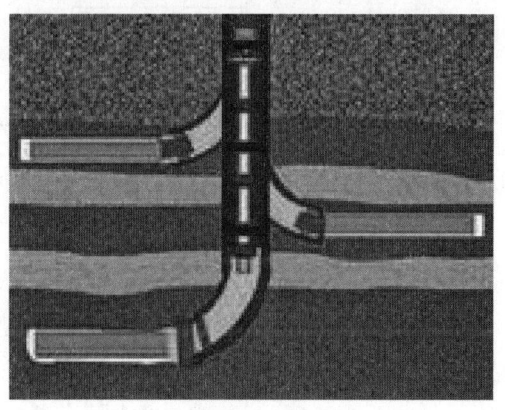

图4-27 分支井

2. 定向井的类型

定向井按轨道形状可以分为二维定向井和三维定向井(包括纠偏井和绕障井);按井眼最大井斜角大小,可以分为常规定向井、大斜度井、水平井、上翘井;而水平位移与垂深之比≥2.0的井称为大位移井。常规定向井最大井斜角在15°~60°范围,大斜度井最大井斜角在60°~85°范围,而水平井和上翘井的最大井斜角分别在85°~95°和95°~120°范围。

3. 定向井的有关术语

(1)最大井斜角:有两种不同的意义。对已完成的实际井眼来说,全井所有各点中,井斜角的最大值称为该井的"最大井斜角";在定向井的设计剖面中,其增斜段的终点处,井斜角值应该最大。这就是通常所说的"最大井斜角"。

(2)造斜点:在定向井中,开始定向造斜的位置叫"造斜点",如图4-28所示的 a 点。通常以开始定向造斜的井深来表示。

(3)造斜率:造斜率表示造斜工具的造斜能力,其值等于用该造斜工具所钻出的井段的井眼曲率,不等于井斜变化率。

(4)增斜段:井斜角随着井深增加的井段,称为增斜段,如图4-28所示的 ab 段。

(5)稳斜段:井斜角保持不变的井段,称为稳斜段,如图4-28所示的 bc 段。

(6)降斜段:井斜角随着井深增加而逐渐减小的井段称为降斜段,如图4-28所示的 ct 段。

(7)靶点(目标点):由设计确定的定向井目的层的坐标点。通常是以地面井口为坐标原点的空间坐标系的坐标值来表示,如图4-29所示的 t 点。

(8)靶区半径:允许实钻井眼轨迹偏离设计目标点的水平距离,称为靶区半径。靶区半径的大小,根据勘探开发的需要或钻井的目的而定,如图4-29所示 t 圆的半径 R。

(9)靶心距:在靶区平面上,实钻井眼轴线与目标点之间的距离,称为靶心距,如图4-29所示 t,P 两点的距离。

(10)靶区:包括靶点在内划定的井眼轨迹在目标层中的范围,如图4-29所示,是以 t 为圆心、R 为半径的圆来表示的。

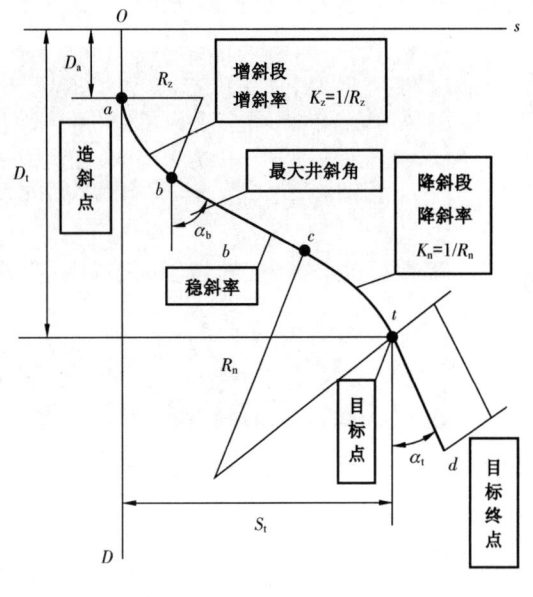

图4-28 井身剖面术语示意图

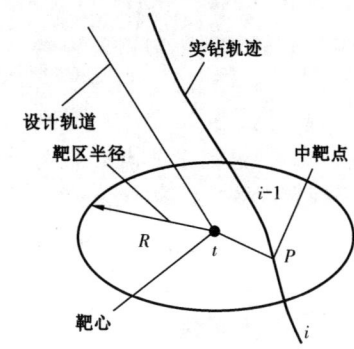

图4-29 靶区示意图

二、造斜方法及其原理

1. 转盘钻造斜工具

包括变向器、射流钻头、下部钻具组合(BHA)、导向式马达等,其工作特点是在钻进过程中,井内钻具带动钻头旋转破岩。

1)槽式变向器(斜向器)

槽式斜向器结构及原理如图4-30所示,它是早期造斜工具,现在仅用于套管内开窗侧钻或不适宜用动力钻具的井内。

目前现场使用的变向器种类较多,但基本原理与槽式变向器基本相同。如胜利YTS系列斜向器,是把地锚与斜向器制造成一体,构成所谓的"一趟钻开窗系统",即一次下钻完成斜向器坐挂、套管开窗和修窗等几项作业,提高施工时效。

2)射流钻头

钻头上安放一个大喷嘴、两个小喷嘴。靠大喷嘴射流冲击出斜井眼,如图4-31所示。

3)下部钻具组合(BHA)

仅用于已有一定斜度的井眼进行增斜、降斜或稳斜。

(1)增斜组合(杠杆原理):按照增斜能力的大小分为强、中、弱三种增斜组合,如图4-32所示。钻压越大,增斜能力越大;L_1越长,增斜能力越小;近钻头扶正器直径减小,增斜能力也减小。使用时应保持低转速。

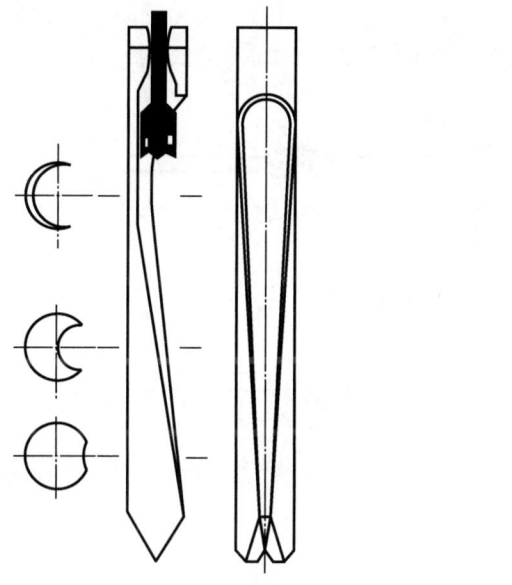

图4-30 槽式变向器

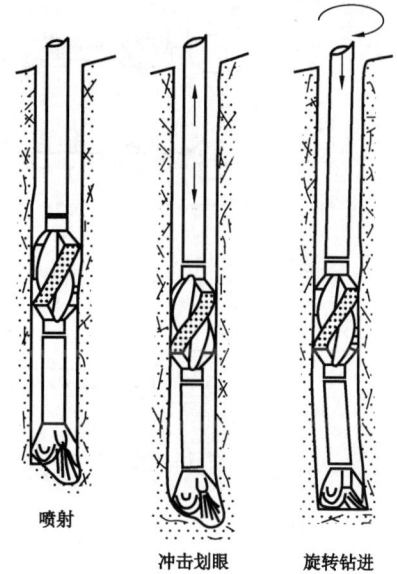

图4-31 射流钻头示意图

(2)稳斜组合(刚性满眼钻具原理):按照稳斜能力的大小分为强、中、弱三种稳斜组合,如图4-33所示。使用中要注意保持正常钻压和较高转速,可使用双扶正器串联代替近钻头扶正器增强稳斜效果。

(3)降斜组合(钟摆原理):按照降斜能力的大小分为强、弱两种降斜组合,如图4-34所示。使用时要注意保持小钻压和较低转速,对于强降斜组合,L_1越长,降斜能力越强,但不能与井壁有新的接触点。

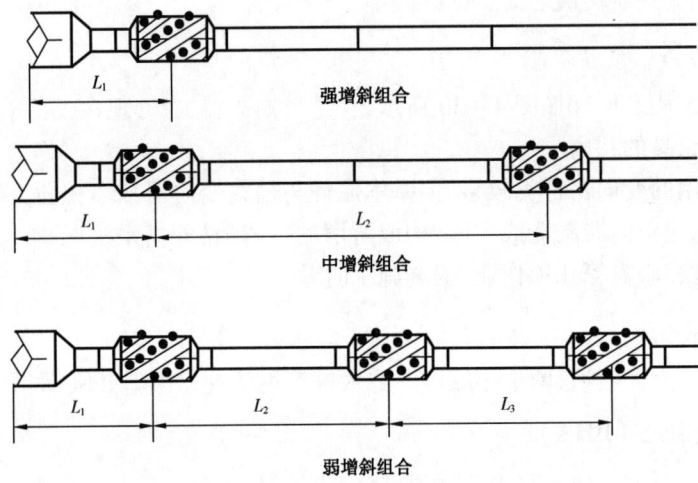

图 4-32 增斜组合示意图

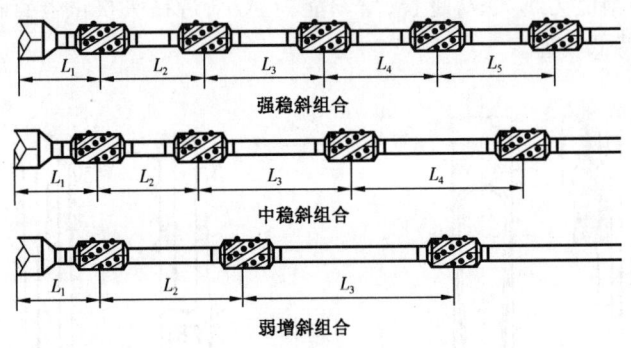

图 4-33 稳斜组合示意图

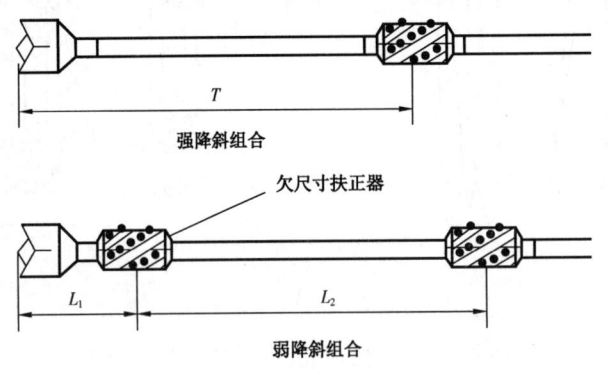

图 4-34 降斜组合示意图

2. 井底动力钻具造斜工具

动力钻具(井下马达)有三种,分别是涡轮钻具、螺杆钻具、电动钻具。其工作特点是在钻进过程中,动力钻具外壳和钻柱不旋转,有利于定向造斜。

1)动力钻具造斜工具的种类

动力钻具造斜工具的种类有三种:弯接头、弯外壳马达、偏心垫块。

(1)弯接头(斜接头):影响弯接头造斜率的因素是弯角越大,造斜率越大;一般为 0.5°~2.5°。弯曲点以上钻柱的刚度越大,造斜率越大;弯点至钻头的距离越小且重量越轻,造斜率越大;钻速越小,造斜率越高如图 4-35(a)所示。

(2)弯外壳马达:原理与弯接头类似,如图 4-35(b)所示。

(3)偏心垫块:就是应用杠杆原理,以垫块作为支点使钻头产生侧向力进行造斜如图 4-35(c)所示。

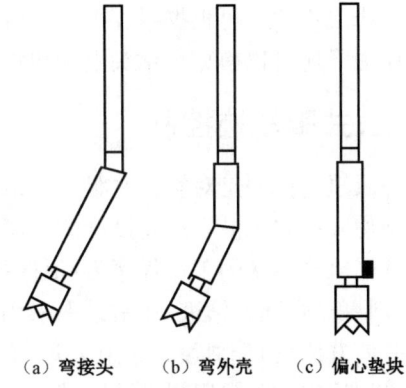

(a)弯接头　(b)弯外壳　(c)偏心垫块

图 4-35　动力钻具造斜工具

2)涡轮钻具的结构与特性

(1)结构:定子、转子(叶片)、外壳、压紧短节、主轴,如图 4-36 所示。

(2)工作原理:钻井液冲击叶片,产生旋转扭矩,驱动转子和主轴旋转。

(3)特性:转速较快(1000r/min),扭矩较小;转速与扭矩随流量的增大而增大;一定流量下,转速随扭矩增大而减小;扭矩增高时,地面压力并不增高,难判断失速。空转时,转速达到最高,所以不应当用涡轮钻具进行划眼。

3)螺杆钻具的结构与特性

(1)结构:定子(外壳内部浇铸橡胶)、转子(主轴)、万向轴,如图 4-37 所示。

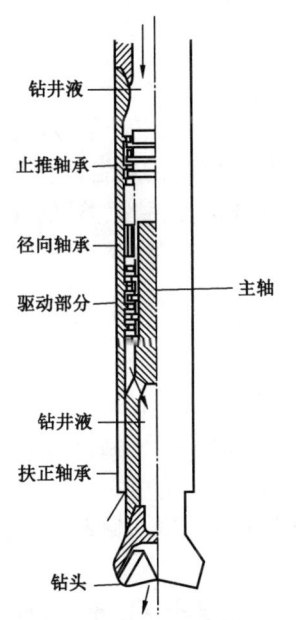

图 4-36　涡轮钻具的结构示意图

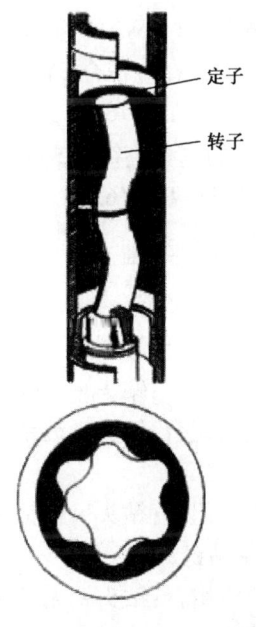

图 4-37　螺杆钻具的结构示意图

(2)工作原理:钻井液流过由定子与转子相互啮合形成的螺旋形空腔时,迫使转子转动,产生扭矩。

(3)特性:转速较慢(100~300r/min),扭矩较大;转速与扭矩随流量的增大而增大;扭矩与压力降成正比。可根据泵压大小了解钻头扭矩和钻压。可以看着泵压表打钻。根据泵压表上的压力降还可以换算出钻头上的扭矩,从而可以较为准确地求得反扭角。

三、井眼轨迹控制

井眼轨迹控制是对实钻井眼井斜角大小和方位的控制,是定向井施工中的关键技术。它是一项使实钻井眼沿着预先设计的轨道钻达目标靶区的综合性技术。

井眼轨迹控制的工作程序为:根据井眼设计轨道,优选钻具组合、优选钻进参数等进行防斜、造斜、稳斜、降斜钻进;在钻进中采用先进的仪器设备检测井眼轨迹,发现井眼轨迹(井斜角和井斜方位角)偏离设计轨道太远,有可能脱靶时,就要选用相应的仪器设备,采用一定的技术措施让实钻井眼回到设计轨道上。

1. 钻前准备

执行企业标准《定向井作业操作规程》,开钻前应作如下准备:
(1)设备试运转正常,安全装置灵活好用。
(2)钻具外观检查合格,钻铤、螺旋稳定器及各种接头探伤合格。
(3)仪器、仪表灵敏可靠,安装符合 SY/T 5954《开钻前验收项目及要求》的要求。
(4)固控设备配备符合企业标准《完井工程质量技术监督及验收规范》的规定。
(5)天车、转盘、井口垂直度偏差小于 10mm。
(6)钻井液循环系统符合 SY/T 5954《开钻前验收项目及要求》的要求,容积达到钻井工程设计要求。
(7)垫方井井口下 20m 隔水管,规格符合工程设计。
(8)钻具的选择应符合 SY/T 5619《定向井下部钻具组合设计方法》的规定;电子单多点测斜仪应符合 SY/T 5416.2《定向井测量仪器测量及检验 第2部分:电子单多点类》的规定;井底动力钻具的选择应符合 SY/T 5547《螺杆钻具使用、维修和管理》的规定;电子陀螺测斜仪的选择应符合 SY/T 5416.3《定向井测量仪器测量及检验 第3部分:陀螺类》的规定。

2. 钻具组合类型

执行企业标准《定向井作业操作规程》,定向井相应井段钻具组合类型为:
(1)直井段组合:钟摆钻具、塔式钻具、满眼钻具。
(2)造斜段组合:钻头+弯壳体动力钻具+定向接头+无磁钻铤+钻铤+钻杆。
(3)增斜段组合:钻头+近钻头稳定器+无磁钻铤(或无磁钻铤+钻铤)+稳定器+钻铤+稳定器+钻铤。
(4)稳斜段组合:钻头+近钻头稳定器+无磁钻铤(或无磁钻铤+钻铤)+稳定器+钻铤+稳定器+钻铤。
(5)降斜段组合:钻头+无磁钻铤(或无磁钻铤+钻铤)+稳定器+钻铤+稳定器+钻铤或钟摆钻具组合。

3. 分段轨迹控制方法

按照企业标准《定向井作业操作规程》执行，分段轨迹控制方法包括：

1）直井段轨迹控制

垂直井段打不好，将给造斜带来很大的困难。要求实钻轨迹尽可能接近铅垂线，也就是要求井斜角尽可能小。定向井的垂直井段可以按照打直井的方法，利用防斜打直技术（满眼钻具、钟摆钻具、塔式钻具）使井段垂直。直井段轨迹控制比打直井要求更高，因为定向井垂直井段的施工质量是以后轨迹控制的基础。

(1) 采用直井段钻具组合钻进，防斜打直。
(2) 按要求进行定点测斜，特殊情况需要加密测斜。
(3) 监测轨迹数据，当井斜角和井斜方位影响轨迹控制时，应采取纠斜措施。
(4) 丛式井做防碰扫描图，采取防碰措施。
(5) 有磁干扰的情况下，应使用陀螺测斜仪进行测量。
(6) 表层或技套完钻后要求测多点。

2）造斜段的轨迹控制

定向造斜段是增斜井段的一部分。如果定向造斜段的方位有偏差，则会给以后的轨迹控制造成巨大困难。现代定向造斜，除套管开窗侧钻还使用变向器外，几乎全使用动力钻具造斜工具进行控制。

(1) 按直井段的实钻轨迹数据修正轨道设计。
(2) 选用适合的 PDC 钻头或牙轮钻头。选用造斜段钻具组合进行造斜，并根据设计造斜率和地层造斜难易程度选择弯壳体动力钻具。
(3) 根据钻头类型和地层可钻性确定钻压等钻井参数，并符合 SY/T 5547《螺杆钻具使用、维修和管理》的规定。
(4) 使用有线或无线随钻测斜定向，应对轨迹进行随钻监控。当实钻造斜率偏大时，可分段进行旋转钻进；实钻造斜偏小时，应起钻调整弯壳体动力钻具角度。

3）井眼轨迹跟踪控制阶段

井眼轨迹跟踪控制阶段是从造斜段结束，至钻达靶点，都属于跟踪控制阶段。人们常说的轨迹控制实际多指这一阶段。

无论是直井还是定向井，在实钻过程中都会出现井斜和方位的偏差，就牵涉到定向下钻的问题。因为转盘钻进的钻速比较高。所以在造斜段结束之后，一般都换用转盘钻继续增斜，并在需要稳斜和降斜的时候，仍然使用转盘钻来完成。只有在使用旋转钻进加扶正器组合已难以完成增斜或降斜要求时，改用动力钻具造斜工具进行强力增斜或降斜；旋转钻进加扶正器组合不能控制方位，而且在钻进中常常出现方位偏差，当井眼方位有较大偏差，有可能造成脱靶时，必须使用动力钻具造斜工具来完成扭方位。

增斜段：
(1) 钻具组合选用钻头 + 近钻头稳定向器 + 无磁钻铤（或无磁钻铤 + 钻铤）+ 稳定器 + 钻铤 + 稳定器 + 钻铤增斜段组合。

(2)选用上述增斜段组合时,轨迹控制方法同造斜段。

(3)选用上述增斜段组合时,近钻头稳定器与第1钻柱稳定器之间的距离应依据SY/T 5619《定向井下部钻具组合设计方法》的规定,并根据实际需要确定,一般为9~27m。

(4)使用上述增斜段组合时,应对轨迹进行定点监测,及时进行轨迹预测和中靶分析,可通过调整钻压等钻井参数来对增斜率进行微调。当实钻增斜率不符合轨迹控制要求时,应起钻更换钻具组合。当方位漂移率较大、轨迹预测不能满足中靶要求时,应更换钻具组合中的造斜段组合或降斜段组合,对井斜方位角进行调整。

稳斜段:

(1)钻具组合选用钻头 + 近钻头稳定向器 + 无磁钻铤(或无磁钻铤 + 钻铤) + 稳定器 + 钻铤 + 稳定器 + 钻铤稳斜段组合。

(2)选用上述稳斜段组合时,采用旋转钻进方式达到稳斜的目的。应定点监测轨迹,根据需要采用调整钻压等钻井参数的钻进方式调整轨迹。

(3)选用上述增斜段组合时,近钻头稳定器与第1钻柱稳定器之间的距离应依据SY/T 5619《定向井下部钻具组合设计方法》的规定,并根据实际需要确定,一般为3~9m。

(4)使用上述稳斜段组合时,可通过调整钻压等钻井参数来调整钻具组合的稳斜效果。应对轨迹进行定点监测,及时进行轨迹预测。当实钻轨迹不能满足中靶要求时,应起钻更换钻具组合,对轨迹进行调整。

降斜段:

(1)钻具组合选用钻头 + 无磁钻铤(或无磁钻铤 + 钻铤) + 稳定器 + 钻铤 + 稳定器 + 钻铤或钟摆钻具组合的降斜段组合。

(2)选用上述降斜段组合时,轨迹控制方法同造斜段。

(3)选用上述降斜段组合时,近钻头稳定器与第1钻柱稳定器之间的距离应依据SY/T 5619《定向井下部钻具组合设计方法》的规定,并根据实际需要确定,一般为6~24m。

(4)使用上述稳斜段组合时,可通过调整钻压等钻井参数来调整钻具组合的稳斜效果。应对轨迹进行定点监测,及时进行轨迹预测。当实钻轨迹不能满足中靶要求时,应起钻更换钻具组合,对轨迹进行调整。

4. 井斜角大小的控制

采用前述的钻具组合钻进,通过测斜仪器发现井斜角出现较大偏差时,就要采用相应的工具设备控制井斜角的大小。可变径稳定器是一种比较新的在钻进过程中控制和调整井眼井斜角的工具。

可变径稳定器结构如图4-38所示。通过调整稳定器外径的大小,改变下部钻具的井斜控制能力,从而控制井眼的井斜角。

可变径稳定器有3个翼片,每个翼片上有4~5个活塞,可以伸缩。活塞通过凸轮筒控制进退。当带有斜面的芯轴在压差作用下向下移动时,斜面推动所有活塞向外移动,并通过压差控制,使活塞在凸轮筒中保持固定。当停泵消除压差时,内部弹簧回弹,芯轴恢复原位,活塞收缩,并引导凸轮筒到下一个位置。利用开泵、关泵控制工作状态,开泵时活塞一直保持伸展状态,直到停泵时才收缩。记录在一定排量下的泵压,停泵、开泵时记录同样排量下新的压力值,确定工作状态,通过泵的工作参数简单快速的调节,对井眼的井斜进行控制。

在下部钻具组合中组装可变径稳定器,要按说明书在地面进行测试,使用前要检查活动压力和选择空板尺寸,现场要严格按操作规程进行使用,使用后要及时进行维护保养。

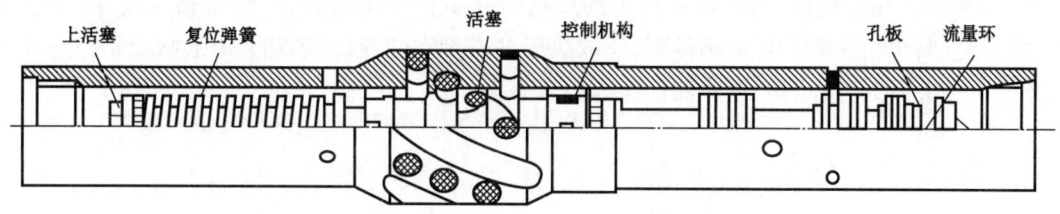

图4-38 可变径稳定器结构示意图

5. 井斜方位的控制

在实际钻井过程中,由于地质及钻具原因,一口井的井眼轨迹漂移是必然的。通过对井眼前进方向的预测和监测,在钻井过程中有目的地采取一些有效的钻井工艺措施使井眼轨迹尽可能沿着设计目标方向前进,一旦井眼轨迹的漂移量太大,通过预测有脱靶的危险,这时就要强行改变井眼轨迹的前进方向,即扭方位,使之恢复到能中靶的方位上来。

1)装置角

造斜工具的装置角在定向井的方位控制中是非常重要的,它决定了使用这个造斜工具钻出的新井眼是增斜、降斜或是稳斜;是增方位、减方位或是稳方位。井斜控制和方位控制都可以使用造斜工具来进行。使用造斜工具来进行方位控制时,井斜角有可能变化。但是,正确的装置角可以决定造斜工具的造斜率如何分配,即有多少用于改变井斜角,有多少用于改变方位角,关键在于确定好造斜工具的装置角。

(1)工具面和工具弯角:如图4-39所示,在造斜钻具组合中,由弯曲工具的两个轴线所决定的平面称为工具面,拐弯处上下两段的轴线间的夹角称为工具弯角。

(2)井眼高边(井眼高边方向):定向井的井底是一个呈倾斜状态的圆平面,称为井底圆;井底圆上的最高点称为高边;从井底圆心至高边之间的连线所指的方向称为高边方向;从正北方向线顺时针转至高边方向在水平面上的投影所转过的角度称为高边方位角。

(3)高边工具面角(重力工具面角):造斜工具下到井底以后,工具面所在的角度称为工具面角。它有两种表示方法:高边工具面角和磁工具面角。高边工具面角是以高边方向线为始边p顺时针转到工具面与井底圆平面的交线所转过的角度;磁工具面角为以正北方向线为始边,顺时针转到工具面与井底圆平面的交线在水平面上的投影线所转过的角度。

(4)装置角:如图4-39所示,A点是井底圆上的最高点,OA线称为"高边方向线"。C点是钻头中心,OC线称为"装置方向线"。定义:以高边方向线为始边,顺时针旋转到装置方向线上所转过的角度,称为造斜工具的装置角。

2)反扭角

(1)反扭角的概念:使用井底动力钻具钻头破碎岩石时,存在一个与钻头转动方向相反的反扭矩,如图4-40所示。在反扭矩作用下,钻柱向钻头转动方向的反方向产生一个变形,这个扭转变形角度称为动力钻具的反扭角。反扭角会使已经确定好的装置角减小。为保证装置方位角不变化,考虑到动力钻具反扭角的影响,在给造斜工具定向时,不能将工具面对准装置方位线,而应超过装置方位线一个"反扭角",即对准定向方位线。定向方位线的方位角称为定向方位角。

(2)影响反扭角的因素:产生反扭角的反扭矩并不是一个常数,当动力钻具尺寸、地层特性、钻头类型、水力参数一定的条件下,还取决于钻进参数的变化,还和井眼形状及钻柱与井壁的摩擦力有关,和钻具结构、钻井液性能等因素有关。

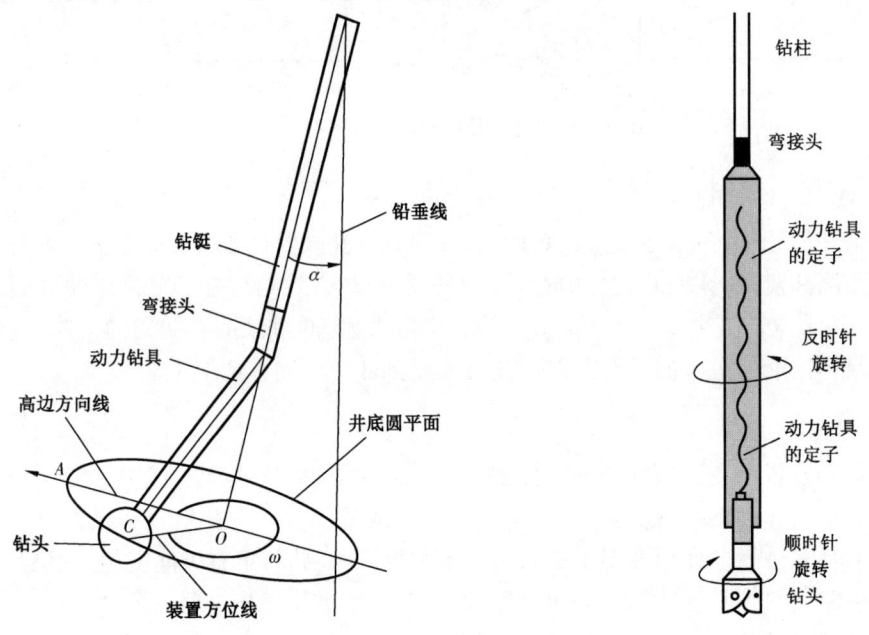

图 4-39 装置角示意图　　　　图 4-40 反扭矩示意图

3)扭方位

目前,扭方位有两种方法,一种是利用钻具组合的方位漂移率来自然扭方位;另一种是利用动力钻具带弯接头强行扭方位;也可以同时应用两种方法。定向井的扭方位计算主要包括三部分:装置角的计算、动力钻具反扭角的计算、定向方位角(ϕ_s)的计算。

(1)装置角的计算:

① 装置角与井斜角、方位角的关系:

(a)基本关系:

$$\begin{cases} \cos\omega = \dfrac{\cos\alpha_1\cos\varepsilon - \cos\alpha_2}{\sin\alpha_1\cos\varepsilon} \\ \cos\varepsilon = \cos\alpha_1\cos\alpha_2 + \sin\alpha_1\sin\alpha_2\cos\Delta\phi \\ \tan\Delta\phi = \dfrac{\sin\varepsilon\sin\omega}{\sin\alpha_1\cos\varepsilon + \cos\alpha_1\sin\varepsilon\cos\omega} \end{cases}$$

(b) ω 对 α,ϕ 的影响,如图 4-41 所示。特殊情况下:

$\omega = 0°$ 时: $\cos\alpha_2 = \cos(\alpha_1 + \varepsilon)$ $\alpha_2 = \alpha_1 + \varepsilon$, 全增斜。

$\omega = 180°$ 时: $\cos\alpha_2 = \cos(\alpha_1 - \varepsilon)$ $\alpha_2 = \alpha_1 - \varepsilon$, 全降斜。

$\omega = \pm 90°$ 时: $\cos\alpha_2 = \cos\alpha_1 \cos\varepsilon$ $\alpha_2 \approx \alpha_1$, 近似稳斜, 90° 扭方位。

$\alpha_1 = \alpha_2$, 已知 $\Delta\phi$, $\cos\omega = -\dfrac{\tan\frac{\varepsilon}{2}}{\tan\alpha_1}$ 稳斜扭方位。

通常:

$0° < \omega < 90° + \Delta\omega$, 增斜增方位;
$90° + \Delta\omega < \omega < 180°$, 降斜增方位;
$180° < \omega < 270° - \Delta\omega$, 降斜减方位;
$270° + \Delta\omega < \omega < 360°$, 增斜减方位。

② 装置角的计算:

(a) 解析法:

已知条件:目前井斜角 α_1、方位角 ϕ_1;欲达到的井斜角 α_2、方位角 ϕ_2;工具造斜率 k_c。

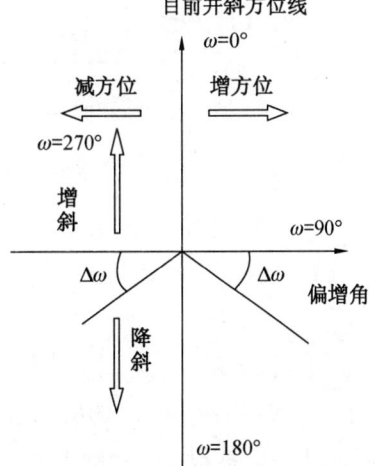

图 4-41 α,ϕ 与 ω 关系示意图

造斜工具的装置角 ω:

$$\cos\omega = \frac{\cos\alpha_1\cos\varepsilon - \cos\alpha_2}{\sin\alpha_1\sin\varepsilon} \qquad (4-10)$$

狗腿角 ε:

$$\cos\varepsilon = \cos\alpha_1\cos\alpha_2 + \sin\alpha_1\sin\alpha_2\cos\Delta\phi \qquad (4-11)$$

达到要求需要钻进的井段长度 ΔD_m:

$$\Delta D_m = \frac{\varepsilon}{k_c} \qquad (4-12)$$

上述三个公式中,共有七个参数: $\alpha_1,\alpha_2,\Delta\phi,\varepsilon,k,\omega,\Delta D_m$。显然若已知其中四个就可求得另外三个。

但需注意由上式求解 ω 时 "±" 的确定:

$$\omega = \pm\arccos\left(\frac{\cos\alpha_1\cos\varepsilon - \cos\alpha_2}{\sin\alpha_1\sin\varepsilon}\right) \qquad (4-13)$$

当 $\Delta\phi > 0$ 时: ω 在 $0 \sim 180°$ 之间变化,取 "+";

当 $\Delta\phi < 0$ 时: ω 在 $0 \sim -180°$ 之间变化,取 "-"。

(b) 图解法:

Ⅰ:选择比例尺,用单位线段长度表示单位角度,例如,以 1cm 代表 1°。

Ⅱ:选原点 O,做射线 OQ 作为目前井底方位线,如图 4-42 所示,在 OQ 上量取 $OA = \alpha_1$。

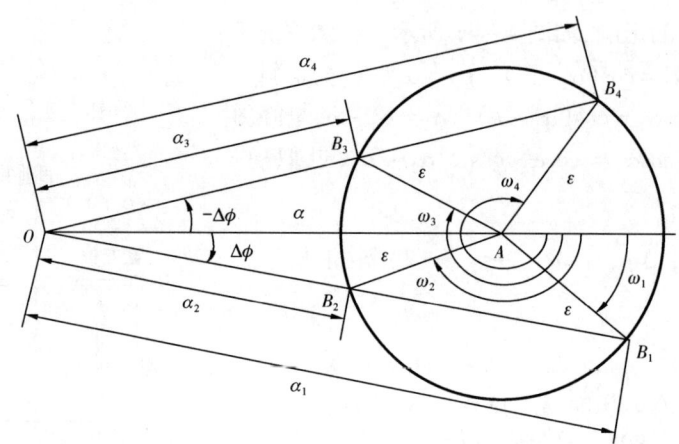

图 4-42 装置角的图解法

Ⅲ：以 A 点为圆心，以 ε 为半径画圆。

Ⅳ：作线段 OB_1，使 $\angle AOB_1 = \Delta\phi$，$\Delta\phi$ 为正时，OB_1 线在 OA 线的下方；$\Delta\phi$ 为负时，OB_4 线在 OA 线的上方。线段 OB_1 交圆于 B_1，B_2 两点。

Ⅴ：$\angle QAB_1$ 即为增斜扭方位的装置角 ω_1；$\angle QAB_2$ 即为降斜扭方位的装置角 ω_2。

Ⅵ：OB_1 长度（换算成角度），即为增斜扭方位之后的井斜角 α_1；OB_2 长度（换算成角度），即为降斜扭方位之后的井斜角 α_2。

③ 反扭角的确定方法：

(a) 随钻测量法：需要有随钻测量仪器。从随钻测量仪的显示屏上可以清楚地看出，动力钻具启动后，工具面向回转的角度（反扭角）。

(b) 计算机软件计算法：近年来出现的新方法。需要建立计算模型。

(c) 经验数据法：有些动力钻具厂家与定向井公司联合，共同给出一些经验数据。

(d) 资料反算法：利用实钻资料可以反算反扭角，这样得到的反扭角，在下一步钻进中使用，比较准确。

已知试钻井段的条件：ϕ_s，α_1，ϕ_1，α_2，ϕ_2，求解步骤：

Ⅰ：求钻井段的狗腿角 ε：

$$\varepsilon = \arccos[\cos\alpha_1\cos\alpha_2 + \sin\alpha_1\sin\alpha_2\cos(\phi_2 - \phi_1)] \tag{4-14}$$

Ⅱ：求钻井段的实际装置角 ω_z：

$$\omega_z = \pm\cos\left[\frac{\cos\alpha_1\cos\varepsilon - \cos\alpha_2}{\sin\alpha_1\sin\varepsilon}\right] \tag{4-15}$$

注意：当 $\phi_2 > \phi_1$ 时，取"＋"；当 $\phi_2 < \phi_1$ 时，取"－"。

Ⅲ：求实际反扭角 ϕ_n：

$$\phi_n = \phi_s - \phi_1 - \omega_z \tag{4-16}$$

四、水平井钻井工艺技术简介

水平井钻井技术是 20 世纪 80 年代发展起来的一项综合性配套钻井技术,它包括了水平井油气藏工程和优化设计技术;水平井井眼轨迹控制技术;水平井钻井液与油气层保护技术;水平井录井、测井技术和水平井完井技术等一系列关键技术环节,它涉及电子、计算机与信息工程、机械加工制造、油气藏工程等多种学科先进的技术成果。由于水平井钻井主要是提高油气产量或提高油气采收率为目的。目前投产的大多数水平井已经给世界各大油气田带来了巨大的经济效益,被誉为石油工业发展过程中一项重大工艺技术突破。

1. 水平井的概念

水平井是井眼最大井斜角保持在 90°左右,并在目的层中延伸一定长度的水平段,它是定向井的一种特殊形式。由于水平井特有的轨道形状、钻井工具、技术难度均超过了常规定向井的范畴。根据大量资料表明,只有在油层延伸的长度大于油层厚度的六倍,水平井才有经济效益。因此说水平井钻井技术是常规定向井钻井工艺技术的扩展。

2. 水平井在油气勘探开发中的综合经济效益

(1)开发薄油气藏油田,有利于提高单井产量。由于水平井较直井和常规定向井增加了泄油气面积,从而大大提高了油气产量,使薄油气层具有开采价值。

(2)开发低渗透油气藏,提高采收率。

(3)开发重油、稠油油藏。扩大泄油面积与有利于热线的均匀推进。

(4)开发垂直裂缝为主的油藏,钻遇垂直裂缝的机遇较直井大得多。

(5)开发底水和气顶活跃的油藏,可减缓水锥、气锥的推进速度,延长油井寿命。

(6)利用老井采出残余油,老井侧钻水平井较钻调整井或加密井要节约钻井成本。

(7)用丛式水平井扩大控制面积,减少丛式井的平台数量和征地费用。

(8)用水平井注水、注汽有利于水线汽线的均匀推进。

(9)用水平探井可钻穿多层陡峭的产层,相当于多口直井的勘探效果。

(10)有利于更好地了解目的层的性质,在目的层的井段较直井长得多。可以更多、更好地收集目的层的各种特性资料。

(11)有利于环境保护,一口水平井可代替一口到几口直井,大大减少钻井过程中的排污量。

综上所述,水平井最主要的是增产,提高经济效益。现在水平井的投入相当于一口直井的投入的 2~3 倍,甚至 1 倍多,而产量一般均在直井的 4 倍以上。

3. 水平井施工技术要求

企业标准《水平井钻井工艺规程》中规定:

1)直井段

钻进中监测井斜、方位,钻完后投测多点。

2)增斜段

(1)地面检查动力钻具,井口进行试运转,并记录相关参数。

(2)测量并记录动力钻具与测量仪器之间角差。

(3)无线随钻测斜仪应进行井口测试。
(4)钻进时使用钻杆滤清器。
(5)滑动钻进时每钻完一个单根至少活动钻具一次,活动幅度不小于10m。
(6)应随时进行实钻轨道参数与设计轨道参数的对比,指导井眼轨迹控制。
(7)井斜角达到30°以后,每钻进150m或累计钻进24h短起下钻200m。

3)探油顶及着陆
(1)使用无线随钻测量仪器随钻监测。
(2)测量间距不超过10m。
(3)根据测量仪器显示的定向井参数与地层参数,或根据综合录井数据结果,确认油顶。
(4)确定油层垂深后,计算着陆所需工具造斜率及所需井段长,根据预测结果,合理选用动力钻具。

4)水平段
(1)轨迹控制以满足地质导向要求为主,如动力钻具为单弯螺杆,其弯角不大于1.25°。
(2)测量间距不超过10m,特殊情况加密监测。
(3)随时注意监测钻柱的悬重和扭矩、钻速、泵压及摩阻,根据其中的变化判断井下情况。
(4)钻井液滤饼摩阻系数不大于0.1,含砂不大于0.5%。
(5)不应使用动力钻具划眼。
(6)每钻进150m或累计钻进24h短起下钻200m。
(7)如实钻水平段轨迹与设计井眼轨迹相差较大,需重新进行套管通过能力评价。

第四节 取心钻井施工

取心钻井是利用特殊钻头,对井底岩石进行环状切削,形成圆柱体的岩心,然后从井内取出。取心钻进技术执行 SY/T 5593《井筒取心质量规范》、SY/T 5347《钻井取心作业规程》、SY/T 5088《钻井井身质量控制规范》。

钻井取心可有效地取得研究地下岩层和储层的层位资料,直接了解地下岩层的沉积特性、岩性特征、地下构造情况,准确了解生油层和储油层特征,为油气田勘探开发提供基础数据。

在油气田勘探、开发各阶段,为查明储油、储气层的性质或从大区域的地层对比到检查油气田开发效果,评价和改进开发方案,每项研究步骤都离不开对岩心的观察和研究。

衡量取心钻井技术水平高低用岩心收获率来评价。

$$岩心收获率 = \frac{实际取心长度}{本次取心进尺} \times 100\%$$

此外,根据所采用取心方式的不同,评价指标还有岩心密闭率、岩心保压率和岩心定向成功率。岩心密闭率是指岩心密闭、微浸块数之和与岩心取样总数之比的百分数;岩心保压率是指地面实测岩心压力与井底液柱计算压力之比的百分数;岩心定向成功率是指岩心有刻痕标记的定向成功点数与总定向点数之比的百分数。取心钻进时,首先要保证较高的岩心收获率,在此前提下尽量提高钻速。

一、取心工具的组成

取心工具种类很多,基本组成都包括三个部分:取心钻头、岩心筒及其悬挂装置、岩心爪,如图4-43所示。执行SY/T 5216《石油天然气工业 钻井和采油设备 钻井取心工具》、SY/T 5347《钻井取心作业规程》。

1. 取心钻头

取心钻头必须按企业标准《常规取心操作规程》、SY/T 5593《井筒取心质量规范》和SY/T 5347《钻井取心作业规程》执行。

取心钻头用于钻取岩心。取心钻头环状破碎井底岩石,在中心部位形成岩心柱。岩心收获率的大小、钻进的快慢都与钻头质量和选择有关。取心钻头的结构设计要有利于提高岩心收获率。钻头钻进时应平稳以免振动损坏岩心,钻头外缘与中心孔应同心,钻头水眼位置应使射流不直射岩心处并减少漫流对岩心的冲蚀。钻头的内腔应能使岩心爪尽量靠近岩心入口处,这样可使岩心形成后很快经岩心爪进入岩心筒而被保护起来,同时可使割心时尽量靠近岩心根部减少井底残留岩心。

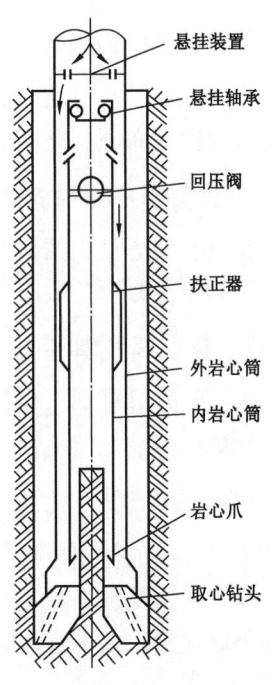

图4-43 取心工具组成示意图

根据取心所钻地层不同,取心钻头同样分为牙轮、刮刀和金刚石几种类型,如图4-44所示。

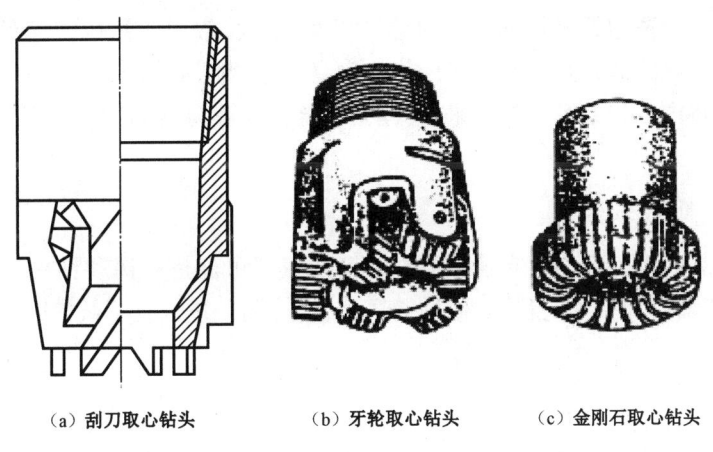

(a) 刮刀取心钻头　　(b) 牙轮取心钻头　　(c) 金刚石取心钻头

图4-44 取心钻头

1) 牙轮取心钻头

牙轮取心钻头有四牙轮和六牙轮两种,牙轮取心钻头适用中硬及硬地层。因钻头结构关系的限制,岩心直径不能太大。

2）刮刀取心钻头

刮刀取心钻头以切割方式破碎岩石。与全面钻进刮刀钻头相同,在刀刃部镶焊硬质合金,刮刀片对称均布在一个同心圆的环状面积上,钻头多制成阶梯状以提高钻进效率。

3）金刚石取心钻头

金刚石取心钻头结构型式多样,适应地层范围广,有天然金刚石取心钻头及人造金刚石取心钻头和聚晶复合片取心钻头。

2. 岩心筒及其悬挂装置

岩心筒及其悬挂装置包括内岩心筒、外岩心筒、内外岩心筒扶正器、内岩心筒回压阀及悬挂总成等部件。

1）内岩心筒

内岩心筒的作用是接受、储存和保护岩心,防止岩心受钻井液的冲蚀和旋转钻具对其磨损与碰撞。为了使岩心顺利进入内筒,要求内筒内壁光滑、无弯曲和变形,并用悬挂轴承将其悬挂在外筒顶部。钻进时内筒不随外筒旋转。一般由壁厚较小的无缝钢管制成。

2）外岩心筒

外岩心筒上接钻柱,下接取心钻头,传递和承受钻压,带动钻头旋转和保护内筒。一般为优质无缝钢管制成。

3）内岩心筒悬挂总成

内岩心筒悬挂总成包括悬挂轴承组和悬挂装置。目前常用的悬挂装置有螺纹式、销钉式和球座式三种。螺纹式悬挂是用螺纹将内岩心筒悬挂到外岩心筒顶部,销钉式悬挂是在对称的位置上用销钉将内外岩心筒连接起来,球座式悬挂是用钢球通过悬挂套等部件将内外岩心筒连接起来。

4）内外岩心筒扶正器

一般取心工具的内外筒均装有扶正器。外筒扶正器可保持外筒和钻头工作平稳,并有利于防斜;内筒扶正器可保持内筒稳定,使内筒居中,岩心易于进入且不被偏磨。

5）分流头及回压阀

分流头是装在岩心筒顶部的一个分水接头,其作用是使钻柱内的钻井液沿内外岩心筒的环隙下行。通常在分流头上还装有悬挂内筒的悬挂轴承。回压阀是装在内筒顶部的一个单流阀,用以防止钻井液自内筒顶部进入冲刷岩心,起到保护岩心的作用;同时,岩心顶部的钻井液还可以从阀处排出,保证岩心顺利进入岩心筒。

3. 岩心爪

岩心爪的作用是在取心钻进结束后用以割断岩心,并在起钻时承托已割取的岩心以防脱落。岩心爪有多种不同的类型以适应不同的地层及取心工具结构。

(1)卡箍式岩心爪:它的形状如圆箍,一圈开有数道缺口,把它分成许多瓣,每瓣内有数圈卡牙。适用于软及中硬地层,如图4-45(a)和(b)所示。

(2)卡板式岩心爪:它由外座、扭簧及片状卡板组成。适用于中硬及硬地层,如图4-45(c)所示。

(3)卡瓦式岩心爪:它由挂套、销轴、扭簧及卡瓦牙组成。适用于中硬及硬地层,如图4-45(d)所示。

(4)卡簧式岩心爪:适用于硬地层地质钻探使用,石油钻探取心使用较少,如图4-45(e)所示。

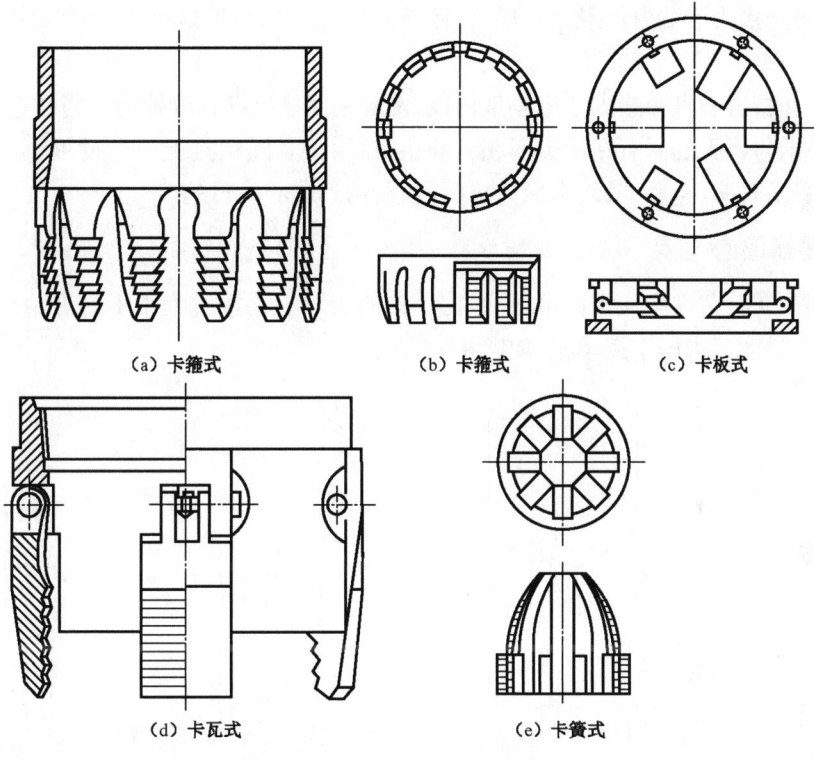

图4-45 岩心爪

二、常规取心工具及其使用

对岩心无特殊要求时常使用常规取心工具。

1. 机械式加压取心工具

机械式加压取心工具的特点在于取心工具上部连接一加压接头。它的工作原理如图4-46所示。工具下钻时,加压钢球不装入。钻进时,钻压和扭矩通过加压接头和外筒总成传递给钻头钻取岩心,岩心通过岩心爪进入内筒得到保护,循环的钻井液经过悬挂总成的分水接头、内外筒环隙、钻头水眼而清洗井底,携带岩屑。当取心钻进结束加压割心时,上提钻具

0.4~0.5m，使加压接头的滑动部分全部拉开，让加压接头的加压内球面位于加压中心杆的球座之上，待加压钢球分次投入钻具并入球座后，下入钻具压住钢球，其压力通过加压中心杆传递给内筒组合的承压座，使悬挂销钉被剪断。当继续加压便使岩心爪沿钻头内斜坡收缩变形，从而割断并卡紧岩心，达到取心的目的。

2. 自锁式取心工具

它是在中硬地层、硬地层中取心的基本工具，对岩心成柱性较好的地层也适用。

工具的结构一般由取心钻头、岩心爪、岩心筒组合和安全接头等部件组成。岩心筒组合也有内外之分：外筒组合包括外岩心筒、短节和稳定器；内筒组合包括缩径套、短节、内岩心筒和悬挂总成。安全接头下端内连悬挂总成，外接外筒组合。岩心爪内径小于钻头内径并放在缩径套内。

钻进取心时，岩心直径略大于岩心爪内径，两者之间始终存在摩擦力。当钻进结束上提钻具时，因岩心爪与岩心之间有摩擦力而相对静止，在缩径套随钻具上行的过程中，缩径套的内锥面迫使岩心爪收缩、自锁，最终卡紧并拔断岩心，达到取心的目的。

3. 中长筒取心工具

中长筒取心时，钻进中途需接单根，但在松软地层取心钻进过程中不允许钻头提离井底，此工具装有一滑动接头用于接单根，如图4-47所示。

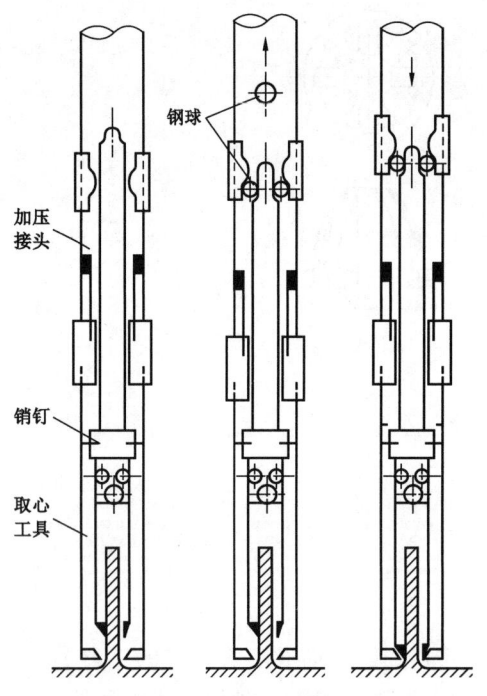

图4-46 机械式加压取心工具

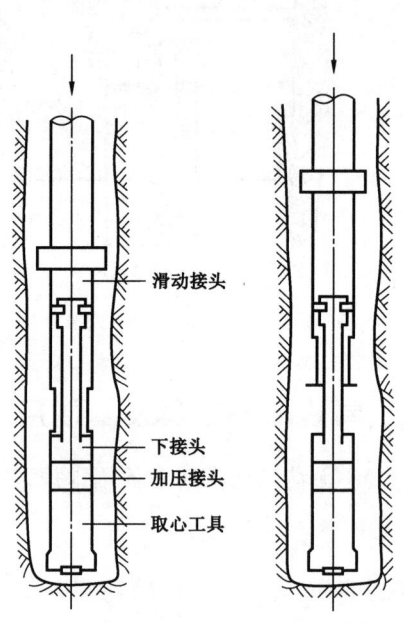

图4-47 中长筒取心接单根示意图

三、特殊取心工具及其使用

1. 密闭取心工具

密闭取心就是用密闭液将钻取的岩心迅速保护起来的取心技术。通常在油田开发过程中,为检查油田注水效果、了解油层水洗情况及油水动态需要取心时采用该方式。它适用于砂岩油田的各种地层。

密闭取心工具根据割心方式的不同,也分为加压式和自锁式两种,前者适用于松软地层密闭取心,后者主要适用于中硬—硬地层密闭取心,对岩心成柱性较好的软地层也适用。

1) 加压式密闭取心工具

加压式密闭取心工具的结构与加压式常规取心工具基本相同。其不同点在于:

(1) 整个内筒是密闭的,里面装满了密闭液,上端用丝堵密封,无回压阀。既保证了密闭液不从顶部溢出,又可防止钻井液侵入;下端装有密闭活塞,取心前由销钉将其固定在钻头进口处,以防密闭液流出。

(2) 内筒的悬挂总成中无轴承,而是通过销钉将内筒挂在外筒上。两者无相对运动。因此,岩心筒简称为"双筒双动式"结构。

(3) 取心钻头多采用斜水眼,且偏向井壁,以保证钻出的岩心不受钻井液污染。

(4) 岩心爪比钻头内径大 10~12mm。

2) 自锁式密闭取心工具

如图 4-48 所示,自锁式密闭取心工具与加压式密闭取心工具相比,除了去掉加压装置,采用自锁岩心爪外,不同处还有以下几点:

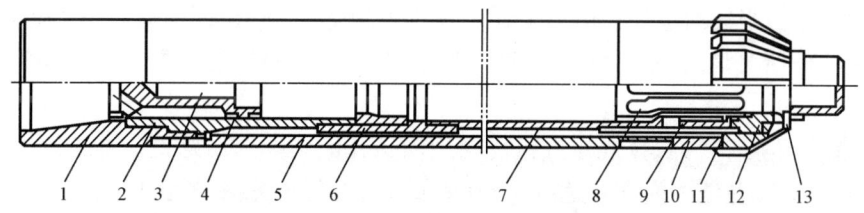

图 4-48 自锁式密闭取心工具结构图
1—上接头;2—分水接头;3—浮动活塞;4—"Y"型密封圈;5—外筒总成;6—限位接头;7—内筒总成;
8—密封活塞;9—缩径套;10—取心钻头;11—岩心爪;12—"O"型密封圈;13—活塞固定销

(1) 内筒组合与外筒组采用螺纹连接,简单可靠(仍为双筒双动结构)。

(2) 内筒顶部采用浮动活塞结构,以消除井内液柱压力对工具密封性能的影响。在下钻过程中,工具密闭区内外的压力能自动保持平衡,从而使其适用井深增加。同时,也使钻头处的密封活塞基本不受力,有效地避免了因取心前专门大载荷剪销操作对取心钻头的冲击。

(3) 钻头全部采用斜水眼结构。

3) 作用原理

取心钻进前,在钻井液中加入示踪剂—硫氰酸铵(NH_4SCN),开泵循环,使其分散均匀且含量达到规定要求。然后将工具缓慢下到井底，逐渐加压。由于活塞头伸出钻头一段距离，所以在钻头接触井底之前，活塞上的固定销钉先被剪断，整个活塞上行，筒内的密闭液开始排出，并在井底逐步形成保护区，从而为密闭岩心做好准备。取心钻进时，岩心不断形成，并推着活塞上行。由于内筒上端是密封的，则密闭液就被进入筒内的岩心挤压下行，经过岩心柱与内筒的环隙等体积排出，并连续不断地黏附在岩心柱表面，形成一层保护膜，从而达到保护岩心不受钻井液污染的目的。

密闭液也称保护液，它是一种高黏度黏附性强、流动性好、无触变性并具有化学惰性的高分子液体。根据配制的不同分为油基型和水基型两种，油基型密闭液应用得较多。

由于密闭取心不可能做到绝对禁止钻井液浸入岩心，因此为了准确判断和精确计算岩心密闭率，取心前在钻井液中加入了示踪剂。当岩心受到钻井液污染时，示踪剂也必然浸入岩心。这样通过分析测定岩样中示踪剂含量的多少，就可测出岩心的密闭率。将达到密闭要求的岩心进行含水饱和度分析，从而最终达到确定岩心原始含油饱和度的目的。

4）使用要求

密闭取心工具在使用与操作上除了与常规取心工具的使用一般要求相同外，还有以下几点不同：

（1）钻井液的 API 滤失量不大于 3mL，密度应控制在近平衡钻井所要求的范围内。

（2）在钻达取心层之前，要进行一次"基值"取心，即在钻井液中不加示踪剂、工具中也不加密闭液的条件下，为确定地层对显色剂的原始显色数值（基值）而进行的一次常规取心。

（3）在定"基值"取心后，进入取心层位之前，在钻井液中加入示踪剂，工具中加入密闭液，至少要进行一次试取心。

（4）正式取心下钻时，将密闭液加热到50℃左右，在井口向内筒缓慢灌入，要保证内筒中的空气同时排出。当液面至分水接头水眼位置后要静待5min，保证灌满。对加压式工具，应将带密封圈的丝堵上紧，装加压中心杆，连接加压接头。对自锁式工具，应将平衡活塞装入分水接头。

（5）下钻完开泵循环时，按规定数量均匀地向钻井液中加入示踪剂。加药时间不少于一个循环周，使其在钻井液中的含量达到 $1 \pm 0.2 kg/m^3$，并要求分散均匀，以连续四个检查测值符合规定时为合格。

（6）取心钻进时，应先将钻头放到井底加压 100kN，剪断密闭活塞上固定销钉，然后调整钻压至 20kN，启动转盘。在钻进 0.3m 的时间内将钻压由小逐渐调整到正常值。

（7）起钻后若下雨，则岩心不能出筒，并不得将工具提出井口，同时还要保持井眼灌满钻井液。岩心正常出筒时，要求在 2h 内完成出筒和取样工作，同时要确保岩心不与水接触。

2. 保压密闭取心

保压密闭取心是指采用特殊的取心工具和取心工艺，使钻取出的岩心仍保持它在地层压力条件下状态的一种取心方式。通常在砂岩油田的开发后期，为准确求得储层流体饱和度、储层压力等资料时采用该方式取心。

其使用要求可参照常规加压式取心工具和密闭取心工具使用要求。

3. 定向取心

定向取心是指采用定向取心工具和相应的工艺技术，钻取岩心并确定其在原地层的方位。目的是了解地层的倾角、倾向、走向以及地层及裂缝的产状、裂缝分布规律等，为制订开发方案提供依据。

定向取心工具由岩心筒和测斜仪器两大部分组成。定向取心工具、测斜仪和无磁钻铤必须配套，其性能应满足使用要求。浅井段定向取心可选用磁力多点照相测斜仪，深井定向取心选用电子多点测斜仪，测斜仪必须处于无磁钻铤中部。

根据井深、地层选择相适应的取心钻头和岩心爪，工具和仪器入井前要按规定进行认真检查，悬挂接头、内筒、连接套、岩心爪座依次连接，正确装配。

下钻时，取心工具上、下钻台应平稳吊升或下放，下钻操作要平稳，应在延迟启动时间前40min下完钻具，循环钻井液，清洗井底，在延迟启动时间前5min连续转动钻具，同时校对指重表。

钻进时先低速转动并慢放钻具到井底试运转，待转动平稳后，再树心，然后逐步调整到正常的取心参数钻进。取心钻进送钻要平稳、均匀，若地层软硬变化或发生憋钻、跳钻应及时调整取心参数，直到获得最佳取心效果。取心钻进中无特殊情况，不停泵、不停转，钻头不提离井底。取心钻进时，随时观察钻时、钻压与转盘扭矩的变化，发现异常情况果断处理。

应根据地层预告和钻时，尽可能选择在岩心成柱性较好的地层割心，割心操作要平稳，严禁猛提、猛放。一般地层割心，匀速上提钻具，指重表显示岩心被抓牢，继续上提直至岩心断，即可起钻。

起钻操作平稳，用液压大钳或旋绳卸扣，起钻过程中，应连续向井内灌满钻井液。正常情况下，测斜仪应随起钻取出，特殊情况可用打捞矛单独捞出。测斜仪取出后，及时阅读定向参数（井斜角、方位角、标记方位角）。取心结束，凡用大钳旋紧的外筒螺纹必须卸松再吊下钻台。岩心出筒及时除去岩心表面的钻井液，茬口对准，依序摆放丈量岩心、计算岩心收获率。

四、取心准备

根据SY/T 5347《钻井取心作业规程》，取心要做如下准备：

1. 地层预告

根据地质设计，参照邻井地质资料及本井地层对比电测资料，绘制1∶200取心井段地层剖面预告图。

2. 工具选配

按地质设计和钻井工程设计，针对不同岩性、井眼尺寸、井型、邻井取心及录井资料，确定取心工具的型号、长度以及取心钻头的型号。

3. 钻具要求

钻具应安放内防喷器。

4. 方案设计

依据各油田情况制订基值取心、试取心技术方案和取心作业设计。

5. 井眼准备

（1）井身质量与钻井液性能符合钻井设计要求，对于软地层密闭取心、硬地层密闭取心、保压密闭取心和保形密闭取心，其 API 滤失量不大于 3mL。

（2）井壁稳定，井下无漏失、无溢流，起下钻畅通无阻。

（3）井底无落物。

6. 钻井设备和仪表

（1）钻井设备和仪表应性能良好。

（2）备用不同长度的短钻杆，检查在用钻具与接头的内径，保证取心专用钢球能顺利通过。

（3）选用加压式取心工具时，立管上部需设置投球丝堵。

7. 特殊取心设备和材料

（1）密闭取心：

①密闭液：油基密闭液和水基密闭液性能应分别符合表 4-6 和表 4-7 规定的技术要求。

②示踪剂：硫氰酸铵或酚酞。

表 4-6 油基密闭液技术要求

项目	指标	
	高温前(25℃±3℃)	高温后(135℃±5℃，养护 12h)
外观	黄棕色固相均匀的黏稠液体	黄棕色固相均匀的黏稠液体
抽丝长度，cm	≥30	≥10（在 25℃±3℃下测定）
黏度，mPa·s	≥35000	≥650（在 135℃±5℃下测定）

表 4-7 水基密闭液技术要求

项目	指标	
	高温前(25℃±3℃)	高温后(105℃±5℃，养护 12h)
外观	白色或黄棕色固相均匀的黏稠液体	白色或黄棕色固相均匀的黏稠液体
抽丝长度，cm	≥10	<10（在 25℃±3℃下测定）
黏度，mPa·s	≥25000	≥750（在 105℃±5℃下测定）

（2）保压取心：

① 干冰（固体 CO_2）或液氮：用于冷冻岩心，每取一筒岩心需干冰 300~450kg 或液氮 0.5~1.0m^3。

② 液氮车或隔热保温箱：1.0m×0.5m×0.5m（长×宽×高）木箱 3~5 个，用于储存干冰，5m^3 液氮车一辆用于途中冷冻岩心。

③ 氮气（N_2）：用于向内筒气室充气，每取一筒岩心需标准钢瓶（钢瓶内气压为 11MPa）2~3 个。

④ 陆路现场运输车：叉车或自吊卡车一台，用于钻台至服务装置间的岩心筒运输。

⑤ 服务装置:配有发电机、压风机、桥吊、测试仪表、气泵和冲洗回压系统的工作间,以供保压取心工具的组装、拆卸、试压、充气、岩心冷冻与切割。

⑥ 示踪剂同密闭取心中的示踪剂。

⑦ 密闭液同密闭取心中的密闭液。

(3)定向取心:

① 测斜仪:根据取心井段的位置和岩石可钻性选用测斜仪。

② 无磁钻铤:无磁钻铤长度和测斜仪在无磁钻铤中的位置应按 SY/T 5416.1《定向井测量仪器测量及检验 第 1 部分:随钻类》的规定执行。

(4)水平井取心:动力钻具采用低转速、大扭矩的动力钻具。

(5)绳索取心:

① 绞车:用于提升和下放内筒,其提升力应大于 30kN。

② 特殊钻铤和钻杆:内径大于声 $\phi 95mm$,保证内筒的通过。

(6)海绵筒取心:

① 真空泵:用于内筒抽真空。

② 注液泵:用于内筒注入预饱和液。

8. 工具检查

(1)内、外筒的直线度不超过 0.5‰,内、外筒无变形、无裂纹,螺纹完好,内筒内壁光滑,直径符合图样要求。

(2)总成转动灵活,工具组装后自锁式取心工具轴向间隙为 8～13mm,加压式取心工具轴向间隙为 15～20mm。

(3)岩心爪的锥面与岩心爪座的锥面应吻合,性能应符合 SY/T 5216《石油天然气工业 钻井和采油设备 钻井取心工具》中的规定,加压式岩心爪性能应符合图样要求。

(4)钻头出刃均匀完好、水眼通畅,直径应符合图样要求。海绵筒取心和密闭取心钻头内腔密封应面光滑,密封活塞销孔应通畅,不应有残留的焊渣。

(5)安全接头的摩擦环、梯型螺销应完好,应符合 SY/T 5216《石油天然气工业 钻井和采油设备 钻井取心工具》中的规定。所有密封应圈完好无损,尺寸应符合图样要求,装配应涂抹润滑脂,不应有翻转扭折现象。

(6)稳定器外径应小于取心钻头外径 1～2mm,应符合 SY/T 5216《石油天然气工业 钻井和采油设备 钻井取心工具》中的规定。

(7)岩心钳、内筒卡盘、岩心标、钻头装卸器、提升短节等辅助工具配套齐全完好。

(8)加压式取心工具的加压接头滑动灵活,有效滑距不小于 200mm,加压台肩完好,加压中心杆直线度不超过 0.2‰,应符合 SY/T 5216《石油天然气工业 钻井和采油设备 钻井取心工具》中的规定。

(9)定向取心工具内筒外表面的定向刻线标记清晰,内壁光滑,岩心爪座上的刻痕刀应牢固,刀刃完整无损。

(10)海绵筒取心工具的海绵吸附衬管强度安全可靠,海绵的吸附性能应符合设计要求,不应有翻转扭折现象,其孔隙度在 70% ±5%,渗透率 $(2 ±0.5) ×10^{-3} \mu m^2$,耐高温不小于 170℃。

(11)定向取心的测斜仪应性能良好,符合 SY/T 5416.1《定向井测量仪器测量及检验 第 1 部分:随钻类》的规定。

(12)对于保压密闭取心工具应作如下检查:

① 岩心筒试压:压力达到预计井底液柱压力时,稳压 15min,压降小于 0.15MPa 为合格。

② 室充气:用空气增压泵分别向调节室、气室充入氮气,调节室充压为井底液柱压力,气室充压为井底液柱压力的 1.0~1.5 倍。

③ 密闭液:内筒下端抬高 0.5m,用软管从下端伸向内筒上端,注满密闭液后,装入密封活塞并旋紧。

(13)对于水平井取心工具,应作如下检查:

① 筒扶正机构应安全可靠、灵活好用。

② 力钻具旁通阀的关闭和开启应符合施工要求。

③ 球安全接头的释放钢球的效果应达到设计要求,即钻井液流量大于 25L/s 时释放钢球封闭内筒。

④ 力钻具驱动取心工具的效果应符合井下作业要求,开泵观察立管压力表的压力降应正常。

(14)对于绳索取心工具应作如下检查:

① 打捞系统工作应正常,打捞筒卡板与内筒矛头应一次性脱开或对接。

② 内外岩心筒的差动机构应伸缩灵活,差动行程的打开和关闭与钻头中岩心导向套的联合作用应使弹簧片岩心爪的伸张和收缩自如。

③ 绞车的钢丝绳应安全可靠,打捞器安全销的选用应符合设计要求。

④ 内岩心筒的堵心报警机构应灵敏可靠。

五、下钻

(1)工具上下钻台应平稳吊升或下放,严防碰撞特殊取心工具的密封活塞,工具出入井口时用大钩提吊,无台肩光杆外筒坐于井口时应使用安全卡瓦。

(2)内筒螺纹用链钳紧扣,外筒螺纹紧扣扭矩见表 4-8。

表 4-8 外筒螺纹紧扣扭矩

外筒外径×内径,mm×mm	扭矩,N·m
121×93	6000~7000
133×101	8000~9000
146×114	10000~12000
172×136	12000~13000
180×144	13000~16000
194×158	26000~31000

(3)上、卸钻头应使用钻头装卸器。

(4)下钻速度应控制在 0.5m/s 内,下放钻具要平稳。遇阻钻压不得超过 40kN,超过时应开泵循环,上下活动钻具,缓慢下放,否则起钻通井,不应用划眼的方式强行下钻。

(5)特殊取心需加密闭液时,向内筒缓慢灌入,液面至分水接头水眼位置后静置5min,保证灌满。

(6)定向取心工具测斜仪入井时,测斜仪的马蹄槽应与取心工具的归位键完全就位后一同入井。在延迟启动时间40min前下完钻具,在延迟启动时间前连续转动钻具,同时校对指重表。

(7)水平井取心工具在下钻的过程中,严禁用流量大于20L/s的钻井液循环,以保证释放钢球停留在投球接头内。

(8)将取心钻头下至离井底10m左右,缓慢开泵,充分循环钻井液,特殊取心需加示踪剂时,应按规定数量向钻井液中均匀加入,加药时间不少于一个循环周期,在钻头不接触井底条件下,可适当上下活动或转动钻具,使钻井液中示踪剂含量达到$1kg/m^3 \pm 0.2kg/m^3$,且分散均匀,以连续四个检测值符合规定为合格。

六、钻进

1. 树心

在开泵转动钻具情况下,校对指重表。对于带有密封活塞的特殊取心工具,先将钻头缓慢放到井底,静压60~100kN,剪断密封活塞固定销钉,然后和常规取心一样调整钻压至20kN,根据地层岩性,使树心(疏松地层不需树心)流量小于或等于正常取心钻进流量,启动转盘树心钻进0.3~0.5m后再逐渐调整到最佳取心钻进参数。

2. 钻进参数

(1)对中硬至硬地层,钻压为钻头直径(以毫米为单位)乘以0.35~0.59kN/mm,软地层钻压应降低1/3;对极软地层,应及时送钻,避免岩心冲蚀。

(2)转速为60~80r/min,软地层可适当增加。

(3)流量应根据井眼尺寸而定,具体见表4-9。

表4-9 井眼尺寸与流量

井眼尺寸,mm(in)	流量,L/s
152.4(6)	6~12
190.5(7½)	12~19
215.9(8½)	16~22

3. 操作要求

(1)送钻均匀,钻压应逐渐增加,切忌一次到位,不允许溜钻;如遇蹩钻、跳钻,可适当调整钻井参数予以消除。

(2)钻进中无特殊情况,不停泵,不停转,直到取心钻进完成,如遇特殊情况应立即割心。

(3)应做好钻时记录,随时观察钻时、钻压、泵压与转盘扭矩的变化,发现异常情况果断处理。

(4)定向取心使用测斜仪测斜前必须停泵、停转,并保持钻具静止。上提钻具使钻压保持10~20kN。先开泵,然后启动转盘逐步调整到正常取心参数,继续取心钻进。

(5)自锁式取心工具长筒取心钻进要求:

① 取心钻进中,需接单根时,上提钻具之前锁住转盘,在转盘上做好方位标记,量好方入。

② 接好单根后,转盘对好原方位,缓慢下放钻具至井底,施加比取心钻压大10%~50%的钻压,上提钻具,恢复悬重解锁后,启动转盘继续钻进。

(6)加压式取心工具长筒取心钻进的要求:

① 取心钻进中,钻至接单根方入停转,松散地层同时停泵,非松散地层应循环钻井液3~5min。

② 上提方钻杆,以钻头不离井底而又能坐吊卡为准。

③ 卸方钻杆时,必须保证井下钻具不转动。

④ 接完单根开泵正常后,继续恢复取心钻进。

七、割心

1. 自锁式取心工具割心

(1)割心层应选择成柱性好的井段。

(2)取心钻进最后0.3~0.5m时,钻压可比原钻压增大30~50kN,割心前硬地层应恢复钻压至20kN,然后停转、停泵,量方入,缓慢上提钻具,并注意观察指重表显示,一般悬重增加后又立即恢复到原悬重值,说明岩心被拔断;若悬重未恢复,应停止上提钻具,保持岩心受拉状态,然后猛转转盘或闪动钻具,或用开泵的方法直到指重表恢复原悬重为止。

(3)特殊取心工具割心完成后应卸开方钻杆,投入相应规格的钢球,以取心钻进时相同流量泵送钢球,此时注视泵压变化,完成需要的动作,保压密闭取心工具割心后投入一个相应规格的钢球,实现内外筒的差动行程保证球阀关闭。

2. 加压式取心工具割心

(1)根据地层预告,尽可能选择在泥岩井段割心。

(2)恢复悬重,钻完进尺停转,停泵,量方入,并涂上方入记号。缓慢上提钻具保留钻压5~10kN。

(3)投球应在立管上部投球丝堵处分次进行,每次投球一只,开泵送球,前球进入方钻杆再投后球。按规定数量投球完毕,最后开泵送球,送球时间(单位为分钟)推荐参考值为井深(单位为米)的0.004倍。

(4)对特别疏松砂岩,投球完毕后可不用开泵送球,让钢球在钻具中自然下落。自然下落时间约为开泵送球时间的1.5倍。

(5)开泵送球与自然落球过程中,应适当转动钻具。

(6)投球完毕停转,停泵,滑放钻具加压。对销钉悬挂式工具,指重表指针突然回摆数格时,则说明悬挂销钉剪断,此时应继续增加100~200kN钻压;对弹簧悬挂式工具,宜缓慢增加300kN,且维持1min,然后上提钻具至投球方入,适当转动钻具变换方位,重复压一次。最后上提钻具,保留钻压10kN,间断转动转盘割心。当试转无蹩劲后,开泵顶通钻头水眼,起钻。

八、起钻

(1)起钻要求井眼无溢流,钻井液的密度应达到压稳地层。
(2)起钻速度适当,操作平稳,用旋绳或液压大钳卸扣。
(3)起钻过程中应及时向井眼内灌满钻井液。
(4)测量使用后的取心钻头有关部位,若发现异常,应采取相应措施。
(5)定向取心在正常情况下,测斜仪应随起钻起出,特殊情况下,可用打捞矛单独捞出;测斜仪取出后,应及时阅读定向参数(井斜、方位角、标记方位角),并做好记录。
(6)一口井的取心全部完成且最后一次起钻时,凡用大钳紧扣的外筒螺纹应松扣吊下钻台,并戴上保护套。

九、岩心出筒取心质量

执行 SY/T 5593《井筒取心质量规范》、SY/T 5788.3《油气井地质录井规范》。

(1)密闭取心要求在 40min 内出筒并取样完毕,同时确保岩心不与水接触。如遇雨天,应采取防雨措施。
(2)出筒岩心应按顺序摆放,茬口对准。岩心的丈量计算应按 SY/T 5788.3《油气井地质录井规范》的规定执行。
(3)含硫产层的岩心出筒时,如果空气中 H_2S 的浓度大于安全浓度($20mg/m^3$),操作人员应佩戴防腐用具。
(4)绳索取心的岩心在起钻时,可用打捞机构把带岩心的内筒从钻具中直接取出。
(5)海绵筒取心的岩心取出后,按玻璃钢衬管的长度分开,并将两端用橡胶帽封好。
(6)保压取心岩心处理:

① 岩心筒提至钻台后,检查岩心筒球阀是否关闭,证实关闭后,将内筒提出,将压力岩心筒运送到专用工作间内。

② 压力岩心筒进入专用工作间后,卡入虎钳中,在工具密封短节处接上传感器,用压力记录仪测量并记录回收的压力值,若压力值低于额定压力,应用气泵补充压力。

③ 连接充气管汇和压力监控系统后,把岩心筒放入冷冻槽中,用氮气维持回收压力,并从岩心筒下端逐渐向上端包放干冰或液氮,冷冻时间分别为 10~12h 和 6~8h。

④ 内筒冷冻好后,根据需要用特殊的高速切割机切成 0.5~0.8m 长的小段。

⑤ 切割的小段两端戴上专用橡胶帽,并用金属卡箍卡紧,每段应挂贴标有井号、取心井段、切割段编号的标签,然后放任装有足够干冰的保温箱内,在冷冻条件下运往化验室进行岩心处理。

第五节 欠平衡钻井施工

欠平衡钻井是指使钻井流体施加在井底的压力小于地层孔隙压力,有效控制地层流体流入井筒,并对其进行处理的钻井方式。欠平衡钻井执行 SY/T 6543.1《欠平衡钻井技术规范 第 1 部分:液相》、SY/T 5087《硫化氢环境钻井场所作业安全规范》、SY/T 6543.2《欠平衡钻井

技术规范　第2部分:气相》等技术规范。

欠平衡钻井技术是20世纪90年代在国际上成熟并迅速发展的一项钻井新技术,现在已有20多个国家应用欠平衡技术钻井,成为国际上继水平井技术之后的第二个钻井技术发展热点。欠平衡钻井又分为:气体钻井、雾化钻井、泡沫钻井、充气钻井、淡水或卤水钻井液钻井、常规钻井液钻井和钻井液帽钻井。在美国,欠平衡钻井技术被称为上游石油工业新技术,已经成为钻井技术发展热点,并越来越多地与水平井、多分支井及小井眼钻井技术相结合。国外欠平衡钻井技术主要集中在井控、钻井液、程序设计、特殊工具等方面。

我国欠平衡钻井技术早在20世纪60年代已在四川油田磨溪构造进行过实验,20世纪90年代开始加速发展,但是所用设备主要以引进为主。采用欠平衡钻井技术,减少了压差,可以阻止滤液和固相进入储集层,因而能够最大限度地发现和保护中、低压油藏,以获取比常规过压钻井高得多的经济效益;欠平衡钻井可以克服液柱的压持效应,提高破岩效率,解放钻速,缩短建井周期;减少钻井液对储集层的浸泡时间,可以安全钻过严重水敏性地层及漏失层,避免大量钻井液漏失,从而降低钻井成本;欠平衡钻井还可以防止压差卡钻和延长钻头使用寿命等优点。

但是,由于欠平衡钻井设备多、井场面积大,钻井费用较高;采用注氮方式进行欠平衡钻井时,特别是在边远地区采用现场制氮设备制氮时,制氮设备的费用较高;存在井喷、井塌等隐患;如果完井作业期间不能保持连续的欠平衡状态,无滤饼的井壁无法阻止液相和固相对地层侵入,有更大的污染机遇。

一、欠平衡钻井的钻井流体类型

欠平衡钻井分为两种类型,即流钻和人工诱导欠平衡钻井。所谓流钻欠平衡钻井,就是用合适密度的钻井液(包括清水、混油钻井液、原油、柴油、添加空心固体材料钻井液等)进行的欠平衡钻井;而人工诱导欠平衡钻井,就是用充气钻井液、泡沫、雾,气体作循环介质进行的欠平衡钻井。一般而言,当地层压力当量密度大于或等于 $1.10g/cm^3$ 时,用流钻欠平衡钻井,否则可用人工诱导欠平衡钻井。这两类方法不是绝对的,实际应用时应根据具体情况进行选择。

欠平衡钻井技术经过几十年的发展,目前已经发展了空气钻井、氮气钻井、天然气钻井、雾化钻井、泡沫钻井、充气钻井液钻井、边喷边钻等多种欠平衡钻井技术。

1. 气体钻井技术

气体欠平衡钻井技术是指采用空气、天然气、废气和氮气钻井,密度适用范围为 $0 \sim 0.02g/cm^3$。采用空气欠平衡钻井可较大地节约钻井材料费用。采用氮气钻井,主要优点是氮气和烃气的混合物不易燃烧,可消除井下着火的可能性。采用天然气钻井,天然气排放到大气中时,会形成易燃的混合物存在着火的潜在危险,对大气也有污染。

2. 雾化钻井技术

雾化钻井技术,密度适用范围为 $0.002 \sim 0.04g/cm^3$,气体体积为混合物体积的 $96\% \sim 99.9\%$。在空气钻井过程中,如出现少量的地层水,通常作法是将空气钻井转变成雾化钻井。雾化钻井的具体作法是,在压缩的空气流未注入钻柱之前,向其注入少量的含有起泡剂的水。注入的这种液体与地层产出的水就会分散成不连续的液滴。

3. 泡沫钻井技术

泡沫钻井技术,密度适用范围为 0.04~0.6g/cm³,井口加回压时可达到 0.8g/cm³ 以上,气体体积为混合物体积的 55%~96%。泡沫用作钻井的循环流体,它具有静液柱压力低、漏失量小、携屑能力强、对油气层损害小等特点。适用于低压、易漏、水敏性地层,欠平衡泡沫钻井技术是应用较为广泛的一项钻井技术。

4. 充气钻井液钻井技术

充气钻井液钻井技术,是将气体注入钻井液,以钻井液和气体的混合物作为钻井循环介质进行的钻井,包括通过钻杆和井下注气两种方式。井下注气是通过寄生管、同心管在钻进的同时往钻井液中连续注气。密度适用范围为 0.7~0.9g/cm³ 或更高,气体体积低于混合物体积的 55%。充气钻井液的连续相通常为未稠化的液体,如水、盐水、柴油、或原油等,气相为氮气、空气或其他气体。充气钻井液一般不含有表面活性剂,在井下具有较高的液体体积分数。

5. 高压地层的欠平衡钻井技术

随着欠平衡钻井技术的进一步发展成熟及能承受高压的旋转防喷器引入油田后,发展了使用液体钻井液对高压地层进行欠平衡钻井技术,这种技术国外称为 Flow Drilling(国内译为边喷边钻)。

欠平衡钻井作业的关键技术包括产生和保持欠平衡条件、井控技术、产出流体的地面处理和电磁随钻测量技术等。近年来,欠平衡钻井技术的进展主要集中在井控、钻井液、程序设计、特殊工具等方面。国外已经成熟运用新一代欠平衡钻井技术,即在钻进、接单根换钻头、起下钻等全部作业过程中始终保持井下循环系统中流体的静水压力小于目标油气层压力。欠平衡连续油管钻井技术与常规钻井技术相比,具有钻井效率高,在整个作业过程中因不连接钻杆,可始终保持负压条件,能有效地减少地层损害,钻井安全可靠等优点,适合其他欠平衡钻井方法不适合的高压和含 H_2S 地层的钻井。同时,欠平衡钻井技术也越来越多地与水平井、开窗侧钻、多分支井及小井眼钻井技术相结合,有效开发了一些新老油田,其应用范围日益广泛。

欠平衡完井是欠平衡钻井的延伸,如欠平衡钻井后不能进行欠平衡完井,那么就不能充分发挥欠平衡钻井发现和保护油气层的优势。

二、欠平衡钻井的施工条件

1. 准确掌握地层压力

进行欠平衡钻井设计时,裸眼井段宜选择压力单一地层,若是多个压力系统,各层压差值均不超过欠平衡钻井允许范围。

欠平衡钻井必须首先准确掌握所钻地层的三个压力系数(破裂、孔隙、坍塌),只有准确掌握地层压力系数,特别是地层孔隙压力,才能有效确定井身结构、钻井流体密度、欠压值、所采用的井口装置及钻井施工措施。否则,易使欠平衡钻井达不到预期目的。

2. 所钻井或井段井壁稳定、储层适合欠平衡钻井

经验认为,实施欠平衡井段以上地层应是稳定的,或对不稳定井段下入技术套管加以封隔。同时要掌握欠平衡井段层位的物化性能,判定是否可进行欠平衡钻井。所以应在钻前进行井壁稳定性分析评价。

3. 配备相应的地面装备

在常规井控装备的基础上,应配备欠平衡钻井特殊装备。除具有常规钻井井口井控装置和节流管汇外,井口还应增加一个相应尺寸的单闸板防喷器和旋转防喷器、液动闸阀及液气分离器、油水分离器、真空除气器、燃烧管线及火炬、安全可靠的点火系统、防回火装置、循环系统的各种电器防爆装置、流量计等。

当地层压力系数较小时,要实现欠平衡钻井,还应另配充气(或雾化、泡沫、氮气)装置。

在条件允许的情况下,应配备强行起下管串设备,以满足低压低渗产层欠平衡钻井作业不压井强行起下管柱的需要。

4. 配备相应的监测仪器

需配备地质录井仪、套压表、立管压力表、环空压力测试仪、CO_2、H_2S、天然气报警仪、天然气流量计等仪器仪表。

5. 制订一套安全操作规程和因地制宜的施工措施

需制订行之有效的工艺技术措施、应急措施、井控操作规程和 HSE 规定等。

6. 配齐训练有素的技术人员、熟练的操作人员

在欠平衡井场,要求指令下达果断、准确和及时,人员操作熟练、持证上岗、态度端正、工作细致,组织分工明确、管理严格。

三、欠平衡钻井工程设计依据和主要内容

1. 设计依据

(1)油气藏类型,油气水层分布及性质,实施欠平衡钻井裸眼井段地质分层及岩性、理化特性和矿物组分,地层破裂压力、孔隙压力和坍塌压力剖面以及地表温度和地温梯度。

(2)本井上部井段地质和工程资料。

(3)估算地层流体产量的油藏工程数据。

(4)邻井的钻井、测井及生产测试资料。

2. 设计内容

(1)对井身结构的要求,欠压值、钻井参数、钻具组合设计及钻井液类型选择,欠平衡钻井水力参数设计。

(2)欠平衡钻井井口和地面设备选择及配套示意图。

(3)欠平衡钻井工艺流程,包括钻进、起下钻、测井、完井的操作步骤以及发生异常情况的处理措施。

(4)欠平衡钻井健康、安全与环保要求。

四、欠平衡钻井井口、地面设备、钻具和井口工具的配置

1. 欠平衡钻井井口

1)井口装置

目前常用的欠平衡钻井井口可以归类为三级。

(1)一级井口装置。一级井口装置自下而上分别是套管头、单闸板防喷器、钻井四通、双闸板、环形防喷器和旋转头。图4-49是最基本的一级井口装置。

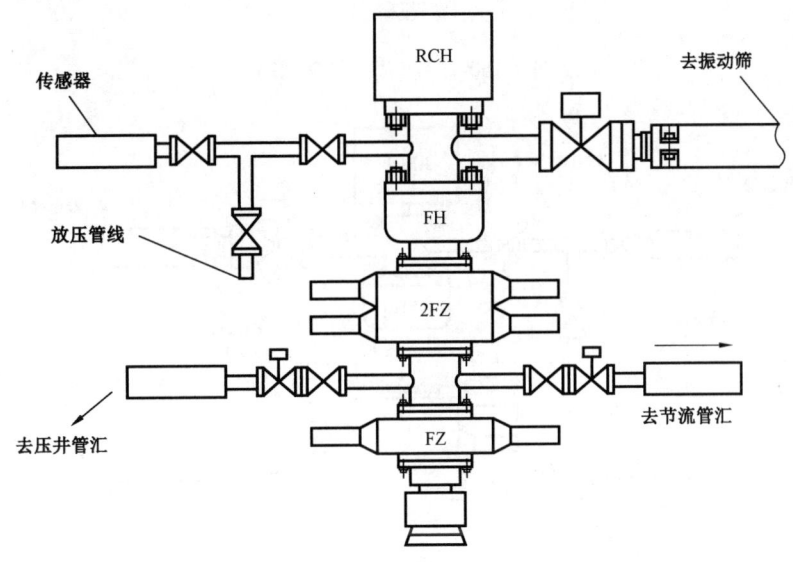

图4-49 一级井口装置(Ⅰ)

一级井口装置风险最大,对装备级别要求最高,地面环境要求高,适用于探井和含少量H_2S或CO_2气井。可根据具体井下情况增加双闸板防喷器、单闸板防喷器和四通及高压排除管汇。

图4-50、图4-51均为一级井口装置。

(2)二级井口装置。二级井口装置自下而上分别是套管头、钻井四通、双闸板、环形防喷器和旋转头,如图4-52所示。二级井口装置属中等装备级别,适用于风险不大,地层压力低于35MPa的井。适用于无H_2S的生产井,以及对产层压力和流体性质资料掌握较好的油气藏。

(3)三级井口装置。三级井口装置自下而上分别是套管头、钻井四通、双闸板和旋转头,如图4-53所示。三级井口装置装备级别最简单,适用于无大风险,低压油井,原油稠和溶解气少的生产井。

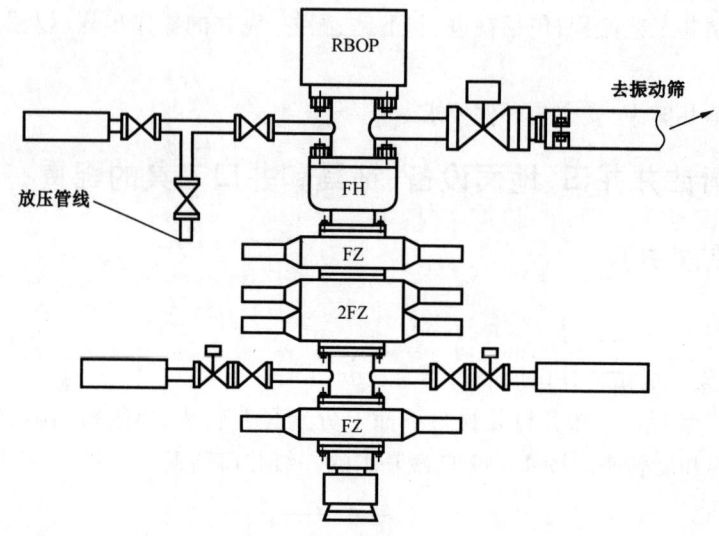

图 4-50 一级井口装置(Ⅱ)

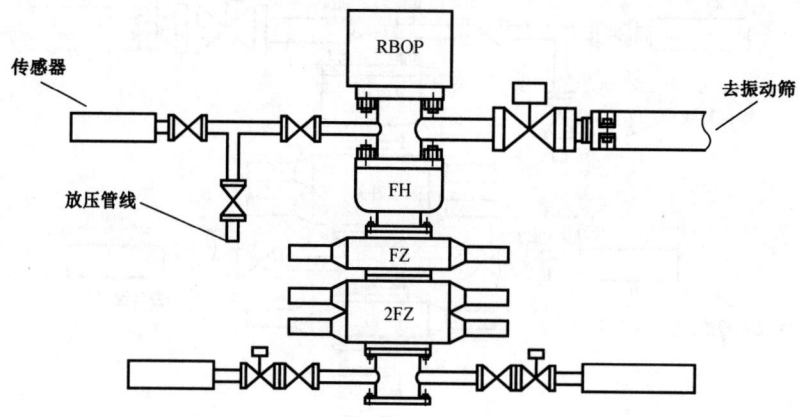

图 4-51 一级井口装置(Ⅲ)

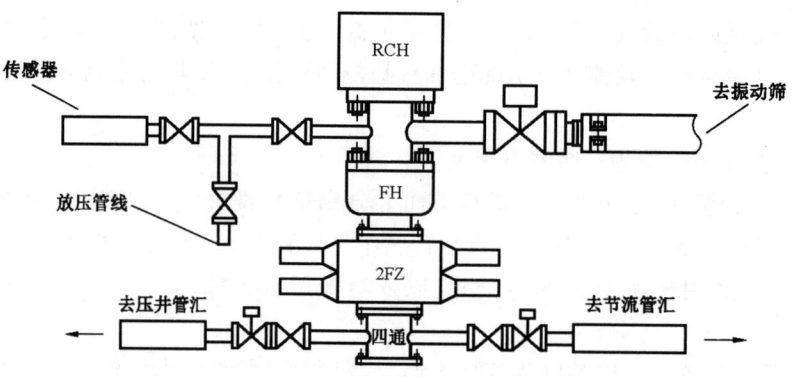

图 4-52 二级井口装置

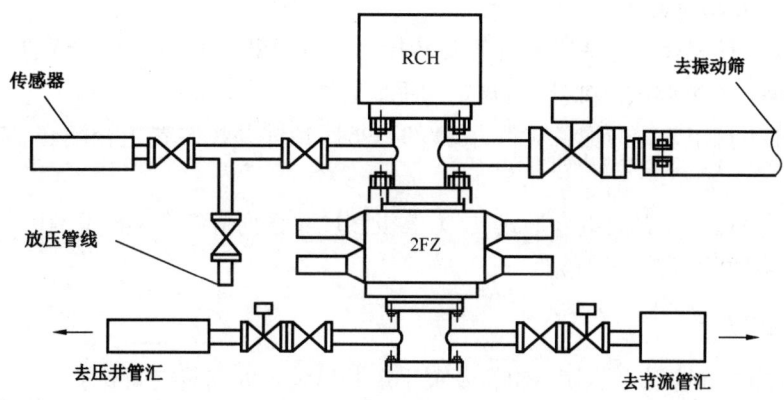

图 4-53 三级井口装置

2）欠平衡钻井井口的配置

SY/T 6543.1《欠平衡钻井技术规范 第1部分：液相》中规定了欠平衡钻井井口的配置包括：

（1）旋转控制头系统：

① 旋转控制头系统包括旋转控制头、监控箱、冷却/润滑站和压力测试管汇等。

② 高压地层应使用高压力等级的旋转控制头，允许旋转控制头压力等级（静态工作压力）低于其下部环型防喷器压力等级。

③ 旋转控制头的通径大于钻井、完井作业管串及附件的最大外径，旋转控制头额定转速不低于100r/min。

④ 旋转控制头的法兰形式、法兰尺寸、法兰用密封环垫及技术要求应符合 GB/T 22513《石油天然气工业 钻井和采油设备 井口设置和采油树》的规定。

⑤ 使用胶芯的尺寸应与所用钻杆及方钻杆尺寸匹配。

⑥ 在使用转盘钻时，需配备、安装方钻杆驱动器，其尺寸应与使用的方钻杆匹配。

⑦ 监控箱应能准确显示环空压力、气源压力和液压卡箍油压。

⑧ 旋转控制头应配备泄压、测压装置。

（2）旋转防喷器系统：

① 旋转防喷器系统包括旋转防喷器、监控箱、液压/控制系统和压力测试管汇等。

② 旋转防喷器压力等级的选用应符合旋转控制头系统中②的规定。

③ 旋转防喷器的标称尺寸、额定转速应符合旋转控制头系统中③的规定。

④ 旋转防喷器应配备液压控制系统。该系统应能够保证旋转防喷器实现抱紧、卸压、设定书紧压力值等功能，并且配备在主控制泵失效后仍能够有效控制旋转防喷器的应急系统。液压控制系统应具备对液压油加热、冷却的功能。

⑤ 监控箱应设置远程控制及数据显示装置，设置声光报警装置，能够远程监测环空压力和系统的工作情况，能够远程控制、操作系统工作，能够远程调节工作参数。

⑥ 旋转防喷器应配备泄压装置。

⑦ 在使用转盘钻时是否需使用方钻杆驱动器，应根据具体设备确定。

(3)井口压力控制装置：

① 井口压力控制装置包括所配备的旋转控制头、旋转防喷器系统及 SY/T 5964《钻井井控装置组合配套、安装调试与维护》所规定的手口装置。

② 井口压力控制装置的配备应符合 SY/T 5964《钻井井控装置组合配套、安装调试与维护》的规定。

③ 井口压力控制装置的组合形式、压力等级和尺寸系列应符合 GB/T 31033—2014《石油天然气钻井井控技术规范》的规定。

2. 井架底座

井架底座净空高应满足防喷器组合及欠平衡井口装置的安装空间要求。

3. 液动平板阀

液动平板阀的压力不小于旋转防喷器的静压,通径不小于旋转防喷器的旁通孔通径。

4. 井控管汇

(1)井控管汇的配备应符合 SY/T 5964《钻井井控装置组合配套、安装调试与维护》的规定。

(2)钻井四通至节流管汇之间应有一个液动平板阀,并能通过防喷器控制装置遥控。

(3)在压井管汇处应配置两个压井管线接口,一个接压井车,一个通过铠装防火软管(或钢管)接至钻井泵。

5. 欠平衡专用节流管汇

(1)应使用欠平衡钻井专用节流管汇并配备液动节流阀控制台。

(2)节流管汇应符合 SY/T 5323《石油天然气工业 钻井和采油设备 节流和压井设备》的规定。

(3)节流管汇除配备相同级别的压力表,另配备读数精度为 0.1MPa 的小量程压力表。

(4)节流管汇应设置两通道或三通道节流线路,其中至少有一通道设置液控节流阀。液控节流阀应设置阀位开度指示器。

(5)节流阀的公称通径不小于 65mm。

6. 井控检测仪器仪表

配备的井控参数仪表应符合 SY/T 5964《钻井井控装置组合配套、安装调试与维护》的规定。

7. 地面装置配备型式

(1)地面装置分为液相钻井液欠平衡装置和充气钻井装置两种。根据欠平衡钻井工程设计选择划面装置。

(2)液相欠平衡钻井井口及地面装置示意图如图 4-54 所示,充气欠平衡钻井井口及地面装置示意图参见图 4-55。

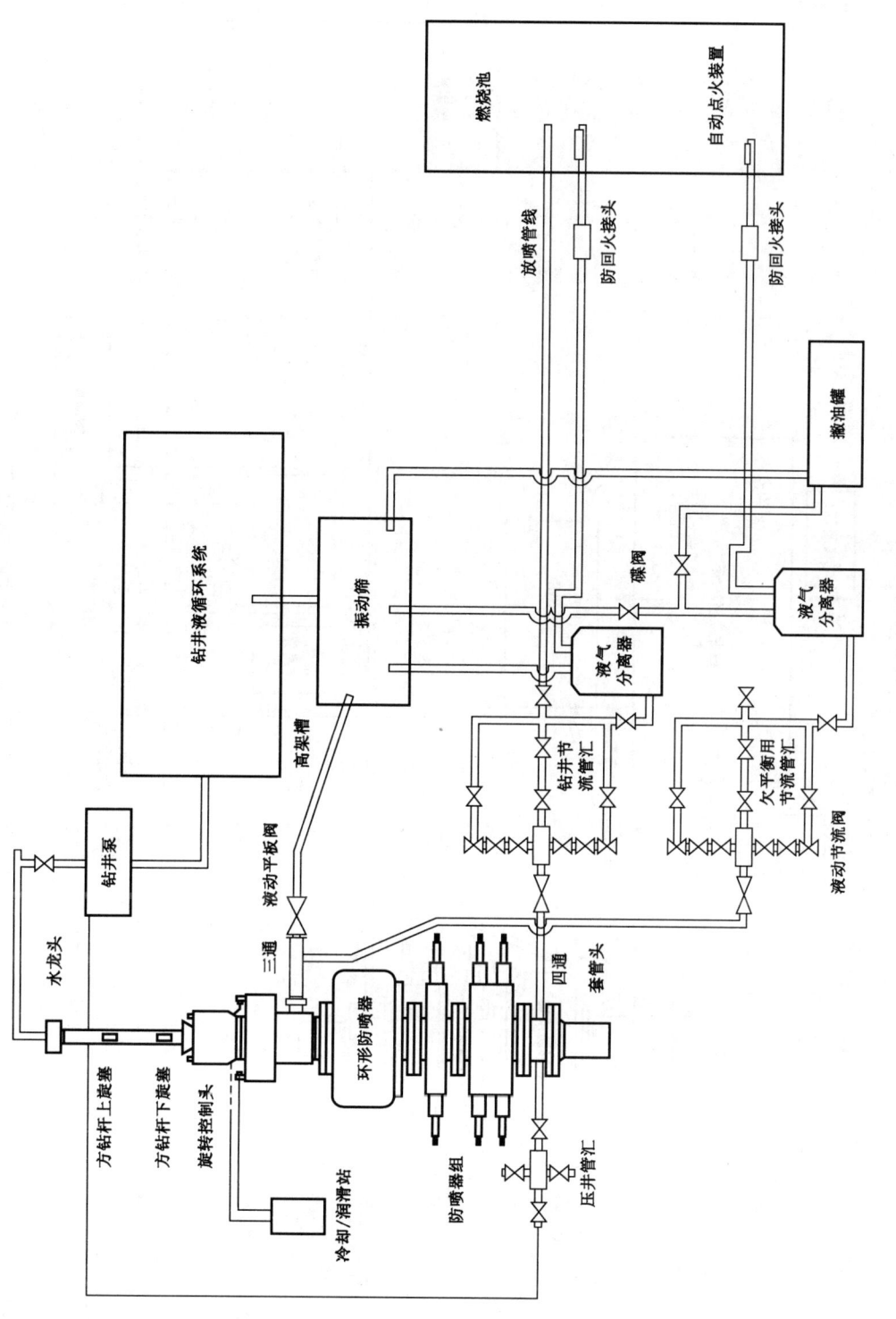

图4-54 液相欠平衡钻井井口及地面装置示意图

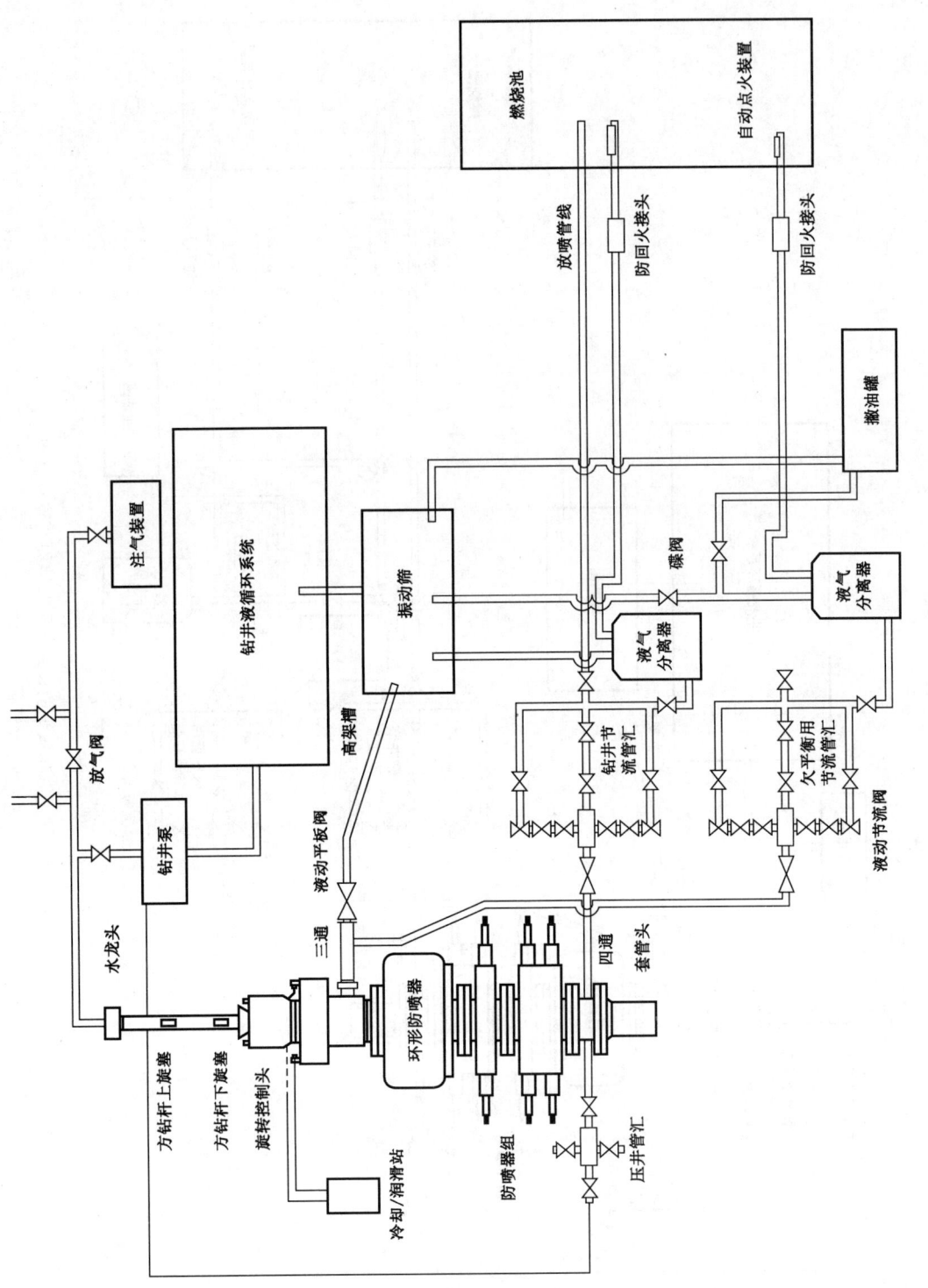

图4-55 充气欠平衡钻井井吸地面装置示意图

8. 地面装置配备要求

欠平衡钻井地面设备配置见表4-10。

表4-10 欠平衡钻井地面设备配置

配套装置	欠平衡钻井方式		
	名称	纯液相钻井液	充气钻井液
压力控制装置	旋转防喷器①	√	√
钻井流体分离装置	专用节流管汇	√	√
	液气分离器	√	√
	撇油罐②	√	√
气体燃烧装置	自动点火装置	√	√
	火炬	√	√
	防回火装置	√	√
	排气管线	√	√
充气装置	空气压缩机		√
	增压器		√
	氮气装置③		√
不压井起下钻装置④	套管阀		
	强制起下钻装置		

① 可以使用旋转控制头。
② 仅适用于油井。
③ 根据现场实际情况选用。
④ 用于全过程欠平衡钻井。

(1)钻井流体分离装置：包括液气分离器、振动筛、旋流器、离心机、除气器、砂泵等。

① 液气分离器：液气分离器包括罐体、进浆管线、出浆管线、排渣管线、排气管线、压力表和安全阀等。

液气分离器与节流管汇连接管线可根据现场情况选择高压钢管或高压软管连接。高压钢管连接应采用壁厚不小于9mm、通径不小于100mm的硬管,转弯处应采用防冲蚀的铸(锻)钢弯头。高压软管连接应采用通径不小于100mm的高压软管,管线中部用基墩固定。

液气分离器额定工作压力不低于1MPa,处理量不小于井口返出流体流量的1.5~2倍,液气分离器的气体分离能力应大于预计井最大压差下的最大产气量;当一个液气分离器的处理量满足不了要求时,允许采用两台以上的液气分离器并联使用。为了提高分离效率,可采用两台以上的液气分离器串联使用。

② 撇油罐：撇油罐应设置进浆装置、撇油装置、分离室、砂泵、油泵等。撇油罐的处理能力应大于井口返出流体量的1.5倍。

(2)气体燃烧处理装置：

① 气体燃烧处理装置包括排气管线、防回火装置、自动点火装置和火炬等。

② 排气管线的通径应不小于液气分离器气体出口通径,或根据最大产气量和液气分离器

的额定压力确定排气管线直径。

③ 排气管线每隔 10～15m 用基墩进行固定。可采用填充式基墩或水泥基墩,填充式基墩质量不小于 400kg,水泥基墩质量不小于 600kg。

④ 火炬离井口的距离应大于 75m,且位于井场的下风方向。火炬高度根据现场实际情况要求,在环保和安全条件许可的前提下,允许使用卧式火炬,火焰口应背向钻机和废液池,卧式火炬应在火炬周围设置防火墙。

⑤ 所有气体燃烧系统都应配备自动点火装置或自动引燃装置。

⑥ 所有气体燃烧系统都应配备防回火装置。内芯阻火网的有效过流面积应大于所配排气管线的过流面积。

(3) 气体注入设备:

① 特殊作业需要注入氮气,氮气注入设备有液氮和膜制氮两种:液氮要配置换热器(汽化器)、液氮泵和液氮储备罐等;膜制氮设备包括压缩机、冷却系统、膜纤维和增压机等。

② 根据充气钻井工程设计的排量和压力要求,确定充气设备规格。

(4) 液体注入设备:充气钻井液可用常规的钻井泵作为基浆的注入设备。

五、欠平衡钻井工艺技术

欠平衡钻井技术与常规钻井技术不同之处主要在于它是允许地层流体进入井筒内,核心就是井底压力的研究与控制。井底负压值的大小直接影响到地层流体进入井筒内量的多少,关系到能否安全、快速钻进。井底压力控制是欠平衡钻井成功的关键,能否设计和保持一个理想的欠平衡状态会影响到整体勘探开发效果。

1. 欠平衡钻井技术中井底压力控制

欠平衡钻井技术将平衡控制的概念应用于井筒压力体系中,采用控制环空井口回压的方法达到使井底环空压力低于地层流体压力,从而实现压力欠平衡。通常,对于地层压力系数在 1.0～1.10 的地层,采用常规钻井液欠平衡钻进;对于地层压力系数在 0.50～1.0 的地层,利用充气无固相钻井液实现欠平衡较好;而对于地层压力系数在 0.5 以下的地层,则可采用泡沫、空气等钻井流体钻进。因此,在对地层压力系数充分了解的前提下,通过对钻井液液柱压力的控制来对井底压力进行有效的控制,使欠平衡钻井的实施具备了可行性。

受井口装置、地质条件等因素的制约,井口压力需保持在设计的范围内,井底负压值也不易过大,在实钻中需通过调节节流阀控制井口压力和井底负压差。在调节节流阀时需收集立压、套压、油(气)量、钻井液密度等相关参数,并制订相关操作规程。

1) 油气侵量增大时调节原则

随着油气侵入量的增大,环空液柱压力减小,井底负压值增大,同时由于大量油气的侵入,套压随之升高。为了使井底负压差值稳定在设计范围内,应关小节流阀,使泵压升高(泵压升高值即为减少的井底负压值)。由于需要一个循环周才能将侵入的油气带出来,控制效果只有在一个循环后才能显示出来。因此,在这期间,决不能因油气量的增加而继续增大回压,以免造成过平衡钻进或压漏、压死目的层。

2）排量不变，泵压下降时调节原则

在欠平衡钻进时，排量不变，如果泵压下降，在排除钻头水眼、钻具或泵等故障的前提下，可以判断为钻遇油气层，因为油气柱在环空中上升、膨胀而造成液柱压力降低。此时，应调节节流阀使泵压回升到原值以便控制井底压力不变。在此期间应随时注意泵压的变化，当泵压继续减少时，继续调节节流阀使泵压回升，避免欠平衡钻进过程中油气侵入量急剧增加而导致压力失控。

2. 欠平衡钻井井控技术

由于欠平衡钻井井底存在负压，所以井控技术是欠平衡钻井安全实现的保证。实现欠平衡钻井，必须使用技术规定的井控设备，并保持设备完好灵活。

欠平衡钻井是通过旋转防喷器（或旋转控制头）和节流管汇控制井底压力，允许井涌和适度井喷，只有在井口回压（套压）超过一定值时，才采用常规井控技术来控制井底压力，以防止井喷失控。欠平衡钻井不存在一级井控阶段。

欠平衡钻进过程中若套压升高，升高值至7MPa不再变化，可选用密度稍高的钻井液循环或采用回压控制。若套压逐渐升至7MPa以上，并且继续升高，应关井，适度放喷，进行压井作业。

SY 5974《钻井井场、设备、作业安全技术规程》对欠平衡钻井安全提出特殊要求。

（1）实施作业的基本条件：

① 地层压力剖面、岩性剖面和油、气、水性质清楚。

② 井身结构合理，裸眼井段不应存在多个压力系统和高产水层。

③ 地层稳定性好，不易发生垮塌。

④ 地层流体中硫化氢含量应小于$75mg/m^3$（50ppm）。

⑤ 安装、使用溢流控制和处理装置。

⑥ 施工作业队伍经过专业技术培训。

（2）设计与装置配备：欠平衡设计和装置配备按SY/T 6543.1《欠平衡钻井技术规范 第1部分：液相》和SY/T 6543.2《欠平衡钻井技术规范 第2部分：气相》的要求执行。

（3）培训：

① 施工前，所有参加施工的人员应进行防硫化氢知识培训，其中副司钻以上人员应按SY/T 6277《硫化氢环境人身防护规范》的规定取得合格证。

② 施工前，应向所有参与施工作业的人员进行欠平衡工艺技术和应急计划交底，并进行应急演习。

（4）现场准备：

① 施工前，施工单位应制订详细的应急预案，并由本单位主管安全的领导审核并报业主审批。

② 面对大门右侧距井口100m远应挖一燃烧池，其容积由钻井工程设计提出。

③ 燃烧池应进行防渗和防垮塌处理。

④ 从井场到燃烧池铺设一条通道,便于架设燃烧管线。

⑤ 井场应设立风向标,安装风向标的位置是:绷绳、工作现场的立柱、临时安全区、道路入口处、井架上、器材室等。

⑥ 井场应配备有足够数量的正压式空气呼吸器(钻台五套、值班房五套、操作间三套、地质值班房五套、钻井液值班房两套);配备与空气呼吸器配套的空气压缩机,空气压缩机应安放在上风口处。

⑦ 对含硫化氢的井,应储备足量的除硫剂、硫化氢及可燃气体检测仪(固定式和便携式),以及硫化氢气体中毒抢救医疗器械及药品。

⑧ 现场应备有足够的清水。

(5) 气体监测:

① 可燃气体监测仪采用固定式。固定可燃气体监测仪应由专业人员进行安装、调试,还应配备便携式的可燃气体和硫化氢监测仪。

② 固定式可燃气体监测仪探头应安装在钻台上和振动筛等位置。

③ 可燃气体监测仪报警浓度的设置:可燃气体监测仪第一级报警浓度值设在可燃气体爆炸下限的25%,第二级报警浓度值设在可燃气体爆炸下限的50%。

④ 现场应连续24h监测可燃气体的浓度变化。

⑤ 可燃气体监测仪一年鉴定一次,校验应由有资质的机构进行。

⑥ 可燃气体监测仪性能测试时,对满量程响应时间、报警响应时间和报警精度三个参数应进行精确测量。达标后方可投入使用。

⑦ 可燃气体监测仪在使用过程中宜每周用标准气样测定一次,在钻进前用标准气样强行测定一次,标准气样应在指定的使用期限内。

⑧ 可燃气体监测仪用标准气样测定时,应有现场监督,测定记录上应有测定人员和现场监督的签字。

⑨ 钻井硫化氢气体监测仪器的安装、使用按 SY/T 5087《硫化氢环境钻井场所作业安全规范》的规定执行,校验按 SY/T 6277《硫化氢环境人身防护规范》的规定执行。

(6) 接单根和起下钻作业:

① 钻台应准备有水管线。

② 接单根和起下钻作业时,应保证斜坡钻杆接头本体光滑,无毛刺等缺陷,减轻对旋转头胶芯的损坏。

③ 从起钻至油气层以上300m井段内,起钻速度应控制在0.5m/s以内。

(7) 应急:

① 施工期间,应有医护人员值班。

② 钻进期间,宜有消防车和消防人员在现场值班。

③ 发生意外时,应启动应急程序。

3. 欠平衡钻井的钻具组合

欠平衡钻井的钻具组合执行 SY/T 6543.1《欠平衡钻井技术规范 第1部分:液相》中对钻具组合的要求:

(1)钻具、井口特殊工具配备要求见表 4-11。

表 4-11 钻具、井口特殊工具配备

序号	名称	单位	数量
1	六方方钻杆①	根	1
2	六方方钻杆补心①	套	1
3	18°斜坡钻杆	m	根据具体情况定
4	18°斜坡吊卡	只	≥3
5	旋塞	只	根据具体情况定
6	钻具止回阀	只	根据具体情况定
7	旁通阀	只	1

① 仅当使用转盘钻时应用。

(2)方钻杆应使用上、下旋塞。

(3)钻柱中至少应接一个钻具止回阀。

(4)钻具底部应至少接一个常闭式止回阀。

(5)液相欠平衡钻井,除定向井、水平井外,可在钻柱上再接一个投入式止回阀。投入式止回阀应接在常闭式止回阀之上。

(6)钻杆充气时,在钻柱的上部接一个钻具止回阀;宜在钻柱中间接若干个钻具止回阀。

(7)要进行不压井起下钻作业时,钻台应配备止回阀泄压装置。

(8)使用旁通阀时,安装位置应在钻具底部止回阀之上。

(9)使用转盘钻时,宜使用六方方钻杆,并符合 SY/T 6509《方钻杆》的相关规定。

(10)通过旋转控制头或旋转防喷器的钻杆应为 18°斜坡钻杆。

(11)选用与钻杆匹配的 18°斜坡吊卡。

第六节 深井与超深井钻井施工

一、深井与超深井的特点

对于油气井而言,深井是指完钻井深为 4500~6000m 的井;超深井是指完钻井深为 6000m 以上的井。由于深井、超深井钻遇地质情况复杂(诸如山前构造、高陡构造、难钻地层、多压力系统及不稳定岩层等,有些地区也存在高温高压效应),井下复杂与事故频繁,建井周期长,工程费用高,从而极大地阻碍了勘探开发的步伐,同时增加了勘探开发的直接成本。深井、超深井钻井技术,是保证勘探和开发深部油气资源必不可少的关键技术。

深井、超深井钻井技术问题主要包括:复杂深井井身结构及套管柱优化设计,深井高效破岩及钻井参数优选技术,深井用系列高效钻头,深井钻井装备以及其他配套技术在深井中的应用等问题。

二、复杂深井井身结构及套管柱优化设计

1. 井身结构设计

传统的井身结构设计方法对生产井和探井没有区分,都是自下而上进行设计,这种设计可以使所设计的套管层次最少,每层套管下入的深度最浅,节省成本。对于深井钻井,尤其是深探井钻井来说,一般对所钻地区的情况掌握不清,要切实保证钻达目的层、提高深井钻井的成功率,就必须有足够的套管层次储备,以便一旦钻遇未预料到的复杂层位时能够及时封隔,并继续钻进。但目前的套管、钻头系列有限,只能有两到三层技术套管,只能封隔钻井过程中的两到三个复杂层位。因而,希望每一层套管都能尽量发挥其作用,希望上部裸眼尽量长些,上部大尺寸套管尽量下得深一些,以便在下部地层钻进时有一定的套管层次储备和不至于小井眼完井。

自上而下的设计方法能很好地体现上述想法,可以使设计的套管层次最少,每层套管下入的深度最深,从而有利于保证实现钻探目的,顺利钻达目的层位。

自上而下的设计方法的基本过程是:根据裸眼井段必须满足的约束条件,首先从地表开始向下确定表层套管的下入深度,然后向下逐层设计每一层技术套管的下入深度,直至目的层位。

2. 复杂深井超深井套管和钻头系列

国外深井超深井的套管和钻头系列的特点是井眼直径大,多数采用一层或两层较大尺寸的导管来封隔疏松表层,常用的导管尺寸有 508.0mm,609.6mm,660.4mm,762.0mm,914.4mm,1066.8mm 等,最大到 1219.2mm,许多深井超深井都采用了较大尺寸的表层套管,最终井眼尺寸都为 215.9mm,下入 177.8mm 套管或尾管完井,或下入最小直径为 127.0mm 的油层套管。其优点是:

(1)全井都能用 127mm 或更大尺寸钻杆钻进,可使用性能合适的配套钻井设备及工具,使水力、钻头类型等钻井参数得以优化,钻具扭断和钻杆扭断机械事故大大减少。

(2)有利于取心作业、打捞作业和生产测试等。

(3)井深结构留有一定的余地,在遇到较大的钻井问题时可以多下一层套管柱。

国内深井钻井中通常采用的套管程序为:508mm—339.7mm—244.5mm—177.8mm—127.0mm,少数陆地深井和海洋钻井已采用 762.0mm—508.0mm—339.7mm—244.5mm—177.8mm—127.0mm 的套管程序。对于地质条件相对复杂的深井、超深井来说,其井身结构一般采用 3~4 层技术套管。

现有的套管程序适用于地质条件不太复杂的地区,但在复杂地质条件下的深井超深井中,这种单一的套管程序,对钻井液的依赖性太强,井身结构方案调整余地小,很难满足复杂地层深井钻井的要求,主要存在以下几个方面的问题:

① 套管层数少,不能满足封隔多层复杂地层的要求。

② 现有深井的套管设计程序中套管柱之间的间隙大,钻井成本高,机械钻速低。目的层套管与井眼的间隙小,易发生套管阻卡,难以保证固井质量。

③ 下部井眼尺寸小,不能满足采气和井下作业的要求,不利于快速、优质、安全地钻井,也

不利于进一步加深钻进。

3. 套管柱优化设计

套管柱优化设计是在满足安全的条件下确定费用最低的套管柱组合方案。优化设计模型的具体实现有多种方法,其中,利用数据库的结构化查询语言实现优化模型的求解是直接高效的方法。由于深井和超深井的井底温度和压力很高,套管柱所处的工作环境的特点不同于浅井,此时,高温高压对套管柱内部气柱压力分布影响显著,需要用更准确的方法计算。温度对油、套管柱的强度、螺纹密封性及腐蚀性具有较大的影响,在套管柱设计中应给予考虑。

三、深井与超深井主要技术问题及解决方法

如何提高深井超深井钻井速度,是钻井工程领域迫切需要解决的重大技术难题之一。它涉及钻井工程的各个环节,是一个十分复杂的系统工程问题。

深井和超深井从整体上看机械钻速较低,而且由于钻井周期长还容易导致各种井下复杂情况和钻井事故的发生,这样又会给快速钻井技术的实施带来不利影响。

1. 深井大直径井段高效破岩及洗井技术

通常把井眼直径在 $\phi 311.1$mm 以上的井段称为大直径井段。按我国目前主要采用的套管程序,大直径井段主要指井深超过 1500m 的 $\phi 444.5$mm 井段及井深超过 2500m 的 $\phi 311.1$mm 井段。

大直径井段钻井速度慢主要表现为:随着井眼增大和井深增加,机械钻速明显下降,单只钻头进尺减少。在一些地区的相同井段,用 $\phi 215.9$mm 钻头钻进,平均机械钻速为 6~8m/h;用 $\phi 311.1$mm 钻头钻进,平均机械钻速为 3~4m/h;而用 $\phi 444.5$mm 钻头钻进,平均机械钻速为 1~2m/h。当大直径钻头钻遇致密泥页岩地层时,平均机械钻速甚至可能低于 0.5m/h。

(1)大直径井段的钻井技术问题:主要是洗井、破岩、钻头和装备问题。

① 大直径井眼的洗井问题:与常规 $\phi 215.9$mm 井眼相比,由于井眼尺寸增大,$\phi 444.5$mm 井眼在水力参数、井底清洗和岩屑携带能力等方面发生了明显的变化,它们在很大程度上影响了大直径井段的钻井速度。

大直径井眼钻进需要的排量大,钻头可利用的水力能量随着井深增加而急剧下降。80%以上的水功率损耗在循环系统上,井底和钻头清洗状况不良,影响钻井速度,在软地层中使用 $\phi 444.5$mm 钻头普遍存在泥包现象。因此,大直径井段较深时,在水马力利用方面就存在着严重的问题。

随着井眼尺寸增大,环空返速大幅度减小,岩屑举升效率急剧下降,较大粒径砾石难以被清洗携带出来,增加重复破碎,大直径井眼中岩屑携带能力降低也是导致大直径牙轮钻头在砾石层中机械钻速很低的一个重要原因。

② 大直径井眼中机械能量不足的问题:对旋转钻井来说,破岩机械能量可以采用比钻压(即钻压/钻头直径)与转速的乘积来衡量。由于目前使用钻具的限制,大直径钻头上施加的钻压普遍不足。在上部软地层所需机械破岩能量小,水力因素影响较大,机械破岩能量对钻速的影响不显著。但随着井深的增加,地层逐渐变硬,大尺寸钻头机械破岩能量不足的影响就越来越显著。遇到难钻地层,机械能量不足会明显影响钻头的机械钻速。

③ 大尺寸牙轮钻头方面的问题:目前,国产大尺寸牙轮钻头系列不全,可选型号少;大尺寸牙轮钻头齿面结构存在问题。一是随牙齿直径增大,同一齿圈上相邻牙齿之间的齿顶间距加大,影响破岩效率。二是随牙齿直径增大,齿顶圆柱面半径相应增大,这会明显降低齿顶与井底的接触应力,影响破岩效率。

④ 钻井装备方面的问题:在大直径井段钻井过程中,钻井装备的实际能力也制约了钻井速度的提高。由于大直径井段要求钻井液排量较大,对钻井泵配备和工况提出更高的要求;ϕ444.5mm井眼每米进尺的岩屑量是ϕ215.9mm井眼的4.23倍,因此对钻井液固控设备的处理能力提出了更高的要求;国内普遍缺少ϕ139.7mm以上的大钻杆和ϕ254mm以上的大钻铤系列,极大地制约了钻头的水力能量和机械能量的发挥,限制了大直径井段钻井速度的提高。

(2) 大直径井段高效破岩及洗井技术:当前深井大直径井段钻井技术的根本问题就是钻具、钻头与钻井工艺要求不相适应。因此,解决问题的关键就是要进行钻井装备与钻井工艺的配套,使之与深井大直径钻井的工艺要求相适应。

① 采用大尺寸钻杆,改ϕ127mm内加厚钻杆为ϕ139.7mm内平钻杆或ϕ168.3mm钻杆,降低沿程压耗,解放水力能量,强化水力参数,提高井底水功率和喷射速度。

② 强化水力参数,合理使用喷嘴组合,改善井底清洗状况,消除井底清洗死角,充分发挥水力清岩和辅助破岩作用。

③ 应针对地层岩性特点,改进钻头齿面结构和水力结构,提高钻头质量;研制新型钻头,完善大尺寸钻头系列,加强钻头合理选型。

④ 使用大尺寸钻铤,强化钻井参数,提高井底破岩机械能量。

⑤ 采用中转速大扭矩的井下动力钻具,通过提高转速来提高机械钻速。

⑥ 提高钻井装备的配套能力。对于较长的大直径井段,应尽可能配备三台钻井泵保证双泵打钻,减少修泵停钻时间,提高钻井时效。

另外,对于深井上部的大直径井段,井身质量是至关重要的问题。必须采取适当的钻具组合和防斜措施,加强井斜监测,保证井身质量的要求。

2. 深部井段高效破岩技术

(1) 深部井段的钻井技术问题:

① 深部井段高围压作用:由于高围压作用,岩石机械性能明显变化,致密泥页岩、泥质砂岩和砂质泥岩等地层岩石的强度、硬度增加,而且岩石从常压下的脆性向塑—脆性或塑性转化,牙轮钻头牙齿的破岩效果变差,同时深部致密地层岩石的孔隙压力很低,在高密度钻井液条件下井底的岩屑压持效应十分明显,机械钻速很慢。

② 深部井段井底水力能量严重不足:在深部井段,由于钻柱长、钻井液密度高、黏度大、沿程压耗非常大,水功率利用率很低,井底清洗不良,不能发挥水力辅助破岩作用。

③ 深部井段钻头选型和使用受限:在深部井段,由于牙轮钻头轴承密封系统的橡胶元件在井底高温高压作用下容易出现永久变形、老化、应力松弛等问题而失效,工作寿命较短。目前除了因地层原因不得不选用牙轮钻头外,一般情况下不选用。而且由于深井起下钻时间长,工作寿命短就会导致行程钻速低。因此一般选用无运动件、耐磨且寿命长的金刚石类钻头。

如果深部地层适合PDC钻头钻进,PDC钻头是最佳选择。但往往深部地层硬度较高,

PDC钻头不一定适用。这样,就只能以 TSP 钻头或孕镶金刚石钻头作为主要选择对象。而这类钻头吃入深度有限,在转盘方式下机械钻速不高。

(2)深部井段高效破岩技术:

① 采用井下动力钻具钻井方式:配合自锐式金刚石钻头,高转速钻进,提高机械钻速。在欧洲地区,采用涡轮钻具配合自锐式金刚石钻头钻进,单只钻头进尺一般在 200~500m,机械钻速在 2.5~5.0m/h。已成功地应用到深井段的致密泥页岩和泥质砂岩地层中。在 3500~6700m 井深范围内,钻井液密度一般在 1.3~2.0g/cm^3,在高转速条件下可以较大幅度地提高难钻地层的机械钻速。我国四川和塔西南地区使用巴拉斯金刚石钻头配合动力钻具,也取得了较高的机械钻速。

② 采用大钻杆或复合钻杆:尽量减小沿程压耗,发挥水力能量。采用 ϕ139.7mm 钻杆或内平式 ϕ127mm 钻杆,尽量优化井底水力参数,以强化井底水功率。使用牙轮钻头时,应采用新型加长组合喷嘴、新型侧喷嘴等改善井底流场,加强水力清岩和辅助破岩作用,及时清除井底岩屑,提高钻头的破岩效率,避免井底重复破碎。

③ 正确选用牙轮钻头:由于岩屑录井的要求和岩性等原因,有时必须使用牙轮钻头。此时要正确选用合适的牙轮钻头,对于研磨性低的泥页岩难钻地层,可选用钢齿钻头。选用金属密封的中转速滑动轴承牙轮钻头或高转速的滚动轴承牙轮钻头,配合中转速(转速 200~250r/min)、低压降、大扭矩的减速器涡轮钻具,可较大幅度地提高难钻地层的机械钻速。

④ 合理设计井身结构:做好地层压力预测和监测,减少井下复杂情况。对于初探井来说,在井身结构设计时应留有余地,保证在遇到复杂的地质情况时仍能顺利钻进,达到勘探目的。国外一些石油公司在设计井身结构时往往采用 ϕ311.1mm 钻头钻达目的层,留下一层技术套管的余地。这样初探井的勘探成本可能更高,但勘探成功率可能更大。我国的初探井一般在设计井身结构时采用 ϕ215.9mm 钻头完钻,如发生井下复杂情况而无法处理时,由于小井眼钻井速度较慢,一般就被迫事故完井。这样就达不到预定的勘探目的,延误勘探进度。因此,井身结构设计时要做好地层压力预测工作,掌握可靠的基础数据,考虑到现有钻井工艺技术水平及新技术的应用。在施工过程中,做好地层压力监测,及时发现异常情况,减少井下复杂情况和钻井事故的发生,这是提高钻井速度的前提条件。

⑤ 合理调整钻井液性能:由于深部井段钻速慢,泥页岩地层在钻井液中长期浸泡下,由于水化作用造成岩石强度降低,容易引起井壁不稳定。因此通过合理调整钻井液性能,降低滤失量,提高滤液的抑制性,防止泥页岩水化。同时合理控制钻井液的密度和黏度,在保证井下安全的情况下,尽量降低钻井液密度和黏度,为充分发挥水力能量、清洗井底、降低井底压差、提高破岩效率创造有利条件。

3. 深井钻井参数优选技术

1)深井钻井参数优选遇到的问题

钻井过程是一个十分复杂的多因素相互作用过程,参数多变而且有的参数难以准确取得,在深井条件下优选钻井参数,受到的约束条件更多,计算误差更明显。所以,需要综合考虑各方面因素,权衡利弊,才能得到一个相对合理的结果。

2)深井钻井参数优选技术及其应用

深井钻井参数优选技术应立足于现场,对有的参数通过现场实际数据进行反演计算,再代入计算模型,利用现场的实际数据对计算结果进行实时校正和优化。这样可以消除理论计算模型的系统误差,从根本上保证钻井参数优选结果的可靠性和实用性。

实际应用都是采用"深井、超深井的钻井参数优选软件",对钻压—转速优选、钻井水力参数计算与优化。在优化模型中,用钻头实际使用结果来校正理论计算结果,以消除各种因素带来的计算误差,并实时更新"校正系数"。这样,得出的优化计算结果能较好地符合现场钻井条件。对钻井水力参数,用实际泵压来校正理论计算泵压,以消除各种因素带来的计算误差,并实时更新"校正系数",再将"校正系数"代入理论计算模型中对水力参数优化计算,这样得出的优化计算结果具有很好的现场一致性。

第五章 固井与完井

本章共介绍了五部分的内容,重点介绍了下套管和注水泥、提高固井质量的措施、特殊固井技术三个方面。

固井是一口油气井钻井过程中的关键环节,是多工种联合施工的作业,是一项应用工程。

为了加固井壁,保证继续安全钻进,封隔油、气和水层。保证勘探期间的分层试油及在整个开采过程中合理的油气生产,为此下入优质钢管,并在井筒与钢管环空充填好水泥的作业,称为固井工程。固井工程的特殊性:

(1)是一次性工程,如果质量不好,一般情况下难以补救。

(2)是隐蔽性工程,主要流程在井下,施工时不能直接观察,质量控制往往决定于设计的准确性和准备工作的好坏,受多种因素的综合影响。

(3)影响后续工程的进行。

(4)是一项花钱多的工程。

(5)施工时间短,工序内容多,作业量大,是技术性强的工程。

第一节 井身结构及套管柱

一、井身结构

1. 定义

套管层次、套管下入深度以及井眼尺寸(钻头尺寸)与套管尺寸的配合,如图5-1所示。

2. 内容

(1)下入套管层数。

(2)各层套管的下入深度。

(3)选择合适的套管尺寸与钻头尺寸组合。

3. 井身结构设计的主要原则

(1)能有效保护油气层。

(2)能避免产生井漏、井喷、井塌、卡钻等井下复杂情况,为全井安全、优质、快速和经济钻进创造条件。

(3)当实际地层压力超过预测值使井出现溢流时,在一定范围内,具有压井处理溢流的能力。

井身结构设计包括井眼尺寸、套管层次、下入深度、完井方法、水泥返深等项目。套管层次和下入深度的设计原则是:要求能有效地保护油气层,封隔不同压力层系,尽可能地减小钻井

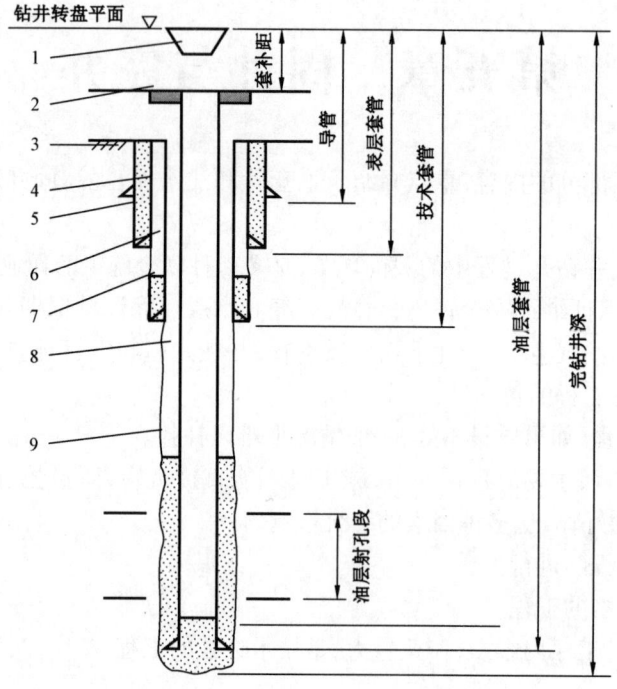

图 5-1 井身结构示意图

1—方补心;2—套管头;3—导管;4—表层套管;5—表层套管水泥口;6—技术套管;
7—技术套管水泥环;8—油层套管;9—油层水泥环

液及水泥浆对产层的污染,控制井的喷、坍、塌、垮及卡等复杂情况的发生,从而实现安全钻进,获得最短的建井周期和使全井成本最低。井身结构设计主要考虑以下因素:

① 近平衡压力钻井时使用密度最低的钻井液。

② 钻下部井段使用的钻井液,不允许压裂上层套管鞋处的裸眼地层。

③ 保证下套管不发生压差卡钻事故。

④ 控制井喷,压井时在套管鞋处采用的压力梯度应小于地层破裂压力梯度。

⑤ 两个合理的标准间隙,即套管与井眼的间隙及钻头与套管的间隙。

固井设计应掌握上述条件及设计因素,尤其是地层破裂压力和间隙值,它们将影响水泥浆、注水泥流变设计和套管类型及套管尺寸的选择。

4. 套管类型

油井套管是优质钢材制成的无缝管或焊接管,两端均加工有锥形螺纹。套管作用主要有:防止井塌、防止钻井液对井壁的过度冲蚀;防止淡水层、低压力层带被污染;防止油气泄漏;控制油气入井量;为控制井内压力提供条件;以便安装采油人工举升装置;为油气流动提供通道。

1) 导管

钻表层井眼时,将钻井液从地表引导到钻台平面上来。

井身结构下入的第一层套管,用来隔离海水和地表淤泥层,以利于钻井作业,一般使用762mm 套管,下入深度泥面以下大约50m 左右。

2) 表层套管

防止浅层水受污染,封闭浅层流砂、砾石层及浅层气,支撑井口设备装置,悬挂依次下入的各层套管的载荷。

井身结构中的第二层套管,下入后立即用水泥固井,水泥返至地面,一般使用 508mm 套管,下入深度一般为几十米至几百米不等。

3) 技术套管

表层套管与油层套管之间的套管叫技术套管。封隔坍塌地层及高压水层,封隔不同的压力体系,满足继续钻井的需要。在钻到目的层之前,用来隔离在钻井途中可能遇到的其他油、气、水层、漏失层和易坍塌层等复杂地层,以利钻井顺利作业。一般使用 339.7mm 套管,下入深度和固井水泥返高,根据现场实际情况而定。

4) 油层套管

井身结构中最内一层套管叫油层套管,为油气生产提供流通通道,保护产层、分层测试、分层采油、分层改造。

用来封隔目的层中的油、气、水层,射孔后为长期开采目的层的油、气、水层提供通道。一般使用 139.7~244.5mm 套管,下入深度根据现场实际情况而定。固井时一般要求水泥返高至最上一层油、气层顶部以上 200~250m。

5) 尾管

尾管是一种不延伸到井口的套管柱。它从井底向上超过中间套管底部或油层套管 100ft,有时还要高些。尾管几乎都用尾管柱在上部套管柱内悬挂,并常常用水泥封固。但油层尾管有时不用水泥固定而悬挂于井内。

使用尾管的主要优点是费用低,因为仅要下入一段很短的管柱就代替了从井底到地面的完整管柱。深井使用尾管有几点好处:下尾管施工时间短,从而减少了卡套管柱的可能性;若上层套管被钻柱磨坏,不可能从尾管顶端至井口下入内衬管。

主要应用有技术尾管、生产尾管、尾管回接。

5. 套管规范

对所用套管系列的统一规定,叫套管规范。规定了套管生产的尺寸、钢级、壁厚、连接方式等;目前一般使用的是美国 API 套管规范。其规定的有关性能主要有:套管尺寸、套管壁厚、螺纹类型与套管钢级。

1) 套管尺寸(又叫名义外径或公称直径):本体外径

常用套管尺寸包括:114.3mm,127.0mm,139.7mm,168.3mm,177.8mm,193.7mm,219.1mm,244.5mm,273.1mm,298.5mm,339.7mm,406.4mm,473.1mm,508.0mm。

套管尺寸的选择:与钻头尺寸相配合。

目前国内外所生产的套管尺寸及钻头及尺寸已标准系列化。套管与其相应井眼的尺寸配合基本确定或在较小范围内变化。

2) 套管壁厚与套管单位长度公称重量

套管壁厚、套管单位长度公称重量两者是直接相关的。套管壁厚指的是套管本体处套管壁的厚度,套管壁厚有时又称为套管公称壁厚。套管壁厚也已标准系列化;套管单位长度公称重量,指的是包括接箍在内的、套管单位长度上的平均重量。

3) 螺纹类型

套管螺纹及螺纹连接是套管质量的关键所在,与套管的强度和密封性能密切相关。API 标准的螺纹类型有四种,如图 5-2 所示:

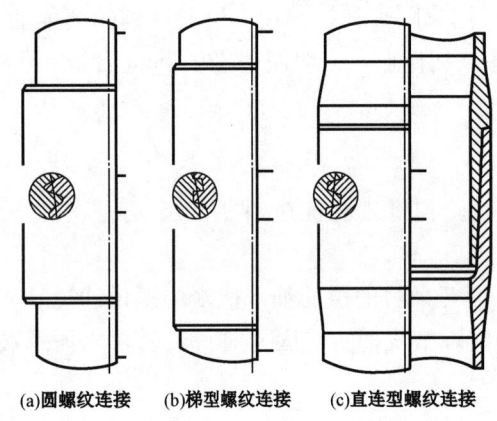

(a)圆螺纹连接　(b)梯型螺纹连接　(c)直连型螺纹连接

图 5-2　API 螺纹连接示意图

螺纹代号:STC(CSG)——短圆螺纹;
LTC(LCSG)——长圆螺纹;
BTC(BCSG)——梯型螺纹;
XL(XCSG)——直连型螺纹,用于无接箍套管。

圆螺纹扣尖角 60、锥度 1∶16、25.4mm 有 8 扣(8 扣/in)。

API 标准螺纹的优点有:加工容易,一般精度,油田现场容易加工配接有关短节,成本低;采用一般操作条件连接,易于修扣和现场处理;在有优质密封脂配合使用,对流体密封条件可达 69MPa 及 149℃;可以重复上扣使用。

API 标准螺纹的缺点有:过高压力及气体不能满足密封要求;API 螺纹的连接强度仅是管体抗拉强度的 80%;在有腐蚀流体的环境,因 API 接箍的"干扰值"过大,过大的圆周应力容易产生接箍的氢脆应力破坏或发生应变裂纹。

4) 套管钢级

API 标准规定套管本体的钢材应达到规定的强度,用钢级表示。API 对套管进行了相应的分级(H,J,K,N,C,L,P,Q 八种共十级),即 H40、J55、K55、C75、L80、N80、C90、C95、P110 和 Q125,前 6 种类型为抗硫的,其余为非抗硫的。

除上述 API 标准套管外,国外还研究和开发了满足特殊使用条件的非 API 标准套管,包括:深井的超高强度套管;酸性环境用套管;高抗挤毁套管;用于常温油气井的高强度套管。这些特殊套管的应用,相当程度上解决了深井、高压井、高腐蚀井、海洋和近海油气田、沙漠腹地油气田开发所面临的难题,并为水平井及热采井等推广打下了基础。

非标准的钢级也较广泛使用,如 NKK,S,SS,V 等。

API 规定钢级代号后面的数字乘以 1000psi(6894.8Pa)即为该钢材的最小屈服强度。这一规定除了极少数例外,也适应于非 API 标准的套管(1MPa = 145.04psi)。

如:N—80——>80 * 1000Psi。

但也有个别例外:

S—80——>55kpsi;

SS—95——＞80kpsi。

有抗硫能力的套管钢级：

H—40,J—55,K—55,X—52,C—75,L—80,C—90。

采用非 API 标准有两种情况：

一是套管的尺寸、钢级与壁厚按照 API 规范，只是在螺纹连接上采用非 API 标准的特殊螺纹连接型式，这主要是为了解决螺纹连接的高密封要求问题；

二是套管的尺寸、壁厚与螺纹连接型式按照 API 规范，但使用特殊的套管钢级，这是为了解决套管腐蚀和高应力问题。

API 钢级代号和颜色标记见表 5-1。

表 5-1 API 钢级代号和颜色标记

钢级	代号	颜色标记
H—40	H	无颜色
J—55	J	一条浅绿色环带
K—55	K	两条浅绿色环带
C—75	C—75	蓝色，特殊情况接箍为蓝色，且中间有一黑色环带
N—80	N	一条红色环带
C—95	C—95	蓝色（棕色特殊情况用），特殊情况接箍为蓝色，且中间有一黑色环带
P—110	P	白色（离接箍 0.6m 处）
L—80	L	红/棕/红
U—150	U	白

API 扣型代号见表 5-2。

表 5-2 API 扣型代号

扣型	长圆扣	短圆扣	梯形扣	无接箍
代号	LCSG	SCSG	BCSG	XCSG

其他标记如图 5-3、图 5-4 和图 5-5 所示。

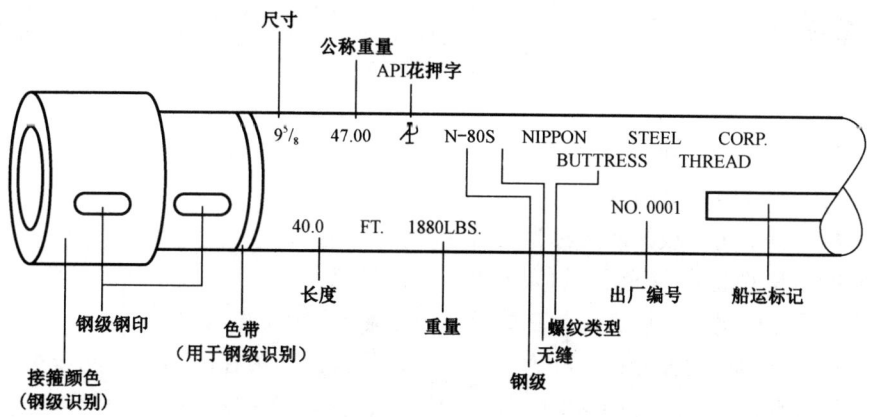

图 5-3 套管识别标记

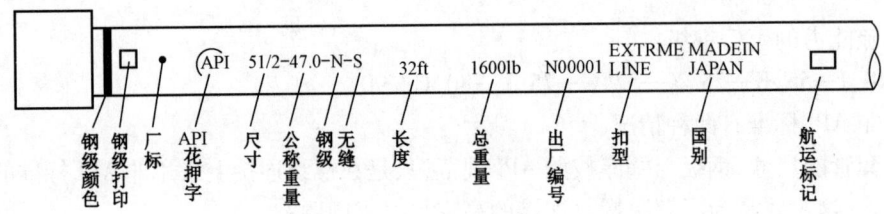

图 5-4 圆螺纹套管标记(示范)

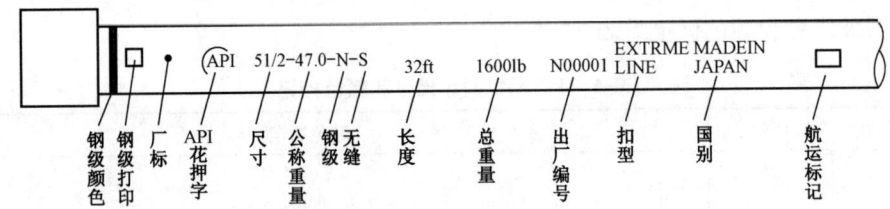

图 5-5 API 直连型螺纹套管标记(示范)

二、套管柱的组成及其受力状况

大多数的套管是用套管接箍连接组成套管柱。

1. 套管柱的主要功能

抗挤、抗拉、抗内压、密封。

2. 对套管的要求

圆度、壁厚均匀性、抗腐蚀、最小的流动阻力、良好的上扣性能及重复互换性能、耐磨(硬度指标)。

3. 套管柱的组成

由不同强度的套管段组成。

4. 套管强度

1) 套管强度

外载可分为三种,即作用在管柱外壁上的外挤压力、作用在管柱内壁上的内压力和作用在管柱内方向与管柱轴线平行的轴向拉力。

套管所具有的抵抗外载的能力称为套管强度。

套管所能承受的最大外挤压力称为套管的抗挤强度。

套管所能承受的最大内压力称为套管的抗内压强度。

套管所能承受的最大轴向拉力称为套管的抗拉强度。因为在轴向拉力的作用下,套管的破坏一般是发生在套管本体与接箍的螺纹连接处,因此套管的抗拉强度又常称为连接强度或接头拉伸强度。

2) 轴向拉力作用下套管的失效形式

轴向拉力作用下套管的失效主要原因是轴向载荷过大。常见失效形式有：螺纹（接箍）滑脱、螺纹断裂、管体断裂、氢脆。在螺纹（接箍）滑脱中，以圆扣套管最为常见；如果拉力大于螺纹连接强度，小于本体强度螺纹断裂，会产生螺纹断裂，一般发生在螺纹最后一个啮合螺纹处（扣根）（直径最小）；如果拉力小于螺纹连接强度，大于本体强度，会发生管体断裂。

5. 套管柱受力状况

在入井、注水泥以及以后生产的不同时期，套管柱的受力也是不断变化的。

在不同的地层和地质条件下，套管柱所承受的外载荷也是不同的。

如在井下的盐岩层对套管柱的压力梯度，则要按上覆岩石的压力梯度计算；在酸化压裂时承受的内压力与正常采油时的压力就不同；在易坍塌油层生前的前、中、后期对套管柱的外挤压力也不尽相同。

套管柱在井下受力十分复杂，但最终结果可以归结为轴向拉伸或压缩、外挤压力和内压力。轴向拉力和压力主要是由套管自重和钻井液浮力引起，外挤压力主要由管外静液柱压力和岩石侧压力引起；内压力主要由管内液柱压力、地层流体压力以及各种作业时的注入压力引起。

1) 岩石侧压力

对于盐膏层等塑性蠕变地层，易垮塌层以及地应力强烈的地层等存在着岩石侧压力。在钻井或开采过程中岩石侧压力将作用在套管上而产生外挤压力。这个外挤压力可以是均布的，也可以是非均布的。

根据岩石力学原理，可用上覆岩石压力计算岩石侧压力。其计算式见式(5-1)至式(5-6)：

$$\sigma_x = \frac{\mu_x}{1-\mu_x}\sigma_z = k_x \sigma_z \tag{5-1}$$

$$\sigma_y = \frac{\mu_y}{1-\mu_y}\sigma_y = k_y \sigma_y \tag{5-2}$$

$$\sigma_z = \sum_1^n \rho_{ri} g h_i \tag{5-3}$$

其中

$$k_x = \frac{\mu_x}{1-\mu_x}, k_y = \frac{\mu_y}{1-\mu_y}$$

式中 σ_x, σ_y——水平面上互相垂直的岩石侧压力，MPa；

σ_z——上覆岩石压力，MPa；

μ_x, μ_y——水平面上 x 和 y 方向的波桑系数；

k_x, k_y——岩石侧压力系数；

ρ_{ri}——计算点以上第 i 层岩石的密度，kg/m³。

h_i——计算点以上第 i 层岩石的深度，m。

对各向同性地层中：

$$\mu_x = \mu_y = \mu \qquad (5-4)$$

$$k_x = k_y = k \qquad (5-5)$$

所以岩石侧压力可简化为式(5-6):

$$p_s = \frac{\mu}{1-\mu}\sigma_z = k\sigma_z \qquad (5-6)$$

2) 套管有效内压力

(1) 表层和技术套管有效内压力计算:

表层和技术套管用于设计的最大内压力,是以循环处理井涌时进行压井作业为前提条件的。这个前提条件是循环压井时不能使套管鞋处的地层被压裂。因此,循环压井时的最大钻井液密度不能超过套管鞋处的地层破裂压力梯度。所以,套管鞋处的最大压力按钻下一层井眼可能使用的最大钻井液密度在套管鞋处产生的液柱压力来计算,见式(5-7):

$$p_{BS} = 9.81 \times 10^{-3} \times \rho_{max} \times H_s \qquad (5-7)$$

式中 p_{BS}——套管鞋处的最大压力,MPa;

ρ_{max}——钻下一层井眼允许使用的最大钻井液密度,g/cm³;

H_s——套管鞋处的井深,m。

对任一井深处套管内压力的计算分两种情况:

对气井见式(5-8):

$$p_{BH} = \frac{p_{BS}}{e^{1.1155 \times 10^{-4}(H_s - H)G}} \qquad (5-8)$$

式中 p_{BH}——任一井深处的最大内压力,MPa;

H——计算点的井深,m;

G——天然气的相对密度。

对非气井见式(5-9):

$$p_{BH} = 9.81 \times 10^{-3} \times \rho_{max} \times H \qquad (5-9)$$

计算出最大内压力后,有效内压力等于管内最大内压力减去管外盐水柱压力,见式(5-10):

$$p_{BE} = p_{BH} - 9.81 \times 10^{-3} \times \rho_w \times H \qquad (5-10)$$

式中 p_{BE}——有效内压力,MPa;

ρ_w——盐水密度,g/cm³。

(2) 油层套管内压力计算:

油层套管内压力的计算与完井方式有关,分两种情况:

对不用油管生产的油层套管,管内压力以套管鞋处的地层压力为依据来计算,见式(5-11):

$$p_{BS} = G_P \times H_S \quad (5-11)$$

式中 G_P——油层压力梯度,MPa/m;
H_S——油层套管鞋处的井深,m。

对任一井深处的最大内压力见式(5-12):

$$p_{BH} = \frac{p_{BS}}{e^{1.1155 \times 10^{-4}(H_S-H)G}} \quad (5-12)$$

对用油管进行生产的油层套管,最大内压力发生在生产初期,油管接头泄漏,天然气进入油套环空,然后滑脱上升到井口,从而把油层压力带到井口,即井口压力变为油层压力。此时任一井深处的套管内压力见式(5-13):

$$p_{BH} = p_P + 9.81 \times 10^{-3} \times \rho_C \times H \quad (5-13)$$

式中 p_P——油层压力,MPa;
ρ_C——完井液密度。g/cm³。

油层套管有效内压力见式(5-14):

$$p_{BE} = p_{BH} - 9.81 \times 10^{-3} \times \rho_w \times H \quad (5-14)$$

3) 套管有效外压力

有效外压力是套管柱可能受到的最大外压力与管内最小压力之差。由于不同类型套管的工况不同,有效外挤压力计算也不相同。

(1) 表层套管和技术套管有效外压力:

表层和技术套管是钻井过程中为了克服井下复杂情况而设置的。如漏、喷、塌、卡等。因此,表层和技术套管的抗挤强度应保证钻井过程中不被挤毁。分两种情况进行讨论:

① 稳定地层有效外压力:

所谓稳定地层是地层岩石结构坚固,在钻井过程中和钻井后地层不会出现缩径和垮塌等现象。对于这种地层外挤压力的计算,不需考虑岩石侧压力的作用,只考虑管外最大静液压力与管内最小静液压力的差,见式(5-15):

$$p_{CE} = 9.81 \times 10^{-3} \times [\rho_{max} - (1-km)\rho_{min}] \times H \quad (5-15)$$

式中 p_{CE}——有效外挤压力,MPa;
ρ_{max}——固井时管外最大钻井液密度,g/cm³;
km——管内钻井液掏空系数或漏失系数,$km=1$ 为全掏空;
ρ_{min}——钻井时管内最小钻井液密度,g/cm³;
H——井深,m。

② 不稳定地层有效外挤压力:

对于易垮塌层、易膨胀地层及各种塑性蠕变地层等不稳定地层,套管柱有效外挤压力计算比较复杂,可参考前面关于岩石侧压力的计算方法,见式(5-16):

$$p_{CE} = \frac{\mu}{1-\mu} \times p_V - 9.81 \times 10^{-3} \times (1-km)\rho_{min} \times H \qquad (5-16)$$

式中 μ——岩石波桑系数;

p_V——岩石的上覆压力,MPa。

(2)油层套管有效外压力的计算:

① 稳定油层套管有效外压力计算见式(5-17):

$$p_{CE} = (9.81 \times 10^{-3} \times \rho_{max} - G_p) \times H \qquad (5-17)$$

式中 G_p——油层压力梯度,MPa/m。

② 不稳定油层套管有效外压力:

不稳定油层套管有效外压力的计算很复杂,可参考前面关于岩石侧压力的计算方法,见式(5-18):

$$p_{CE} = \frac{\mu}{1-\mu} \times p_V - G_p \times H \qquad (5-18)$$

4)套管有效轴向拉力

对直井用式(5-19)计算:

$$T_{ve} = \left[\left(\sum_{1}^{n} T_i \right) + (H_s - H) q_j \right] \times k_f \qquad (5-19)$$

式中 T_{ve}——有效轴向拉力,kN;

T_i——计算段套管以下第 i 段套管的重量,kN;

H——计算点的井深,m;

H_s——该层套管的下深,m;

q_j——计算段套管的每米重量,kN/m;

k_f——钻井液浮力系数;

n——计算段套管以下套管的段数。

对定向井有效轴向力的计算,还要考虑摩擦力及弯曲力等附加拉力。

摩擦力用式(5-20)计算定向井摩擦力:

$$F_f = \mu \times B_f \times W_S \times DL \pm 2\mu \times T \times \sin\left(\frac{DEG \times LS}{2}\right) \qquad (5-20)$$

式中 F_f——摩擦力,kN;

μ——摩擦系数;

B_f——浮力系数;

W_S——套管每米重量,kN/m;

DL——设计段套管长度,m;

T——计算点的轴向拉力,kN;

DEG——设计段套管井眼的曲率,degree/100m;

LS——弯曲段套管长度,m。

在弯曲井眼中套弯曲力用式(5-21)计算：

$$F_b = 2.32 \times 10^{-3} D_c \times q_c \times DEG \qquad (5-21)$$

式中　F_b——套管弯曲力,kN；

　　　D_c——套管直径,mm；

　　　q_c——套管每米重量,kg/m；

　　　DEG——井眼曲率,degree/100m。

定向井有效拉力见式(5-22)：

$$T_{de} = T_{ve} + F_f + F_b \qquad (5-22)$$

6. 套管强度设计及校核

1)套管设计准则

套管强度设计必须遵循既安全又经济的原则。

(1)有效外载的确定：

有效外载的确定必须按预计可能出现的最大载荷计算。如塑性蠕变地层、吸水膨胀地层、易垮塌地层等,有效外挤压力应按上覆压力计算。

(2)确定套管实际强度：

目前,大多数设计所选套管的强度都是按 API 强度,而 API 标准的抗拉强度,抗内压强度及抗挤强度都是单轴强度,即没有考虑有效外载对套管强度的影响。计算表明,有效拉力使套管抗挤强度减少,而使抗内压强度增加；有效外挤压力使抗拉强度减少,而使抗内压强度增加；有效内压则使抗挤强度和抗拉强度都增加。因此,套管设计时必须考虑三轴应力对套管强度的影响。

(3)外载方式对套管强度的影响：

所谓外载作用方式,是指外载是均布的还是非均布分布的。在非均布外载条件下,套管的强度尤其是抗挤强度会大大降低。在深井复杂条件下,必须考虑非均布外载对套管强度的影响,否则将引起套管挤毁事故。

(4)温度应力对套管强度的影响：

在深井复杂条件下或热力开采时,井下温度变化很大,由于温度的变化将使套管承受额外的温度应力。研究表明,固井后温度变化引起的热应力使套管受到的外挤压力增加。所以,当井内温度变化较大时应考虑温度应力的影响。

(5)套管缺陷的影响：

现场上所使用 API 标准套管都不是理想的圆管,而是具有一定的椭圆度和偏心度,甚至有微裂纹等缺陷。这些缺陷将在一定程度上影响套管的强度。

(6)套管磨损预测：

对于深井钻井,技术套管磨损预测也是十分必要的。因为在深井条件下不可避免地会发生井斜,由于井斜会使得钻柱接头与套管壁接触旋转,从而引起套管内壁磨损。如果磨损量超过一定值,将引起套管挤毁。

(7)套管类型的影响：

对于一口井,特别是深井由于钻井工艺技术的需要一般都是由表层、技术和油层套管组成,由于套管类型不同,所受外载也不相同,必须分别考虑。

(8)安全系数:

安全系数反映了套管强度安全程度,设计系数太大,偏安全,会造成经济上的浪费;设计系数太小,会造成套管损坏事故。设计系数的取值直接关系安全与成本,必须仔细考虑。按 API 标准具体数值如下:

抗内压强度系数 S_i = 1.00 – 1.10;

抗挤压强度系数 S_c = 1.00 – 1.05;

抗拉强度系数 S_t = 1.60 – 1.80。

2)套管强度设计方法

套管强度设计方法很多,其实质并无多大区别,都是使套管的强度大于所承受的有效外载一定的安全余量。这个余量既可以用安全系数,也可以用强度余量,如安全系数法、拉力余量法、最大载荷法等。

虽然设计方法没有实质区别,但套管外载和强度计算方法却不完全一样的,其设计结果也不完全一样。例如,同一层套管用等安全系数法、最大载荷法、拉力余量法、三轴应力法等设计出的结果是不一样的。所有这些设计方法中,能够综合反映套管实际工况和受力特点的是三轴应力设计。三轴应力设计是目前最先进的,既安全又经济的套管设计方法。

第二节 下套管和注水泥

一、下套管作业

下套管作业主要包括以下程序和内容:井眼的准备;设备的准备;套管、工具及附件准备;固井材料的准备;顶替液准备及其他准备工作等。执行 SY/T 5374.1《固井作业规程 第 1 部分:常规固井》。

1. 井眼的准备

(1)高压油气井,下套管前应压稳,控制油气上窜速度小于 10m/h。

(2)套管与井眼环空间隙一般应不小于 19mm,必要时宜采取扩眼等相应措施。

(3)对固井过程中可能漏失的井,应先试漏、堵漏,正常后方可下套管。

(4)下套管前,应用标准钻具组合对不规则井段井径(小于钻头直径井段;起下钻遇阻、遇卡井段;井斜变化率或全角变化率超过设计规定井段)或油气层、重点封固井段认真划眼通井;对于斜井段和水平段,宜短起下并分段循环处理钻井液,充分冲洗岩屑,清除岩屑床。

(5)下套管前,钻井液 API 滤失量一般应小于 5mL,滤饼厚度应小于 0.5mm;对于深井或超深井,高温高压失水应符合设计要求。

(6)下套管前通井,应用较大排量洗井,上返速度宜不低于 1.2m/s,同时应慢速转动钻具防黏卡。

(7)注水泥前,钻井液性能应保持良好、稳定;改善钻井液流变性能,降低钻井液屈服值;

若钻井液密度小于 1.3g/cm³,屈服值宜小于 5Pa;若密度在 1.3~1.8g/cm³ 之间,屈服值宜小于 8Pa;若密度大于 1.8g/cm³,则屈服值宜小于 15Pa。

(8)混油钻井液在注水泥前应进行乳化处理。

(9)进出口钻井液密度应一致,对气井进出口密度差应小于 0.02g/cm³。

2. 设备的准备

1)井架安全校核

下套管作业前,应对钻机井架及底座的承载能力进行校核。

2)井控设备

下套管前,防喷器闸板芯子尺寸应与套管配套,并按 GB/T 31033—2014《石油天然气钻井井控技术规范》的规定试压。

3)提升、动力系统

下套管和固井作业前,应对提升系统及动力系统进行检查保养。

4)循环系统

固井作业前,应对钻井泵、循环罐、循环管线、水龙头等循环系统进行检查保养;连接各钻井液罐的阀门应灵活可靠;实测各钻井泵的上水效率。

5)仪器仪表

下套管和固井作业前,应对所有钻井仪器仪表进行认真仔细的检查保养,保证完好。

6)配注系统

固井前,应对供水车、压风机、配浆车、批混车、注浆车、管线、阀门、流量计等仪器设备进行全面检查,保证满足连续施工的要求。

3. 套管、工具及附件准备

下套管前应做好如下套管、工具及附件准备工作:

(1)应按 SY/T 5412《下套管作业规程》要求对送井套管逐项进行检查。

(2)下套管前应将套管附件及固井工具、下套管工具按设计要求规格与数量送井,现场检查、登记。

(3)按设计要求准备好套管螺纹密封脂等。

(4)下套管前,应完成固井工具和套管附件的检查、尺寸测量、草图绘制、连接及试压等工作。

(5)应对吊钳、吊卡等下套管工具及循环接头、灌浆管线等工具进行认真检查,确保灵活、可靠。

(6)钻井工程师负责与地质工程师和固井工程师共同编制排定入井管串表,应仔细核实深度;管串排定后,应在套管接箍上标明入井编号,对要加扶正器的套管,在距外螺纹 1m 处注明扶正器和类型。

4. 固井材料的准备

固井前做好以下固井材料准备工作:

(1)下套管前,应根据固井设计,取现场水、水泥及外加剂,做好水泥浆、前置液实验工作,性能达到设计要求。

(2)装水泥前,应将储灰罐清扫干净。

(3)在准备配浆水前,应将所有的储水装置清洗干净。

(4)井场储备水泥存放超过 20d,应倒罐一次以上。

(5)注水泥前,配好配浆水,混配好水泥样,并进行大样复查实验。

(6)现场配制的配浆水超过 3d,应进行二次大样复查实验。

(7)注水泥前,应根据固井设计要求,配制好前置液。

5. 顶替液准备

应按固井设计要求的性能、数量准备顶替液。

6. 其他准备工作

固井车辆及人员应按固井协调会要求提前到达井场。

二、油井水泥及其外加剂

历史上一般认为,一位英国瓦匠约瑟夫·亚斯波丁(Joseph Aspdin)是硅酸盐水泥的发明者,他在1824年发表了一份关于类似灰色岩石物质称为"水泥"的专利,该成分在水中能够水化和硬化,所以称之为水硬性材料,这是人类所知道的最早的硅酸盐水泥。

1. 油井水泥

1) 分类

(1)ASTM(美国材料试验学会)分为:1,2,3,4,5。

(2)API(美国石油学会)(1953年公布第一份油井水泥标准):A,B,C,D,E,F,G,H,J,见表5-3。

表5-3 API油井水泥使用范围

级别	普通型	中抗硫酸盐型	高抗硫酸盐型	备注
A	Y			普通水泥
B		Y	Y	抗硫水泥
C	Y	Y	Y	具有高早期强度
D		Y	Y	适于中温条件
E		Y	Y	适于高温条件
F		Y	Y	适于超高温条件
G		Y	Y	基本油井水泥
H		Y	Y	基本油井水泥

(3) 俄罗斯：OW-1，OW-2，OW-3，OW-4，OW-5。

(4) 罗马尼亚：S_1，S_2，S_3。

(5) 匈牙利：Hmfpc，Fmfpc。

(6) 保加利亚：OW，OW-SR。

(7) 中国等效采用 API 标准 1988 年制订完成 GBZ38-88。

(8) 由于水泥石在地下存在化学腐蚀现象，主要是受 Na_2SO_4 物质的腐蚀，尤其当温度在 0℃~84℃ 范围时腐蚀较为严重，因此水泥又细分为中抗硫酸盐型（MSR，铝酸三钙 $3CaO \cdot Al_2O_3 \leq 8\%$）和高抗硫酸协型（HSR，铝酸三钙 $3CaO \cdot Al_2O_3 \leq 3\%$）。

(9) 另外还有其他特种水泥：火山灰水泥、火山灰石灰水泥、胶乳水泥、高寒水泥、铝酸钙水泥、石膏水泥、树脂水泥或塑料水泥、柴油水泥。

油井底部的温度和压力随着井深的增加而提高，每深入 100m，温度约提高 3℃，压力增加 1.0~2.0MPa。因此，高温高压，特别是高温对水泥各种性能的影响是油井水泥生产和使用的最主要问题。高温作用使硅酸盐水泥的强度显著下降，因此，不同浓度的油井，应该用不同组成的水泥。根据 GB 10238《油井水泥》，我国油井水泥分为九个等级，包括普通（O）、中等抗硫酸盐型（MSR）和高抗硫酸盐型（HSR）三类。各级别油井水泥使用范围如下：

A 级：在无特殊性能要求时使用，适用于自地面至 1830m 井深的注水泥，仅有普通型。

B 级：适合于井下条件要求高早期强度时使用，适用于自地面至 1830m 井深的注水泥，分为中抗硫酸盐型和高抗硫酸盐型两种类型。

C 级：适合于井下条件要求高的早期强度时使用，适用于自地面至 1830m 井深的注水泥，分为普通型、中抗硫酸盐型和高抗硫酸盐型三种类型。

D 级：适合于中温中压的井下条件时使用，分为中抗硫酸盐和高抗硫酸盐型两种类型。

E 级：适合于高温高压的进行条件时使用，分为中抗硫酸盐和高抗硫酸盐型两种类型。

F 级：适合于超高温高压的进行条件时使用，分为中抗硫酸盐和高抗硫酸盐型。

G 级、H 级：是一种基本油井水泥，分为中抗硫酸盐型和高抗硫酸盐两种类型。

J 级：适用于超高温高压条件下的 3660~4880m 井深的注水泥。

2) 水泥的主要成分

表 5-4 给出了油井用硅酸盐水泥典型的氧化物分析。

表 5-4 硅酸盐水泥典型的氧化物分析（API G 类或 H 类水泥）

氧化物		百分比
二氧化硅	（SiO_2）	22.43
氧化钙	（CaO）	64.77
三氧化二铁	（Fe_2O_3）	4.10
三氧化二铝	（Al_2O_3）	4.76
氧化镁	（MgO）	1.14
三氧化硫	（SO_3）	1.67
氧化钾	（K_2O）	0.08
烧失量		0.54

当这些熟料成分与水发生水化时,将生成四种主要化合物。表5-5给出了它们的化学式和性能。

表 5-5　凝固硅酸盐水泥中的化合物

化合物	化学式	标准代号
铝酸三钙	$3CaO \cdot Al_2O_3$	C_3A
硅酸三钙	$3CaO \cdot SiO_2$	C_3S
β—硅酸二钙	$2CaO \cdot SiO_2$	C_2S
铁铝酸四钙	$4CaO \cdot Al_2O_3 \cdot Fe_2O_3$	C_4AF

3)水泥的水化反应

凝结过程(硬化过程):

水泥与水混合后,迅速与水发生水化反应,生成各种水化产物,水泥浆也逐渐由液态转变为固态的过程,并形成的四种矿物成分:硅酸三钙、硅酸二钙、铝酸三钙和铁铝酸四钙。

硅酸三钙:$3CaO \cdot SiO_2$(简写 C_3S)。是水泥产生强度的主要化合物,它强度增长快,最后强度也大。

硅酸二钙:β型 $2CaO \cdot SiO_2$(简写 C_2S)。水化反应慢,强度增长慢,但能在长时间内逐渐增大水泥的强度。

铝酸三钙:$3CaO \cdot Al_2O_3$(简写 C_3A)。水化反应速率最快,是决定水泥浆初凝时间和稠化时间的主要因素,对水泥浆的流变性也有很大影响。铝酸三钙对硫酸盐类侵蚀最敏感,因此在抗硫水泥中对铝酸三钙含量有限制。中抗硫酸盐型水泥中铝酸三钙的含量不能超过8%,高抗硫酸盐型的水泥中铝酸三钙的含量不能超过3%。

铁铝酸四钙:$4CaO \cdot Al_2O_3 \cdot Fe_2O_3$(简写 C_4AF)。水化速度仅次于铝酸三钙,早期强度增长快,硬化3d和28d的强度值差别不大,强度的绝对值也不大。

三类水化反应:

(1)C_3A 的水化反应:

$$3CaO \cdot Al_2O_3 + 6H_2O \longrightarrow 3CaO \cdot Al_2O_3 \cdot 6H_2O(晶体)$$

(2)C_3S,C_2S 及 C_4AF 的水化反应:

$$2(3CaO \cdot SiO_2) + 6H_2O \longrightarrow 3CaO \cdot 2SiO_2 \cdot 3H_2O + 3Ca(OH)_2(晶体)$$

$$2(2CaO \cdot SiO_2) + 4H_2O \longrightarrow 3CaO \cdot 2SiO_2 \cdot 3H_2O + Ca(OH)_2(晶体)$$

$$4CaO \cdot Al_2O_3 \cdot Fe_2O_3 + 2Ca(OH)_2 + 10H_2O \longrightarrow 3CaO \cdot Al_2O_3 \cdot 6H_2O + 3CaO \cdot Fe_2O_3 \cdot 6H_2O(胶体)$$

(3)水化的 C_3A 与二水石膏的水化反应:

$$3CaO \cdot Al_2O_3 \cdot 6H_2O + 3(CaSO_4 \cdot 2H_2O) + 20H_2O \longrightarrow 3CaO \cdot Al_2O_3 \cdot 3CaSO_4 \cdot 32H_2O$$

有关水化反应的说明：

水泥的水化反应是一个不断进行的过程。随着水化的不断进行，水泥浆从凝胶态逐渐向结晶态发展，最后形成硬化的水泥石。

水泥的水化反应是一放热反应，在工程上可利用这一特点来探测水泥浆在环形空间内的上返高度。

另外，水泥在水化过程中要发生体积收缩（水化后生成物的总体积小于水化前反应物的总体积），在一定条件下该体积收缩对固井质量有着重要的影响。

在油气井固井中，水泥的水化反应是在井下一定的温度压力条件下进行的。温度压力对水泥的水化速度有很大的影响，一般随温度压力的增加，水泥水化速度加快，其中温度的影响更显著。正因为如此，水泥浆的有关性能一般均是在模拟井下温度压力的情况下测定的。

按油井水泥水化速度和结构的形成，大致可分为四个过程：起始期、迟缓期、凝结期和硬化期。

起始期：在水泥干粉与水混合的几分钟时间内，迅速发生水化反应，有大量水化热生成，在水泥矿物表面上形成一层水化硅酸钙凝胶，因这种作用最初仅在水泥颗粒表面进行，只消耗一部分水，其余的水分充满于水泥颗粒之间，水泥浆具有流动性能。

迟缓期：由于最初在水泥矿物表面生成的水化硅酸钙凝胶渗透率非常低，阻止了矿物进一步水化，而使水化速度明显变慢，此期，水泥浆的流动性能相对比较稳定，水泥浆的泵送入井应在这一时期完成。这一段时间可延续数十分钟到数小时。

凝结期：随着水化继续向水泥颗粒的深处发展，矿物表面的水化硅酸钙凝胶胀开，水化过程又加速进行，产生的水化物交互生成网状结构，失去了流动性能，水泥浆进入了凝结时期，这段时间大约需几十分钟。

硬化期：随着水化物继续沉积，大量晶体析出，体系的孔隙度、渗透率逐渐降低，强度逐渐增加，硬化成微晶结构的水泥石。这一段时期，随着水泥石渗透率的不断降低，水化反应速率逐渐变慢，但持续时间很长，可达数十天，甚至数年。硬化期的明显特征是强度增长，这也是固井所期求的。

水化反应产物：氢氧化钙、水化硅酸钙凝胶、水化铝酸钙、水化铁酸钙、水化硫铝酸钙。

在这些水化产物中，氢氧化钙析出为巨大的晶体，水化硫铝酸钙为较小晶体，水化铝酸钙为更小晶体状态，含水硅酸钙和含水铁酸钙为无定形体呈胶体状态。水化硅酸钙凝胶为纤维状薄片，从矿物颗粒上向外伸展出去，逐渐形成一连续的网状结构，与水化硫铝酸钙、氢氧化钙等晶体互相穿插，填充于水泥颗粒的空间，增加它们之间的黏结，使水泥强度不断提高。

4）油井水泥的物理性能

为了保证施工安全并提高固井质量，水泥浆以及最终所形成的水泥石必须满足一定的性能要求。性能包括：水泥浆密度、水泥浆稠化时间、水泥浆流变性、水泥浆失水量、水泥浆稳定性、水泥石抗压强度、水泥石渗透率。

其中常测定的是前六项性能。

(1) 水泥浆密度：

作用：满足平衡压力要求，保证获得最好的水泥浆性能。

基本要求:注水泥期间既不井漏又不井喷。
测量:用水泥浆密度计(国外还有加压密度计)。
影响因素:水灰比、外掺料(指密度调节剂)用量。
水灰比指的是配制水泥浆时配浆水的重量与干水泥的重量之比。
水泥浆密度与水灰比直接相关,关系见式(5-23):

$$\rho = \frac{\rho_c \rho_w (1+m)}{\rho_w + \rho_c m} \tag{5-23}$$

注意:干水泥的密度为 3.14~3.15g/cm³,故当水泥浆的密度为 1.85~1.90g/cm³ 时,水灰比约为 0.48~0.44。

当干水泥中所混合的外加剂加量较大、尤其为了调节水泥浆密度掺了加重剂或减轻剂(又称为外掺料)时,上式中干水泥密度 ρ_c 取水泥和这些外加剂或外掺料混合后的固相混合物平均密度。这时,m 为水固比。

(2)水泥浆的稠化时间:
定义:在井下温度压力条件下,从给水泥浆加温加压时起至水泥浆稠度达 100Bc(Bc 为稠度单位)所经历的时间称为水泥浆的稠化时间。
作用:保证施工安全。
要求:整个注水泥施工作业能够在稠化时间以内完成,并包含一定的安全系数。一般:施工时间 +1h < 稠化时间。
测量:常压稠度仪、高温高压稠度仪。
测定"稠度—时间"曲线,当稠度达到 100Bc 时的时间。
影响因素:水灰比、温度与压力、外加剂。

(3)水泥浆失水:
概念:水泥浆中自由水通过井壁向地层渗入的现象。
危害:水泥浆大量失水将造成水泥浆急剧变稠,大大影响其流动性,从而不利于水泥浆对钻井液的顶替。水泥浆大量失水进入油气层也将对油气层产生损害。
作用:保证水泥浆的稳定性,保证施工安全、防止桥堵,有利于防气窜。
要求:根据不同的井况和施工条件规定。
水泥浆失水量指的是水泥浆失水的快慢程度,失水量大小用 30min 内的失水总体积表示。原则上说,水泥浆失水量越小越好,但控制水泥浆失水的外加剂通常对水泥浆的流变性、稠化时间、抗压强度等有影响,因此应权衡考虑。
一般套管注水泥 100~200mL/30min;挤水泥或尾管注水泥 50~150mL/30min;防气窜 20~40mL/30min;高密度水泥应低于 50mL/30min。
测量:失水仪(常温与高温、7MPa、30min)。
影响因素:水灰比、压差、地层的渗透性、外加剂、水泥浆的滤饼。

(4)水泥浆流变性:
概念:水泥浆在外加剪切应力作用下流动变形的特性。
作用:计算流动阻力,选择施工装置和设备,防止井压漏,保证施工安全;实现紊流或塞流顶替,提高顶替效率。

要求:有利于提高顶替效率。

测量:旋转黏度计、高温高压流变仪(模拟井下温度压力测定)。

计算:流变参数;临界流速,用流变参数衡量。

影响因素:水灰比、温度与压力、外加剂。

(5)水泥浆稳定性:

水泥浆的稳定性测试包括自由水含量测试和沉降稳定性测试,目前现场常测试的是自由水含量。

在静止过程中,水泥浆中的自由水自水泥浆中析出而形成连续水相的现象称为析水。单位体积水泥浆所析出的自由水体积即为水泥浆自由水含量(也称析水量),为百分数。

沉降稳定性指的是在静止状态下,由于颗粒沉降而导致水泥浆上下密度不一致的现象。

析水和沉降稳定性的关系:水泥浆有析水实际上就有沉降稳定性问题,但水泥浆无析水不一定沉降稳定性就好。

危害:水泥浆析水量过大和沉降稳定性不好,将导致水泥浆密度分布不均,所形成的水泥石强度不一致,影响对地层的封隔;如果在井下,由于析水而形成纵向水槽,将影响环空的封隔;在定向井、水平井中,如果不控制析水,容易在环空的上侧形成连续水槽,严重影响封固质量。

要求:原则上析水越小越好、沉降稳定性中水泥浆上下密度的差别越小越好,在定向井和水平井中要使用零析水水泥浆。

(6)水泥石抗压强度:

目前是通过测试水泥石的抗压强度来检验水泥石的力学性能。

概念:水泥石在压力作用下达到破坏前单位面积上所能承受的力称为水泥石的抗压强度。

要求:能支承住井内的套管、能承受住钻进时的冲击载荷、能承受酸化压裂。

注水泥井段在承受酸化压裂时的压力的最薄弱环节不是水泥石本身,而应是水泥环与井壁胶结处(或水泥环与套管胶结处),水泥石强度远大于水泥环与井壁的胶结强度。

测量:国内:抗折强度——抗折试验机。
　　　API:抗压强度——万能材料试验机。

影响因素:水灰比、温度与压力、外加剂。

(7)水泥石渗透率:

概念:水泥石的渗透率指的是在一定压差下,水泥石允许流体通过的能力。

要求:尽可能低。

测量:水泥渗透率仪

注意该指标有时间性。

影响因素:水灰比、温度与压力、外加剂。

注意:为实现封隔,水泥石的渗透率越低越好,而水泥石的渗透率都低于 $1 \times 10^{-5} \mu m^2$,因此水泥环基体(即水泥石)可实现层间封隔;但如果水泥环与套管或水泥环与井壁间存在微环隙,或胶结强度不够高,则对层间封隔有严重影响。问题又回到了水泥与套管和水泥与井壁的胶结上。

2. 油井水泥外加剂

1) 外加剂的应用及其概念

固井条件要求对水泥加外加剂进行改性处理。

(1) 钻井深度增加,采油工艺技术的提高,要求有更高的固井质量。

(2) 温度大范围变化,如:冰点以下永久冻土带的固井,27~100℃一般温度井的固井,230~260℃超深井的高温,800~1000℃的燃烧井。

(3) 压力条件由常压至200MPa变化。

(4) 腐蚀条件,含有硫酸钠、硫酸镁和氧化镁的地层水对水泥石的破坏。

(5) 漏失,水泥浆柱动或静液柱压力与地层破裂压力不平衡,要求改变水泥浆密度。

(6) 特殊岩性条件,例如水泥对盐岩层封固要求胶结强度及对溶解控制。

(7) 满足顶替效率的要求,对水泥浆流变性能的调整。

(8) 钻井液的污染控制,水泥浆要具有良好的相容性。

因此,固井工艺使用单一或纯净的水泥已远不能满足近代固井工艺技术发展的需要,只有发展多种水泥外加剂,达到对水泥性能的控制、调整、改变,才能满足各种类型井和复杂条件的固井需要。

2) 种类

按用途分三大类:

(1) 调节水泥浆性能类,其调节内容有:稠化时间、密度、流变性能;失水;堵漏;触变性。

(2) 调节水泥石性能,其调节内容有:抗压强度;防止强度衰退;膨胀性。

(3) 改变水泥浆容积,提高造浆量。

3) 常规的水泥外加剂

常规的水泥外加剂有缓凝剂、速凝剂、减阻剂、降失水剂、减轻剂、加重剂等。

(1) 速凝剂:

速凝剂具有加速水泥水化反应和提高水泥早期强度的作用,有的速凝剂还能提高水泥石的早期强度。常用的速凝剂有七种,主要是无机盐氯化钠、氯化钾、氯化铵、硅酸钠、石膏等。

(2) 缓凝剂:

缓凝剂用来调节水泥浆的稠化时间,按使用温度范围及特殊用途分类。

低温到中温的缓凝剂主要是木质素磺酸盐及其接枝改性产品。

中高温到高温主要使用柠檬酸、葡萄糖酸盐、酒石酸钾钠、酒石酸、羧甲基羟乙基纤维素、丙烯酸胺及丙烯酸类聚合物、柠檬酸盐与木质素磺酸盐复合物、葡萄糖酸盐与木质素磺酸盐和无机盐(缓凝增强剂)复合、木质素磺酸盐与硼砂或硼酸盐混合物。

特高温主要使用有机磷酸盐。

缓凝剂应与其他外加剂相容,适用于各种水质,其缓凝效果随加量而按比例增加,不应有灵敏区,更不应在加量低时出现促凝现象。此外,加入缓凝剂应对水泥浆沉降稳定性不发生影响或影响较小。

(3) 分散剂：

分散剂亦称紊流剂，它具有减少水泥浆黏度的作用，是一种改善水泥浆紊流条件的处理剂。

国外油井水泥分散剂分通用型、饱和盐水型和抗沉降型三类。

(4) 降失水剂：

降失水剂的作用是降低水泥浆的失水量，防止水泥浆脱水。在井下有低压易漏失层时，为了防止注水泥时发生井漏，常加入本身密度低的减轻材料（如硅藻土、漂珠）以降低水泥浆的密度。

注入井下的水泥浆，因压差的关系，出现失水及滤失，将导致注替水泥浆过程流动阻力增大，直至发生憋泵；水泥浆的失水还会造成对产层的污染。因此，对水泥要加以控制。

降失水剂按其应用范围、循环温度、配浆水的含盐量将降失水剂分为25亚类。无论哪一种降失水剂按其作用机理均可归纳为两大类。一类是通过加入外加剂改变水泥浆体系颗粒的分布和级配，降低其渗透率来降低水泥浆失水量。另一类是增加液相黏度，即增大向地层的滤失阻力来降低水泥浆失水。

(5) 减轻剂：

减轻剂用以降低水泥浆密度，从而降低固井水泥浆柱的静压力。

减轻剂依其作用原理不同可分为三类：一类是膨润土类材料，其吸附能力强，造浆率高，即通过水泥浆高的水灰比来降低水泥浆密度；第二类是一些低密度的材料，因其自身密度比水泥轻，故加入水泥浆之后可以使水泥浆密度降低，如漂珠、玻璃微珠等；第三类是泡沫水泥，以向水泥浆中充气或化学发气的办法，形成泡沫水泥浆，使之形成超低密度。

(6) 加重剂：

当钻遇高压油气层，为防止井喷、气窜，需加大水泥浆密度，常常往水泥中加入密度大的添加剂（如铁矿粉）提高水泥浆的密度以平衡地层压力，即加入加重剂。常用的加重剂有重晶石、赤铁矿、钛铁矿及石英砂等。

(7) 防气窜剂：

为了防止水泥浆初凝时由于体积收缩，产生油气运移通道，需要加入防气窜剂，或减少其失水，或改变水泥的胶结强度，或增加基质流动阻力，或使水泥石体积微量膨胀，以提高固井质量，增加固井的安全性。

按防气窜作用机理将此类外加剂分为六类：

① 降失水：使用降失水剂。

② 增加基质流动阻力或阻塞：使用苯乙烯丁二烯类或聚丙烯酸胶乳、硅灰或共聚物等外加剂配成的非渗透水泥体系。

③ 改变触变水泥的胶结强度，使用石膏、复合或交联聚合物等。

④ 改变胶结强度、延迟胶凝。

⑤ 改变水泥的可压缩性发气剂：铝粉等。

⑥ 改变水泥可压缩性泡沫水泥：采用化学方法产生氮气，形成可压缩泡沫水泥。

此外，据资料报道，国外还采用了加入少量黏土及人造橡胶粉来防止气窜的方法。

(8) 减少或阻止高温下水泥石强度衰退的硅质材料：

在深井、地热井和蒸气注入井中,凝固的水泥石常处于高于110℃的条件下,其强度随时间增长而下降,加入适当数量的硅粉,能改善高温下水泥石初始抗压强度,明显地延缓水泥石强度衰退和渗透率的增加。

硅粉细度分为三种,即砂、硅粉、微硅。硅粉的纯度必须大于96%,并对粒度分布和级配均做出了明确规定。砂(粗硅粉)的粒径为120μm,硅粉(细硅粉)的粒径为53μm。对密度低于$1.92\sim2.30g/cm^3$的水泥浆,使用粗硅粉(砂)。硅粉加量与温度有关,对于井底静止温度处于110~204℃的井,硅粉加量为35%~40%,对蒸气注入井或蒸气采油井,硅粉加量通常在60%以上。为了提高水泥高温下的防渗透性能,除加入硅粉外,还加入一定数量微硅。

热采井固井作业中已经广泛采用硅粉来减少和防止水泥石强度衰退。但对硅粉纯度、粒度分布和级配没有明确的质量要求。对于不同类别的井,亦没有采用不同颗粒级别的硅粉。加硅粉耐高温水泥体系的最高温度为358℃。超过此温度,二氧化硅在高温高压水蒸气下被溶出形成间隙和空间。为了提高水泥石热稳定性,美国研究成功耐高温的高铝水泥,把它作为注水泥的基本水泥体系。

(9)抑泡剂和消泡剂:

部分水泥外加剂在配浆过程中可能引起水泥浆发泡,气泡的聚集可能产生气穴造成水泥浆密度达不到设计要求,影响固井质量。

一切能破坏泡沫稳定存在的化学剂均可作抑泡剂和消泡剂。消泡剂应有主消泡剂、辅助消泡剂、载体、乳化剂、稳定剂组成。

我国消泡剂有聚乙二醇、甘油聚醚、硬脂酸铝、辛醇、有机硅、环氧烷等。

(10)减少和防止井漏的外加剂和外掺料:

注水泥施工过程中发生井漏会影响固井质量或诱发井喷事故。故通常对易发生漏失的井,往往在注水泥施工之前必须进行堵漏,使地层承压达到固井施工中环空最高压力。

国外常用触变水泥体系形成胶凝来堵漏或用密度很低的泡沫水泥来避免压漏,或用超细水泥、聚合物来堵微细裂缝,或用云母、纤维、木屑等来堵漏。

我国防漏、堵漏材料品种繁多,基本上与国外相似,由于漏层特点不同,因而所使用的材料与堵漏方法亦不相同。主要是采用泡沫水泥、低密度水泥等来防漏,采用桥塞堵漏、注水泥、化学凝胶、柴油膨润土水泥、单向压力封堵剂等方法进行堵漏。

(11)隔离液和化学冲洗液/前置液(预冲洗液):

固井施工过程中,采用隔离液和冲洗液来提高水泥浆顶替钻井液效率,改善水泥环质量,并有助于改善地层渗透率,提高原油产能。

早期的固井作业中常用水作为隔离液,破坏钻井液的胶凝结构并充分顶替钻井液。

但以水作隔离液会引起井壁坍塌,并可造成对储层的伤害,经过改进,在钻井液中加入一些添加剂或使用盐水作为隔离液。

目前隔离液和冲洗液品种有多种。有用于冲洗水基钻井液、油基钻井液及冷环境下的化学冲洗液;有能调节流型的水基、油基或溶剂基的隔离液;有用于油基钻井液和高浓盐水或饱和盐水钻井液的隔离液;有用于含矿渣钻井液的隔离液。

三、注水泥设备

1. 固井装备

1）固井水泥车

固井水泥车是专门供油田进行注水泥作业和其他挤注作业使用的特种车辆，与其他载重车不同之处是车台装有一套带有水泥泵等专供注水泥作业使用的特种设备，如图5-6所示。固井水泥车按混浆方式分为一次混浆水泥车与二次混浆水泥车；按混浆器所在位置分为地面混浆水泥车与车台混浆水泥车；按密度控制方式分为手动控制水泥车与计算机自动控制水泥车；按水泥泵的配备数量分为单机单泵水泥车与双机双泵水泥车。

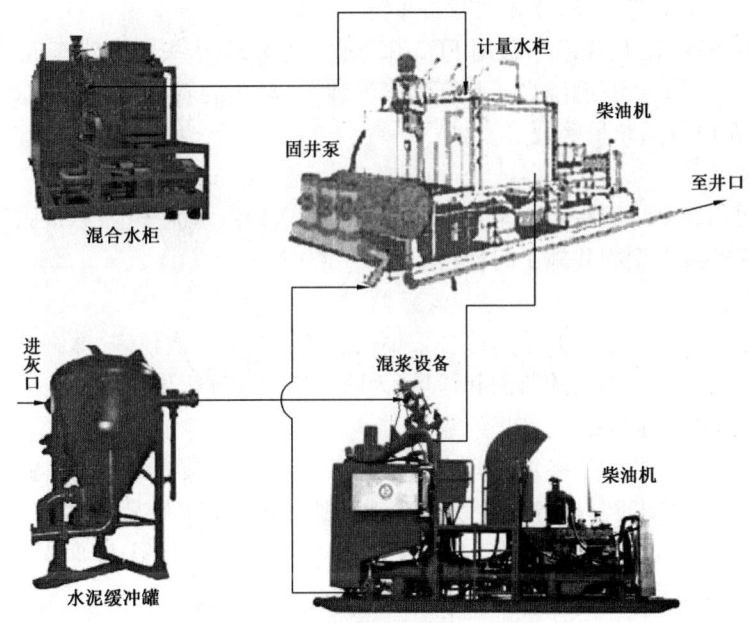

图5-6 固井设备总体示意图

固井水泥车基本组成及功用：

底盘部分：与其他载重车一样，由方向系、制动系、传动系等组成，其功用是运输和承载注水泥设备。

车台部分：车台部分是指底盘以上安装的各种设备及管汇，包括动力系统、传动系统、工作部件、管路系统、操作控制系统。

动力系统：包括底盘发动机与车台发动机，为车台混浆、注水泥或控制系统提供动力。

传动系统：把发动机的动力传递给工作部件。

工作部件：把机械能转变成液体能，完成混浆与注水泥及试压、酸化等作业。

管路系统：把各个工作部件以一定结构连接在一起，完成不同的作业过程。

操作控制系统：通过操作各个控制元件，使所有动力传动及工件部件协调工作。

2)其他固井设备

(1)水泥浆批量混合橇:

水泥浆批量混合橇用于固井水泥浆在注入油井前的预制。当固井注水泥量非常大或水泥浆密度要求相当严格时,使用水泥浆批量混合橇,在注水泥前按设计密度混配出一定量的水泥浆,再用固井水泥车将混配好的水泥浆注入井内。

水泥浆批量混合橇要求有足够的水泥浆稠化时间以保证固井施工安全。

(2)下灰车:

下灰车适用于各种散装水泥的装载和运输,在固井施工时与固井水泥车配合使用,为固井水泥车混配水泥浆提供连续的油井水泥。

(3)固井管汇车:

固井管汇车用于探井、中深井和大型固井施工作业。

JHX5102TGHH35 固井管汇车选用 EQ2102 第二代 3.51 车头越野汽车底盘,固井管汇固定安装在底盘上。车上装有缠绕高压胶管和滚筒装置,高压胶管采用液压驱动机械回收。另配有水箱、离心泵以及随车吊等装置。

(4)供水车:

供水车主要用途是将固井用清水或外加剂药水转送到注水泥车上,以备固井注水泥、压胶塞用。一般在探井或大型固井施工时使用。

(5)固井仪器车:

固井仪器车固定安装了固井施工综合采集仪以及固井用二次仪表、球阀、接头等。用于固井施工排量、压力、密度三参数的监测和计量,为固井施工指挥提供可靠的施工参数。

(6)可视化固井指挥车:

可视化固井指挥车适用于参加固井施工设备多,作业程序复杂的深井、特殊工艺井等大型固井施工,为施工指挥随时掌握各项参数和各个关键环节的工作状况,并及时准确地发布作业指令提供可视的现场施工情况,实现参与施工的各个环节统一指挥,确保固井施工的顺利进行,更好地规避风险,提高了固井施工服务能力和水平。

工作原理:

它是将同井施工参数、施工现场动态视频同步传送到设在施工现场的指挥监控中心,同时计算机同步处理施工数据,并与设计数据进行对比分析,对各种施工事故进行预警,将指挥中心的指令信息及时反馈给施工人员,及时调整设备、人员状态。消除事故隐患,从而形成的一套可视化固井施工现场监测与指挥系统。使施工指挥员能随时掌握固井施工动态参数和现场施工状况,做到对参与施工的全员、全程的统一指挥。

3)油井水泥干混设备

在固井施工中,要获得较高的固井质量,必须有均匀稳定的水泥浆体系作保证,油井水泥干混设备作为水泥与外加剂、外掺料进行均匀化处理的工艺设备,为各种新型水泥浆体系的研究、推广及应用提供了重要的条件。

干混设备是用来将油井水泥与固体粉状外加剂或外掺料预先混合的一种装置。干混设备可分为固定式干混设备和移动式干混设备。

(1)固定式干混设备类型有三种:倒仓式干混装置,批混干混装置及气动分级式干混装置。

(2)移动式干混设备是为了适应远离固井基地的外围固井施工作业而开发设计的一种干混装置。移动式干混装置具有便于运输、安装、操作的特点。移动式干混装置干混作业方式和固定式干混装置多次倒罐式流程相同。

4)油井水泥检验设备

(1)水泥浆制备设备:

恒速搅拌器是油井水泥物理性能试验、制备水泥浆的主要设备,目前国内用于水泥浆制备的设备有3060型恒速搅拌器和OWC-9360型恒速搅拌器。恒速搅拌器的性能指标为低速(4000 ± 200)r/min、高速(12000 ± 500)r/min。使用电源电压为220V。其特点是采用单片机控制,具有使用方便、操作简单、控制精度高等优点。

(2)水泥浆密度测定设备:

目前国内用于水泥浆密度测定的设备有普通型密度计、加压密度计合数显式液体密度计。普通型密度计为YM-3型密度计,普遍用于现场水泥浆密度的测定。而YYM型加压密度计是加压压缩水泥浆中的气泡,使测量的水泥浆密度更加准确。YMS数显式液体密度计可以测定低于$1.0g/cm^3$的水泥浆密度。

(3)水泥浆稠度及稠化时间测定设备:

主要有高温高压稠化仪、便携式稠化仪和常压稠化仪。

高温高压稠化仪是专用于测定油井水泥稠化时间的仪器,也可用于油井水泥及其外加剂研究及水泥厂家对水泥质量的控制检验,高温高压稠化仪在釜体内模拟井下高温高压的环境,采用磁驱动传动带动装有水泥浆的浆杯转动,通过传感器和电位计测量出油井水泥的稠化时间。目前国内使用的高温高压稠化仪有8040B型、8240型等高温高压稠化仪和OWC-9380B型高温高压稠化仪。其中8040B型高温高压稠化仪的最高盘度为315℃,最高压力为275MPa,加热功率为8000W,而OWC-9380B型高温高压稠化仪的最高温度为250℃,最高压力为200MPa,加热功率为4000W。此外,还有7222型高温高压稠化仪。

便携式稠化仪也是专用于测定油井水泥碉化时间的仪器,属于中温中压稠化仪的一种,其特点是体积紧凑、使用方便,可用于空间有限的现场,流动实验室或钻井平台上。目前国内使用的便携式稠化仪有7720型和OWC-9312型便携式稠化仪。其中7720型便携式稠化仪的最高温度为204℃,最高压力为138MPa,加热功率为5000W;而OWC-9312型便携式稠化仪的最高温度为150℃,最高压力为120MPa,加热功率为3500W。

常压稠化仪是用于油井水泥多项试验的新型仪器。该仪器不仅可直接用于油井水泥游离液及常压下油井水泥稠化时间的测定,还可辅助进行水泥浆含水量的测量、失水试验、水泥浆流变性能测定等多项油井水泥试验。目前国内使用的常稠化仪有1250型常压稠化仪和OWC-9350A(9350C)型常压稠化仪。其中1250型和OWC-9350A(9350C)型常压稠化仪的最高温度为93℃,工作压力为常压,加热功率为3500W。

(4)水泥石抗压强度测定设备:

主要有压力机、高温高压养护釜、机械性能分析仪和静胶凝强度测试仪等。

压力机是用来测定水泥石抗压强度的主要设备,广泛应用于油井水泥的生产、检测、外加剂开发等工作。目前国内油田使用的压力机为4207D数字型压力试验机和YJ-2001型匀加荷压力试验机。其中4207D数字型压力试验机的量程为50000lbf(1lbf=4.45N),压荷速率为可编程从3500~50000lb/mim,而YJ-2001型匀加荷压力试验机的量程为0~200kN,压荷速率为0.1~10kN/s间可调。

高温高压养护釜是模拟井下情况养护水泥样品的试验设备。该设备主要适用于从事油井水泥研究、水泥外加剂研究和测试、水泥厂质量控制及检验等。高温高压养护釜控制部分采用智能控湿技术,通过温度传感器对釜体内温度进行实时温控,可实现所编程多段温度控制,保证温度曲线与压力曲线的一致,同时具有自动冷却功能,恒压控制功能,还具有压力、温度报警功能。目前国内使用的高温高压养护釜为1910型高温高压养护釜和OWC-9390型高温高压养护釜。其中1910型高温高压养护釜的最高温度为315℃,最高压力为275MPa,而OWC-9390型高温高压养护釜的最高温度为370℃,最高压力为40MPa。

机械性能分析仪作为一种新型用于测量油气井水泥机械性能(弹性模数与抗压强度)仪器,它可以无损伤连续测定水泥的弹性模数和抗压强度。其特点是具有自动压力补偿,温度自动控制.模拟各种井下环境,通过一次试验,可确定水泥的热弹性能和抗压强度,计算机动态记录、显示水泥泊松比、杨氏模数和抗压强度与时间的发展曲线。目前有6265MPro型水泥机械性能分析仪,其最高温度为205℃,最高压力为521MPa。

静胶凝强度分析仪是用来测量经过特定时间后水泥的静胶凝强度的仪器。它采用无损检测技术,提供了一种更为便利的测试水泥抗压强度发展趋势的方法。其特点是通过一次试验,可确定水泥的静胶凝强度和抗压强度,计算机动态记录、显示静胶凝强度和抗压强度的发展曲线。目前有5265静胶凝强度分析仪(SGSA),其最高温度为205℃,最高压力为137MPa。

(5)水泥浆(气、液)防窜性能测试设备:

水泥浆(气、液)防窜性能测试仪是用来研究各种水泥浆体系(气、液)防窜能力的一种设备。目前国内使用的油井水泥与气(液)窜模拟测试仪有7150油井水泥气(液)窜模拟分析仪和OWC-0480油井水泥与气(液)窜模拟测试仪。其中7150油井水泥气(液)窜模拟分析仪的最高温度为205℃,最高压力为14MPa;而OWC-0480油井水泥气(液)窜模拟测试仪的最高温度为175℃,最高压力为7MPa,用于测试水泥浆由流态至凝结期间的抗窜性能。

(6)水泥浆流变性能测试设备:

高温高压流变仪专门开发用于测量高温高压下完井液、钻井液等液体的流变性能,能测量牛顿类型液体和非牛顿液体流变性能,包括剪切速率与时间无关的流体的流变性能,仪器也适合宾汉塑性流体、假塑性流体、膨胀性流体、触变性流体和抗流变性流体,提供了一种在高温高压条件下测试水泥浆流变性能的手段。目前有7400高温高压流变仪,其最高温度为230℃,最高压力为138MPa,可调转速为0~600r/min。

(7)水泥浆失水性能测试设备:

失水仪是一种在模拟深井(高温高压)条件下,测定钻井液和水泥浆滤失量的仪器。目前国内使用的高温高压失水仪有7120型搅拌式失水仪和OWC-9510(9710)型失水仪。其中7120型搅拌式失水仪的最高温度为230℃,最高压力为14MPa;而OWC-9510(9710)型失水仪的工作温度为室温至175℃,最高工作压力为7MPa。

2. 注水泥套管串的配接

1) 常规套管串配接

整个入井管柱,除其壁厚、钢级、螺纹按强度设计要求外,由下而上常规配接有:引鞋(或浮鞋,包括套管鞋)+浮箍(或称回压阀,包括阻流环在内)+各式扶正器、滤饼刷(刮泥器)+联顶节、水泥头。

依据井下工艺要求,套管柱其他附件还包括分接箍、套管外封隔器、尾管悬挂装置、回接头,以及水泥伞和磁性定位的套管短节等。

2) 常用套管串附件

(1) 引鞋:分铸铁引鞋、水泥引鞋和全钢引鞋。

水泥引鞋用于引导套管柱顺利下井,调整下套管时套管柱所受浮力,固井时防止水泥浆倒流回套管内及承座胶塞,准确控制套管内水泥塞高度,提高固井质量。

铸铁引鞋用生铁铸造而成,并加工有套管螺纹,生铁引鞋适用于中深井、井下正常的深井、定向井油层套管和井下条件复杂的技术套管,其特点是机械强度高,引导作用好,但可钻性差,如图5-7所示。

全钢引鞋结构作用同铸铁引鞋,选用35CrMo以上的材质。

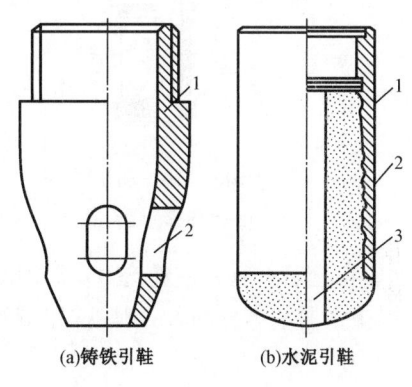

图5-7 引鞋
1—本体;2—循环孔;3—水泥石

(2) 浮箍、浮鞋:应符合 SY/T 5618《套管用浮箍、浮鞋》。套管浮鞋装在套管柱底部引导套管柱入井,防止套管柱底部插入井壁后遇阻;套管浮箍装在浮鞋以上2~3根套管处,为胶塞提供碰压位置,当上胶塞到达浮箍时,泵压会突然升高,这时候说明胶塞已碰压,固井替浆结束。浮鞋或浮箍都具有一个单流阀机构,该阀可防止固井结束后套管环空内的流体进入套管内,同时,在管串入井时还可减少大钩载荷,如图5-8和图5-9所示。

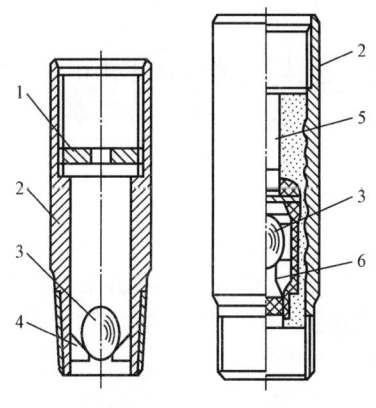

图5-8 浮箍
1—上挡板;2—本体;3—尼龙球;4—下挡板;
5—水泥石;6—阀芯

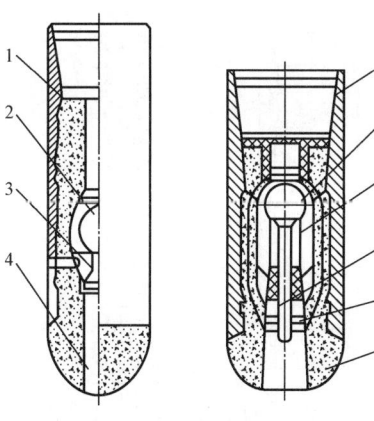

图5-9 浮鞋
1—本体;2—尼龙球;3—阀芯;4—阀杆;
5—金属半径;6—水泥石

(3)内管注水泥装置:在大直径套管内,以钻杆或油管作内管,水泥浆通过内管注入并从套管鞋处返至环形空间的注水泥装置。它主要有插头和插座两部分,如图5-10和图5-11所示。

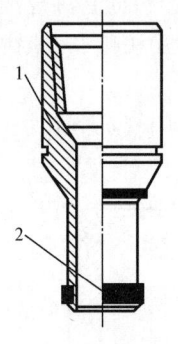

图5-10 插头

1—本体;2—密封圈

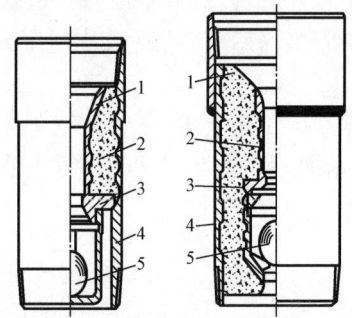

图5-11 插座

1—喇叭口;2—心管;3—承环;4—本体;5—尼龙球

(4)套管扶正器应符合SY/T 5724《套管柱结构与强度设计》的规定。

扶正器基本分两种:刚性扶正器和弹性扶正器,如图5-12和图5-13所示。

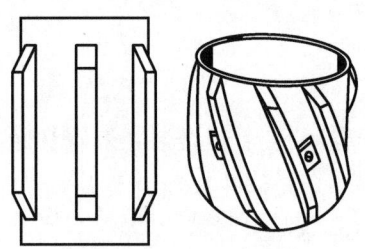

图5-12 刚性扶正器

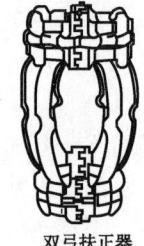 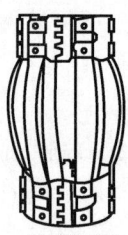

双弓扶正器　　单弓扶正器

图5-13 弹性扶正器

(5)水泥伞:装在套管上,防止水泥浆下沉的隔离装置。

(6)尾管悬挂器:将尾管悬挂在上一层套管柱底部并进行注水泥作业的特殊装置。尾管悬挂器按类型可分为液压式、机械式和机械—压双作用式三类。

(7)分级注水泥器(分级箍):为实现双级或多级注水泥作业在套管柱的预定位置上安装的一切特殊装置,称为分级住水泥器(分级箍),如图5-14所示。

(8)套管外封隔器:接在套管柱上,在固井碰压之后能使套管与裸眼环空形成永久性桥堵的装置。

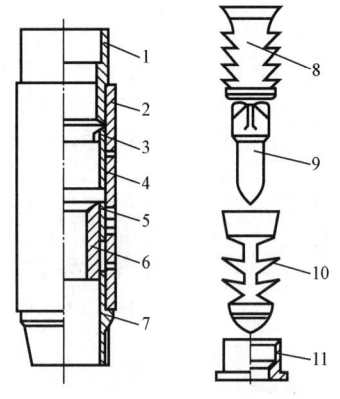

图5-14 分级注水泥器

1—上内螺纹接头;2—本体;3—关闭套铝座;4—关闭套;
5—打开套;6—打开套铝座;7—下外螺纹接头;
8—关闭塞;9—重力塞;10—下胶塞;11—承托环

① 结构：套管外封隔器主要由橡胶筒、中心筒、密封环、阀箍等组成，如图5-15所示。橡胶筒是由内胶筒和硫化在骨架上的外胶筒组成，是一种具有承受高压的可膨胀的密封元件，外胶筒两端由软金属叠加成加强层，以提高胶筒的承受压力，中心筒为一段短套管，可与套管连接；阀箍由两支断开杆和三个并列串联的控制阀组成，这组控制阀分别是锁紧阀、单流阀和限压阀，在施工中这组控制阀可以准确控制套管外封隔器坐封，不必为封隔器提前坐封和坐封压力过大胀破胶筒而担心。同时阀箍中还设滤网装置，可防止钻井液中的颗粒物进入通道堵塞阀孔。

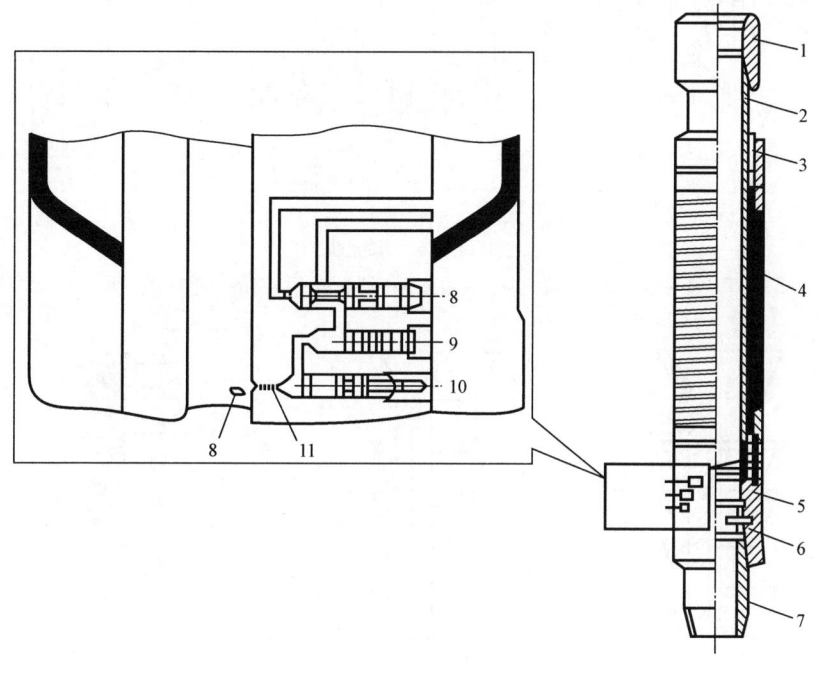

图5-15 套管外封隔器
1—接箍；2—中心管；3—密封圈；4—胶筒；5—阀箍；6—断开杆；7—短节；8—限压阀；9—单流阀；10—锁紧阀；11—滤网

② 工作原理：水力膨胀式套管外封隔器是根据帕斯卡流体原理设计的。当封隔器内部达到一定压力后，将引起封隔器外径的增加并实现与井壁间的密封作用。

（9）水泥头：在注水泥作业中内装胶塞，并具有压塞、注替管汇、阀门连接的高压井口装置。

水泥头按其连接螺纹分为钻杆水泥头与套管水泥头两种类型。钻杆水泥头在井口与送入钻具连接；套管水泥头与井口套管连接，如图5-16所示。根据用途，套管水泥头可分单塞水泥头和双塞水泥头。

（10）固井胶塞：具有多级盘翼状的橡胶体。在固井作业过程中起着隔离、刮削及碰压等作用。按用途可分上胶塞、下胶塞、尾管胶塞、钻杆胶塞和自锁胶塞等，如图5-17所示。

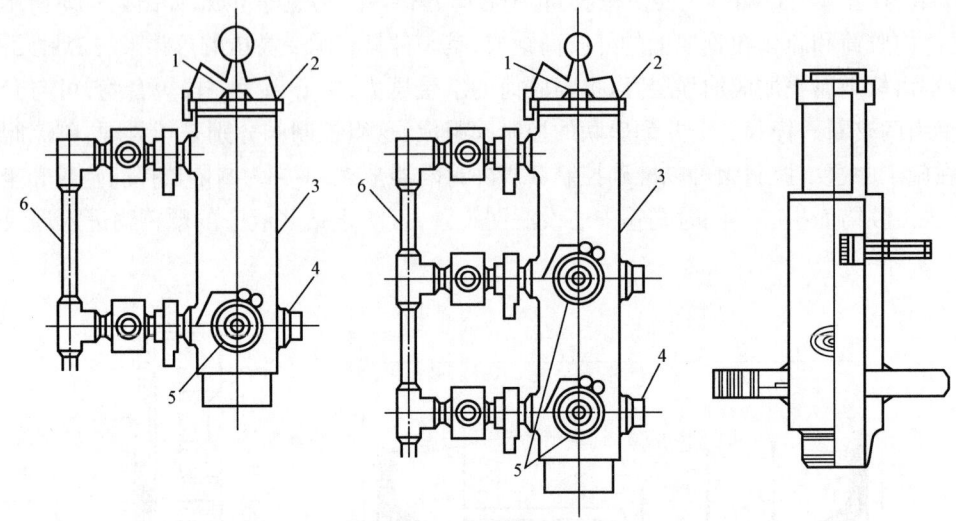

图 5-16 水泥头
1—堵头；2—水泥头盖；3—本体；4—堵头；5—挡销；6—管汇组合

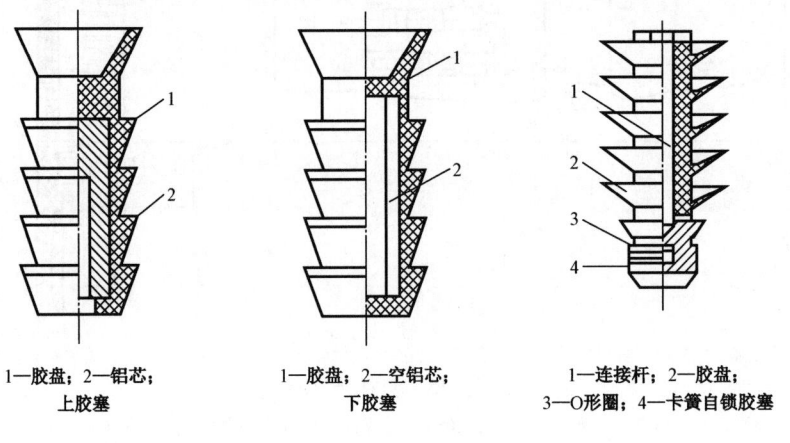

1—胶盘；2—铝芯；
上胶塞

1—胶盘；2—空铝芯；
下胶塞

1—连接杆；2—胶盘；
3—O形圈；4—卡簧自锁胶塞

图 5-17 固井胶塞

四、固井施工作业程序与要求

1. 固井施工作业程序

尽管注水泥方法不同,固井施工作业程序有些差别,但它们的共同点是一样的。执行 SY/T 5374.1《固井作业规程 第1部分:常规固井》,常规固井施工作业程序如下:

(1)接水泥头,并装入顶替胶塞。

(2)对注水泥管线进行冲洗、试压。

(3)注前置液(含冲洗液和隔离液)。

(4)压下胶塞(下塞)。

(5)注水泥浆。

(6)压顶替塞(上塞)。

(7)替压塞液。

(8)按设计替顶替液。

(9)小排量碰压。

(10)放回水,检查浮鞋、浮箍密封情况。

(11)候凝。

2. 固井施工作业要求

执行 SY/T 5374.1《固井作业规程 第1部分:常规固井》,固井施工作业要求如下:

(1)固井队在注水泥前应召开参加施工人员会议,对施工过程的各个环节交底并明确注意事项。

(2)钻井队在注水泥前也应召开固井施工会议,对各个配合作业岗位人员安排做好部署。

(3)注水泥作业应指定有经验的工程师任施工指挥,保证连续施工;各配合方应及时将注水泥施工参数汇总到固井指挥,现场若出现复杂情况,经多方协商后,由固井指挥统一安排。

(4)注水泥前对注水泥管线试压值应大于预计最高施工压力的1.2倍。

(5)注水泥过程中应连续监控施工情况(包括排量、压力、水泥浆密度及井口返浆等),并做好记录。

(6)替顶替液时,应准确计量顶替量,并安排专人观察井口返出情况。

(7)替顶替液后期,应降低顶替排量,密切注意泵入量、泵压变化及井口返浆情况。

(8)应采用小排量碰压,碰压附加值宜控制在 3~5MPa。

(9)正常情况下,应开井敞压候凝。若浮鞋、浮箍失灵,应关井憋压候凝,管内压力宜高于管外静压力 2~3MPa,并派专人按要求放压。

(10)替浆结束后,如需对环空水泥浆进行加压,应根据水泥浆失重、气层压力、破漏压力和环空液柱压力计算加压值,加压时间按设计执行。

(11)生产套管固井候凝时间不小于24h。

(12)固井施工作业过程中,高压管汇区域应有明显安全警示,高压区附近不允许有人员逗留。

第三节 提高固井质量的措施

一、固井质量的基本要求

套管在一口井的总成本中,往往是各单项成本中最高的一项。而固井工程是钻井工程中最关键复杂的作业,是百年大计。固井质量的好坏关系到油井能否正常投产和油田寿命的长短。因此对于固井的要求必须做到以下几个方面:

(1)套管柱的设计必须保证该套管串的任何部位在相应的井段有足够抗拉、抗挤、抗内压强度,以保证下入井内的套管不断、不裂、不变形。

(2)套管柱的连接必须保证用规定的上扣扭矩上紧螺纹,保证套管连接的密封性。

(3)环形空间的水泥环要求均匀和连续封固到预计的深度,且要求水泥环与井壁及套管之间胶结和密封良好,以保证环形空间不窜、不漏,满足油气井正常生产和分层作业的要求。

(4)水泥浆的设计返深符合标准:

① 表层套管固井的设计水泥浆返深应返到地面。

② 技术套管固井的设计水泥浆返深应至少返至中性(和)点以上300m,遇到油气层(或先期完成井)时设计水泥浆返深要求与生产套管相同。

③ 生产套管固井的设计水泥浆返深一般应进入上一层技术套管内或超过油气层顶界300m。

④ 对于高危地区的油气井,生产套管固井的设计水泥浆返深应返至上一层技术套管内,且形成的水泥环面应高出已经被技术套管封固的喷、漏、塌、卡、碎地层以及全角变化率超出设计要求的井段以上100m。

⑤ 对于热采井和高压、高含酸性气体的油气井,各层套管固井的设计水泥浆返深均应返至地面。

(5)管内水泥塞长度和人工井底符合标准:

① 生产套管阻流环距套管鞋的长度不少于10m。

② 技术套管(或先期完成井)阻流环距套管鞋长度一般为20m。

③ 人工井底(管内水泥塞面)距油气层底界以下不少于15m。

二、提高固井质量的技术措施

1. 影响固井质量的因素

1)井身结构

井身结构不仅关系到钻井的顺利和产层的保护及产能的维持,更关系到固井质量。井身结构不合理造成的漏、喷、塌、卡等复杂情况,给固井造成了难以克服的难题。同一口井存在两套以上压力层系,不下技套"上吐下泻"等等。

井身结构不合理还表现在水泥环的厚度达不到 API 规定的 19mm 的最低标准。152.4mm 钻头下 127.0mm 套管,215.9mm 钻头下 177.8mm 套管,间隙小,无法下扶正器和管外封隔器,套管贴边,很难保证固井质量。

2)井身质量

良好的井身质量是保证固井质量的先决条件。井眼不规则,井径扩大率超标,严重的"糖葫芦"井眼,方位变化大等。

一是影响水泥浆与钻井液的有效顶替,二是易造成固井事故。为什么有的井钻杆磨坏套管?就是因为井眼轨迹控制不好。

实验和实际都证明井眼扩大率8%~12%较好,不能大于15%,井径扩大率大于15%的井段很难达到紊流顶替,很难实现水泥浆的有效封隔。

3)长封固段与套管扶正

长封固段一是易压漏地层污染油层,二是造成固井憋泵事故,三是水泥失重易引起窜槽。

特别是有高压层或有两套以上压力层系的井。更严重的是扶正器与封固段不成正比。即使是直井不加扶正器套管在井内也不会居中。对于斜井方位变化大的井和狗腿严重的井更难以居中,很难形成均匀的水泥环。

4) 钻井液性能问题

钻井液性能与类型对于井身质量非常重要。钻井液性能不好,井壁坍塌严重,造成井径扩大率超标、糖葫芦井眼、较厚的浮滤饼等,不能保证固井质量,特别是二界面质量。

不重视下套管后的钻井液性能,不系统的处理完钻钻井液性能,往往造成套管下不到底、井壁垮塌、开泵困难、大量出砂、导致固井憋泵事故。

遇到地层渗透率高的地层,钻井过程中在井壁会生成较厚的滤饼,是影响固井质量的主要因素之一,从而直接降低了油井的原油采收率,影响油井的寿命。

固井结束后,第二界面的滤饼经由地层流体的将变软或流失,使水泥环与地层之间的第二界面充满钻井液或清水,再加上地层水对水泥环的冲刷和腐蚀作用,加大了采油生产过程中窜槽现象的发生。

5) 水泥浆体系

水泥浆体系指前置液、前导水泥浆和正常水泥浆。要按流变学来设计和调整水泥浆性能,达到紊流顶替,清除浮滤饼,清除残存水泥浆,提高顶替效率。

由于受到国产外加剂品种和质量差异的影响,目前的水泥浆体系还不能满足实际的需求,需要引进应用国外的外加剂。

低密度水泥浆体系解决长封固段、低压易漏、潜山裂缝等技术难题。

目前防窜水泥浆体系有膨胀水泥浆体系、胶粒防窜体系、非渗透体系、胶乳体系。

对于超深、高温、气井防窜,胶乳体系现场使用效果比较好。

利用高分子材料研究的丁苯胶乳水泥浆体系具有抗高温,低失水,稠化时间可调,直角稠化,稳定性、流变性好,胶结强度高,防窜能力强等特点。现场湿混于水中,配浆时不起泡且易于水化。适宜温度 30~160℃,可应用于 6000m 的超深井固井。

胶乳水泥及微膨胀胶乳水泥的气窜阻力较原浆显著增加,说明胶乳及微膨胀胶乳水泥浆有良好的防气窜作用。

6) 固井工艺

为保护油气层,应根据油气藏类型,选择固井工艺,而现在固井工艺受到钻井设计不切合实际、特殊工具附件质量不可靠和类型少的影响,限制了工艺技术的推广应用。

导致固井质量不良的主观原因:

(1) 未能根据油藏开发及采油工程生产要求进行完井设计。

(2) 油公司制订技术规定与造价要求将所有矛盾交给固井。

(3) 钻井部门强调成本忽视钻井液性能对顶替效率的要求。

(4) 不了解井壁滤饼影响胶结和水泥浆体系性能设计低劣。

(5) 不掌握实际井眼条件下工况参数对水泥浆受热的影响。

(6) 不掌握温度对入井流体流变性、流态判别、摩阻影响。

(7)不掌握水泥浆压降规律及防窜能力与作业设计的关系。

(8)不掌握管材、水泥石、地层组合变形对水泥设计影响。

(9)不掌握后期生产条件与环境对水泥石耐久及腐蚀影响。

7)测井与评价

目前的测井采用变密度测井方式,评价水泥与井壁的胶结只能定性地去判断。有的井封固1500m以上,几十组油层都要求封固好,有一组封固不好,就判定整口井不合格。

有许多实际情况可能引起错误的解释:(1)高速地层。(2)仪器不居中。(3)水泥凝固时间。(4)微环隙。(5)水泥环厚度小于3/4英寸。(6)套管壁厚度。(7)操作技术。(8)水泥浆体系不同等。这些问题的影响还没有定量的结论。

提高固井质量要从下套管和注水泥两个方面入手。

注水泥的目的在于提供良好的环空封隔。为实现这一目的,要解决以下两个方面的问题:

一是如何使环形空间充满水泥浆;

二是如何使水泥浆在凝结过程中压稳油、气、水层和封隔好油、气、水层。

注水泥质量要求:

(1)水泥浆返高和套管内水泥塞必须符合设计要求。

(2)注水泥段环空的水泥浆应全部被水泥浆顶替干净,不窜槽。

(3)水泥环有足够的连接强度和封固性能,不发生油气水窜,能经受住酸化压裂。

(4)水泥石能抗腐蚀。

2. 提高注水泥顶替效率的措施

顶替效率的概念:水泥浆在环形空间顶替钻井液的程度,用 η 表示。

注水泥段:

$$\eta = \frac{环形水泥浆体积}{环空体积}$$

注水泥浆段任一截面积:

$$\eta = \frac{环形水泥浆面积}{环空截面积}$$

当 $\eta = 1$(即100%)时,水泥浆全部顶替走了钻井液。

当 $\eta < 1$ 时,钻井液没有被水泥浆完全替走,称为发生了钻井液窜槽。

η 值越大,顶替效率越高。

为提高顶替效率,所采取的主要措施有:加扶正器降低套管在井眼中的偏心程度、注水泥时活动套管、采用紊流或塞流流态注水泥、采用前置液、注水泥前调整钻井液性能、增加紊流接触时间等。

1)加扶正器降低套管在井眼中的偏心程度

套管在井眼中不居中的现象称为套管偏心。注水泥顶替效率与套管在井眼中的偏心程度密切相关。

在定向井和水平井中,由于套管的自重,管柱将偏向井眼下侧,形成偏心。就是直井,由于实际所钻成的井眼不可能是一个完全垂直的井眼,因此也存在套管偏心的情况。

套管居中时,顶替效率的高低主要取决于顶替时的流态。

套管偏心时,流动阻力在各间隙分布不一样。

套管偏心越严重,这种流速分布不均的程度越大。曾经实测了液体在偏心环空中的流速分布情况,当偏心程度为69%时,实验中测量到最宽与最窄间隙的平均流速差别达到了70倍。

在水泥浆顶替钻井液的过程中,水泥浆在宽间隙处顶替钻井液的速度快一些,而在窄间隙处的顶替速度则较慢,导致宽窄间隙水泥浆返高不一致。若套管偏心严重,则可能出现窄间隙的钻井液根本不能被顶走而滞留在原处的窜槽现象。

因此要尽量降低套管在井眼中的偏心程度。目前所采取的措施是在套管上安装套管扶正器。

2)注水泥时活动套管

在注水泥过程中,旋转或上下活动套管是提高顶替效率的有效措施。

机理:当环空窄间隙处有滞留(或流动较慢)的钻井液时,旋转套管可依靠套管壁拖弋力将钻井液带入进环空的较宽间隙处,从而被流动的水泥浆顶替走。

结论:一般认为旋转效果较好;上下活动套管可能在上提套管后发生卡套管从而使套管不能下放到设计放置,给安装井口造成困难。

3)采用紊流或塞流流态注水泥

在层流流态,断面流速分布呈尖峰形态;在紊流和塞流流态,断面流速分布相对平缓,因而有利于水泥浆均匀推进顶替钻井液。

在偏心环空中,当采用塞流流态时,虽然在本间隙内水泥浆可均匀推进,由于在周向上流速分布不均,可能存在周向上严重推进不均的后果。

紊流顶替机理:

紊流顶替断面流速分布比较均匀。

紊流顶替液中的紊流旋涡在顶替液与钻井液的交界面上可产生冲蚀、扰动、携带的作用,从而有利于对钻井液的顶替。在偏心环空中,这种冲蚀、扰动、携带作用可逐渐顶替走窄间隙处的钻井液。

在偏心环空中,紊流时周向上的流速分布不均的程度也要大大低于层流时的流速分布不均程度(塞流本质上也属于层流),实验中曾测量到可降低27% - 76%,因而有利于对窄间隙的顶替。

另外,紊流时,单位长度上的摩阻压降大,该摩阻压降对滞留钻井液而言是驱使其流动的动力,因此也有利于顶替。

结论:只要井下条件许可(不会压漏地层),人们首选紊流顶替。

4)使用注水泥前置液

不用前置液的危害:

由于水泥浆与钻井液的化学成分不同,当用水泥浆直接顶替钻井液时,在两者交界面附近

钻井施工

钻井液要与水泥浆混合。

水泥浆和钻井液混合的后果：

一方面，钻井液与水泥浆混合后，可能使水泥浆增稠，导致环空流动摩阻增大，严重时造成井漏，或造成泵送不动而导致不能把水泥浆全部从套管内替出的严重后果。

另一方面，钻井液与水泥浆相互混合形成的混合物可能很稠，不容易被随后的水泥浆所顶替，造成这种混合物窜槽，影响注水泥质量。不管是哪种情况，均称钻井液与水泥浆不相容。

解决措施：在水泥浆前面通常要注入一段或几段与钻井液及水泥浆均相容的特殊配制的液体，这些液体称为注水泥前置液（简称前置液）。

前置液分为两种：

冲洗液：冲洗液主要起稀释钻井液、冲洗井壁与套管壁的作用（也能隔开钻井液与水泥浆），主要用于紊流注水泥。当与隔离液同时使用时，位于隔离液之前。

隔离液：隔离液的主要作用是隔离钻井液与水泥浆。有两种类型的隔离液，一种是用于塞流注水泥的黏稠型隔离液，一种是用于紊流注水泥的紊流型隔离液。

施工措施：

在注水泥过程中，实际顶替钻井液的是前置液。显然，如果水泥浆的流变性能能调节到满足紊流或塞流的要求则更好。但由于调整水泥浆的流变性能时，往往对水泥浆的其他性能有影响，所以在很多情况下水泥浆的流变性能不能调整到要求值（尤其是紊流要求）。

因此，现场上实际使用的常常是前置液紊流或塞流的注水泥顶替技术。关于紊流、塞流的注水泥流变性设计，我国相关标准中给出了有关设计理论与方法。

5) 注水泥前调整钻井液性能

钻井中钻井液的性能是为了满足钻井作业的需要，但从提高注水泥顶替效率方面来看，这些性能往往是不适宜的。因此，在注水泥前，一般都要对钻井液的性能进行调整。这一点非常重要。

调整钻井液性能（密度、流变性）的原则是，在保证井下安全的前提下，尽量降低钻井液的密度、黏度和触变性（静切力）。理论和实验研究均表明，其中降低触变性尤为重要，因触变性太强，钻井液的内部结构力大，非常不利于顶替。

6) 增加紊流接触时间

紊流顶替最重要的是对钻井液的冲蚀、扰动、携带作用。显然，这种冲蚀、扰动、携带的顶替，需要一定的时间。一部分人认为 4min 的接触时间就够了，但目前为大部分人接受的观点是需要 10min 的接触时间才能达到有效的顶替。因此要合理设计前置液和水泥浆的用量。

7) 顶替液与钻井液的密度差

一般要求钻井液、前置液、水泥浆的密度应逐级增大（所谓正密度差），因正密度差将对钻井液产生浮力作用，有利于顶替。但对冲洗液可以例外，因冲洗液所起的主要是稀释钻井液、冲洗井壁与套管壁的作用。

3. 固井质量评价

1）质量标准

质量标准是依据满足地质和油气开采需要而提出来的,甲方所提出的标准应当符合一般的惯例,并与有关政府部门的规定和条例一致。应当认识到,如果标准过低,其质量满足不了地质及工程需要;如果过高,则将使其成本增加和造成不必要的浪费。

固井质量标准的内容主要包括：

(1)套管下深误差标准,水泥返高深度标准,套管柱强度。

(2)最小内径通过标准,水泥环封隔质量、井口合格高度、井口及管鞋试压标准等。

水泥返高和人工井底标准：水泥浆返至最上部油气层顶部 50m 以上为合格。

人工井底(管内水泥塞顶面)距油气层底界不少于 15m,或者满足作业者批准的人工井底设计的要求。

2）根据固井施工作业记录评价

(1)固井施工设计要求：固井施工前要根据实钻情况制订有针对性的固井施工设计。施工设计内容应包括 HSE 预案。

(2)固井施工质量评价：固井质量评价方法按 SY/T 6592《固井质量评价方法》的规定执行。

(3)根据施工记录评价：根据固井施工记录,按技术要求打分,并完成如"固井施工质量评价表",见表 5-6。

表 5-6 固井施工质量评价表

参数	技术要求	得分
钻井液屈服值	若 $Pm < 10.85\text{lb/gal}$,则屈服值 $<10\text{lb/100ft}^2$	2
	若 $Pm < 10.85\text{lb/gal} \sim 15.03\text{lb/gal}$,则屈服值 $<16\text{lb/100ft}^2$	
	若 $Pm > 15.03\text{lb/gal}$,则屈服值 $<30\text{lb/100ft}^2$	
钻井液塑性黏度	（与屈服值对应,待实验确定）	2
钻井液滤失量	符合设计要求	1
钻井液循环	>2 循环周	1
水泥浆密度波动范围	若自动混拌水泥浆,则 $\pm 0.209\text{lb/gal}$	2
	若手动混拌水泥浆,则 $\pm 0.292\text{lb/gal}$	
前置液接触时间	$>10\text{min}$	1
水泥浆化验	大样复查符合设计要求	1
水泥浆滤失量	符合设计要求	1
注替浆量	符合设计要求	1
注替排量	符合设计要求	1
注替排量	符合设计要求	1
套管扶正器	是	2（奖励[a]）

续表

参数	技术要求	得分
活动套管	<3min	1
固井作业中间停止时间	是	1
碰压	符合设计要求	1
试压过程中复杂情况	无	1
候凝方式	符合设计要求	1
水泥返高	符合设计要求	1
总分数		20

a 在注水泥过程中,若活动套管,则奖励2分,未活动套管不扣分。

如果得分大于14,则施工质量应评价为合格;否则,应通过其他方法检测。

出现下列情况之一,施工质量不可通过固井施工质量评价,可用其他方法评价,如施工过程中发生严重井漏,漏封油气层;水泥浆出套管鞋后施工间断时间超过30min;灌香肠或替空;套管未下至设计井深,造成沉砂口袋不符合设计要求;固井后环空冒油、气、水。

3) 固井水泥环质量标准

用测井(CBL,VDL,SBT)和加压验窜两种方法,作为对水泥环质量进行评定的标准。如用测井方法已能清楚断定水泥环质量,则可不再使用加压验窜方法。否则,还须使用加压验窜方法进行评判。

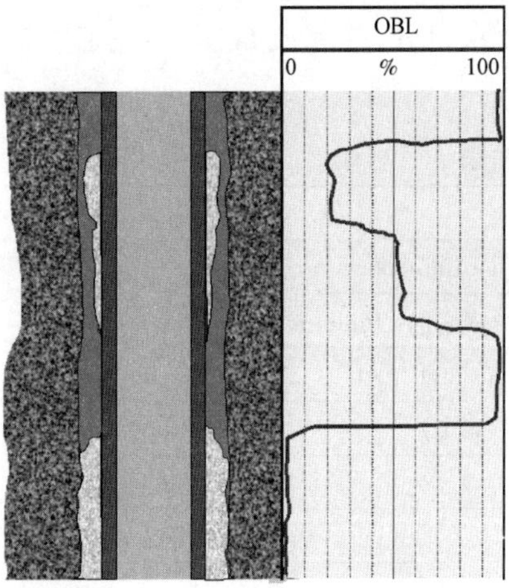

测井方法评定水泥环质量,主要针对油气层井段,以声幅曲线(CBL)为主,如图5-18所示。声幅相对值在15%以内为优等、不超过30%为合格(低密度水泥浆固井声幅相对值不超过40%为合格)。用声幅测井曲线不能明确鉴定时,可用变密度测井(VDL)图对照鉴定。如有必要,再用扇区水泥胶结测井(SBT)图对照鉴定。

加压验窜方法用于测井方法鉴定为不合格,且窜槽可能性极大的井段水泥环质量鉴定。其具体方法是:在被鉴定段上下两处射孔(一般每处射0.5m,共五孔),在上下射孔段之间坐封隔器,加压20MPa。如果30min窜通量不大于$0.2m^3$,该段水泥环可鉴定为合格,30min窜通量大于$0.2m^3$则鉴定为不合格。

图5-18 CBL声幅测井曲线

不合格水泥环经挤水泥补救后能达到合格标准,仍应鉴定为合格。

套管柱试压标准:

套管柱试压与水泥环质量鉴定同样是固井质量评定的重要组成部分。

试压液的选用:339.7~508.0mm表层套管柱及244.5mm技术套管柱,使用井内钻井液。177.8mm油层套管柱管外水泥面以下100m至井口段使用清水,其余井段为原钻井液。尾管固井水泥浆未返至尾管头时试压,用原钻井液。

按表 5-7 中的以下数值加压,30min 压降不超过 0.5MPa 为合格。

表 5-7 套管柱试压

1	508.0mm 表层套管柱	4MPa
2	339.7mm 表层套管柱	10MPa
3	244.5mm 技术套管柱	20MPa
4	177.8mm 油层套管柱	20MPa(油井和注水井)
5	177.8mm 气层套管柱	按预计关井最高压力、采气井口工作压力、套管抗内压强度 80%,选其小者进行加压
6	177.8mm 尾管、127.0mm 尾管	20MPa
7	177.8mm 尾管回接套管柱	同 4,5

第四节 特殊固井技术

除了正常一次注水泥技术外,将不是一次通过套管内注水泥的方法均列为特殊固井技术。由于井下情况变化大,为保证注水泥质量,在水泥浆注入方法、工序、工具、工艺上有很多变化,所以称为特殊固井技术。

一、内管法注水泥

内管法注水泥主要用于大尺寸套管固井。大口径套管,通过管内注水泥,容易在管内发生水泥浆窜槽,而顶替量大,不能有效地保证施工质量,从而要采取特殊的内管注水泥,这种方法就是当大尺寸套管下至预定深度后坐定,重新从套管内再下入注替水泥的内管的方法,如图 5-19 所示。内管注水泥常用于 339.7～660.4mm 的套管,某些特殊井使用内管注水泥法的尺寸已达 1219.2～3657.6mm,也获得了成功。

1. 井眼准备

大尺寸套管的特性是刚度大。因此井斜方位变化大、台肩及小间隙是管柱下入的主要障碍。首先应有合理的间隙尺寸,即套管尺寸、井眼尺寸、深度三者合理的配合关系。

应修整井壁,消除台肩,条件允许时用相当管径的钻具扶正器通井。必要时用 2～3 根套管试下,保持优质钻井液,控制较小的滤饼摩阻系数。

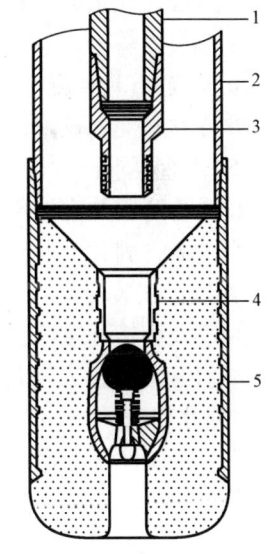

图 5-19 内管注水泥装置
1—内管接头;2—套管;3—斜面密封;4—密封衬套;5—套管鞋

2. 工艺方法

套管下至设计深度后,使管柱在井口(一般坐定于导管上)固定,于套管内下入钻杆(或油管),插入特制管鞋的引座内,通过钻杆(称为内管)注替水泥。当替泥浆结束后上提内管,特制管鞋上的回压阀关闭,控制套管外水泥浆倒流。

注水泥环空主要采用塞流方式,并依靠密度差提高顶替效率,其次一般使用低水化热水泥,主要有膨润土水泥、火山灰等高水灰比水泥。套管下井应注意漂浮上顶,应进行平衡计算和安装井口回压控制装置。

3. 作业

(1)套管串结构:浮鞋+1~2根套管+浮箍+套管至井口。

(2)内插管串结构:插入头+转换接头+钻杆至井口。

(3)工具及附件:浮鞋、浮箍,要求同常规固井;浮箍带密封插座,与插入头配套使用;内插管串上必须安装内管扶正器,扶正器尺寸为钻杆外径×套管内径,从下部开始在钻杆上连续装3~5支。

(4)作业程序:执行 SY/T 5374.2《固井作业规程 第2部分:特殊固井》。

① 下套管,正确安装内管法固井浮鞋、浮箍和套管扶正器。

② 下钻杆,按设计要求安放内管扶正器。

③ 最后一根钻杆应先在套管外与方钻杆(或顶驱)连接,再入井。

④ 下放内管,插入头接近插座,小排量开泵,缓慢下放使插入头进入插座,加压至预定值。

⑤ 顶通建立循环,再逐渐将排量提至设计施工排量,循环不少于两周,同时观察套管内钻井液是否外返,内管是否上移。

⑥ 按设计注水泥浆和顶替液。

⑦ 起出内管。

⑧ 安装井口,候凝。

⑨ 探钻水泥塞及附件。

(5)作业要求:

① 内管法固井宜使用于浅井段的大口径套管固井(如762mm,508.0mm,339.7mm)。

② 内插管固井工具到井场后,应认真测量密封套内径和插入头工作部分外径,检查配套情况,并进行试装。

③ 插入头接近浮箍密封插座时开泵循环钻杆容积量,停泵插入密封插座;开泵若只有套管环空返出,说明插入密封,可施工;若套管内有水泥浆溢出,说明密封失效,应采取增加坐封力等措施处理。

④ 内管法注水泥作业的顶替液量应比内管的内容积少 $0.5 \sim 1 m^3$。

其他作业要求参照常规固井。

4. 水化热问题

大直径井眼固井,由于存在较厚的水泥环,水化热比较明显,温差可达 25~60℃,同时水化热又受水泥细度、化学成分、外加剂等各种因素影响,加入膨润土或耐高温的火山灰水泥可降低水化热。对于巨厚水泥环,为控制水化热宜用 B 级水泥及低热硅酸盐水泥(LHC)。

二、尾管注水泥

尾管注水泥工艺是深井固井中最常用的一种方法,由于具有较好的经济价值,它改善管柱轴向受力载荷条件及改善钻井水力条件,尤其在低压薄弱地层固井能大幅度降低环空流动阻力,因此尾管技术日益广泛地被采用。除上述特点外,在先期完成井,还采用尾管回接技术解决套管磨损的问题。同时,漏失严重的井,由于可从喇叭口进行挤水泥补救,常用于深井复杂条件井施工。

1. 尾管注水泥固井特点

(1)泵压高,施工困难,由于悬挂器的结构设计所致,它的流道截面积较重合段已有大幅度下降,而且坐挂后流道截面积还要下降许多。例如,$\phi 244.5mm \times \phi 139.7mm$ 悬挂器坐挂后,流道截面积仅 $31cm^2$,下降 41.5%,只相当 $\phi 6.28mm$ 的通径,环容只有 3.1L/m,只是重合段环容的 12%,若和裸眼段环容相比则下降得更多。这样一来,固井中此处必然产生大量压耗,导致泵压猛增。

(2)对井眼及水泥浆性能要求高,如果水泥浆性能不好,井眼不干净,更容易在此处形成桥堵憋高压,导致固井复杂和失败,因此对水泥浆性能黏切、含砂、防钙侵要求较高,在小排量循环的条件下,对井眼净化要求高。

(3)对水泥浆性能要求高。一般水泥浆失水维持在 250mL 以内就可以固井,而尾管固井失水必须小于 50mL。尾管固井除正常施工所需的稠化时间外,还要考虑循环洗井及相关工作所需的稠化时间,安全时间也较一般井长,而且还要考虑喇叭口处的抗压强度、析水及体系稳定性、水泥浆抗污染程度等。

(4)压力高,作业时间长,对施工要求严格。这主要指尾管固井要求设备能力强,工具可靠,计量准确,指挥得力。

2. 尾管注水泥固井作业

1)套管串结构

浮鞋 + 2~6 根套管 + 捉球短节 + 套管 + 悬挂器总成 + 送入工具 + 送入钻具至井口。

2)工具及附件

(1)浮鞋带双单流阀,耐回压大于 25MPa。

(2)悬挂器的选用:尾管悬挂器应操作简便、性能可靠,要坐得住、倒得开、甩得脱;顶部应带回接筒;强度、通径、扣型应满足尾管作业及后续作业要求;中心管密封部分耐压应大于 35MPa。

(3)悬挂器检查、测绘、连接(左螺纹连接液压坐挂悬挂器):

① 测量各部件内外径、有效长度并绘图。

② 检查卡瓦及连杆等零件是否有变形、损坏,液缸、各剪切销钉是否完好、齐全。

③ 中心管用与其连接的钻杆之通径规通径,中心管外表应光滑、无轴向划痕,连接螺纹涂黄油,用管钳一人力量上紧。

④ 中心管与密封短节(或封堵补心)应可靠密封,要求每次下井使用新密封圈。

⑤ 带套管扣的组件,螺纹上涂套管密封脂,用套管扭矩连接。

⑥ 连接反扣前,反扣上涂高温润滑脂,用一人力量上紧。

⑦ 应检查憋压球与球座孔的匹配。

3) 作业程序

执行 SY/T 5374.2《固井作业规程 第2部分:特殊固井》。

(1) 下尾管:按 SY/T 5412《下套管作业规程》下入尾管串。尾管悬挂器入井前锁住转盘,入井后灌满钻井液并记录悬重;下钻遇阻或中途循环时,应控制循环压力在标定(或试验)坐挂压力 80% 以内。

(2) 开泵循环:

① 下完最后一根钻杆后灌满钻井液,接方钻杆(或顶驱),用油漆在送入管串上标记设计坐挂起始位置、回缩距长度,下放管柱使坐挂起始位置标记线与转盘面平齐,小排量顶通,建立循环,循环压力应低于坐挂压力的 80%,观察并记录排量与压力。尾管作业相关计算参数见 SY/T 5374.2—2006《固井作业规程 第2部分:特殊固井》中的附录 A。

② 坐挂前应使管内钻井液循环至喇叭口以上不少于 200m,对于油气层固井作业,应循环不少于一周。

(3) 坐挂*:

① 上提送入管串,坐在吊卡或卡瓦上,卸开钻杆接头,投入憋压球。

② 上紧接头,下放至设计坐挂起始位置,小排量泵送憋压球到达球座,缓慢提高泵压超过标定(或试验)坐挂压力附加 20% 以上(或超过 2~3MPa),但低于标定(或试验)憋通压力的 80%,憋压 5~10min。

③ 平稳下放管柱使悬重等于送入管串称重值,在送入管串上标记指重表指示悬重开始下降时的位置(实际坐挂起始位置)和悬重降至称重值时的位置(实际坐挂终了位置),两个位置间距应等于回缩距。

④ 上提钻杆,悬重值不超过尾管浮重的 50% 和送入管串浮重之和,再次下放至坐挂终了位置,悬重仍等于送入管串称重值,则证明坐挂成功。

*本作业程序适用于液压坐挂左旋螺纹连接型尾管悬挂器。

⑤ 下放至坐挂终了位置,提高泵压剪断球座销钉,恢复循环。

(4) 释放:

① 停泵,上提送入管串恢复悬重至送入管串称重值后再下放 50~100kN。

② 将转盘解锁,坐卡瓦,再下放 100~300kN 并固定卡瓦。

③ 用低于 30r/min 的转速正转 2~5 转,检查扭矩,然后正转不少于反扣有效扣数两倍的圈数。

④ 在安全长度内上提送入管串,指重表指示悬重保持在送入钻杆称重值时表明已释放成功。

⑤ 下放悬重 50~100kN。

⑥ 开泵以小排量顶通,逐渐提至设计施工排量循环不少于两周,记录压力与排量。

(5) 注水泥作业:

① 将送入管串坐在吊卡上,卸掉方钻杆或顶驱。

② 接水泥头、注替管线和计量仪表,装钻杆胶塞。

③ 检查水泥头、管线阀门开关状态,对注、替管线进行试压。

④ 按设计注前置液。
⑤ 按设计注入水泥浆。
⑥ 释放钻杆胶塞。
⑦ 按设计注入顶替液。顶替量与送入管串内容积差 $3\sim5m^3$ 时降低排量,观察钻杆胶塞与套管胶塞重合时的压力变化情况并校核顶替量。胶塞重合后,将排量提高至设计施工排量。
⑧ 与设计替浆量差 $3\sim5m^3$ 时降低排量,直至碰压;若不能碰压,总替量不能超过管柱内容积。

(6)冲洗、起钻:
① 具备循环条件,起至设计水泥塞顶部位置,按设计排量循环一周,起钻。
② 不具备循环条件,宜起钻至安全位置候凝。
③ 具备循环条件的深井作业,宜起钻至安全位置,按设计排量循环一周,起钻。
④ 循环过程中应低速转动钻柱,派专人观察出口返出情况,及时排掉返出的前置液、水泥浆和混浆。
⑤ 起钻过程中应连续灌浆。

(7)候凝:按设计要求候凝。
(8)探钻水泥塞:按设计要求探钻水泥塞。

4)作业要求

(1)按 SY/T 5956《钻具报废技术条件》的规定对作业用钻杆、短钻杆进行检查、更换,必要时可进行探伤检查。
(2)使用标准通径规对尾管送入管串逐根通径并编号(包括接头、短钻杆、送入工具)。
(3)对尾管送入管串称重,记录开泵、停泵、转动、上提、下放时的悬重及开泵排量和泵压。
(4)根据钻进情况分析坐挂点外层套管磨损情况并用通径规通径,也可用微井径测井或成像测井的方法检查坐挂段套管。
(5)对上层套管刮壁,悬挂器坐挂点上下各50m内应不少于三次。

3. 尾管悬挂装置

尾管作业质量的重要标志之一是尾管悬挂器应具有良好的悬挂性能。良好尾管挂机构应当是"下得去,挂得住,倒得开"。具体性能要求是,悬挂较大载荷,不损伤外层套管,送入机构可靠并可回收,悬挂操作简单,进下钻具倒开起出容易、安全等。针对上述要求和井下条件的差异,目前已有各种结构类型的尾管悬挂装置。从悬挂方式上可分为两大类,即机械式和水泥悬挂式。后者由于具有较小的安全性能,一般不再发展,机械式发展较快,不但有液压式,而且还有可提动旋转机能的尾管挂装置。

三、分级注水泥

分级注水泥是在一次注水泥方法的基础上,采用特殊接箍而达到分级注水泥的固井技术,这种特殊接箍称为分级箍或称分接箍。利用分级箍后,可按需要将环空水泥封隔而分成两段或三段。由于有这种特点,常用于长水泥段固井,解决漏失条件的固井问题及大水泥量情况下的固井问题。

钻井施工

1. 分级固井工艺技术的应用范围

(1) 一次注水泥封固段太长,压差过高,一般注水泥设备难以满足施工要求。
(2) 低压易漏失井固井时,由于一次封固段太长,压差过高,容易引起固井漏失。
(3) 一次封固段太长,上下温差太大,水泥浆性能无法保证固井要求。
(4) 油气分布不均,不连续且中间间隔距离太长时。
(5) 其他特殊情况。

目前常用的分级箍其规格尺寸有 $\phi 244.5mm$、$\phi 177.8mm$、$\phi 139.7mm$、$\phi 127.0mm$。类型分为机械式和液压式两种,它们的主要区别在于:

① 机械式:用于直井或井斜角小于 25° 的井,依靠重力塞打开循环孔进行二级固井,其打开压力较低。
② 液压式:用于任何井型,可以不用重力塞而直接憋压,打开循环孔进行二级固井,其打开压力较高。

2. 分级箍作用原理

水泥头装有一级碰压塞,所有的固井程序同常规井相同。如果是机械式的分级箍,当一级碰压后打开水泥头投放重力塞,以 1m/s 速度计算重力塞到达分级箍位置后,开泵憋压 5~7MPa,将分级箍下内套销钉剪断,下内套下行露出循环孔,循环出多余水泥浆,准备二级固井。二级固井的工序基本同常规固井最主要的区别在于碰压后还要进行憋压,依靠关闭塞剪断上内套销钉,上内套下行关闭循环孔,实现套管可靠密封。关闭压力一般要比液柱压差大 10.5MPa。如果是液压式分级箍,则第一级碰压后,再进行憋压打开循环孔,然后进行二级固井。其打开压力要大于一级碰压压力 3~5MPa,并以此调整销钉数量。

3. 分级箍安放位置的确定原则

分级箍安放位置的确定原则是依据油气水层及漏层位置决定。

(1) 全井封固的井,一般安放位置在井深 1/2 处,同时考虑地层、井径、井斜方位及垮塌情况。
(2) 主要油气层间隔距离较大时,其位置选择在上部油气层底界以下 40~60m 处。
(3) 易漏失地层,一般选在漏失层以上 50~80m 处。
(4) 分级箍以下必须要有足够长度的套管,一般不少于 450m,以保证分级箍顺利打开。

4. 双级注水泥工艺的正规式及连续式程序和三级注水泥

1) 双级固井的注水泥方式

双级固井的注水泥方式一般有三种,可根据工程、地质和封固要求进行选择。

(1) 非连续式:也叫正规式双级固井。它适用油气层间隔大,地层压力系数较低,井斜角较小和环空水泥不连续封固。这是目前应用最多的一种双级固井方式,它的实际应用情况已不局限于上述范围。
(2) 连续式:封固较长,压力较低,水泥连续封固。
(3) 连续打开式。

2) 双级固井工艺的技术条件

(1) 套管柱设计必须考虑分级箍关闭时的工作负荷。

(2) 套管居中、井眼及水泥浆性能：除了其他方面以外，二级固井前必须对水泥浆进行防钙侵处理并充分循环洗井。

(3) 一级水泥浆稠化时间除了施工时间外，还包括投塞、打开、循环和足够的安全时间。

(4) 浮鞋浮箍必须可靠灵敏，否则导致固井失败。

3) 正规式双级注水泥程序

正规式即非连续式双级注水泥法，注水泥程序为：同一次注水泥方法相似，完成一级注水泥。一级顶塞碰压（一级水泥返至分级箍位置的以下深度）。由于浮鞋、浮箍及碰压塞卡簧的三级密封，此时井口水泥头放压回零后即可投入打开塞，待打开塞自由下落至分级箍，打开塞胶锥面与下内套密合，井口加压使下内套销钉剪断后下移，露出注水泥孔，恢复井下循环，按设计可进行二级注水泥。一般情况下，当注入水泥浆的最后 $0.6\sim1.0\mathrm{m}^3$ 提前置入关闭塞，注水泥浆结束立即替泥浆，当关闭塞行至分级箍的上内套时碰压，此时剪断上内套销钉，内套下移，露出进液孔，从而推动关闭套，关闭注水泥孔，二级注水泥工序完成，井口可放掉管内压力候凝。分级箍产品系列均给出明确的打开孔压力及上内滑套关闭销钉剪断压力。

4) 连续式双级注水泥工序

同一次注水泥方式一样进行一级注水泥，水泥设计量返至分级箍位置，按间隔量置入打开塞，一级碰压（或留有余量），打开塞置入后立即尾随水泥浆或继续替入水泥浆是按间隔量和分级箍位置所决定的，但常规情况是由水泥浆推动打开塞。二级水泥浆量注完立即置入关闭塞开始替泥浆，直至碰压分级箍关闭，施工结束。

非连续式及连续式在附件上差别主要是在打开塞上，前者是重力式，置入后在水泥浆中以自由落体形式下落至分级箍位置，后者由水泥浆推替至分级箍位置。

双级复杂情况及处理：

(1) 一级固井碰压后，泄不了压，有可能浮鞋浮箍失灵，要反复二至三次试放压。如果无效，则只有内外平衡后再进行后续工序。液压式分级箍可以避免这种情况。

(2) 二级固井碰压后，泄不了压，有可能关闭孔未关闭，当反复二至三次关闭无效后，倒返 $0.5\mathrm{m}^3$ 水泥浆，关井候凝。关闭压力要考虑管柱的安全性。

(3) 循环孔打不开：在稠化时间许可的前提下，可以稍候一段时间憋压打开也可适当提高憋压压力打开。如果无效，可用钻杆带特殊工具下压打开。测声幅后，进行射孔补救二级固井。

(4) 一级固井后，合理选择循环洗井排量。如果井漏，要立即降低排量。对于井口不返要及时正确判断，多余水泥浆以上地层漏失可以小排量继续洗井，如果以下地层漏失可以反循环洗井，尽量进行补救。

5) 三级注水泥程序

主要是在管串中设置两个分级箍，下分级箍的内滑套较上分接箍的孔径更小。一级注水泥使用有旁通作用的底塞，顶塞一般不碰压，靠控制替浆量掌握水泥塞高度。下分级箍的打开采取连续式打开塞,在二级水泥注替完,关闭下分级箍后,投入重力塞打开上分级箍注水泥孔,进行第三级注水泥。

6）分级注水泥设计及操作要点

（1）分级箍类型选择及平衡设计:依据工程及地质目的和井下条件,选择连续式或非连续式方法。平衡设计原则仍然是平衡孔隙压力,防止油、气、水上窜,同时环空静液柱压力加上环空流动阻力小于地层破裂压力。

（2）套管井口抗拉安全系数值:由于关闭循环注水泥孔要求有较高的关闭压力,从而产生过大附加轴向载荷,应对井口段薄弱点进行分级注水泥的抗拉校核,S_t 值最低不小于 1.5。

（3）采用正规式（非连续式）方法注意事项:一级注水泥返深的选择,一般宜低于分级箍位置 200~300m。当一级施工结束,先于井口放压观察浮鞋、浮箍的可靠性,如可放压回零则可打开井口。置入重力型的打开塞,否则应关井候凝一段时间,防止水泥浆回流进入套管内。正常情况下,第二级注水泥宜选择在一级水泥环已具有一定胶凝强度后再开始作业。

（4）井斜问题:采用重力型打开塞受井斜的影响,因此分级箍安置位置井眼要直,控制井斜角小于 3°,否则,打开塞不易与下内套密合,大斜度井宜选择连续式分级注水泥方法。因此在分级箍位置的选择上要考虑井斜,同时管外地层应致密,最好定放在上层套管内。下入过程要防止分级箍本体上的任何硬性挤压。

（5）注意分级箍注水泥孔打开后的一级水泥倒流问题:要求浮鞋、浮箍质量可靠,如回压密封失灵,则影响二级注水泥的正常进行,尤其在采取连续式方法时,因此,在进行一级注水泥设计计算时,管内外静压差不宜过大,必要时考虑对顶替泥浆的加重。

（6）套管扶正器的使用:在双级注水泥工艺中,套管居中更为必要,在分级箍位置上下应找中扶正,必须安置扶正器。同时,二级注水泥,该段环空钻井液不易充分处理调整,应加入足够数量的扶正器,防止套管偏黏井壁,造成水泥窜槽。

（7）分级箍型号的选择:依据分接箍安置深度,钻井液密度和产层压力情况及由此产生的轴向载荷和内外压力载荷选择相适应的型号,分别有短圆螺纹、长圆螺纹扣型以及轻、中、重和超重型。尤其应注意工具（分级箍）最大外径,应与井下条件相适应。质量合乎标准的分级箍,必须有永久关闭套,当钻掉分级箍上下内套后,关闭套满足抗内压及外挤要求。因此,正规作业钻至分级箍以下 0.3~0.5m 后应进行密封试压。

5. 分级注水泥作业

（1）套管串结构:浮鞋 + 2 根套管 + 浮箍 + 套管 + 分级箍 + 套管至井口;承托环（碰压座）通常放在浮箍上面一根套管的内螺纹里。

（2）工具及附件:

① 浮鞋、浮箍,要求同常规固井。

② 分级箍有机械式和液压式两种,机械式选用原则是开关孔可靠且压力较低,其强度、通径、扣型应与所在段套管一致。

（3）现场应认真对分级箍、胶塞组进行测绘、检查:

① 检查分级箍的开孔套、关闭套,是否与一级碰压塞、开孔塞、关孔塞尺寸相匹配。

② 检查一级碰压塞与承托环的匹配情况。

③ 检查承托环在套管内的安放情况。
④ 检查胶塞与水泥头的配套情况。
⑤ 根据工具的使用经验,对分级箍开孔剪切销钉进行松、紧、装、卸。
(4)作业程序:执行 SY/T 5374.2《固井作业规程 第 2 部分:特殊固井》。
① 按 SY/T 5412《下套管作业规程》的要求下套管。
② 下至设计位置后,将套管灌满。
③ 连接循环管线。
④ 开泵小排量顶通建立循环,逐渐将排量提至设计施工排量,调整钻井液性能,循环不少于两周。
⑤ 停泵,接水泥头、注替管线和计量仪表。
⑥ 装底塞和碰压塞。
⑦ 检查水泥头和管线阀门开关状态,对注、替管线进行试压。
⑧ 按设计注前置液。
⑨ 释放底塞。
⑩ 按设计注水泥浆。
⑪ 释放碰压塞。
⑫ 按设计注第一级顶替液,顶替量与分级箍以上套管内容积差 $3\sim5\,m^3$ 时降低排量,观察泵压表。碰压塞通过分级箍后将排量提至设计排量。
⑬ 离设计替浆量还有 $3\sim5\,m^3$ 时降低排量,直至碰压;如不能碰压,则总替浆量不应大于套管内容积。
⑭ 放回压,观察管内回流情况。如果水泥浆倒返,应即关闭水泥头阀门,候凝至水泥浆凝固。
⑮ 机械式分级箍投开孔塞,预计开孔塞到达分级箍位置后缓慢开泵,打开循环孔;液压式分级箍,在一级注水泥碰压后,直接加压打开循环孔。按设计施工排量循环二周后,间断循环至一级水泥浆终凝。
⑯ 停泵、装关闭塞。
⑰ 按设计注第二级的前置液、水泥浆。
⑱ 释放关闭塞,按设计注顶替液。
⑲ 替至离设计替量还有 $3\sim5\,m^3$ 时降低排量,直至碰压。
⑳ 关闭循环孔。
㉑ 放回压,检查管内回流情况。如果水泥浆倒返,应提高泵压再次关闭循环孔。
㉒ 候凝。
㉓ 探钻水泥塞。
(5)作业要求:
① 分级固井分非连续式和连续式两种,一般情况下,尽可能采用非连续方法。
② 分级箍安放位置在满足封固要求前提下,应选在井径规则、井斜小、地层致密不易冲垮的井段。
③ 各级注水泥返高,要按套管鞋处地层破裂压力和漏失层最大承压能力,以及地质要求

与油气水层位置决定。

④ 为利于分级箍正常工作,分级箍上下两根套管应装套管扶正器,使分级箍居中。

⑤ 为保证分级箍部位水泥环质量及分级孔的密封性,关孔塞应在注水泥结束前投入,可考虑用 $0.5m^3$ 水泥浆压入关孔塞。

⑥ 对非连续分级固井,一级水泥返高不得超过分级箍。通常,一级水泥返高至少低于分级箍200m。

⑦ 一级施工后,卸压检查无回流方可投重力塞。打开分级孔后,用正常排量循环略多于一个迟到时间检查分级箍以上环空是否畅通。

⑧ 一级施工需要憋压候凝时,应在打开分级孔、证实环空以上通畅后,关井按设计回压值憋压候凝;二级施工应在一级的水泥环形成3.5MPa抗压强度,或所取水泥浆样品硬凝后进行。

⑨ 关孔压力应在理论压力基础上附加3～5MPa。

⑩ 下钻、探到二级固井水泥塞面,按规定试压合格后,方可钻完上水泥塞。钻完上水泥塞、探得下水泥塞,先循环洗井、测井,然后钻下水泥塞。

⑪ 分级固井的套管井口装定参照常规固井方法进行。

⑫ 其他作业要求同常规固井。

第五节 完井技术

完井,油气井的完成方式,即根据油气层的地质特性和开发开采的技术要求,在井底建立油气层与油气井井筒之间的合理连通渠道或连通方式。一口井钻成之后,主要的工作就是在井底建立油气层与油气井井筒之间的合理连通渠道,也就是完井。在井底建立的油气层与油气井井筒之间的连通渠道不同,也就构成了不同的完井方法。合理的完井方法应该满足的要求:

(1) 油、气层和井筒之间应保持最佳的连通条件,油、气层所受的损害最小。

(2) 油、气层和井筒之间应具有尽可能大的渗流面积,油、气入井的阻力最小。

(3) 应能有效地封隔油、气、水层,防止气窜或水窜,防止层间的相互干扰。

(4) 应能有效地控制油层出砂,防止井壁垮塌,确保油井长期生产。

(5) 应具备进行分层注水、注气、分层压裂、酸化等分层处理措施,便于人工举升和井下作业等条件。

(6) 对于稠油油藏,则稠油开采能达到热采(主要蒸汽吞吐和蒸汽驱)的要求。

(7) 油田开发后期具备侧钻定向井及水平井的条件。

(8) 施工工艺尽可能简便,成本尽可能低。

一、钻开油气层

钻开油气层是油井完成的首要工序,是钻井过程中的关键一步,这一工作的好坏直接影响一口井的生产能力,关系到是否能够正确迅速取得油层各项资料。

当油层被打开时,油层内的油气压力与井筒中钻井液柱的压力出现相互制约的关系。若钻井液柱的压力小于油层压力,且井口又控制不当时,地层中的油气流就会流入井中,造成井喷等严重事故;若钻井液柱的压力大于地层压力时,则钻井液中的水、黏土颗粒及其他有害物质,会侵入油层造成"污染",使井筒附近的渗透率降低影响油井产量,有时甚至不出油。因而钻开油层时应根据油层压力的高低和岩性性能,应严格选择压井液,以保证安全生产和不污染或尽可能减少污染油层为准。通常钻高压油层采用密度较大的压井液(性能指标依地层而异),对于压力较低的油层,应适当减小压井液的密度,以免污染油层。

二、完井方法

1. 常规完井方法

常规完井方法主要有四种:射孔完井方法、裸眼完井方法、割缝衬管完井方法和砾石充填完井。

1)射孔完井方法

射孔完井是目前国内外使用最广泛的完井方法,如图 5-20 所示。在射孔完井的油气井中,井底孔眼是沟通产层和井筒的唯一通道。如果采用正确的射孔设计和恰当的射孔工艺,就可以使射孔对产层的损害最小,完善程度高,从而获得理想的产能。

射孔完井适用的地质条件:

① 有气顶、或有底水、或有含水夹层、易塌夹层等复杂地质条件,因而要求实施分隔层段的储层。

② 各分层之间存在压力、岩性等差异,因而要求实施分层测试、分层采油、分层注水、分层处理的储层。

③ 要求实施大规模水力压裂作业的低渗透储层。

④ 砂岩储层、碳酸盐岩裂缝性储层。

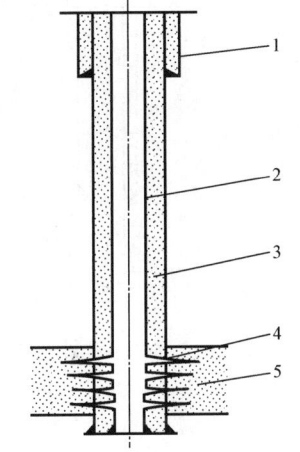

图 5-20 射孔完井方式示意图
1—表层套管;2—油层套管;
3—水泥环;4—射孔孔眼;5—油层

(1)套管射孔完井:套管射孔完井是用同一尺寸的钻头钻穿油层直至设计井深,然后下油层套管至油层底部并注水泥固井,最后射孔,射孔弹射穿油层套管、水泥环并穿透油层一定深度,从而建立起油(气)流的通道。

(2)尾管射孔完井:在钻头钻至油层顶界后,下技术套管注水泥固井,然后用小一级的钻头钻穿油层至设计井深,用钻具将尾管送下并悬挂在技术套管上。尾管和技术套管的重合段一般不小于 50m。再对尾管注水泥固井,然后射孔。

(3)水平井射孔完井:一般是技术套管下过直井段注水泥固井后,在水平井段内下入完井尾管、注水泥固井。完井尾管和技术套管宜重合 100m 左右。最后在水平井段射孔。

2)裸眼完井方法

裸眼完井就是井眼完全裸露,井内不下任何管柱。分先期裸眼完井和后期裸眼完井。
适用条件为:

① 岩性坚硬致密,井壁稳定不坍塌的碳酸盐岩或砂岩储层。
② 无气顶、无底水、无含水夹层及易塌夹层的储层。
③ 单一厚储层或压力、岩性基本一致的多储层。
④ 不准备实施分隔层段,选择性处理的储层。

(1) 先期裸眼完井:是钻头钻至油层顶界附近后,下技术套管注水泥固井。水泥浆上返至预定的设计高度后,再从技术套管中下入直径较小的钻头,钻穿水泥塞,钻开油层至设计井深完井。此为先期裸眼完井,如图 5-21 所示。

(2) 后期裸眼完井:不更换钻头,直接钻穿油层至设计井深,然后下技术套管至油层顶界附近,注水泥固井。此为后期裸眼完井,如图 5-22 所示。

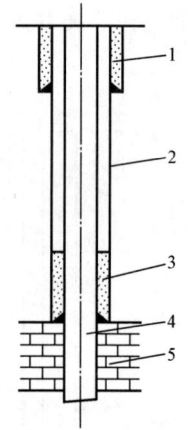

图 5-21　先期裸眼完井
1—表层套管;2—技术套管;
3—水泥环;4—井眼;5—油层

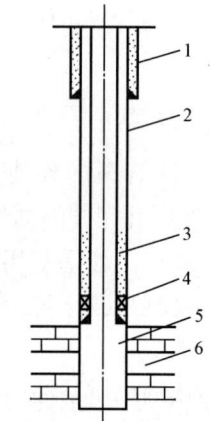

图 5-22　后期裸眼完井
1—表层套管;2—技术套管;3—水泥环;
4—套管外封隔器;5—井眼;6—油层

3) 割缝衬管完井方法

割缝衬管完井是在裸眼完井的基础上,在裸眼井内下入割缝衬管。在直井、定向井、水平井中都可采用。与裸眼完井相对应,割缝衬管完井方法也有两种完井工序:先期固井和后期固井。

割缝衬管完井——先期固井:

钻头钻至油层顶界后,先下技术套管注水泥固井,再从技术套管中下入直径小一级的钻头钻穿油层至设计井深。最后在油层部位下入预先割缝的衬管,依靠衬管顶部的衬管悬挂器(卡瓦封隔器),将衬管悬挂在技术套管上,并密封衬管和套管之间的环形空间,使油气通过衬管的割缝流入井筒,如图 5-23 所示。

割缝衬管完井——后期固井:

用同一尺寸钻头钻穿油层后,套管柱下端连接衬管下入油层部位,通过管外封隔器和注水泥接头固井封隔油层顶界以上的环形空间,如图 5-24 所示。

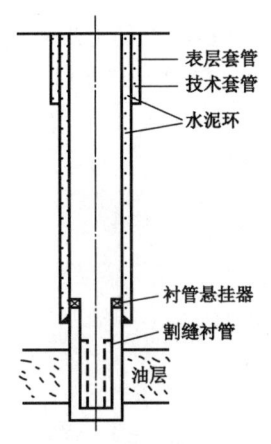
图 5 – 23　割缝衬管完井（先期固井）

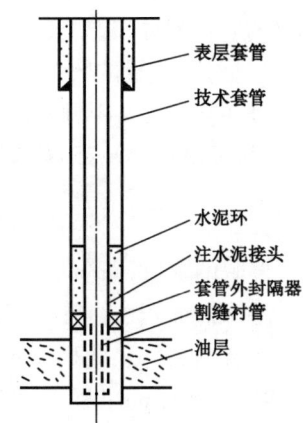
图 5 – 24　割缝衬管完井（后期固井）

割缝衬管就是在衬管壁上沿着轴线的平行方向或垂直方向割成多条缝眼。

割缝衬管缝眼的功能：

(1) 允许一定数量和大小的能被原油携带至地面的"细砂"通过。

(2) 能把较大颗粒的砂子阻挡在衬管外面。这样，大砂粒就在衬管外形成"砂桥"或"砂拱"。砂桥中没有小砂粒，因为生产时此处流速很高，把小砂粒都带入井内了。砂桥的这种自然分选，使它具有良好的通过能力，同时起到保护井壁的作用，如图 5 – 25 所示。

割缝衬管的技术参数：

(1) 缝眼的形状：缝眼的剖面应该呈梯形，梯形两斜边的夹角与衬管的承压大小及流通量有关，一般设计为 12°左右。梯形大的底边应为衬管内表面，小的底边应为衬管外表面。这种缝眼的形状可以避免砂粒卡死在缝眼内而堵塞衬管。

(2) 缝口宽度：梯形缝眼小底边的宽度称为缝口宽度。缝口宽度见式(5 – 24)。

$$e \leqslant 2d_{10} \tag{5-24}$$

式中　e——缝口宽度，mm；

　　　d_{10}——产层砂粒度组成累积曲线上，占累积重量为 10% 所对应的砂粒直径，mm。

上式表明：占砂样总重量为 90% 的细小砂粒被允许通过割缝缝眼，而占砂样总重量为 10% 的大直径承载骨架砂不能通过缝眼，被阻挡在衬管外面形成具有较高渗透率的"砂桥"。

(3) 缝眼的排列形式：排列形式有沿衬管轴线的垂直方向或沿衬管轴线的平行方向割缝两种缝口宽度，如图 5 – 26 所示。

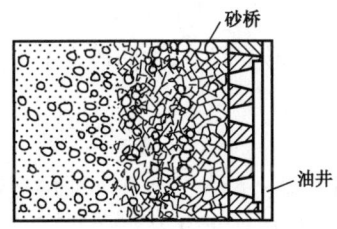
图 5 – 25　割缝衬管形成的砂拱

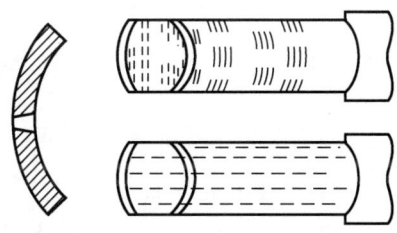
图 5 – 26　割缝衬管缝眼的排列形式

(4)割缝衬管的尺寸:根据技术套管尺寸、裸眼井段的钻头直径,可确定割缝衬管外径。

(5)缝眼的数量:缝眼的数量决定了割缝衬管的流通面积。在确定割缝衬管流通面积时,既要考虑产液量的要求,又要顾及割缝衬管的强度。

缝眼的数量可由式(5-25)确定:

$$n = \alpha F/(el) \tag{5-25}$$

式中 n——缝眼的数量,条/m;
α——缝眼总面积占衬管外表总面积的百分数,一般取2%;
F——每米衬管外表面积,mm^2/m;
e——缝口宽度,mm;
l——缝眼长度,mm。

割缝衬管完井适用的地质条件:
(1)无气顶、无底水、无含水夹层及易塌夹层的储层。
(2)单一厚储层,或压力、岩性基本一致的多储层。
(3)不准备实施分隔层段,选择性处理的储层。
(4)岩性较为疏松的中、粗砂粒储层。

割缝衬管完井方法是当前主要的完井方法之一。它既起到裸眼完井的作用,又防止了裸眼井壁坍塌堵塞井筒的作用,同时在一定程度上起到防砂的作用。由于这种完井方法的工艺简单,操作方便,成本低,故而在一些出砂不严重的中粗砂粒油层中使用。

4)砾石充填完井

对于胶结疏松出砂严重的地层,一般应采用砾石充填完井方法。它是先将绕丝筛管下入井内油层部位,然后用充填液将在地面上预先选好的砾石(砾石可以是石英砂、玻璃珠、树脂涂层砂或陶粒)泵送至绕丝筛管与井眼或绕丝筛管与套管之间的环形空间内,构成一个砾石充填层,以阻挡油层砂流入井筒,达到保护井壁、防砂入井之目的。

砾石充填完井在直井、定向井中都可使用。但在水平井中应慎重,因为易发生砂卡,从而使砾石充填失败,达不到有效防砂的目的。为了适应不同油层特性的需要,裸眼完井和射孔完井都可以充填砾石,分别称为裸眼砾石充填和套管砾石充填。

(1)裸眼砾石充填完井:

在地质条件允许使用裸眼,而又需要防砂时,就应该采用裸眼砾石充填完井方法,如图5-27所示。其工序是:钻头钻达油层顶界以上约3m后,下技术套管注水泥固井。再用小一级的钻头钻穿水泥塞,钻开油层至设计井深。然后更换扩张式钻头将油层部位的井径扩大到技术套管外径的1.5~2倍,以确保充填砾石时有较大的环形空间,增加防砂层的厚度,提高防砂效果。

(2)套管砾石充填完井:

套管砾石充填的完井工序是:钻头钻穿油层至设计井深后,下油层套管于油层底部,注水泥固井,然后对油层部位射孔。要求采用高孔密(30孔/m左右),大孔径(20mm左右)射孔,以增大充填流通面积,有时还把套管外的油层砂冲掉,以便于向孔眼外的周围油层填入砾石,避免砾石和地层砂混和增大渗流阻力。由于高密度充填(高黏充填液)紧实,充填效率高,防砂效果好,有效期长,故当前大多采用高密度充填,如图 5-28 所示。

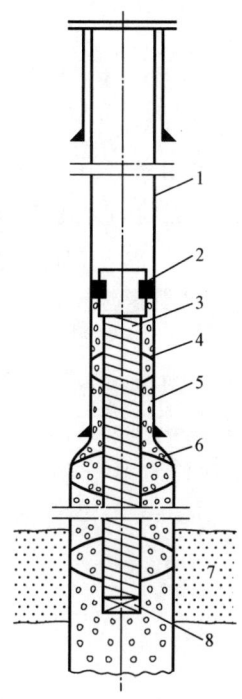

图 5-27 裸眼砾石充填完井
1—技术套管;2—铅封;3—筛管;
4,6—扶正器;5—砾石;7—油层;8—丝堵

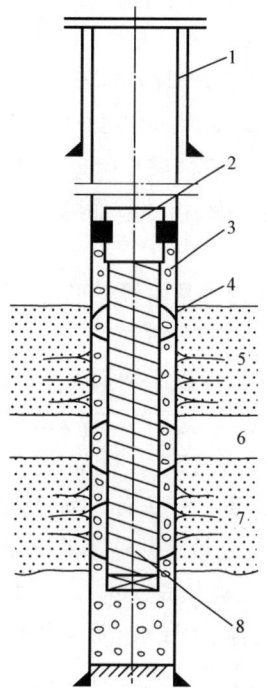

图 5-28 套管砾石充填完井
1—油层套管;2—铅封;3—砾石;4—扶正器;
5—油层;6—夹层;7—油层;8—筛管

(3)砾石质量要求:

砾石粒径:国内外推荐的砾石粒径是油层砂粒度中值 d_{50} 的 5~6 倍。

砾石尺寸合格程度:砾石尺寸合格程度的标准是大于要求尺寸的砾石重量不得超过砂样的 0.1%,小于要求尺寸的砾石重量不得超过砂样的 2%。

砾石的强度:砾石强度的标准是抗破碎试验所测出的破碎砂质量分数不超过表 5-8 所示的数值。

表 5-8 砾石抗破碎推荐标准

充填砂粒度,目	破碎砂质量分数,%
8~16	8
12~20	4
16~30	2
20~40	2
30~50	2
40~60	2

砾石的球度和圆度:要求砾石的平均圆度应大于0.6。

砾石的酸溶度:在标准土酸(3% HF + 12% HCl)中砾石的溶解质量分数不得超过1%。

砾石的结团:砾石应由单个石英砂粒所组成,如果砂样中含有1%或更多个砂粒结团,该砂样不能使用。

(4)绕丝筛管缝隙尺寸的选择:

砾石充填完井一般都使用不锈钢绕丝筛管而不用割缝衬管。其原因有:

① 割缝衬管的缝口宽度由于受加工割刀强度的限制,最小为0.25~0.5mm。因此,割缝衬管只适用于中、粗砂粒油层。而绕丝筛管的缝隙宽度最小可达0.12mm,故其适用范围要大得多。

② 绕丝筛管是由绕丝形成一种连续缝隙,它的流通面积要比割缝衬管大得多,流体通过筛管时几乎没有压力降。

③ 绕丝筛管以不锈钢丝为原料,其耐腐蚀性强,使用寿命长,综合经济效益高。绕丝筛管应能保证砾石充填层的完整。故其缝隙应小于砾石充填层中最小的砾石尺寸,一般取为最小砾石尺寸的1/2~2/3。例如,根据油层砂粒度中值,确定砾石粒径为16~30目,其砾石尺寸的范围是0.58~1.19mm。所选的绕丝缝隙应为0.3~0.38mm。

(5)砾石充填完井适用的地质条件:

裸眼砾石充填完井:

① 无气顶、无底水、无含水夹层的储层。

② 单一厚储层或压力、物性基本一致的多储层。

③ 不准备实施分隔层段,选择性处理的储层。

④ 岩性疏松出砂严重的中、粗、细砂粒储层。

套管砾石充填完井:

① 有气顶、或有底水、或有含水夹层、易塌夹层等复杂地质条件,因而要求实施分隔层段的储层。

② 各分层之间存在压力、岩性差异,因而要求实施选择性处理的储层。

③ 岩性疏松出砂严重的中、粗、细砂粒储层。

2. 其他完井方法

1)贯眼套管(尾管)完井

贯眼套管(尾管)完井也称地面预钻孔套管(尾管)完井,这是在地面按一定的布孔参数预先在套管(尾管)上钻孔,然后像割缝衬管一样完井。一般的布孔参数为:孔密20~24孔/m,孔眼直径10mm,相位角60°~90°,交错布孔。

贯眼套管(尾管)的加工成本要比割缝衬管低得多,适用于不出砂的碳酸盐岩地层及其他裂缝性油藏。贯眼套管(尾管)完井在直井、定向井、水平井中都可使用。

2)预充填砾石绕丝筛管完井

预充填砾石绕丝筛管是在地面预先将符合油层特性要求的砾石填入具有内外双层绕丝筛管的环形空间而形成的防砂管。将此种筛管下入裸眼井内或射孔套管内,对准出砂层位进行防砂。该种防砂方法其油井产能略低于井下砾石充填,但工艺简便、成本低,国内外均经常采用。该种完井方法在直井、定向井、水平井中都可使用。

预充填砾石粒径的选择、双层绕丝筛管缝隙的选择等,皆与井下砾石充填完井相同。外筛管外径与套管内径的差值应尽量小,一般10mm左右为宜,以增加预充填砾石层的厚度,从而提高防砂效果。预充填砾石层的厚度应保证在25mm左右。内筛管的内径应大于中心管外径2mm以上,以便能顺利组装在中心管上。

3)其他防砂筛管完井

其他防砂筛管完井主要有金属纤维防砂筛管(图5-29)、多孔冶金粉末防砂筛管、多层充填井下滤砂器等。

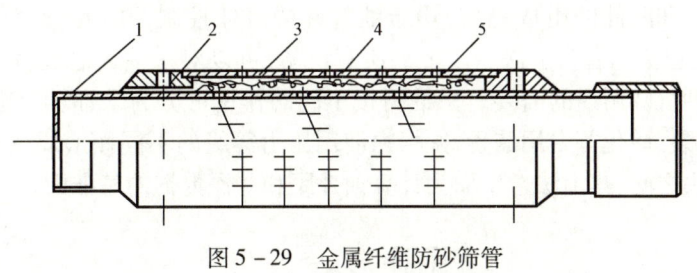

图5-29 金属纤维防砂筛管
1—基管;2—堵头;3—保护管;4—金属纤维;5—金属网

4)化学固砂完井

化学固砂是以各种材料(水泥浆、酚醛树脂等)为胶结剂,以各种硬质颗粒(石英砂、核桃壳等)为支撑剂,按一定比例拌合均匀后,挤入套管外堆集于出砂层位。凝固后形成具有一定强度和渗透性的人工井壁防止油层出砂。或者不加支撑剂,直接将胶结剂挤入套管外出砂层位,将疏松砂岩胶结牢固防止油层出砂。化学固砂虽然是一种防砂方法,但其在使用上有其局限性,仅适用于单层及薄层,防砂油层一般以5m左右为宜,不宜用在大厚层或长井段防砂。

化学固砂完井主要在直井中使用。

5)压裂砾石充填防砂完井

在砾石充填工艺上的突破主要是将砾石充填与水力压裂结合起来,称为压裂砾石充填技术,包括清水压裂充填、端部脱砂压裂充填、胶液压裂充填等三种。其原理就是在射孔井上砾石充填之前,利用水力压裂在地层中造出短裂缝,然后在裂缝中填满砾石,最后再在筛管与套管环空充填砾石。同样,压裂砾石充填完井在直井、定向井中都可使用。但在水平井中应慎重,因为搞不好易发生砂卡,从而使砾石充填失败,达不到有效防砂的目的。

6)欠平衡打开产层的完井

欠平衡打开产层时,井下钻井液产生的液柱压力小于地层压力,其主要优点是可以避免钻井液对地层产生损害。但由于欠平衡打开产层适应的地质条件有限(主要有裂缝性碳酸盐岩地层、裂缝性变质岩地层、火山喷发岩地层、低渗致密砂岩等),所以目前能采用的完井方法主要有裸眼完井、割缝衬管完井、带ECP的割缝衬管完井、贯眼套管完井等。

三、完井井口装置

一口井从上往下是由井口装置、完井管柱和井底结构三部分组成。井口装置的作用是悬挂井下油管柱、套管柱,密封油管、套管和套管与套管之间的环形空间以控制油气井生产、回注(注蒸汽、注气、注水、酸化、压裂和注化学剂等)和安全生产的关键设备;完井管柱则包括油管、套管和按一定功用组合而成的井下工具;井底结构则是连接在完井管柱最下端的与完井方法相匹配的工具和管柱的有机组合体。

井口装置包括套管头、油管头和采油(气)树三个部分。

1. 采油树及油管头

采油树是阀门和配件的组成总成,用于油气井的流体控制,并为生产管柱提供入口,如图5-30所示。它包括油管头上法兰以上的所有设备,可以对采油树总成进行多种不同的组合以满足任何一种特殊用途的需要。采油树按不同的作用可分为采油(自喷、人工举升)、采气、注水、热采、压裂、酸化等专用装置,并根据使用压力等级的不同而形成系列。油管头安装于采油树和套管头之间,其上法兰平面为计算油补距和井深数据的基准面。

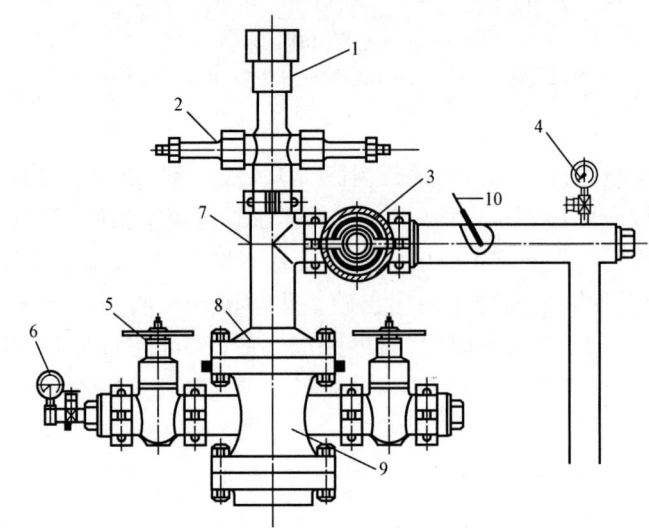

图5-30 抽油井采油树及油管头
1—密封盒;2—胶皮阀门;3—生产阀门;4—油压表;5—套管阀门;6—套压表;7—三通;
8—油管头上法兰;9—油管头;10—温度计

油管头的功用是:支撑井内油管的重力;与油管悬挂器配合密封油管和套管的环形空间;为下接套管头,上接采油树提供过渡;通过油管头四通体上的两个侧口(接套管阀门),完成注平衡液及洗井等作业。

2. 套管头

套管头是连接套管和各种井油管头的一种部件,如图5-31所示。用以支持技术套管和油层套管的重力,密封各层套管间的环形空间,为安装防喷器、油管头和采油树等上部井口装置提供过渡连接,并且通过套管头本体上的两个侧口,可以进行补挤水泥、监控井沉和注平衡液等作业。套管头由本体、套管悬挂器和密封组件组成。套管头按悬挂套管的层数分为单级套管头、双级套管头、三级套管头。

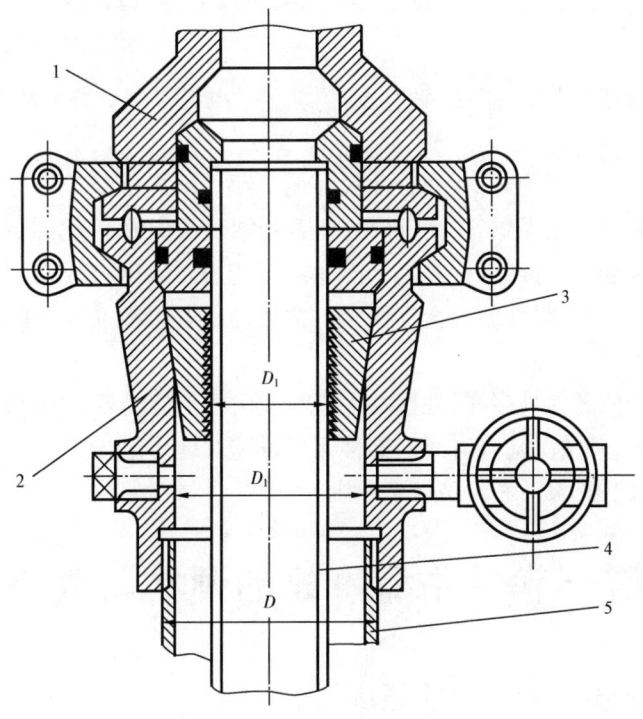

图 5-31 单级套管头示意图
1—油管头;2—套管头;3—套管悬挂器(卡瓦式);4—悬挂套管;5—连接套管(表层套管)

第六章 钻井事故及复杂问题预防与处理

钻井过程中常会遇到井漏、卡钻、钻具及落物、井喷与井涌等钻井事故,本章重点就是讲解这些常见钻井事故的预防与处理。

钻井是一项以地下岩层为对象、隐蔽性很强的工程。地质情况千差万别,岩性不同,压力各异,井眼小而深,井壁长期裸露等,由于对这些客观情况认识的不确定,或者在钻井过程中人的主观意识的决策失误,就会产生许多复杂问题甚至造成严重的事故,轻者耗费大量的人力、物力和时间,重者可能使井眼部分或全部报废。常见的钻井事故及复杂问题有卡钻、井漏、钻具折断和井下落物等。

钻井事故及复杂问题多种多样,处理的手段和使用的工具也多种多样,尤其是一旦发生了钻井事故及复杂问题,其情况随着时间的推移而变得越来越恶化,所以在处理钻井事故及复杂问题时应遵循安全、快速、灵活和经济四条原则。

第一节 井漏事故的预防与处理

一、井漏的现象及其产生的原因

1. 井漏的现象

井漏是指在油气钻井工程作业中,钻井液或水泥浆漏入地层孔隙空间的现象。井漏的直观表现是地面钻井液罐液面下降,或井口无钻井液返出,或井口钻井液返出量小于钻井液排量(不包括井下正常消耗)。

井漏是石油钻井工程作业中常见的井下复杂情况之一,可以发生在钻井作业的各个环节。井漏不仅损失大量的钻井液和堵漏材料,损失钻井时间,延长建井周期,还会影响地质录井工作的正常进行,储集层伤害,甚至可能引起井喷、井塌、卡钻等一系列其他井下复杂情况,甚至导致全井段报废,造成重大经济损失。

2. 井漏产生的原因

井漏产生的基本条件,一是地层中存在能使钻井液流动的漏失通道,如孔隙、裂缝或溶洞。漏失通道要有足够大的开口尺寸,其开口尺寸至少应大于钻井液中的固相颗粒直径,才能使钻井液在漏失通道中发生流动。二是井筒与地层之间存在能使钻井液在漏失通道中发生流动的正压差。井筒与地层之间存在正压差时还不一定产生井漏,只有当该压差大到足以克服钻井液在漏失通道中的流动阻力时,才会发生井漏。

在钻井作业过程中采用措施不当,比如钻井液密度过高、下钻速度过快、在易漏层开泵过猛等,都会使地层中原本不会产生井漏的漏失通道的开口尺寸扩张、相互连通而发生井漏,或使原本无漏失通道的地层压裂而引发井漏;如果地层破裂压力小于钻井液液柱压力和环空压耗或激动压力之和时,地层被压裂,产生井漏。如果漏失通道中含有非常活跃的天然气,井漏后容易发生井喷。

按引起井漏的原因,往往把井漏分为以下三类:

1) 压差性漏失

钻遇天然孔隙或裂缝时引起的井漏,在有限压力作用下,漏失通道的开口尺寸及连通性不发生变化。

2) 诱导性漏失

在井筒钻井液动压力的作用下,地层中不足以引起井漏的通道相互连通,并向地层深部延伸,形成更大的通道而引起井漏,漏失通道的开口尺寸及连通性随外部压力变化。

3) 压裂性漏失

地层中本身不存在漏失通道,只有当井筒中作用于井壁的动压力大于地层的破裂压力时,造成地层被压裂,形成新的漏失通道而引起井漏。

二、井漏的预防与处理方法

1. 井漏的预防

1) 设计合理的井身结构

如果同一裸眼井段存在多个压力系统,钻井液性能无法同时满足防喷、防塌和防漏要求时,则应下套管将低破裂压力地层与高压层分开。

2) 确定合理的钻井液性能

在确定裸眼井段钻井液性能时,尤其是钻井液密度,应使作用于井壁上的总压力小于地层的最小破裂压力和漏失压力,大于地层坍塌压力和孔隙压力。

对于孔隙、裂缝、溶洞十分发育的地层和易破碎地层,为防止井漏的发生,所选用的钻井液密度产生的液柱压力尽可能地接近或约低于地层孔隙压力,实现近平衡或欠平衡钻井。

钻井液黏度和切力也是影响动压差和漏失压力的主要因素之一。钻井液密度确定后,依据井下具体情况,确定合理的钻井液流变性,同样可有效地预防井漏的发生。对于地层松软、压力低的浅井段,采用大直径钻头钻进时,应选用低密度高黏切钻井液,以增大漏失阻力,防止井漏;而对于深井的高压小井眼井段或深井压力敏感层段,应选用低黏切钻井液,以尽可能降低环空循环压耗,防止井漏。

3) 合适的钻井工程措施

(1) 确定合理的钻井参数与钻具结构:在易漏层段钻进时,尤其是深井小井眼,应确定合理的钻井参数与钻具结构,以达到降低环空循环压耗的目的,防止井漏的发生,主要有以下措施:

钻井施工

① 在满足携带钻屑的前提下,尽可能降低钻井液排量。

② 选用合理的钻具结构,一方面增大环空间隙,另一方面防止起下钻时破坏井壁滤饼。

③ 在高渗透易漏层段钻进时,降低钻井液滤失量,改善滤饼质量,防止形成厚滤饼而引起环空间隙缩小。

④ 在软的易漏层段钻进时,应控制钻压,适当降低机械钻速,力求环空钻屑浓度小于5%,降低实际环空钻井液密度。

(2)钻井工程措施:研究表明,起下钻激动压力为钻井液静液柱压力的20%～100%,地层在这种交变载荷的作用下,会造成井壁的破裂而发生井漏。因此,减小激动压力可有效地预防井漏。在深井、小井眼或钻井液黏切较高时,尤其要重视激动压力引起井漏的问题。在钻井工程作业中,为防止因激动压力过高引起井漏,应采取如下措施:

① 下钻、接单根或下套管时控制下放速度,尤其是在易漏裸眼井段更是如此。

② 开泵循环时,应采用"先转动后开泵、小排量、缓慢开泵"的原则。

③ 因井塌或砂桥等原因引起下钻遇阻时,须小排量缓慢开泵,并控制划眼速度。

④ 在软地层、易缩径地层、高渗透地层钻进时,要注意提高钻井液的抑制性,降低钻井液滤失量,改善滤饼质量。防止出现钻头泥包、缩径或形成厚滤饼等情况引起环空间隙减小或憋泵。

⑤ 加重钻井液时,要控制加重速度,防止加重不均或加重过快造成井内液柱压力过高而引起井漏。

⑥ 在符合欠平衡钻井条件要求时,采用欠平衡钻进也是防止井漏的有效措施。

4)先期堵漏

有时受条件限制,无法采用下套管的办法将上部低压层与下部高压层分开,在同一裸眼井段存在多个压力系统时,可按所需最高当量钻井液密度进行漏失试验,若上部地层不能承受所要求的当量钻井液密度,可对上部地层进行先期堵漏,直至符合要求为止。

在一些探井钻井中,由于地层压力预测不准确或因其他原因发生溢流或井喷,需要提高钻井液密度压井时,也可在压井钻井液中加入堵漏材料,防止压井过程中上部地层井漏。

2. 井漏的处理方法

1)漏失的判断

井漏发生后,首先要确定漏层位置。

钻进过程中发生井漏,要观察分析钻进情况。在钻开天然裂缝性岩石段时,钻井液通常会突然快速漏失,并伴随有钻速加快、扭矩增大、蹩钻和跳钻等现象,若上部井段未曾遇到过井漏问题,表明漏层位置在井底。

若在改变泵量等钻井参数、改变钻井液性能或压井、试压、起下钻等作业时发生井漏,漏层位置往往不好确定。要通过分析原来曾发生过井漏的层段重新漏失的可能性;根据地层压力和破裂压力的资料对比,最低压力点是首先要考虑的地方,特别是已钻过的油、气、水层及套管鞋附近;根据地质剖面图和岩性对比,漏层往往在裂缝发育的地方;以及与邻井相同井段进行对照分析来确定发生漏层的位置。

然后对漏失通道性质进行大致判断,漏失通道的性质及判断规则见表6-1。

表6-1 漏失通道的性质及判断规则

判断规则	漏失通道的性质
砂泥岩地层井漏,漏速每小时达到几立方米至失返	孔隙性漏失
泥岩地层井漏,漏速一般小于$30m^3/h$	孔隙或微小裂缝性漏失,裂缝开度:<1mm
碳酸盐岩地层井漏,漏速小于$30m^3/h$	微小裂缝性漏失,裂缝开度:<1mm
碳酸盐岩地层井漏,漏速$30\sim60m^3/h$	中等裂缝性漏失,裂缝开度:$2\sim5$mm
在碳酸盐岩地层钻进过程中,出现钻速加快,钻具蹩跳,发生井漏且井口很快失返	大裂缝性漏失,裂缝开度:>5mm
在碳酸盐岩地层钻进过程中,出现钻具放空,井口突然失返	溶洞性井漏

2)处理井漏的常规方法与措施

采取什么样的方法与措施处理井漏,要根据不同性质的井漏具体而定,其目的是简单、有效、经济、合理、安全,尽可能最大限度降低井漏造成的损失。

(1)调整钻井液性能与钻井工程措施:

调整钻井液性能与钻井工程措施主要包括降低钻井液密度、改变钻井液黏度和切力、降低钻井液排量、简化钻具结构、控制钻进速度等,其目的是降低井内液柱压力、环空压耗、波动压力,或增加钻井液在漏失通道中的流动阻力,降低或消除井漏压差,达到处理井漏的目的。

需要注意的是降低钻井液密度时要分阶段缓慢进行,同时又要使钻井液的其他性能不要有太大波动,防止因钻井液密度的降低而引起井喷、井塌等井下复杂情况的发生。

(2)强行钻进与随钻堵漏:

钻井工程作业中,有时会钻遇长段天然孔洞、裂缝,造成严重井漏,如果采用堵漏作业往往事倍功半。对于这样的井漏,在条件允许的情况下,采用强行钻进,完全通过漏层以后,再下入套管封隔漏层会收到好的效果。

随钻堵漏是把桥接堵漏材料加入到钻井液中进行边钻进边堵漏,与停钻堵漏相比,可以节省较多的处理井漏的时间。对于微小裂缝和孔隙性地层引起的部分漏失或钻遇长段易漏破碎带时,若漏速小于$30m^3/h$,一般可采用随钻堵漏。

(3)桥浆堵漏和水泥浆堵漏:

桥浆堵漏是利用不同形状、尺寸的桥接材料,根据不同的井漏性质,以不同的配方混于钻井液中配成堵漏浆液直接注入漏层的一种堵漏方法。由于该方法使用方便、施工安全,对孔隙和裂缝造成的部分漏失或失返漏失一般具有较好的堵漏效果,目前已被现场普遍采用。

水泥浆在凝固状态前呈流态状,可以适应各种漏失通道的需要。对于大裂缝或溶洞等引起的严重井漏、破碎性地层引起的诱导性井漏,首先考虑水泥浆堵漏。水泥浆堵漏几乎能解决所有井漏问题,其堵漏工艺正处在不断发展和完善之中。

3)不同性质井漏处理方法优选

(1)砂岩、泥岩孔隙性漏失的处理方法:

①继续钻进或降低排量继续钻进,让钻井液中的固相颗粒在漏失通道及井壁上堆积、形

成滤饼后自身封堵。

② 起钻静止堵漏。

③ 若这类井漏发生在上部大井眼井段,可提高钻井液黏切或向漏层中挤入一定量的高黏钻井液进行处理。

④ 使用好固控设备,在平衡地层压力的前提下,降低钻井液密度。

⑤ 若为长井段孔隙性漏失,可在钻井液中加入堵漏材料进行随钻堵漏。

⑥ 若地层缝隙十分发育,井漏相对比较严重,可配制桥浆进行停钻堵漏。

(2) 裂缝性井漏的处理方法:

① 表层长井段严重漏失,清水强行钻过后下套管封隔。

② 天然孔隙、裂缝引起的压差性漏失,漏失程度不同,处理方法不同。可采取降低排量钻进、降低密度和高黏切、随钻堵漏、桥浆堵漏、水泥浆堵漏等方法。

③ 因激动压力引起的压裂性漏失,则起钻静止处理。

④ 因井眼中当量钻井液密度过高引起的压裂性漏失,可采用降密度、降排量、降黏切处理。

⑤ 诱导性或压力敏感性地层漏失,可采用降密度、降排量、降黏切处理或水泥浆堵漏。

⑥ 长井段易破碎地层漏失,可采用随钻堵漏后下套管封隔或水泥浆逐段堵漏。

(3) 复杂恶性井漏的处理方法:

① 溶洞恶性井漏,若为表层,则采用清水强钻下套管封隔或速凝水泥浆堵漏;若为中深部地层,可采用水泥浆堵漏、桥浆与水泥浆复合堵漏,先投入石子充填后,再注桥浆和水泥浆堵漏。

② 压力敏感性水层漏失,则采用化学凝胶与水泥浆复合堵漏。

③ 对于又喷又漏,一般可在压井液中加入桥接堵漏材料,采用环空压井堵漏同步作业的方法处理。

第二节 卡钻事故的预防与处理

钻井中,常因地质条件复杂,钻井液性能不好或技术措施不当等原因,造成钻具在井内卡住不能上提、下放或转动的现象叫卡钻。根据卡钻的原因,可将卡钻分为黏吸卡钻、泥包卡钻、坍塌卡钻、砂桥卡钻、缩径卡钻、键槽卡钻、落物卡钻、干钻卡钻、水泥固结卡钻等。卡钻是常见的钻井事故之一,钻井工作者必须认真对待,做好预防工作,杜绝或尽量减少卡钻事故的发生,一旦发生卡钻,能够利用先进工艺技术及工具,迅速、果断、有效地解除,确保安全钻进。

一、各种卡钻的现象、原因及其预防方法

1. 黏吸卡钻

黏吸卡钻也叫滤饼黏附卡钻或压差卡钻,是在钻井过程中最常见的卡钻事故。在钻井过程中,由于井眼不规则、不完全垂直,当井下钻具静止不动时,在井下压差作用下,钻柱的一些

部位(最容易的是钻铤)贴于井壁,与井壁滤饼紧密结合(陷入滤饼中),同时井内压差继续作用使钻具向井壁压得更紧,使钻具失去了活动的自由,如图6-1所示。黏吸卡钻随着时间的延长会越来越严重,而且卡点可以逐渐上移,直至套管鞋附近。

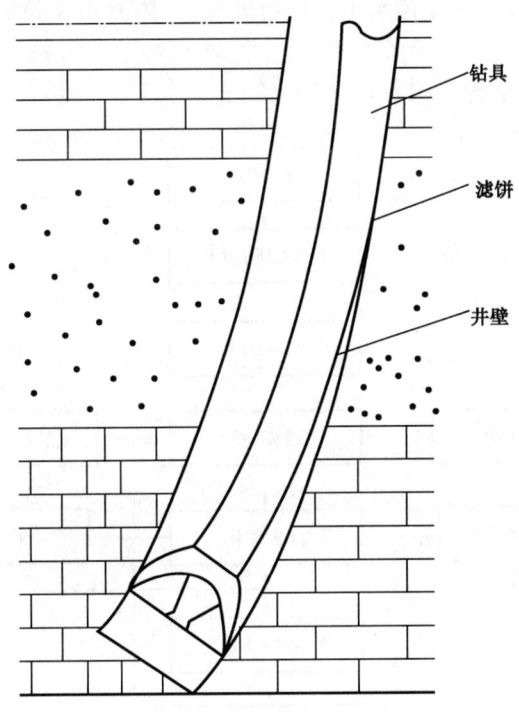

图 6-1 黏吸卡钻示意图

黏吸卡钻的原因、特征及预防见表6-2。

表 6-2 黏吸卡钻的原因、特征及预防

原因	内因是井壁上有滤饼;外因是地层孔隙压力和钻井液液柱压力有压差;同时由于压差的作用,又增加了钻具与滤饼之间的摩阻力
特征	钻柱静止状态下发生;卡点在钻铤或钻杆部位;钻井液循环正常;黏吸卡钻后,如活动不及时,卡点有可能上移,甚至移至套管鞋附近
预防	使用防黏卡钻井液体系;搞好固控工作;只要没有高压层、坍塌层存在,应该近平衡压力钻进;加重材料经充分搅拌后再混入井内钻井液中;设计合理钻柱结构,特别是下部钻柱结构,带随钻震击器;保持良好的井身质量;在正常钻进时,如水龙头、水龙带发生故障,绝不能将方钻杆坐在井口进行维修,如果一旦发生卡钻,将失去下压和转动钻柱的可能

SY/T 5247《钻井井下故障处理推荐方法》中规定了黏吸卡钻的处理方法。

(1)黏吸卡钻的前期处理方法:

① 强力活动:在发现黏吸卡钻的最初阶段,应在设备(特别是井架和悬吊系统)和钻柱的安全负荷以内尽最大的力量进行活动。上提不超过薄弱环节的安全负荷极限,下压可以把全部钻柱的重量压上;也可以进行适当的转动,但不宜超过 SY/T 5247《钻井井下故障处理推荐

方法》中规定的表44(API钻杆限制扭矩圈数)和表45(国产钻杆限制扭矩圈数)所列数据。

②当钻柱上带有随钻震击器时,应立即启动上击器上击或启动下击器下击。

③当活动(或震击)无效时,应先测出卡点位置,再视情况确定是否炸掉钻头喷嘴。

(2)当前期处理无效时,应浸泡解卡液进行处理,具体方法及要求参见后面的浸泡解卡液方法。

(3)黏吸卡钻的处理流程如图6-2所示。

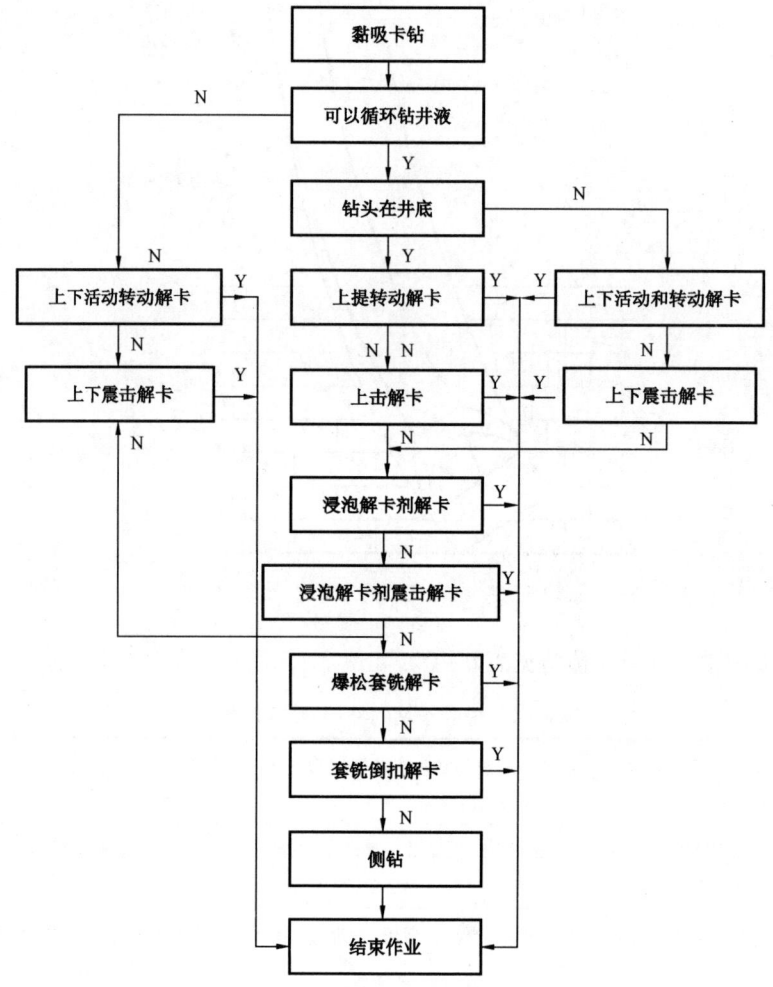

图6-2 黏吸卡钻的处理流程图

2. 泥包卡钻

所谓泥包,就是软泥、滤饼、钻屑黏附在钻头或扶正器周围,或填塞在牙轮或刀片间隙之间,或镶嵌在牙齿间隙之间,轻则降低机械钻速,重则把钻头或扶正器包成一个圆柱状活塞,使其在起钻过程中遇阻遇卡,如图6-3所示。另外,它的抽吸作用极易把松软地层抽垮,把产层抽喷。

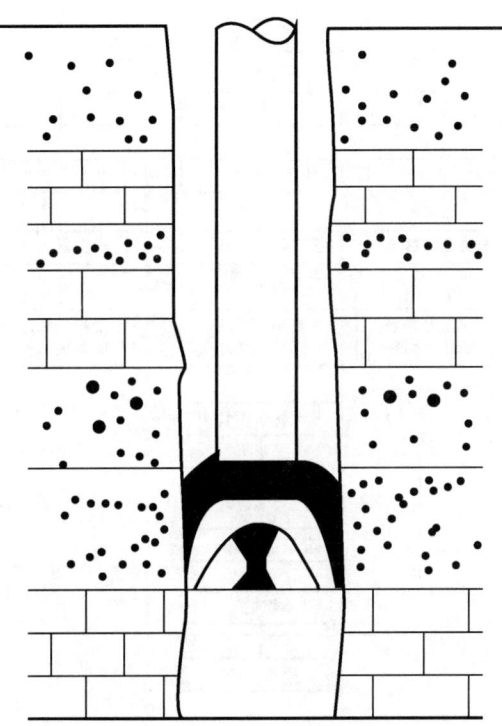

图 6-3 泥包卡钻示意图

泥包卡钻的原因、特征及预防见表 6-3。

表 6-3 泥包卡钻的原因、特征及预防

原因	钻遇水化能力极强的泥岩;钻井液循环排量太小,不足以把岩屑携离井底。滤饼质量差,起钻时被钻头或扶正器刮削、堆积;钻具刺漏
特征	机械钻速逐渐降低,转盘扭矩逐渐增大,泵压有所上升;上提钻头有阻力;起钻时,阻力随着井径不同变化;起钻时,井口环形空间的液面不降,或下降很慢,或随钻具的上起而外溢
预防	要有足够的钻井液排量;在软地层中钻进,一定要维持低黏度、低切力的钻井液性能,最好使用刮刀钻头,控制机械钻速或增加循环钻井液的时间;钻进时,要经常观察泵压和钻井液出口流量有无变化。如发现有泥包现象,应停止钻进,提起钻头,高速旋转,快速下放,利用钻头的离心力和液流的高速冲刷力将泥包物清除

SY/T 5247《钻井井下故障处理推荐方法》中规定了泥包卡钻的处理方法。

(1)在井底发生泥包卡钻,应提高排量,降低钻井液的黏度和切力,并添加清洗剂,同时在钻井设备和钻具的安全负荷以内大力上提,或用随钻上击器上击。

(2)在起钻中途遇卡,应用钻具的重量全力下压,或用震击器下击。

(3)震击无效时,宜注入一定量的解卡剂浸泡 3~5h,然后震击。

(4)钻头水眼堵无法循环时,应炸掉钻头喷嘴,建立循环。

(5)震击无效且无法循环时,应测卡、爆炸松扣,起出卡点以上钻具。

(6)套铣被卡钻具,下入对扣钻具进行对扣打捞。

(7)钻头在井底时泥包卡钻的处理流程如图 6-4 所示。

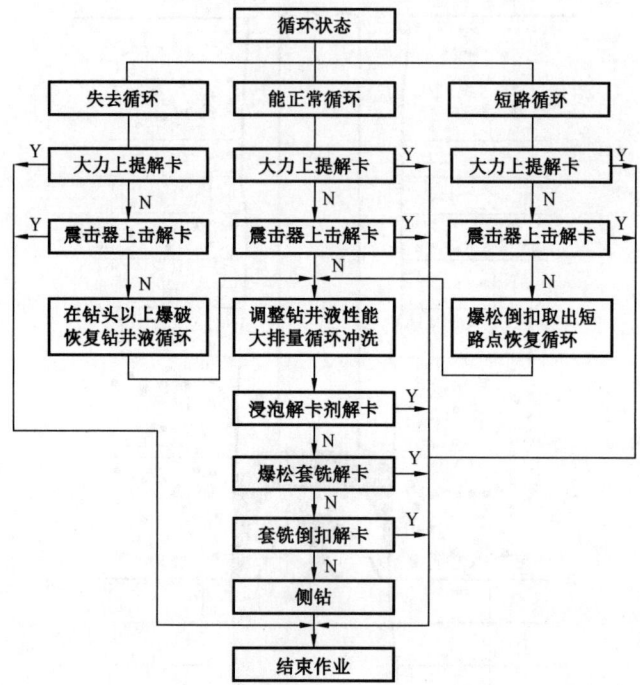

图 6-4 钻头在井底时泥包卡钻的处理流程图

(8) 钻头在起钻时泥包卡钻的处理流程如图 6-5 所示。

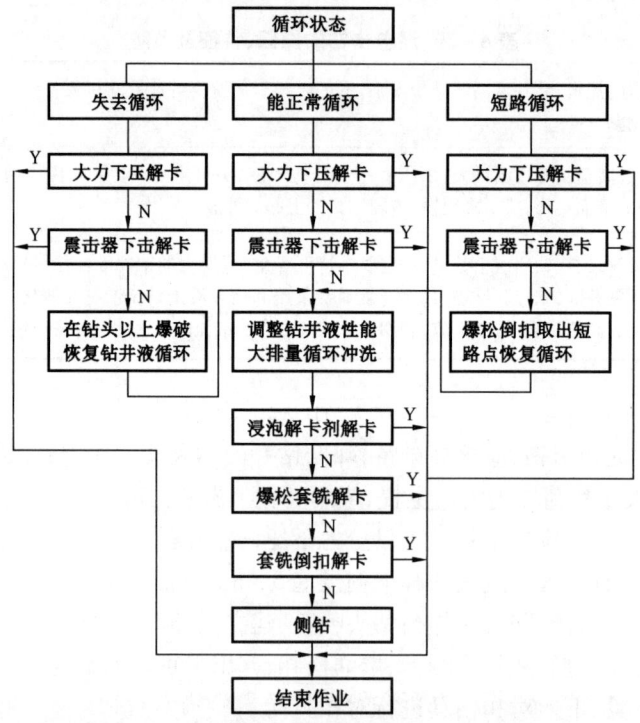

图 6-5 钻头在起钻时泥包卡钻的处理流程图

3. 井壁坍塌卡钻

井壁坍塌卡钻就是大量岩石落下,堵塞环空,埋住钻具的卡钻,是井壁失稳、坍塌造成的,如图6-6所示。一般发生在吸水膨胀的泥岩、页岩、胶结不好的砾岩、砂岩和断层的破碎带等地层,是卡钻事故中最为恶劣的一种事故。在钻井过程中应尽力避免这种事故发生。

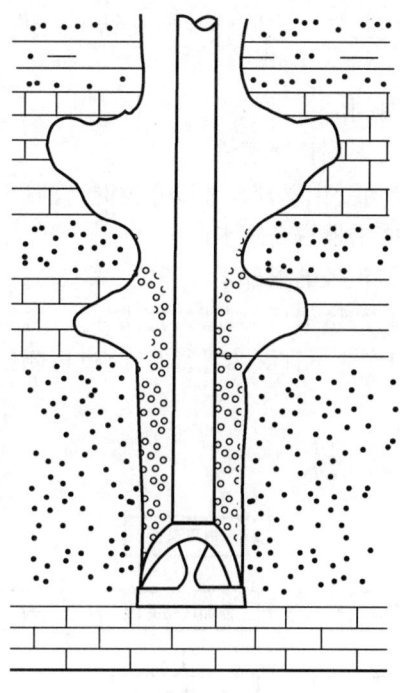

图6-6 井壁坍塌卡钻示意图

井壁坍塌卡钻的原因、特征及预防见表6-4。

表6-4 井壁坍塌卡钻的原因、特征及预防

原因	岩性疏松、破碎、胶结不好;地层倾角大;清水浸泡井眼时间长,钻井液失水大,井壁岩石吸水膨胀;钻井液密度低或井漏使钻井液液柱压力不足以平衡地层侧压力;强烈井喷冲刷井壁
特征	下钻前发生井塌,下钻遇阻,下钻时井口返出钻井液流量减少或不返,或钻杆内反喷钻井液;钻进过程中如果轻微坍塌,则返出钻屑增多,严重时泵压上升,钻具既不能活动,钻井液也不能循环
预防	采取适当的钻井工艺措施,设计合理的井身结构,尽量减少套管鞋下的大井眼预留长度;调整钻井液性能使其适应钻进地层;保持钻井液液柱压力;减少压力激动;使用具有防塌性能的钻井液

SY/T 5247《钻井井下故障处理推荐方法》中规定了井壁坍塌卡钻的处理方法。

1)坍塌卡钻的处理

(1)坍塌卡钻后,有两种情况,一种是可以小排量循环,另一种是不能循环。

(2)能小排量循环时,应坚持循环,但应控制注入量与返出量的基本平衡。

① 在循环稳定之后,逐渐提高钻井液的黏度和切力,增加携砂能力,然后逐渐增加排量,

把坍塌的岩块带到地面。

②钻柱能进行部分上下活动时,可使用钻柱中的随钻震击器进行震击,以达到解卡的目的,但不应使循环通道受阻。

(3)当不能循环时,处理方法如下:

①进行卡点测量。

②卡点以下钻具较多时,应把钻头水眼炸掉或在钻铤上进行射孔,为以后恢复循环创造条件。

③根据卡点位置进行爆炸松扣。

④在松软地层中套铣时,宜采用长筒套铣。

⑤在较硬地层中和井眼全角变化率较大井段套铣时,宜减少套铣筒长度。

⑥套铣至扶正器时,宜下震击器震击解卡。

⑦套铣扶正器时,应套铣扶正条的根部。

⑧剥离的扶正条仍在井内,待解卡后,再磨铣打捞。

⑨经综合考虑,套铣、倒扣作业不宜继续进行时,宜进行侧钻。

2)坍塌卡钻处理流程图

坍塌卡钻处理流程如图6-7所示。

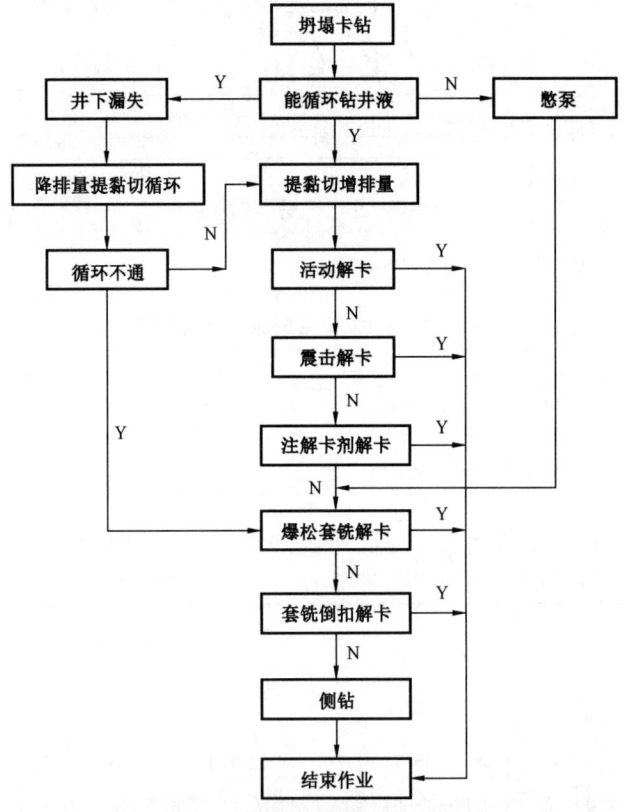

图6-7 坍塌卡钻处理流程图

4. 砂桥卡钻

砂桥卡钻也叫沉砂卡钻,如图6-8所示。上部松软易塌或易溶性地层,在钻井液的浸泡下便会造成井径扩大,特别是裸眼井段很长,钻速很慢的井。由于井径扩大,钻井液上返速度便会在该处减慢,岩屑会淤集于"大肚子"处,当其他岩屑下沉到该处时,和已经存在的堆积物形成砂桥。起钻时,钻具起到该处便会卡住。砂桥卡钻的性质和坍塌卡钻差不多,其危害较黏吸卡钻更甚。

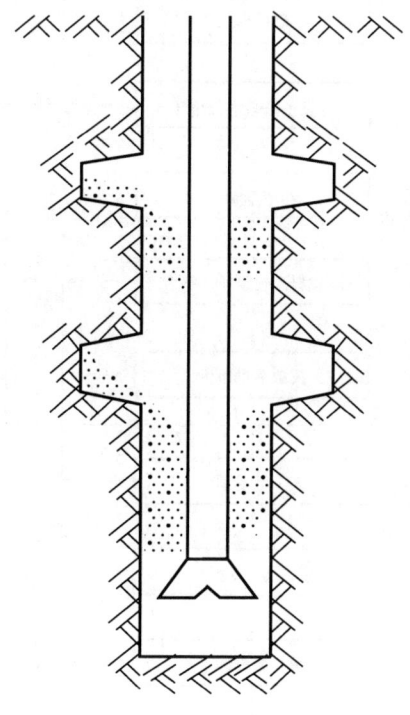

图6-8 砂桥卡钻示意图

砂桥卡钻的原因、特征及预防见表6-5。

表6-5 砂桥卡钻的原因、特征及预防

原因	表层套管下得太少,松软地层暴露太多;在钻井液中絮凝剂加入过量;机械钻速快,钻井液排量跟不上,钻井液中岩屑浓度过大;钻井周期长,或井内钻井液静止时间长
特征	下钻时,井口不返钻井液或者钻杆内反喷钻井液;起钻时,环空液面不降,钻具内液面下降很快。钻具进入砂桥,开泵前上下活动与转动自如,开泵则泵压升高,悬重下降,井口不返钻井液或者返出很少。钻进时,如排量小、或携砂能力不好,循环过程钻具上下活动、转动均无阻力,一旦停泵则钻具提不起来,特别是无固相钻井液,这种情况发生得较多
预防	优化钻井液设计。钻进时,根据地层特性选泵的排量。在胶结不好的地层不要划眼。下钻时,发现井口不返钻井液或者钻杆水眼内反喷,应停止下钻。起钻时,发现环空液面不降应停止起钻。控制井径扩大率。在地层松软,机械钻速较快时适当延长循环时间。裸眼井段,钻井液静止的时间不能过长

SY/T 5247《钻井井下故障处理推荐方法》中规定了砂桥卡钻的处理方法。

(1)当能用小排量进行循环,应维持循环,逐步增加钻井液的黏度、切力,待情况稳定之后,再逐步增加钻井液的排量,不宜猛然增加排量,以防把砂桥挤死。

(2)在设备及钻具的安全负荷范围内大力活动或转动钻具。

(3)不能循环时的处理方法同坍塌卡钻。

(4)砂桥卡钻处理流程如图6-9所示。

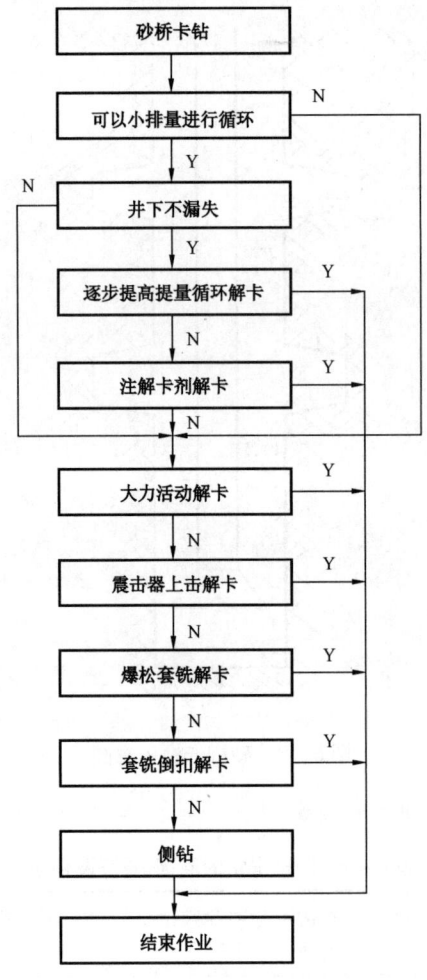

图6-9 砂桥卡钻处理流程图

5. 缩径卡钻

缩径卡钻就是小井径卡钻,常发生在膨胀性地层和渗透性、孔隙度良好的井段。由于钻井液性能不好,失水量大,在井壁形成胶状疏松的滤饼,当泵排量小,返回速度低时,容易在滤饼面上沉积较多的黏土颗粒、岩屑及加重剂,致使井径缩小,如图6-10所示。缩径卡钻也是钻井工程中常见的事故,处理起来比坍塌卡钻容易一些,但比黏吸卡钻要困难得多。

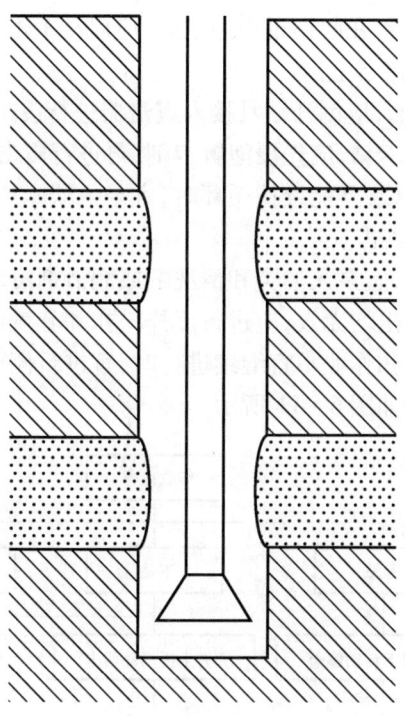

图 6–10 缩径卡钻示意图

缩径卡钻的原因及预防见表 6–6。

表 6–6 缩径卡钻的原因及预防

原因	砂砾岩、泥页岩、盐岩和深部石膏层的缩径。原已存在的小井眼和弯曲井眼。地层错动造成井眼横向位移。将大一级的钻头下入小一级的井中。钻井液性能发生了较大的变化
特征	单向遇阻,遇阻卡点固定在井深某一点。多数发生在上提、下放时,而不是静止时,只有少数发生在钻进中(钻遇盐岩、含水软泥岩、沥青层),这时泵压会逐渐升高,甚至会失去循环。离开遇阻点上下活动、转动正常,起出的钻杆接头上部经常有疏松的滤饼。卡点是钻头或大直径工具,不可能是钻杆和钻铤
预防	下入钻头、扶正器或其他直径较大的工具时,应仔细丈量其外径。改变下部钻具结构,增加刚度。下钻遇阻绝不可强压,应向下划眼,消除阻力。起钻遇阻不能硬提,应循环钻井液,采取倒划眼的办法起出。控制钻井液滤失量及固相含量

SY/T 5247《钻井井下故障处理推荐方法》中规定了缩径卡钻的处理方法。

(1)遇卡初期,应大力活动钻具,争取解卡。

① 在下钻过程中遇卡,应在钻具和设备的安全负荷限度以内大力上提,但绝不能多压。

② 在起钻过程中遇卡,应大力下压,甚至将全部钻具的重量压上去。

③ 在钻进过程中遇卡,宜在钻具和设备的安全负荷限度以内多提或转动。

④ 大力活动数次(一般不要超过 10 次)仍然不能解卡,应循环钻井液,在适当的拉力和压力范围内定期活动钻柱,每 5min 左右活动一次,保持钻柱不被黏卡。

(2)用震击器震击解卡。

① 钻柱上带有随钻震击器,在起钻过程遇卡时,应启动下击器下击;在下钻过程中遇卡或钻头在井底遇卡时,应启动上击器上击。

② 钻柱上未带随钻震击器,应倒开钻具接入震击器进行震击解卡。

(3)缩径与黏吸的复合式卡钻,应先浸泡解卡剂,再进行震击。

(4)当缩径是盐层蠕动造成,且能维持循环时,宜泵入淡水或淡水钻井液至盐层缩径井段以溶化盐层,同时配合震击器震击。

(5)泥岩缩径造成的卡钻,宜泵入油类和清洗剂或润滑剂浸泡,并配合震击器进行震击。

(6)当大力活动钻具与震击均无效,应进行爆炸松扣和套铣作业。

(7)经综合考虑,套铣、倒扣作业不宜继续进行时,宜进行侧钻。

(8)缩径卡钻的处理流程如图6-11所示。

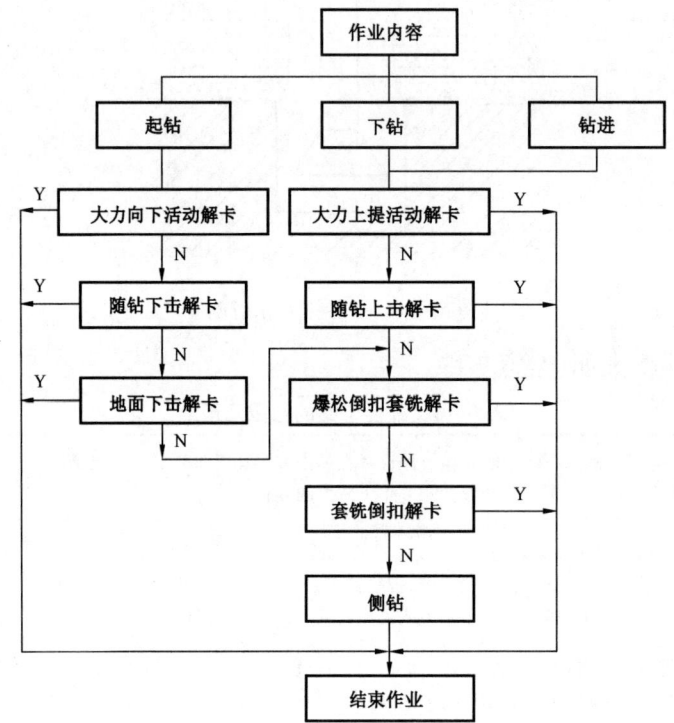

图6-11 缩径卡钻处理程序

6. 键槽卡钻

键槽卡钻多发生在硬地层井斜全角变化率大,形成狗腿的井段,如图6-12所示。钻进时,钻杆紧靠狗腿井段旋转,起下钻时钻杆在狗腿井段上下刮拉,硬地层钻速慢,时间长了在井壁上磨出一条细槽,它比钻杆接头稍大而小于钻头直径。起钻时钻头拉入键槽底部被卡住。

键槽卡钻的现象是卡钻前钻杆接头偏磨厉害;下钻不遇阻,钻进也正常,但起钻到狗腿井段常遇卡,并随井深的增加而逐渐严重;能下放而不能上提,能循环而泵压不升高,不憋泵;钻具卡死后既不能转动,又不能上下活动,但循环正常。

第六章 钻井事故及复杂问题预防与处理

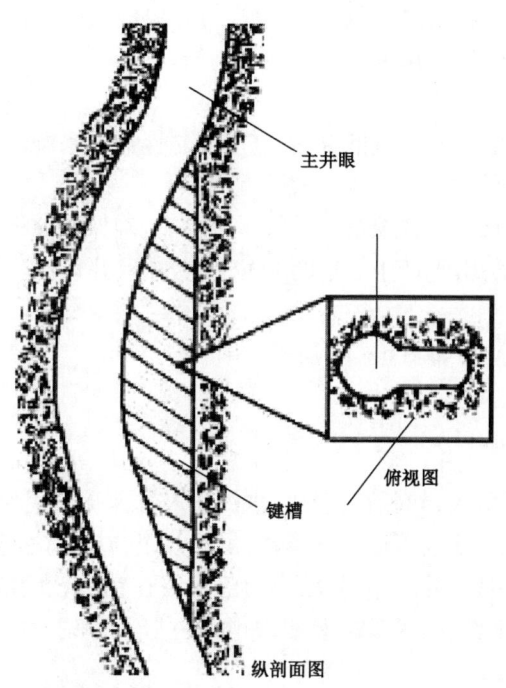

图 6-12 狗腿井段示意图

键槽卡钻的原因、特征及预防见表 6-7。

表 6-7 键槽卡钻的原因、特征及预防

原因	井眼有较大的井斜全角变化率井段。起下钻次数多,钻井周期较长。多发生在硬地层(个别软地层)
特征	只发生在起钻时。如果钻铤外径大于钻杆接头,则钻铤顶部接触键槽下口时即遇阻遇卡。在岩性均匀的地层中,键槽是向上下两端发展的,如果井径规则,则每次起钻的遇阻点是向下移动的,而且移动的距离不多。键槽中遇阻遇卡,开泵循环钻井液时,泵压无变化,进出口流量平衡。在键槽中遇阻,拉力稍大,启动转盘很困难,但只要下放钻柱脱离键槽(悬重必须恢复)则旋转自如
预防	保证井眼质量,使井斜全角变化率合乎要求,避免钻出狗腿井段。钻定向井时,在地质条件允许的情况下,尽量简化井身轨迹,多增斜,少减斜。使用高效能钻头,提高钻进速度,减少起下钻次数。发现键槽后,再次下钻时应在键槽井段反复划眼,主动、及时破除键槽

SY/T 5247《钻井井下故障处理推荐方法》中规定了键槽卡钻的处理方法。

（1）大力下压解卡法：上提遇卡时,当上提拉力不大,应一次将钻具重量全压下去,不应缓慢加压。

（2）下击器下击解卡法：
① 当钻柱上带有随钻震击器时,应立即启动下击器下击。
② 当钻柱上未带随钻震击器时,可接地面震击器下击。
③ 必要时,把钻柱从下部松开,把下击器接在靠近卡点的位置,进行下击。

（3）套铣解卡法：
① 如震击无效,应进行爆炸松扣,松扣时应从键槽上部松开,然后套铣。

② 当发现鱼顶在键槽内时,应在鱼顶上回接一段钻杆,改变鱼顶位置,再进行套铣。

③ 能一次套铣到卡点时,宜用带防掉矛的套铣筒。

(4)浸泡盐酸解卡法:

① 石灰岩、白云岩地层形成的键槽卡钻,宜用抑制性盐酸来浸泡解卡,但盐酸的浓度应低于20%,否则对钻具腐蚀严重。

② 在进行浸泡盐酸前,要对井控系统进行认真检查,确保井控设备工作正常。

③ 在进行浸泡盐酸时,由于产生大量的 CO_2 气泡,导致井口产生溢流或井涌现象,这时进行放喷。

(5)键槽卡钻的处理流程如图6-13所示。

7. 落物卡钻

落物的来源不同,有的从井口落入,如井口工具、手工具等;有的从井下落入,如钻头、牙轮、刮刀片等;有的从井壁落入,如砾石、岩块、水泥块及原来附在井壁上的其他落物。能够造成卡钻事故的是处于钻头或扶正器以上的落物,由于井眼与钻柱之间的环形空间有限,较大的落物会像楔铁一样嵌在钻具与井壁中间,较小的落物嵌在钻头、磨鞋或扶正器与井壁中间,使钻具失去活动能力,造成卡钻,称为落物卡钻,如图6-14所示。

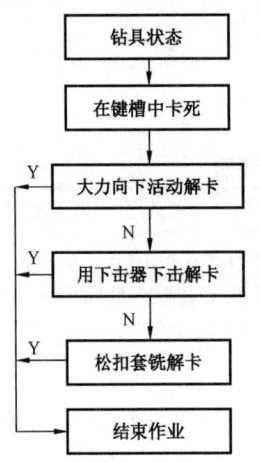

图6-13 键槽卡钻的处理流程图

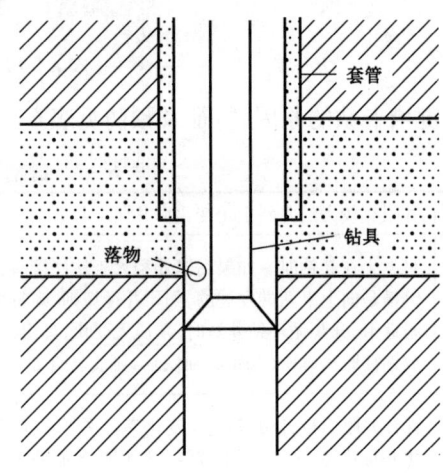

图6-14 落物卡钻示意图

落物卡钻原因及预防见表6-8。

表6-8 落物卡钻原因及预防

原因	责任心不强,违背操作规程。工程和地质方面的因素
特征	在钻进中有落物产生蹩钻现象,上提钻具有阻力,小落物有可能提脱,大落物则越提越死。起钻过程有落物则会突然遇阻,只要上提力不大,下放比较容易。卡点一般在钻头或扶正器位置,较大落物也可能卡在钻杆接头处。循环正常,泵压、排量、钻井液性能均无变化
预防	定时检查井口工具,防止井口落物。尽量减少套管鞋以下的口袋长度(1~1.5m较好),同时要保证套管鞋处有高质量的水泥,防止水泥块破落。在悬重不正常或泵压不正常的情况下,不能向钻杆内投入测斜仪、钢球等物件

SY/T 5247《钻井井下故障处理推荐方法》中规定了落物卡钻的处理方法。
(1)钻头在井底时发生的落物卡钻处理方法：
① 在允许扭矩范围内，采用较大扭矩转动解卡。
② 在设备及钻具的安全负荷内，大力上提解卡。
③ 用震击器向上震击解卡。
④ 测卡、松扣、套铣解卡。
(2)起钻过程中发生落物卡钻的处理方法：
① 全部钻具的重量下压，必要时可以比悬重多提100~150kN，然后快速下压，反复活动。
② 用震击器下击解卡。
③ 测卡、松扣、套铣解卡。
④ 套铣至钻头仍不能解卡，可以再接震击器震击解卡。
⑤ 经综合考虑，套铣、倒扣作业不宜继续进行时，宜进行侧钻。
(3)落物卡钻处理的流程如图6-15所示。

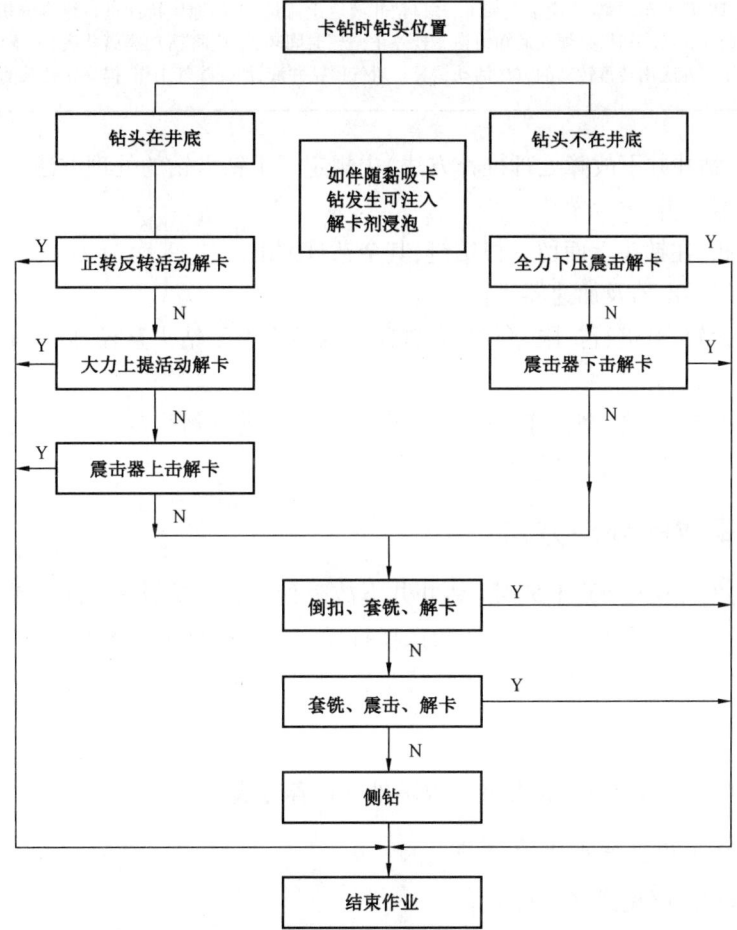

图6-15 落物卡钻处理的流程图

8. 干钻卡钻

所谓干钻,就是钻头部位失去钻井液循环,钻头对岩石作功所产生的热量散发不出去,切削的岩屑携带不上来,积累的热量达到一定程度,足以使钢铁软化甚至熔化,钻头甚至钻铤下部在外力作用下产生变形,和岩屑熔合在一起,这就造成了干钻卡钻。

干钻卡钻原因、特征及预防见表6-9。

表6-9 干钻卡钻原因、特征及预防

原因	钻具刺漏。管线之间的阀门刺漏或未关死。钻井泵上水不好,钻井液黏度太高,含气量太多,均可减少钻井液的排量。泵房与钻台工作配合不好,造成钻井液循环中断
特征	钻具刺漏,在正常排量下,泵压会逐步下降。泵上水不好,泵压下降,井口返出量减少。机械钻速明显下降。转盘扭矩增大。干钻的第一阶段是泥包,可以活动钻具,但上提时有阻力。随着干钻程度的加剧,阻力越来越大,直至无法活动,造成卡钻。干钻的结果,一般都是钻头水眼堵死,除钻具刺漏外,是无法开泵循环的
预防	注意泵压和井口钻井液返出流量,如泵压下降,返出流量减少,应停钻检查。如发现机械钻速下降,转盘扭矩增大,甚至有蹩钻、打倒车现象时,应结合泵压、井口钻井液返出流量、正钻地层特性进行综合分析。泵房与钻台工作要配合协调,因故停泵时,必须先通知司钻。若停止循环时间较长,应将钻具提离井底,上下活动或转动,绝不允许将钻头压在井底用转盘转动的方法活动钻具。对气侵钻井液,加强除气工作,提高钻井泵的上水效率

SY/T 5247《钻井井下故障处理推荐方法》中规定了干钻卡钻的处理方法。

(1)用震击器上击。

(2)爆炸松扣,在钻头上面留一根钻铤,其余钻具倒出。

(3)下入超级震击器及加速器进行震击。

(4)当震击无效,可进行扩眼、套铣,套铣筒的内径应大于钻头直径,以此来推算扩眼钻头直径的大小。

(5)经综合考虑,套铣、倒扣作业不宜继续进行时,宜进行侧钻。

(6)干钻卡钻处理的流程如图6-16所示。

二、卡钻事故的处理方法

卡钻故障的处理执行 SY/T 5247《钻井井下故障处理推荐方法》。首先是确定卡钻的类型,然后确认卡点位置,再确定打捞工艺和选择打捞工具。根据卡钻类型,常见的处理方法有泡解卡剂法、爆炸松扣法、爆炸切割和化学切割法、水眼冲砂法、震击方法、套铣方法等。

1. 卡点的确定方法

卡点确定执行 SY/T 5247《钻井井下故障处理推荐方法》。

1)用计算公式初步确定卡点深度

初步确定卡点深度见式(6-1):

$$L = \frac{\Delta L \cdot E \cdot F}{\Delta P} = 210F\frac{\Delta L}{\Delta P} = K\frac{\Delta L}{\Delta P} \tag{6-1}$$

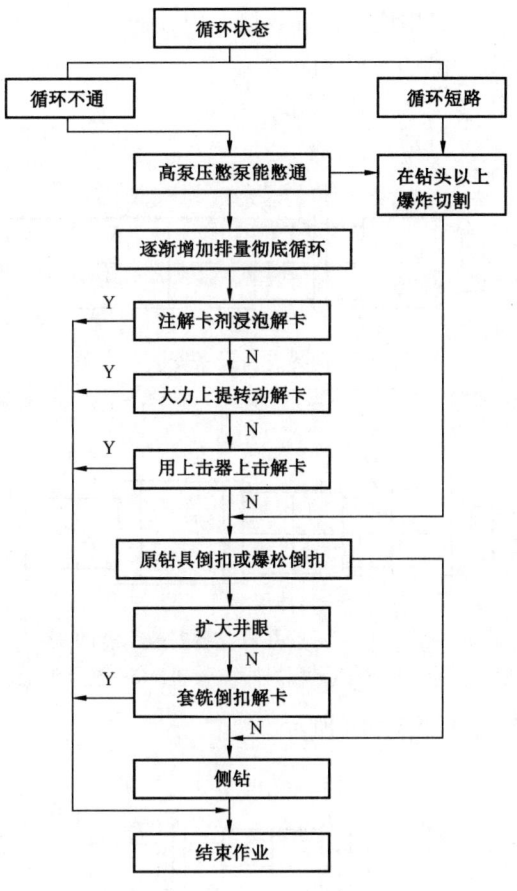

图 6-16 干钻卡钻处理的流程图

式中 L——初步确定的卡点深度,m;

ΔL——钻具连续提升时的平均伸长,cm;

ΔP——钻具连续提升(超过自由悬重)时的平均拉力差,kN;

K——钻具的伸长系数,$K = 210F$;

E——钢材弹性系数,$E = 2.1 \times 10^5$ MPa;

F——管体截面积,cm^2。

2)用测卡仪器确定卡点深度

(1)测卡前的准备工作:

① 测卡松扣人员应掌握以下情况:

执行 GB 2702《爆炸品保险箱》。

(a)井深及最高井温。

(b)钻井液性能及地层压力系数。

(c)井身结构及被卡钻具组合。

(d)井斜数据及地质分层。

(e)松扣前的处理情况。

②下加重杆软通井,检查管串内有无异物堵塞内径通道,根据不同的井选择不同的设备:
(a)简易井口设备安装,如图6-17所示。
(b)一般井口设备安装,如图6-18所示。

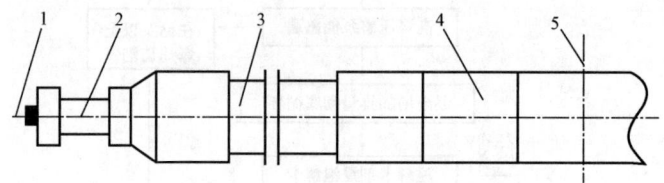

图6-17 简易井口设备安装示意图
1—电缆;2—手动防喷盒;3—短钻杆;4—被卡钻具;5—转盘

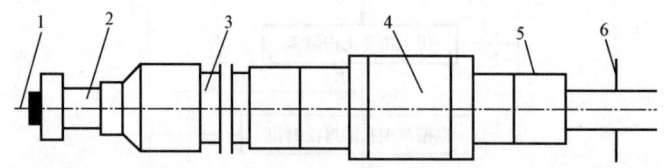

图6-18 一般井口设备安装示意图
1—电缆;2—手动防喷盒;3—短钻杆;4—旋转头;5—被卡钻具;6—转盘

(c)高压井口设备安装,如图6-19所示。

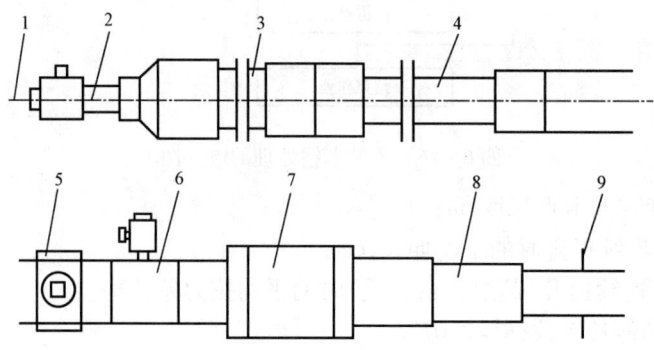

图6-19 高压井口设备安装示意图
1—电缆;2—液动防喷盒;3—短钻杆;4—防喷管;5—旋塞;6—旁通循环接头;7—旋转头;8—被卡钻具;9—转盘

③参见 SY/T 5247《钻井井下故障处理推荐方法》,根据表6-10的数据给管柱紧扣。

表6-10 管柱紧扣数据

管柱名称	油管	钻杆	钻铤	套管
圈数/1000m	4~5	2½~3½	2½~3½	1⅜

④锁住大钩销子,以防电缆和游动系统缠绕。
⑤下井测卡仪器的组合(根据不同的井选择不同的组合):
(a)使用弹簧锚的下井测卡仪器组合如图6-20所示。

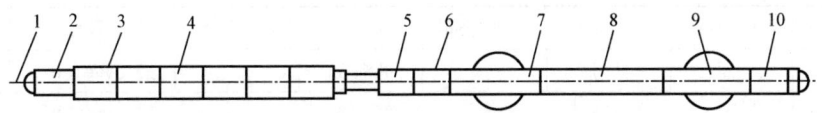

图 6-20 使用弹簧锚的下井测卡仪器组合示意图
1—电缆;2—电缆头;3—磁定位器;4—加重杆柱;5—伸缩杆;6—振荡器;7—上弹簧锚;8—传感器;9—下弹簧锚;10—引鞋

(b)使用磁锚的下井测卡仪器组合如图 6-21 所示。

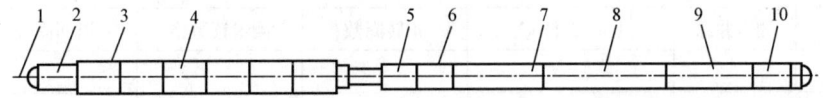

图 6-21 使用磁锚的下井测卡仪器组合示意图
1—电缆;2—电缆头;3—磁定位器;4—加重杆柱;5—伸缩杆;6—振荡器;7—上磁锚;8—传感器;9—下磁锚;10—引鞋

⑥ 长、短弹簧锚的选用:
(a)短弹簧锚适用的管柱内径范围为 38~120mm。
(b)长弹簧锚适用的管柱内径范围为 38~254mm。
⑦ 磁锚适应的管柱内径范围为 38~254mm。
⑧ 校验地面仪器:按各生产厂家的规程操作。

(2)下测卡仪器:
① 在钻台上组合下井测卡仪器。
② 磁定位器对准转盘平面,深度表调"0"。
③ 打开电源开关。
④ 下放测卡仪器,安装井口防喷盒。

(3)用测卡仪器确定卡点深度:
① 测卡方法的选用:
(a)对于油管、套管和弯曲钻杆卡钻,采用提拉的方法测卡点。
(b)对于其他管柱的卡钻,采用转动的方法测卡点。
② 第一步测量选在自由管柱上(目的是调整仪器的灵敏度)。
③ 采用的测卡方法参见 SY/T 5247《钻井井下故障处理推荐方法》,根据表 6-11 的数值转动管柱。

表 6-11 转动测卡需要的圈数

管柱名称	油管	钻杆	钻铤	套管
圈数/1000m	3⅓	2⅗	1⅗	⅕

④ 第二步测量选在用公式计算的卡点深度。
⑤ 对于每步测量进行记录。
⑥ 填写测卡记录(表 6-12),并存档。

表6-12 测卡记录

油田			公司			年 月 日		号	
井号		队号		井深,m			最大井斜,(°)		
钻具组合									
钻井液性能									
仪器组合									
仪器零长,m									
井口设备									
序号	测卡井深		上提悬重,kN		正转圈数	测卡读数格		退回圈数	备注
结论									

测卡操作员： 记录员：

⑦ 根据 SY/T 5247—2008《钻井井下故障处理推荐方法》中的附录 B、附录 C 分析表 6-12 中的数据是否符合该管柱所对应的测卡读数。

⑧ 按表 6-12 中的数据,做出确定卡点和选择爆炸松扣井深曲线(图 6-22)。

⑨ 由图 6-22 确定卡点深度(图 6-22 中第三拐点③)。

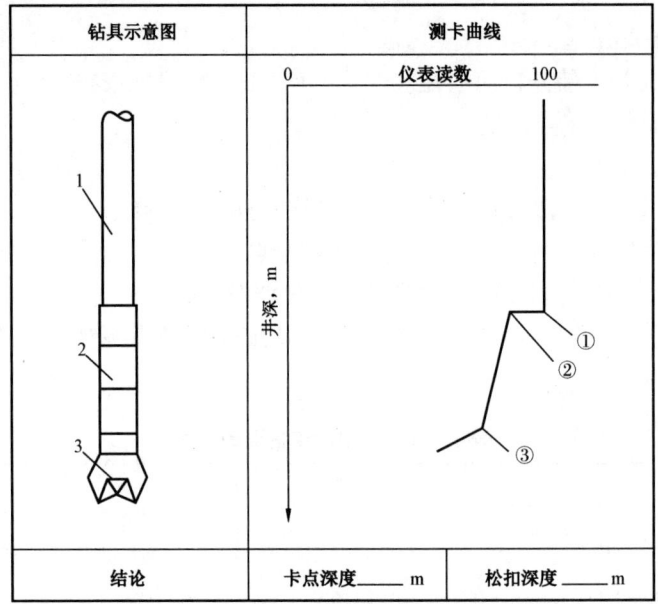

图 6-22 确定卡点和选择爆炸松扣井深曲线
1—钻杆;2—钻铤;3—钻头;①,②,③—拐点

(4)测卡仪器操作注意事项:
① 下放仪器速度应小于 3500m/h。
② 上提仪器速度应小于 3000m/h。
③ 上提仪器遇卡时,最大上提拉力不超过电缆头的安全载荷。

2. 爆炸松扣方法

1)爆炸松扣位置的确定

爆炸松扣位置选在卡点(图 6 - 22 中第三拐点③)以上自由管柱上。

2)爆炸松扣前的准备工作

(1)爆炸杆的选择:
① 一般情况下,爆炸杆选择长 1.5~2m,直径 12mm 的低碳圆钢。
② 对井下情况特殊或进行非常规作业应视具体情况而定。

(2)下井仪器组合如图 6 - 23 所示。

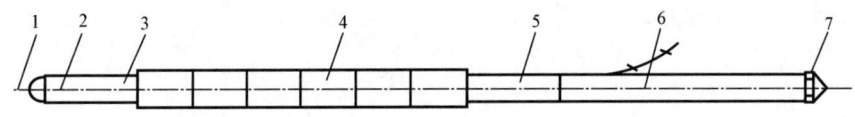

图 6 - 23 下井仪器组合
1—电缆;2—电缆头;3—磁定位器;4—加重杆柱;5—爆炸安全接头;6—爆炸杆;7—引鞋

① 正常下井仪器组合。
② 特殊下井仪器组合:当顿钻等原因造成井下钻杆弯曲较严重,使正常的下井仪器组合不能通过时,可在加重杆各节之间使用软连接,便于井下仪器通过,并适当提拉钻具加以配合。

(3)爆炸仪的校验:爆炸仪的校验方法宜按各厂家所提供的爆炸操作规程进行操作。
(4)用专用雷管表检查雷管的好坏。
(5)爆炸杆与导爆索的组装:
① 把爆炸安全接头连接在爆炸杆上,安全接头的"猪尾"引出线与电雷管点火线一端相连接。
② 用高压胶布、防水胶布缠好雷管的两上接线头。
③ 用高压胶布、防水胶布缠好导爆索的两头。
④ 把导爆索平行、均匀地分布在整个爆炸杆上,不应缠绕(特殊井除外)。
⑤ 用绝缘胶布缠绕整个爆炸杆,并每隔 30cm 做一防磨环。
⑥ 把爆炸安全接头的另一端用绝缘护丝戴好。

3. 爆炸切割及化学切割方法

1)爆炸切割

(1)准备两套性能可靠的爆炸切割工具,将雷管、导爆索、切割弹分别放入专用工具箱。雷管应专车运输。

(2)井眼准备：

① 施工前能循环的井,应使用钻井液(或修井液)循环1~3周。

② 下入切割工具前,应下入加重杆通井,检查管串内有元异物堵塞内径通道,通井到切割深度以下15~20m。

(3)下井前检查：

① 将测卡车(橇)的外壳安全接地。

② 用万用表检查安全接头电阻,正向阻值为600~1250Ω,反向阻值为∞。

③ 检查磁性定位器信号和点火线路是否正常,试完线路后,应将缆芯与外皮短接放电。

④ 用专用雷管表检查雷管,电阻值1.0~13.0Ω为合格。

⑤ 检查下井仪器各部件的外表是否变形或有缺陷,部件之间的密封、螺纹是否完好,触点接触是否良好。

(4)确定切割深度：

① 切割深度按 SY/T 5247—2008《钻井井下故障处理推荐方法》中7.1.2的规定确定。

② 切割工具的下入深度由磁性定位器测定。

(5)爆炸切割工具如图6-24所示。

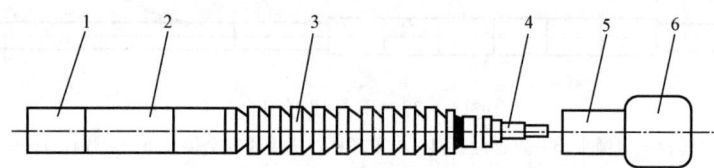

图6-24 爆炸切割工具示意图

1—上转换接头;2—点火接头;3—延伸杆;4—雷管;5—转换接头(与雷管配合);6—切割弹

2)化学切割

(1)工具准备:准备两套性能可靠的化学切割工具,将点火器、气体发生剂和化学药筒分别放入专用工具箱,并固定牢。点火器应专车运输。

(2)井眼准备：

① 施工前能循环的井,应使用钻井液(或修井液)循环1~3周。

② 下入切割工具前,应下入加重杆通井,检查管串内有无异物堵塞内径通道,通井到切割深度以下15~20m。

(3)下井前检查：

① 同下井前的检查操作。

② 检查化学药筒漏失情况:卸开化学药筒发运塞,将水湿蓝色石蕊试纸放于孔眼处,检查是否变红。若变红说明其渗漏,不能使用。同时标明"渗漏",重新组装好,放回专用工具箱。

③ 用专用雷管表检查点火器是否接通。

④ 根据预定切割深度处的静液柱压力和产品说明书要求,确定气体发生剂的用量。

⑤ 检查水力锚、化学药筒、切割头等部件的外表是否变形或有缺陷,备部件之间的密封、螺纹是否良好。

(4)确定切割深度同爆炸切割中的确定切割深度。

(5)化学切割工具如图 6-25 所示。

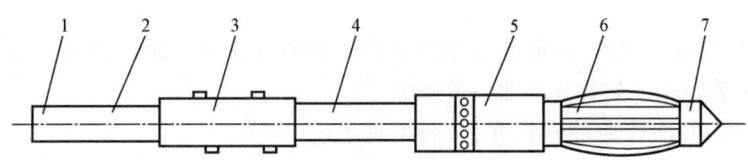

图 6-25 化学切割工具示意图

1—点火器下部接头;2—气体发生器;3—水力锚;4—化学药筒;5—切割头;6—扶正器;7—引鞋

4. 水眼冲砂方法

适用于卡钻故障中被卡钻柱水眼被堵,利用测卡车(橇)进行水眼冲砂作业。

1)使用前检查

(1)打捞钻具:

① 随钻柱下井的旁通接头和坐封接头,各连接螺纹紧固,阶台完好,水眼畅通。

② 卡瓦打捞筒各部件应完好,卡瓦与井下钻具尺寸相符,取掉橡胶密封件。

(2)冲砂工具:

① 冲砂头、坐封装置、冲砂管、分水头、机械式下击器、液压上击器、加重杆、旋转接头、电缆头等部件的技术性能及工作状况应合乎要求。

② 所有冲砂管水眼均应畅通,接头螺纹完好,管体无变形和损伤。

③ 坐封装置密封情况应良好。

④ 电缆头的连接方式及抗拉载荷应可靠。

(3)井口:

① 手压泵、三通接头、提升短节、电缆密封头应完好,橡胶件无磨损。

② 试开泵检查各部密封状况。

(4)测卡车:

① 深度表、拉力计应灵敏、准确可靠。

② 磁性定位器应符合要求。

③ 地面仪器控制面板应工作可靠。

2)钻具组合

(1)打捞钻具组合:

① 打捞钻具组合宜采用:旁通接头+坐封接头+安全接头+钻柱+下旋塞+三通接头+钻杆短节+电缆密封头。

② 使用卡瓦打捞筒的钻具组合:卡瓦打捞筒(不加密封填料)+旁通接头+坐封接头+钻+下旋塞+三通接头+钻杆短节+电缆密封头。

③ 特殊钻具组合宜采用:旁通密封接头+安全接头+钻柱+下旋塞+三通接头+钻杆短节+电缆密封头。

(2)冲砂工具组合：

① 冲砂工具组合：冲砂头 + 坐封装置 + 冲砂管 + 分水头 + 旋转头 + 磁性定位器 + 电缆头。

② 冲砂工具的特殊组合：冲砂头 + 坐封装置 + 冲砂管 + 分水头 + 机械式下击器 + 液压上击器 + 加重杆 + 旋转头 + 磁性定位器 + 电缆头。

(3)冲砂长度：每次作业冲砂长度，一般不宜超过100m。

3）下钻

(1)下打捞钻具组合到鱼顶上面 2~3m 处，开泵循环钻井液，再缓慢下放至距鱼顶 0.3~0.5m 处，循环冲洗鱼顶。

(2)停泵，缓慢下放钻柱进行对扣（或用卡瓦打捞筒捞住落鱼）。

(3)在井口卡好卡瓦（或坐好吊卡），卸掉方钻杆。

4）下冲砂工具

(1)利用电缆绞车或大钩将冲砂工具下入钻柱水眼内。

(2)在井口连接冲砂工具，应使用专用垫叉和钩扳手（或摩擦扳手），螺纹部分应涂好专用密封脂，然后将水眼冲砂工具各部依次连接下入钻柱内。

(3)匀速下放电缆，下放速度应不大于 3000m/h，将冲砂工具送到坐封接头上面 2~3m 处。

5）调整电缆密封头

利用液压或机械方法，调整电缆密封头，使电缆密封头内的橡胶件包紧电缆，能使电缆下放，密封头处不刺钻井液，达到冲砂要求。

6）冲砂

(1)下放电缆，使水眼冲砂工具的坐封装置坐落到坐封接头内。

(2)在井口钻柱三通处连接钻井泵（或水泥车）循环管线。

(3)循环钻井液，排量应为 8~12 L/s。

(4)根据电缆的拉力和泵压的变化来控制冲砂管缓慢下放，防止卡冲砂管或憋泵。

(5)当砂桥或其他块状物堵塞水眼时，可用电缆快速冲放、震击器下击和水力冲砂等方法配合使用。

7）冲砂管被卡的处理

(1)活动电缆，利用其携带的震击器震击解卡。

(2)活动钻具、开泵循环协助解卡。

(3)上述方法仍不能解卡时，提脱电缆头，起出电缆。

(4)退开对扣接头（或卡瓦打捞筒），起出钻具。

5. 震击方法

使用震击工具解除井下卡钻是一种常见的处理方法。震击工具主要有地面下击器、开式下击器、闭式下击器、机械上击器、液压上击器、超级震击器、震击加速器和随钻震击器等。

1) 地面下击器

执行 SY/T 5496《石油天然气工业 钻井和采油设备 震击器及加速器》、GB/T 223.72《钢铁及合金 硫含量的测定 重量法》、GB/T 228.1《金属材料 拉伸试验 第1部分:室温试验方法》、GB/T 229《金属材料 夏比摆锤冲击试验方法》。

(1) 适用范围:

① 适用于键槽、缩径、掉块、黏吸等需要向下震击的卡钻故障的处理。

② 解脱井内打捞工具。

③ 一般情况下卡点深度在 700~2600m 井段使用。

(2) 钻具组合:井内钻柱 + 地面下击器 + 方钻杆(或钻杆)。

2) 开式下击器

(1) 适用范围:

① 适用于深井、中深井的键槽卡钻、泥包卡钻、落物卡钻、沉砂卡钻和黏吸卡钻等需要向下震击的卡钻故障的处理。

② 解脱打捞工具。

③ 配合切割工具使用。

(2) 钻具组合:

① 打捞工具 + 安全接头 + 开式下击器 + 钻铤 + 钻杆。

② 内割刀 + 钻杆(所切割长度) + 开式下击器 + 钻杆。

3) 闭式下击器

(1) 适用范围:适用范围同开式下击器。

(2) 钻具组合:

① 打捞工具 + 安全接头 + 闭式下击器 + 钻铤 + 钻杆。

② 内割刀 + 钻杆(所切割长度) + 闭式下击器 + 钻杆。

4) 机械上击器

(1) 适用范围:

① 适用于沉砂、小井眼、泥包、干钻等需要向上震击的卡钻故障处理。

② 适用于高温、高压下的深井作业。

③ 钻井中途地层测试解封。

(2) 钻具组合:打捞工具 + 安全接头 + 机械上击器 + 钻铤(55~80m) + 钻杆。

5) 液压上击器

(1) 适用范围:适用范围同机械上击器。

(2) 钻柱组合:

① 打捞工具 + 安全接头 + 下击器 + 液压上击器 + 钻铤(55~80m) + 震击加速器 + 钻杆。

② 打捞工具 + 安全接头 + 液压上击器 + 钻铤(55~80m) + 钻杆。

6) 超级震击器

(1)适用范围:适用于沉砂、小井眼、泥包、干钻等需要向上震击的卡钻故障处理。

(2)钻具组合:

① 打捞工具 + 安全接头 + 超级震击器 + 钻铤(55~80m) + 震击加速器 + 钻杆。

② 打捞工具 + 安全接头 + 超级震击器 + 钻铤(55~80m) + 钻杆。

7) 震击加速器

执行 SY/T 5496《石油天然气工业 钻井和采油设备 震击器及加速器》、GB/T 223.72《钢铁及合金 硫含量的测定 重量法》、GB/T 228.1《金属材料 拉伸试验 第1部分:室温试验方法》、GB/T 229《金属材料 夏比摆锤冲击试验方法》。

(1)适用范围:为各种上击器增加震击功能的专用震击工具。

(2)钻柱组合:执行 SY/T 5067《安全接头》、GB/T 228.1《金属材料 拉伸试验 第1部分:室温试验方法》、GB/T 229《金属材料 夏比摆锤冲击试验方法》、GB/T 230.2《金属材料 洛氏硬度试验 第2部分:硬度计的检验与校准》、GB/T 22512.2《石油天然气工业 旋转钻井设备 第2部分:旋转台肩式螺纹连接的加工与测量》、GB/T 9253.2《石油天然气工业 套管、油管和管线管螺纹的加工、测量和检验》。

打捞工具 + 安全接头 + 上击器 + 钻铤(55~80m) + 震击加速器 + 钻杆。

8) 随钻震击器(全机械)

(1)适用范围:

① 适用于各类井的随钻作业。

② 随时提供向上震击或向下震击。

(2)钻具组合:钻头 + 钻铤 + 屈性长轴 + 随钻震击器 + 加重钻杆 + 钻杆。

9) 随钻震击器(全液压)

(1)适用范围:适用范围同随钻震击器(全机械)。

(2)钻具组合:钻头 + 钻铤 + 液压随钻震击器 + 加重钻杆 + 钻杆。

上述震击工具的使用前检查、震击前准备操作方法注意事项等执行 SY/T 5247《钻井井下故障处理推荐方法》。

6. 套铣方法

套铣方法通常包括常规套铣、防掉套铣、打捞套铣三种方法。

1) 常规套铣

执行 GB/T 3077《合金结构钢》、GB/T 5777《无缝钢管超声波探伤检验方法》、SY/T 5247《钻井井下故障处理推荐方法》。

(1)套铣前准备:

① 套铣管下井前,应保证设备完好,仪表准确、灵敏。

② 井眼应畅通。

③ 钻井液性能达到套铣作业要求。

④ 套铣管管体及螺纹均应严格探伤、检查,有下列问题之一时不得入井:
(a)螺纹损坏。
(b)密封台肩损坏。
(c)管体咬伤深度大于 2mm,长度大于 50mm。
(d)套铣管单根长度的平直度大于 5mm。
(e)管体不圆度大于 2mm。
⑤ 下井前要测量套铣管外径、内径和长度,并做好记录。
⑥ 检查铣鞋、转换接头及其辅助工具,并做好记录。
⑦ 套铣管上、下钻台应平稳,并戴好护丝。
(2)套铣钻具组合:
① 根据井下情况选择合适的套铣钻具组合。
② 推荐使用下列组合之一:
(a)铣鞋 + 套铣管 + 转换接头 + 上击器 + 钻铤或加重钻杆 + 钻杆 + (方钻杆)。
(b)铣鞋 + 套铣管 + 转换接头 + 钻杆 + (方钻杆)。
(3)铣鞋的选择:
① 套铣岩屑或软地层时,宜选用带铣齿的铣鞋,在铣齿上堆焊或镶焊硬质合金。
② 修理鱼顶外径时,应选用研磨型铣鞋,铣鞋的底部和内径应镶焊硬质合金。
③ 套铣硬地层或铣切稳定器时,应选用底部堆焊内外两侧均镶有保径齿的铣鞋。

2)防掉套铣

(1)适用范围:
① 适用于落鱼不在井底的卡钻故障套铣作业。
② 配合爆炸松扣作业。
(2)套铣前准备同常规套铣套铣前准备。
(3)铣鞋的选择同常规套铣铣鞋的选择。
(4)套铣钻具组合宜采用:
① HMC 工具:铣鞋 + 摩擦衬套 + 套铣管 + 剪切衬套(对扣接头 + H 型安全接头 + 缓冲短节 + 防掉矛) + 所需套铣管 + 转换接头 + 上击器 + 钻铤(27~55m) + 钻杆。
② ICT 工具:铣鞋 + 套铣管(对扣接头 + H 型安全接头 + 防掉矛) + 转换接头 + 下击器 + 上击器 + 钻铤(27~55m) + 钻杆。
注:HMC,ICT 为厂家名称。

3)打捞套铣

(1)套铣打捞前准备:
① 钻井设备、工具和仪表应完好。
② 测卡点。
③ 鱼顶以上井眼应畅通,钻井液性能应满足套铣要求。
(2)铣鞋的选择同常规套铣铣鞋的选择。

(3)打捞套铣钻具组合:

① 选用 HMC 型套铣打捞矛的钻具组合宜采用:

(a)外部:铣鞋 + 套铣管 + 套铣管安全接头 + 套铣打捞矛 + 下击器 + 上击器 + 钻铤(27~55m) + 钻杆。

(b)内部:对扣接头 + J 型安全接头 + 打捞套铣矛。

② 选用 ICT 型套铣打捞矛的钻具组合宜采用:

(a)外部:铣鞋 + 套铣管 + 转换接头 + 下击器 + 上击器 + 钻铤(27~55m) + 钻杆。

(b)内部:对扣接头 + H 型安全接头(蝶形销) + 打捞套铣矛。

各种套铣方法的作业程序执行 SY/T 5247《钻井井下故障处理推荐方法》。

7. 浸泡解卡液方法

1)现场有关数据

现场应收集井身结构、井深、钻头尺寸、钻头位置、钻具组合、卡点位置、地层岩性及钻井液性能参数等。

2)解卡液注替计算

(1)解卡液注量计算:按不同井眼直径、钻具外径分段计算。

① 公式法:

$$V_j = 785[B(D^2 - d_o^2)H + d_i^2 \cdot h] \times 10^{-9} \quad (6-2)$$

② 查表法:

$$V_j = [B(C_1 \cdot H) + C_2 \cdot h] \times 10^{-3} \quad (6-3)$$

式(6-2)和式(6-3)可等效使用。

(2)钻井液替量计算:按不同钻具内径分段计算。

① 公式法:

$$V_m = 785(H_b - h)d_i^2 \times 10^{-9} + V_0 \quad (6-4)$$

② 查表法:

$$V_m = C_2(H_b - h) \times 10^{-3} + V_0 \quad (6-5)$$

式(6-4)和式(6-5)可等效使用。

(3)注解卡液的最高泵压的计算见式(6-6):

$$p_{max} = p_c + 0.00981(\rho_m - \rho_j)h_{max} \quad (6-6)$$

(4)替完钻井液时立管压力的计算见式(6-7):

$$p_s = 0.00981(h - H)(\rho_m - \rho_j) \quad (6-7)$$

(5)环空液柱压力计算。

① 环空液柱压力最小变化值的计算见式(6-8):

$$\Delta p_{\min} = 0.00981(\rho_{\mathrm{m}} - \rho_{\mathrm{j}})H \qquad (6-8)$$

② 环空液柱压力最大变化值的计算见式(6-9):

$$\Delta p_{\max} = 0.00981(\rho_{\mathrm{m}} - \rho_{\mathrm{j}})H_{\max} \qquad (6-9)$$

(6)注解卡液作业预防井涌井喷计算。

① 解卡液浸泡期间的计算见式(6-10):

$$p_{\mathrm{f}} < p_{\mathrm{m}} - \Delta p_{\min} \qquad (6-10)$$

② 解卡液全部返到环空的计算见式(6-11):

$$p_{\mathrm{f}} \leqslant p_{\mathrm{m}} - \Delta p_{\max} \qquad (6-11)$$

式中 V_{j}——解卡液用量(不包括地面损耗),m^3;
D——井眼直径,mm;
d_{o}——钻具外径,mm;
d_{i}——钻具内径,mm;
B——井眼容量附加系数(一般取 1.2~1.5);
h——替完设计钻井液后,解卡液在钻具内高度,m;
H——替完设计钻井液后,解卡液在环空高度,m;
C_1——每米井眼环空容量,L/m;
C_2——每米钻具水眼容量,L/m;
V_{m}——钻井液替量,m^3;
V_{o}——地面管汇容量,m^3;
H_{b}——钻头位置,m;
$p_{\max}$——注解卡液的最高泵压,MPa;
p_{c}——循环钻井液的泵压,MPa;
ρ_{m}——钻井液密度,g/m^3;
ρ_{j}——解卡液密度,g/m^3;
$h_{\max}$——解卡液在钻具内最大高度,m;
p_{s}——立管压力,MPa;
$\Delta p_{\min}$——环空液柱压力最小变化值,MPa;
$\Delta p_{\max}$——环空液柱压力最大变化值,MPa;
p_{f}——地层孔隙压力,MPa;
p_{m}——钻井液柱压力,MPa;
$H_{\max}$——解卡液在环空内最大高度,m。

3)注解卡液的前期准备

(1)调整好钻井液性能,在保证井下安全的情况下,以稍大于钻进时的排量充分循环,把井眼清洗干净。

(2)确定循环不短路。

(3)对可能发生井涌(或井漏)的井,应按要求密度储备足量的钻井液。

(4)井控装置、消防设施应完好。

(5)钻井泵、高压管汇和动力设备应满足施工要求。

(6)钻具活动,装回压阀。

(7)做出注解卡液的施工设计。

4)解卡液的注替作业

(1)按设计排量将解卡液一次泵送到卡钻井段,中途不得停泵,替完钻井液后,环空解卡液液面应高于卡点 200～300m,管内解卡液的液面应高于环空解卡液液面 300～500m。

(2)浸泡期间,按要求活动钻具;钻柱中带有震击器时,应启动震击器震击,并注意卡点位置的变化情况;每次活动钻具后,应将钻具的部分或全部悬重压至卡点部位;每 30min 左右应小排量顶替钻井液 300～1000L。

(3)浸泡时间的长短根据井下具体情况确定。

(4)在施工的全过程中应做好各项施工记录。

(5)在顶替和浸泡期间,当压力异常或者井口外溢时应及时恢复循环。

(6)注、替和浸泡解卡液期间,应遵守防火的有关规定。

(7)使用有腐蚀性的解卡液时,应有防护措施。

(8)浸泡解卡后,如果上部有易垮塌的地层,应立即起钻;如果无易垮塌地层(或易垮塌地层已经被套管封掉),则应循环替出解卡液,但要有相应的安全措施。

第三节 钻具事故和落物事故的预防与处理

钻具事故和落物事故都属于钻井事故。钻具事故是指钻杆、钻铤及其他入井工具和辅助工具在钻井过程中发生的钻具断脱、断裂或刺穿等现象;落物事故是指物体(指钻具、套管、电缆和钻头、牙轮等)落入井内造成钻井作业不能正常进行的现象。

钻具事故和落物事故是钻井过程中较常见的事故。特别是在转盘钻井中,若检查不严、操作不当,钻具就会发生滑扣、脱扣和折断;钻头就会出现掉牙轮、刀片等;井口就会出现掉扳手、卡瓦牙等情况。据近年来的钻井资料分析,在钻井过程中,处理复杂情况和钻井事故的时间,约占施工总时间的 6%～8%,一个拥有上百台钻机的油田,一年中就有 6～8 台钻机在做无用功。

一、钻具事故的预防与处理方法

发生钻具事故后,井下遗留的钻具叫"落鱼","落鱼"的顶端叫"鱼顶"或"鱼头"。

1. 常见的钻具事故

1)钻具折断

钻具折断的主要原因:一是由于钻具螺纹根部产生应力集中,在压力、扭力、弯曲力等复合载荷作用下,如果螺纹加工质量不好或操作不当,都会造成螺纹处折断。二是在钻杆本体处,由于钻杆质量不高,管体磨损严重,或钻杆本体有伤痕、腐蚀等缺陷,在受到较大拉力或扭力时而折断。

2) 脱扣

脱扣是指螺纹并未损坏,而钻具在井下自动退开。其原因是井下情况不正常。如发生蹩钻、转盘反转(打倒车)而将螺纹倒开脱扣。

3) 滑扣

滑扣是指螺纹受力后拉脱滑开。原因是螺纹上卸次数过多,扣形磨损严重;螺纹没有上紧,钻井液长时冲刺而产生滑扣。

2. 钻具事故的预防

要想不发生钻具事故,除必须正确使用钻具外,还要做好日常的维护与管理工作。

1) 钻具的储存

无论是在仓库还是在工作场所,都要按下列要求进行储存。

(1) 要储存在管架台上,管架台要垫离地面 0.3m 以上,防止水、湿气、泥土的锈蚀。

(2) 架存不许超过三层,层与层之间应均匀衬以垫木或垫杠三根,防止钻具产生弯曲。

(3) 钻具应按钢级、壁厚、分类等级、接头水眼大小分别存放。每根钻杆在适当部位打上钢印(包括钢级、壁厚、编号),并登记卡片两张,一张存档,一张随钻杆转运。

(4) 对长期存放的钻具,要定期检查其内外表面的腐蚀情况,并进行防腐工作。

(5) 外、内螺纹及台肩要清洗干净,涂好防锈油,戴好防护套。

(6) 凡是检查出的有问题的钻具,要与完好钻具分别存放,避免混入好钻具中,还要用红漆或黄漆在有问题的地方标上明显的记号。

(7) 在管子站内存放,要取掉钻杆上的胶皮护箍,否则,它会在钻杆本体上造成环状腐蚀槽。

(8) 管具存放前应清洗、吹干,存期不宜超过两年。

2) 钻具在日常使用中的维护工作

(1) 钻具上下钻台,外、内螺纹必须戴上防护套,并且要平稳起下,不许碰撞钻杆两端的接头。

(2) 钻具连接前,要将外、内螺纹及台肩清洗干净,仔细检查,认为没有问题,方可涂好合格的螺纹脂,进行连接。特别是方钻杆保护接头更要注意,因为它可能要和每个钻杆内接头连接,该接头若有损伤,会造成许多钻杆内接头的损伤。

(3) 旋接或卸开螺纹时,绝不允许大钳咬钻杆本体。

(4) 当钻具悬重超过 1100kN 时,井口不许用短体卡瓦夹持钻具,以免挤伤钻杆,此时应改长体卡瓦或用双吊卡进行起下钻和接单根等工作。

(5) 空吊卡、钻具立柱或单根均不许撞击井口钻具的内接头台肩。

(6) 旋接螺纹时,外、内接头必须对中,当有摇摆和遇卡现象时,不能快速旋扣。当发现有咬扣现象时,必须卸开重上,不能用大钳硬上。

(7)旋接螺纹时,必须用双钳按标准扭矩上紧,不能松也不能过紧。

(8)鼠洞接单根时也必须用双钳上紧。

(9)钻铤的提升短节也必须用大钳紧扣,防止下边正转时,上边反转,使钻铤掉入井中。

(10)卸开螺纹时,大钩弹簧要承受一定的拉力,保证被卸开的螺纹不受压力,同时也要防止钻具立柱在弹簧力的作用下撞击井口的内接头。

(11)卸扣时,不许用转盘绷扣。

(12)要避免由大钳、卡瓦和井下落物造成的横向刻痕。

(13)除处理事故外,弯钻杆不许下井,特别是不许使用弯曲的方钻杆,如发现方钻杆弯曲,应立即换掉。

(14)不能用钻杆做电焊时的搭铁线,因为容易烧成伤疤。

(15)在任何情况下,都不允许超过钻具的屈服强度提拉或扭转。

(16)使用高矿化度钻井液时,应加防腐剂,以保护钻具。

(17)钻井液的pH值应维持在9.5以上,这样可以减少腐蚀和断裂。

(18)钻遇硫化氢气体,应坚决压死。如非得在硫化环境中工作不可,应使用E级钢以下的钻杆。

(19)井下温度超过148℃时,在钻井液处理剂和螺纹脂中,要避免含有硫的成分。

(20)进行钻杆测试时,钻杆在硫化氢环境中暴露的时间不得超过1h。这时,可以打入抑制缓冲液,在钻杆关闭后,可通过循环短节进行钻柱部分的钻井液循环。

3)钻具管理

为了合理地使用钻具,延长其使用寿命,减少钻具事故发生率,还须制订一套合理的钻具管理制度。

(1)钻具应分类组合,成套使用,鼓励浅井、中深井使用二、三钻杆。

(2)入井钻具要详细检查钢号(没有钢号者要补打钢号)、壁厚,外、内接头,水眼直径,丈量长度,登记造册。要把接头台肩和螺纹清洗干净,检查有无致命的损伤,同时还要检查钻杆本体有无致命的损伤,不合格者不许下井。

(3)在井使用钻具要定期上下倒换,抽上加下,或抽下加上均可,以改变钻具的受力状态,使整套钻具的各个部分的受力趋于一致。

(4)对立柱实行错扣检查。如果是三个单根组成一个立柱的话,每起一趟钻,错一个单根螺纹卸扣,三趟钻即可错完。

(5)用超声波或磁粉定期对钻具的螺纹部分进行暗伤探伤。

(6)各种连接接头必须定期卸开检查,如有问题,应及时予以更换。

(7)要经常用肉眼观察,钻具表面有无麻坑、横向刻痕和裂纹,防腐层是否损坏,接头台肩是否平整,宽度是否磨薄,螺纹是否磨尖、变形及损伤,钻具是否弯曲,接头是否偏磨。如发现以上情况,应将该钻具降级使用,或送管子站进行修理。

(8)在腐蚀性的作业环境中,最好使用有内涂层的钻杆,并要定期检查内涂层剥蚀情况。

(9)钻具卸入场地存放时,应用清水清洗钻具内外表面及螺纹,清除腐蚀性物质,并在接头螺纹及台肩上涂上防腐油,并戴好防护套。

3. 钻具事故处理

处理任何事故要按 SY/T 5247《钻井井下故障处理推荐方法》、企业标准《井下落物打捞操作规程》及 SY/T 5827《解卡打捞工艺作法》中规定的各种卡钻的处理方法执行。

钻具事故的处理就是首先找到鱼顶的位置,然后分析鱼顶是否完整,再根据鱼顶及井下的具体情况选择合适的打捞工具。钻具事故处理执行 SY/T 5247《钻井井下故障处理推荐方法》。

1) 确定鱼顶的位置及形状

(1) 井眼准备:打捞作业前应确保井眼畅通。

(2) 确定鱼顶深度的方法:

① 计算法(仅适用于钻具在井底):根据井深、钻柱总长度和起出钻具的长度,直接计算出鱼顶深度(海上浮动式钻井平台计算时应考虑海潮的影响)。

② 测井法:

(a) 使用电极、磁性定位仪、感应仪测定鱼顶深度。

(b) 使用井斜仪、井径仪测定井斜和井径,并了解井下情况(狗腿、键槽、缩径、井眼扩大),从而确定鱼顶在井眼内的相对位置。

(3) 确定鱼顶几何形状的方法:

① 用铅模确定鱼顶的几何形状。

② 铅模的尺寸参见表 6—13。

表 6—13 铅模的选择

序号	钻头直径,mm	推荐印铅模直径,mm
1	444.5	425~430
2	311.0	285~290
3	244.5	225~230
4	215.9	195~200
5	155.58	140~145
6	146.05	130~135

③ 根据井下情况,选用下列组合钻柱:

(a) 铅模 + 钻杆 + (方钻杆)。

(b) 铅模 + 钻铤 + 钻杆 + (方钻杆)。

(c) 铅模 + 稳定器 + 钻铤 + 钻杆 + (方钻杆)。

④ 下井前检查:螺纹应完好,铅模不允许有痕迹及缺陷。

⑤ 铅模的操作要点:

(a) 铅模下井前应确保井眼畅通。

(b) 控制下钻速度,遇阻不得硬压。

(c) 铅模下至距鱼顶 1~2m 处时,开泵循环钻井液冲洗鱼顶 30min 左右后,缓慢下放钻柱至距鱼顶 0.3m 左右时,停泵。

(d)缓慢下放钻柱进行打印。打印钻压应根据鱼顶情况而定。当鱼顶断面为尖茬时,打印钻压应为 5~15kN,当鱼顶断面较为平整时,打印钻压应为 50~80kN。

(e)只允许打印一次。

(f)起钻至井口,应保护好印迹,防止地面印迹与打印痕迹相混淆。

2)打捞方法的确定及打捞工具的选择

(1)螺纹完好的鱼顶,采用原钻具或与原钻具扣型相同的钻具对扣打捞。

(2)螺纹损坏的鱼顶和断口鱼顶,应使用专用工具打捞。

① 当鱼顶是胀大的螺纹时,可选用加火螺纹尺寸的接头或双右旋螺纹的倒扣接头下钻对扣打捞。

② 鱼顶为螺纹部位或钻杆加厚部分时,可使用打捞矛、打捞筒或公锥。

③ 鱼顶为钻具本体时,可使用打捞筒、打捞矛或母锥。

(3)凡高压油气井处理井下钻具故障时,应预防井喷事故发生。

3)找鱼顶的方法

(1)常用找鱼顶工具:铅模、短钻杆、弯钻杆、弯接头、偏水眼接头、偏水眼公锥、偏水眼母锥、活动肘节、安全接头、引鞋等。

(2)根据井下情况,选择合适的找鱼顶钻具组合。

(3)找鱼顶操作要点:

① 根据井径、井斜、鱼顶深度、形状、已下入套管的内径,以及井下情况,选择合适的钻具组合。

② 所有下井工具均应探伤、检查、丈量,并绘制草图。

③ 工具在井口接好后,应提起检查工具的原始状态,并记录有关数据。

④ 控制下钻速度,进行分段循环,保证水眼畅通。遇阻时不得划眼,应起出重新通井或改变钻具组合。

⑤ 下至鱼顶以上 1~2m 处循环洗井,冲洗鱼顶。

⑥ 量准方入,从各个方向找鱼顶,可开泵找鱼顶,也可边转边下放找鱼顶,观察指重表和泵压变化,下放钻柱时不得超过鱼顶 3~5m。

⑦ 循环调整好钻井液性能,起钻。

4)不规则鱼顶的磨铣修理方法

不规则鱼顶的磨铣修理方法按照 SY/T 5247《钻井井下故障处理推荐方法》执行,修理不规则鱼顶应选用套筒磨鞋或导向磨鞋。

(1)套筒磨鞋内径与被磨落鱼外径间的间隙应不小于 15mm;导向磨鞋的导向部分外径与被磨落鱼内径间的间隙应为 10~15mm。

(2)钻具组合宜采用:磨鞋+随钻打捞杯+钻铤+加重钻杆+钻杆+(方钻杆)。

(3)磨鞋下井前检查:

① 连接螺纹完好,台肩面平整无损坏。

② 磨鞋水眼应畅通。

③ 在套管内使用磨鞋时,不得使用外侧堆焊硬质合金的磨鞋。
(4)操作步骤:
① 套筒磨鞋:
(a)套筒磨鞋下井前应确保井眼畅通。
(b)下钻至距离鱼顶 3~5m 时,开泵循环钻井液,磨铣作业前,应调整好钻井液性能,然后边循环边缓慢转动并下放钻具至距离鱼顶 0.3~0.5m 时,冲洗鱼顶。
(c)停泵,缓慢下放钻具,使套筒磨鞋套住落鱼,开泵循环并磨铣。
(d)磨铣参数:钻压 5~50kN,转速 20~70r/min,排量与钻进时相同。
(e)磨铣过程中送钻要均匀。若出现严重蹩钻,应减少钻压,无效时应停止转盘;上提钻具,经分析并采取相应措施后,方可继续磨铣。
(f)在钻井液出口槽内放一磁性体,吸附铁屑。
(g)磨铣到预定深度后,减压至 5~10kN,再研磨 0.5~1h。
(h)起钻至套管鞋时,应减速慢起,以防碰挂。
② 导向磨鞋:
(a)导向磨鞋下井前应确保井眼畅通。
(b)下钻至距离鱼顶 3~5m 时,开泵循环钻井液。磨铣作业前,应调整好钻井液性能,然后边循环边缓慢转动并下放钻具距离鱼顶 0.3~0.5m 时,循环冲洗鱼顶。然后用边循环边慢放或与间断转动相配合的方法,使领眼部分进入落鱼水眼。
(c)磨铣开始时应用轻压慢转的方法,先磨铣掉破损的部分,然后正常磨铣。磨铣参数:钻压 5~30kN,转速 30~100r/min,排量与钻进时相同。
(d)磨铣送钻要均匀。若出现蹩钻,应减压或调整转速,待正常后继续磨铣。每磨铣 30min 右,可稍上提磨鞋(不得将领眼部分提离落鱼水眼)一次,下顿 1~2 次(顿力不大于 20kN)继续磨铣,直到磨铣完预计长度后起钻。
(e)当准备从外径打捞时,应在起钻前减压研磨 0.5~1h。
(f)起钻至套管鞋时,应减速慢起,以防碰挂。
(g)分析起出的导向磨鞋,决定下步措施。

5)常用打捞工具
(1)卡瓦打捞筒:
卡瓦打捞筒是一种从落鱼外径抓捞落鱼的最常用的套入式打捞工具。主要打捞钻杆、钻铤、接头、接箍、油管、随钻工具和测试仪器等外径平滑的管类落鱼。由于它和落鱼接触面积大,能经受强力提拉、扭转和震动。卡瓦打捞筒的结构如图 6-26 所示。

筒体上部与上接头相连,下部与引鞋相连;筒体内部装有卡瓦,上下密封填料圈。筒体带有特殊宽锯形左旋内螺纹,它和卡瓦的锯形外螺纹配合,并约束卡瓦的胀大缩小,每种卡瓦打捞筒的筒体都能装换数种打捞尺寸的卡瓦。

打捞筒的抓捞部件是卡瓦。有螺旋卡瓦和篮状卡瓦两种,卡瓦的外锯齿左旋螺纹与筒体的内锯齿左旋螺纹相配合、但配合的间隙较大,能使卡瓦在筒体中一定的行程范围内胀大和缩小。所配卡瓦的内径一定要小于鱼头外径 1~2mm,当鱼头被引入捞筒后,只要施加一轴向压

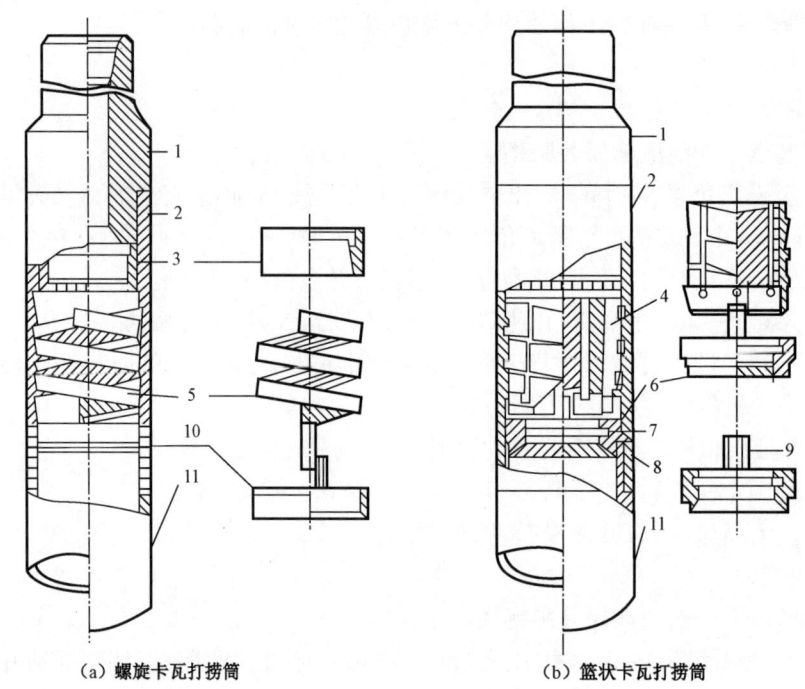

(a) 螺旋卡瓦打捞筒　　　　　(b) 篮状卡瓦打捞筒

图 6-26　卡瓦打捞筒

1—上接头；2—筒体；3—"A"型密封圈；4—篮状卡瓦；5—螺旋卡瓦；6—铣鞋；7—"R"型密封圈；
8—"O"型密封圈；9—控制环；10—螺旋卡键；11—标准引鞋

力,鱼头使迫使卡瓦上行并将卡瓦胀大而进入卡瓦,卡瓦在弹性力的作用下,紧紧抱住鱼头,当上提钻柱时,筒体和卡瓦配合的锯齿螺纹产生相对运动,迫使卡瓦收缩,卡瓦牙将鱼头咬住、拉力越大,卡得越牢。抓牢的全部力量被均匀地分布在筒体的螺旋面上,不致于损坏筒体和鱼头。

SY/T 5247《钻井井下故障处理推荐方法》中,钻具组合宜采用:打捞筒 + 安全接头 + 下击器 + 上击器 + 钻铤(55~80m) + 震击栅器 + 钻杆。

也可根据井下情况适当简化钻具组合。

① 下井前检查:

(a)检查上接头、"V"型密封圈、筒体、控制卡、螺旋卡瓦、标准引鞋(或加大引鞋)及壁钩和加长节(选用篮状卡瓦时,则相应部件为篮状卡瓦、密封控制环、"R"型密封圈及"O"型密圈)外观应无缺陷。

(b)组装捞筒时,应注意卡瓦到位后,用手推动灵活;各道螺纹按规定扭矩上紧。

② 操作要点:

(a)下井前计算好鱼顶方入、铣鞋方入和打捞方入。

(b)下钻时钻具螺纹要按规定紧扣扭矩上紧。

(c)下钻离鱼顶0.3~0.5m时,循环冲洗鱼顶。

(d)停泵,顺时针间断转动并缓慢下放钻柱,试探鱼顶(也可以小排量,缓慢下放钻柱,泵压增加后立即停泵)。

(e)根据打捞方入及打捞钻柱悬重变化,预计卡瓦已进入鱼顶打捞部位后,停止下放钻柱。

(f)缓慢上提钻具,根据悬重变化情况,判断是否捞获。未捞获时,可重复(c)及(d)。

(g)停泵,将落鱼提离井底 3~5m,猛刹 2~3 次,如新增悬重无变化可起钻。

(h)捞获后,如落鱼已卡,震击无效,需要退出打捞筒时,先用 50~200kN 钻柱重力或下击器下击,再上提钻柱,使其悬重大于打捞悬重 5~10kN。然后顺时针转动钻柱 3~5 圈,如此反复操作直至退出为止。

(i)在鱼顶方入找不到鱼顶时,如打捞钻具长度校核无误,可在打捞筒上带加大引鞋或壁钩,亦可加肘节或弯钻杆再次打捞。

(j)鱼顶轴向不规则时,使用加长节打捞。

③ 注意事项:

(a)起钻时不应用转盘卸扣。

(b)打捞筒起出后,在鼠洞内下砸释放落鱼。

(2)卡瓦打捞矛:

卡瓦打捞矛是一种从落鱼内孔打捞落鱼的打捞工具。其结构简单,强度较高、操作简便和工作可靠,不仅可用于打捞钻杆、钻铤,还可以用于打捞油管、套管,特别是内切割作业时,能与内割刀工具配用,使打捞切割一次完成。卡瓦打捞矛结构如图 6-27 所示。

主要由心轴、卡瓦、释放环和引锥组成。卡瓦内部是左旋锯齿扣与心轴锯齿扣相配合;释放环凸缘与引锥端面凸缘是一个安全装置,它能抵抗打捞矛锁紧、黏结或卡住,以保证容易释

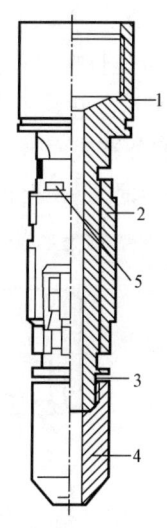

图 6-27 卡瓦打捞矛
1—心轴;2—卡瓦;3—释放环;
4—引鞋;5—卡瓦外径尺寸印记

放。打捞矛是从落鱼内进行打捞的,因为它咬合落鱼的面积较大,所以不会损坏落鱼.当捞住落鱼提不起时,打捞矛容易松脱和退出,把落鱼丢掉。

SY/T 5247《钻井井下故障处理推荐方法》中,打捞矛钻具的组合宜采用:打捞矛+安全接头+下击器+上击器+钻铤(55~80m)+震击加速器+钻杆。

根据井下情况可适当简化钻具组合。

① 下井前检查:

(a)拆卸检查,各零部件应齐全完好,螺纹无损伤。

(b)卡瓦在心轴上转动灵活。

(c)检查完毕后重新组装。将卡瓦旋至接头位置,用细棕绳捆住。

② 操作要点:

(a)下钻前计算好鱼顶方入和打捞方入。

(b)下钻时钻具螺纹要按规定紧扣扭矩上紧。

(c)下钻离鱼顶 0.3~0.5m 时,循环冲洗鱼顶。

(d)停泵,缓慢下放钻柱加压直至打捞方入,再逆时针旋转 1.5~2 圈,然后轻提。捞获后试开泵顶通水眼,若落鱼被卡,则活动或震击解卡,否则,退出打捞矛。

(e)当需要在井下退出打捞矛时,先用50~200kN钻柱重力或下击器下击,再上提钻柱,使其悬重大于打捞悬重5~10kN。然后,顺时针转动钻柱3~5圈,如此反复操作,直至退出打捞矛为止。

③注意事项:

(a)起钻时不应转盘卸扣。

(b)起钻遇卡不可转动,也不能猛提猛顿。

(c)打捞矛起出后,在鼠洞内下击释放落鱼。

(3)公锥:

公锥也是打捞钻柱的常用工具,是由高强度合金钢锻造、车制并经热处理制成,结构如图6-28所示。它是一个圆锥体,中间带水眼,上部有粗螺纹和钻具相接。圆锥体上车有打捞螺纹,有的公锥表面带有切削槽,是用来积存造扣时的钢屑。公锥有正扣和反扣之分,使用公锥打捞落鱼时,是把公锥插入落鱼水眼内,然后加压旋转造扣,以达到捞起落鱼的目的。只要鱼顶水眼规则管壁较厚能够造扣,可以使用公锥来打捞。

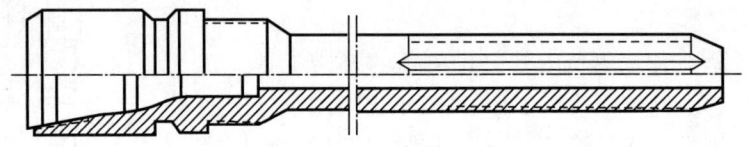

图6-28 公锥

SY/T 5247《钻井井下故障处理推荐方法》中,推荐钻具组合采用:公锥+安全接头+钻杆。

①下井前检查:检查锥体、打捞螺纹和接头螺纹应无损伤,水眼应畅通。

②操作要点:

(a)下钻前应计算好鱼顶方入和打捞方入。

(b)下钻时钻具螺纹要按规定紧扣扭矩上紧。

(c)下钻离鱼顶0.3~0.5m时,循环冲洗鱼顶。

(d)缓慢下放钻具,根据深度、泵压、悬重的变化判断公锥是否进入鱼顶。

(e)停泵,加压5~10kN,缓慢顺时针旋转钻柱造扣,注意控制倒车,进扣1圈后,可增加钻压至20~50kN继续造扣,直至3~4圈或公锥不进扣为止。造扣扭矩不得超过钻具的限制扭矩。

(f)扣造好后,缓慢开泵循环。试提钻具,如能提起来,则提离井底3~5m,猛放猛刹2~3次,若不脱落,即可起钻。

(g)当落鱼被卡时,应从安全接头处退开。

③注意事项:

(a)起钻时不应用转盘卸扣。

(b)打捞1m以下较短落鱼,不宜使用公锥。

(c)捞获后如落鱼已卡,活动钻具时应控制提放力,防止公锥受力过大造成折断。

(4)母锥:

母锥也是打捞钻柱的常用工具,是由高强度合金钢锻造、车制并经热处理制成,结构如图6-29所示。其作用与公锥相同,所不同的是母锥是从落鱼外部来造扣打捞的,所以在内锥面上车有打捞螺纹。使用母锥打捞要求鱼顶外径要规则,扁的或椭圆形的鱼顶造扣不紧,不易捞住。鱼顶是钻杆本体时多用母锥打捞,而不能用于打捞接头。因此,母锥使用不如公锥普遍。母锥也有正扣和反扣之分。

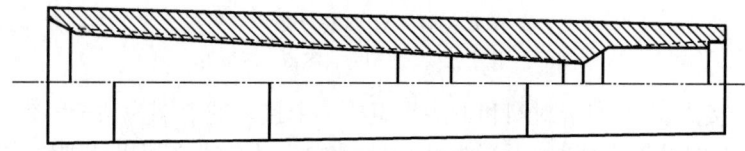

图6-29 母锥

SY/T 5247《钻井井下故障处理推荐方法》中,钻具组合宜采用:母锥+安全接头+钻杆。

① 下井前检查:检查锥体、打捞螺纹和接头螺纹应无损伤,水眼应畅通。

② 操作要点:

(a)下钻前计算好鱼顶方入和打捞方入。

(b)下钻时钻具螺纹要按规定紧扣扭矩上紧。

(c)下钻离鱼顶0.3~0.5m时,循环冲洗鱼顶。

(d)缓慢下放钻具,泵压增加时停泵,并加压10~50kN左右,缓慢顺时针旋转钻柱造扣,注意控制倒车,进扣一圈后,可将钻压加至20~100kN左右,继续造扣,直至3~4圈或母锥不进扣为止。造扣扭矩不得超过钻具的限制扭矩。

(e)扣造好后,缓慢开泵循环(防止憋泵),试提钻具,如能提起来,则提离井底3~5m,猛放猛刹2~3次,若不脱落,即可起钻。

③ 注意事项:起钻时不应用转盘卸扣。

(5)辅助打捞工具:

钻具断落后,井下情况变化多端。为了更有效更安全地打捞落鱼,在打捞作业中,还需要配合一些专用的起辅助作用的工具。

① 安全接头:

按照SY/T 5067《安全接头》、GB/T 228.1《金属材料 拉伸试验 第1部分:室温试验方法》、GB/T 229《金属材料 夏比摆锤冲击试验方法》、GB/T 230.2《金属材料 洛氏硬度试验 第2部分:硬度计的检验与校准》、GB/T 22512.2《石油天然气工业 旋转钻井设备 第2部分:旋转台肩式螺纹连接的加工与测量》、GB/T 9253.2《石油天然气工业 套管、油管和管线管螺纹的加工、测量和检验》执行。

安全接头是连接在钻柱和井下各种作业的工作管柱上的一种安全倒扣工具,也是一个由宽螺纹配合的螺纹接头。AJ型安全接头结构如图6-30所示。

钻井施工

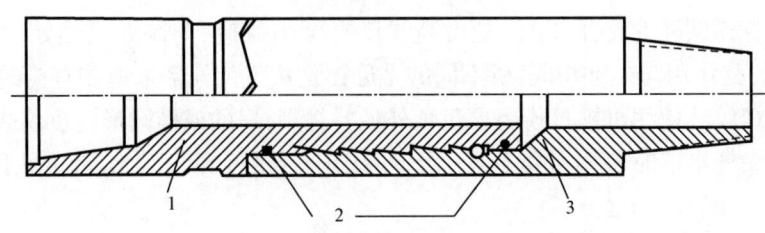

图 6-30　AJ 型安全接头
1—上接头；2—"O"型密封圈；3—下接头

它主要由上接头、"O"型密封圈和下接头组成。上接头的上端为钻杆内螺纹，下端是粗外螺纹；下接头的上端是粗内螺纹，下端为钻杆外螺纹。粗内螺纹和粗外螺纹配合有较大的间隙，易于卸扣。粗螺纹扣上紧时，使安全接头形成一个刚性的整体，上下两个"O"型密封圈用以封隔安全接头内外钻井液的压力，并使粗螺旋扣不受钻井液的腐蚀。

安全接头用于钻具打捞和测试管柱中，以保证在复杂情况下，管柱能从预计处倒开或重新接上。由于工作目的的不同，安放的位置也不同。用于打捞时，它安放在打捞工具和震击器之间；用于测试时，它安放在震击器和其他辅助工具之下，而在封隔器和地层测试器之上。

下井前，先要检查密封圈是否完好，粗螺纹扣处要涂抹好润滑油或润滑脂，然后用大钳上紧。

井下脱开安全接头。先给安全接头一个反扭矩，然后用下击器下击或用原钻具下顿，使安全接头解除自锁；然后，上提钻具，使安全接头处保持 5~10kN 压力，反转退扣，反转时悬重下降，应及时上提，一直保持 5~10kN 压力，直到完全退开。

井下对接安全接头。外接头下到对接面处，加压 3~6kN，缓慢转动钻具上扣，当扭矩增加时，表明安全接头已上紧。

② 铣（磨）鞋：

磨鞋执行 SY/T 6072《钻修井用磨铣鞋》。如果落鱼的鱼头有变形、破裂、弯曲或鱼顶不平，妨碍打捞工具进入或无法造扣，需要修整鱼顶。常用的工具是套筒铣（磨）鞋和领眼铣（磨）鞋，其结构如图 6-31 所示。

套筒铣（磨）鞋也叫外引铣（磨）鞋，因其面积大，容易套住鱼头，可以防止鱼顶偏磨，如果鱼顶在套管内，它还可以起到保护套管的作用。

领眼铣（磨）鞋也叫内引铣（磨）鞋，如果鱼顶胀裂或环形空间太小，不便下入套筒铣（磨）鞋时，可以下入领眼铣（磨）鞋修整鱼顶。

需要修整鱼顶时应禁止用平底磨鞋或锅底磨鞋。

③ 印模：

当落鱼情况比较复杂，为了弄清井内落鱼的状况，就需要下印模进行打印。印模一般是铅模，但在浅井中打印，有时使用蜡模或泥巴模。

铅模是由接头体和铅模两部分组成的，如图 6-32 所示。接头体上部有钻杆连接螺纹，和钻杆连接，接头体下部浇铸铅模的部位车有多个环形槽，以便固定铅模，铅模中心有空，可以循环钻井液。

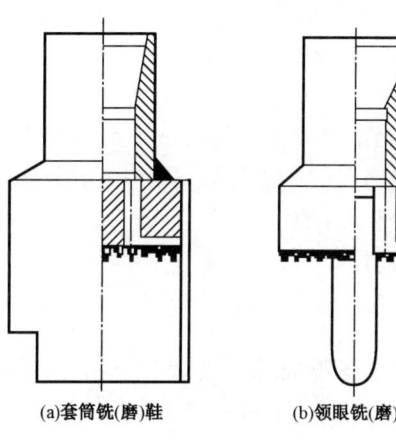
图 6-31 铣(磨)鞋
(a)套筒铣(磨)鞋 (b)领眼铣(磨)鞋

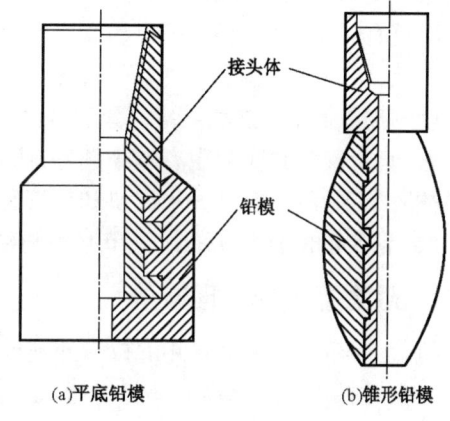
图 6-32 铅模
(a)平底铅模 (b)锥形铅模

打铅模时,打印压力根据鱼顶情况及铅模与鱼顶接触面积大小来决定,如果鱼顶断面为尖茬,打印压力一般为每英寸直径 1~2kN;如果鱼顶断面较为平整,打印压力一般为每英寸直径 5~8kN。总之既要求把铅印打好,又不准把铅模压掉。

二、落物事故的预防与处理方法

在钻进与起下钻过程中,由于检查不严、措施不当或操作不慎等,井下落物事故就容易发生。如掉牙轮、巴掌、弹子、刮刀片、钻头、掉大锤、扳手、卡瓦牙、吊钳牙及销子等钻台工具。井下落物种类较多,形状各异,而且体积较小。欲使打捞成功,就必须选用合适的打捞工具。落物事故处理应遵循 SY/T 5247《钻井井下故障处理推荐方法》。

1. 落物事故的预防

(1)防止从井口落入任何物件。首先对井口常用的专用工具,如吊卡、卡瓦、安全卡、吊钳等进行仔细地检查,每一个螺钉、轴销、穿销都要紧固齐全。一般情况下,井口不许使用撬杠、大锤等手工具,不得已而用时,要采取防掉措施,如盖好井口、挂保险绳等。上卸钻头必须使用钻头盒。双吊卡起下钻要用小补心。总之,要堵塞一切可能落物的漏洞。

(2)钻头使用要根据井下实际情况掌握,若井下有异常情况,如别钻、跳钻、扭矩增大,应仔细判断是什么原因造成,一般来说有三种情况:

① 井下有落物,调整钻压、转数不起作用,进尺锐减或无进尺。

② 钻遇特殊地层,如钻遇砾石层就会跳钻,钻遇某些泥页岩层也会别钻,但有进尺,且钻速基本均匀,调整钻压转数后会见到明显效果。

③ 钻头早期磨损,如轴承旷动、牙轮互咬、牙轮卡死,都会发生别钻、跳钻现象,但有进尺而钻速降低。遇到这些情况,如果一时判断不清,虽然钻头使用时间不够,也要及早起钻,勿贪小利而酿大祸。

(3)井下情况不正常,如悬重下降、泵压下降、在地面查不出原因时,绝对禁止从钻具水眼内投入任何物件,如测斜仪、憋压钢球等。

(4)裸眼井段井径不规则,有多个壁阶存在,下钻时在此井段要慢速下放,以防某个牙轮接触壁阶受力过大而折落。因为壁阶遇阻和缩径遇阻不一样,缩径遇阻是三个牙轮受力,而壁阶遇阻只有一个牙轮受力,很容易发生顿落牙轮事故,而且顿落的牙轮不是掉到井底,而是待在壁阶上,状态很不稳定,一旦下落,便会造成恶性卡钻。

(5)表层套管和技术套管的套管鞋必须与管体本身连接牢固,并且用黏结剂黏牢或用电焊焊死,套管鞋与井底的距离越小越好,而且应坐在不易垮塌的砂岩井段,因为这部分的水泥石往往固结不好,很容易掉水泥块和套管鞋,给正常钻进带来麻烦。

(6)钻头的配合接头螺纹规范必须与钻头连接螺纹的规范一致,防止整个钻头脱扣入井。

2. 落物事故的处理方法

执行 SY/T 5247《钻井井下故障处理推荐方法》。井下落物故障的处理有打捞、磨铣两种方法。常见打捞工具有反循环打捞篮、磁力打捞器、随钻打捞杯、卡板打捞筒、三球式捞筒等;常见磨铣工具有平底磨鞋和凹底磨鞋。

1)磁力打捞器

磁力打捞器主要打捞落入井内的牙轮、弹子及碎铁等能被磁铁吸引的小件金属碎物,适用于垂深在 3000m 以内的中硬或硬地层打捞,结构如图 6-33 所示。有一个长圆筒形的永久性的磁铁芯子,此芯子的上下端为磁极,上端磁极板被上接头与体部用螺纹连接压紧。下端磁极板被体部与铣鞋用螺纹连接压紧,磁铁与体部之间是一个绝缘的衬筒,由黄铜或铝制成。

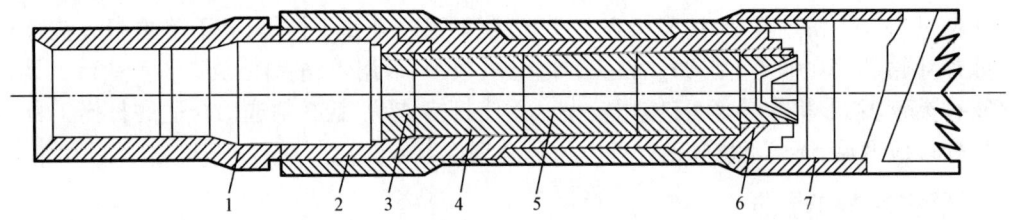

图 6-33 磁力打捞器

1—接头;2—体部;3—上磁极;4—衬筒;5—磁芯;6—下磁极;7—引鞋

SY/T 5247《钻井井下故障处理推荐方法》中,钻具组合宜采用:磁力打捞器 + 随钻打捞杯 + 钻铤(加重钻杆) + 钻杆 + (方钻杆)。

(1)下井前检查:

① 根据井眼直径及落物特点,参见表 6-14、表 6-15 选择磁力打捞器及引鞋。

表 6-14 磁力打捞器技术规格

公称直径,mm	接头螺纹	适用井眼直径,mm	最大吸力,kN	
			A 型	B 型
86	NC26 (2¾ IF)	95~108	3.5	1.0
100		108~137	5.5	1.7
125	NC38 (3½ IF)	137~149	9.5	2.2
140		149~184	11.0	4.0

续表

公称直径,mm	接头螺纹	适用井眼直径,mm	最大吸力,kN	
			A 型	B 型
176	NC50(4½ IF)	184~216	18.0	5.0
190		203~229	21.0	6.2
200		216~241	23.0	6.8
225	6⅝ REG	241~279	28.0	9.8
255		279~311	38.0	13.0
290		311~375	42.0	14.0

表 6–15 磁力打捞器引鞋的选择

磁力打捞器引鞋类型选择	适 用 范 围
平鞋(护丝)	适用于尺寸较大,数量多,分布较分散的井下落物打捞,但对于锥形井底或落物压入井底的情况不宜采用
拨鞋	适用于落物被滤饼黏住或压入井底的落物打捞,当落物大于拨鞋内径时不宜采用
铣鞋	适用于井径不规则或井底盟锥形造成磁芯无法接触落物的打捞。它具有修整井壁、井底和切碎较大井下落物的作用,以便捞取

② 将磁力打捞器放在木板或胶板上,取掉磁芯下部的护磁板,清除吸附在磁钢内外表面的一切杂物。

③ 吸力应不少于规定吸力的 85%。

④ 磁力打捞器水眼应畅通。

(2)打捞步骤:

① 磁力打捞器下井前应保证井眼畅通。

② 磁力打捞器的引鞋螺纹连接处按规定扭矩上紧。

③ 将磁力打捞器放在垫有木板的转盘上,接钻具下井。

④ 将磁力打捞器下至离井底 1m 左右,开泵循环洗井,把落物周围的岩屑冲洗干净。

⑤ 根据引鞋类型采取不同的打捞方法:

(a)采用平鞋时,应边循环边慢慢下放钻具,以钻压不大于 5kN,与井底落物接触。然后边循环边上提钻具 0.3~0.5m,停泵,把打捞器转动一个角度后,再慢慢下放钻具,使打捞器与落物接触,反复几次,方入最多时起钻。

(b)采用拨鞋时,应边循环钻井液,边间断转动,边下放钻具,使磁力打捞器底部与落物接触,接触时不应转动钻具。然后边循环边上提钻具 0.3~0.5m,停泵,转动一个角度后,下放与落物接触,反复几次即可起钻。

(c)采用铣鞋时,操作方法与采用拨鞋时相同,只需把间断转动钻具变为连续转动钻具。

⑥ 起钻时操作平稳,不应采用转盘卸扣。

⑦ 若条件许可,可进行软打捞(电缆 + 磁性定位器 + 加重杆 + 磁力打捞器)。

(3)维护保养:

① 使用后的磁力打捞器应放在木板或胶板上将金属杂物清除干净,并用清水洗净,掏通水眼,盖上护磁板,螺纹涂上防腐脂,外表除锈涂漆。

② 打捞器应存放在通风干燥处。摆放时磁钢向上,两个磁钢不应对放。

2)反循环打捞篮

反循环打捞篮是一种利用工具的特殊结构,造成钻井液在井底的局部反循环作用将井底打捞牙轮及零碎落物的打捞工具,反循环打捞篮结构如图6-34所示。反循环打捞篮可用于打捞落井的钻头牙轮、钻头巴掌、钻头轴承、断卡瓦牙、钳牙、手工具和各种螺栓、螺母及碎铁块等。

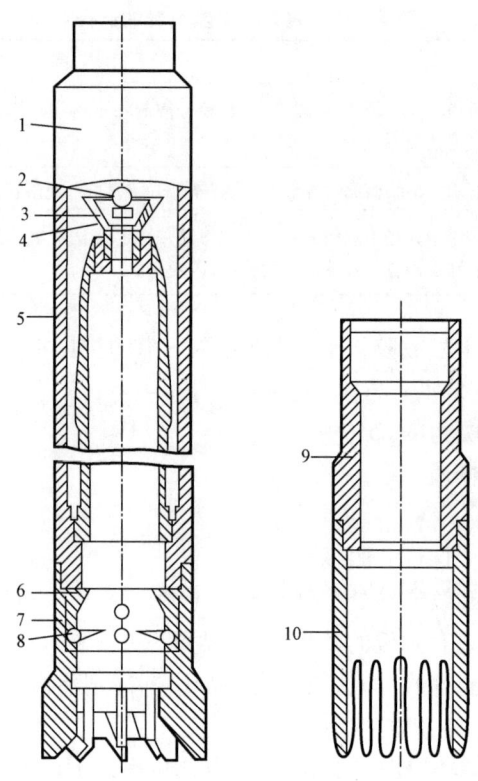

图6-34 反循环打捞篮
1—接头;2—阀球;3—阀杯;4—阀座;5—筒身;6—岩心爪;7—铣鞋;8—岩心爪;9—接头;10—指形打捞篮

使用反循环打捞篮在软地层中打捞时,下部接铣鞋和岩心爪;在中硬地层中打捞时,接指形打捞篮。

反循环打捞篮使用时执行SY/T 5247《钻井井下故障处理推荐方法》。

(1)钻具组合宜采用:反循环打捞篮+随钻打捞杯+钻铤(加重钻杆)+钻杆+(方钻杆)。

注:SY/T 5247《钻井井下故障处理推荐方法》中对于使用顶驱的钻机,所有钻具组合均无方钻杆。

(2)下井前检查:

① 钢球与球座应吻合。

② 所选钢球应能通过全部钻具和配合接头水眼。

③ 筒体的上、下水眼应畅通。

④ 篮框在外筒内转动自如,无阻卡,篮爪活动灵活。

⑤ 铣鞋与筒体间的螺纹连接处要按规定扭矩上紧。

(3)打捞步骤:

① 下钻前应保持井眼畅通。

② 下钻到离井底 1m 左右,用不小于正常钻进排量循环洗井。边循环边慢慢下放钻具探井底,确认井底井深无误后,上提钻具离开井底 0.3~0.5m,循环和转动钻具,并记录泵压。

③ 停泵,投入钢球。

④ 开泵送钢球到球座。通常钢球落入球座后,泵压增加 1~3MPa 为正常。

⑤ 边循环边转动钻具,将反循环打捞篮下放到距井底 0.1~0.2m,循环时间 15~30min,把落物冲到打捞篮内或冲到井底中间位置。

⑥ 套铣参数,钻压 5~50kN,转速 30~60r/min,钻压、排量应根据套铣筒/铣鞋尺寸大小不同潮有所变化,排量应不小于钻进排量;套铣进尺 0.3~0.5m。套铣过程应一次完成,中途不可上提钻具。

⑦ 停泵,干钻割心。当套铣进尺接近完成时,刹住滚筒同时停泵,继续取心钻进 1~3min,然后上提钻具拔断岩心。

⑧ 探方入证明岩心割断。割心后上提钻具,并转动钻具不同方向下探方入,如方入等于割心方入,则岩心割断。如方入减少,则判断岩心未割断,这时应采取重复割心措施,割心方法同⑤~⑦。

⑨ 起钻时操作平稳,不应使用转盘卸扣。

⑩ 起钻完盖好井口,取出落物。

(4)维护保养:

① 起钻完,取出钢球放入提环内。卸下反循环打捞篮,取出落物,掏通筒体上的水眼,再用清水冲洗干净。

② 检查各部(零)件应完好。

③ 螺纹部位涂上防腐脂并装配好,篮体涂漆后平放在干燥处备用。

3)随钻打捞杯

随钻打捞杯是和打捞工具或钻头配合使用的,是捞取碎铁、硬质合金碎块等细小落物的工具,但不宜在大斜度井段、水平井段使用,随钻打捞杯的结构如图 6-35 所示。入井时,接在钻头和钻铤之间(尽可能接近钻头),下钻到井底打捞时,井内粒状金属物经大排

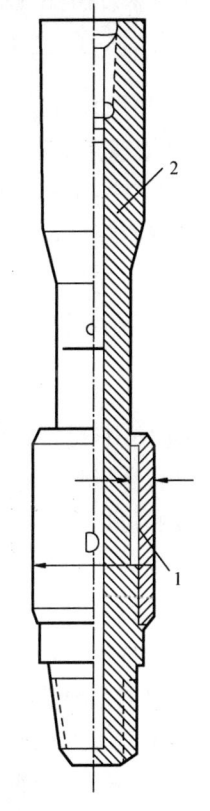

图 6-35 随钻打捞杯
1—杯体;2—杯筒

量冲至杯筒上方时,因钻井液上返流道增大,流速减小而下沉至杯筒内。粒状较小的落物则采用停泵的办法,使它在自重的作用下沉入杯中。

随钻打捞杯使用执行 SY/T 5247《钻井井下故障处理推荐方法》。

(1)钻具组合宜采用:钻头(或井下落物打捞工具) + 随钻打捞杯 + 钻铤 + 加重钻杆 + 钻杆。

(2)下井前检查:随钻打捞杯两端螺纹完好,杯体无变形,杯内清洁无杂物。

(3)打捞步骤:

① 随钻打捞杯下井前应确保井眼畅通。

② 在连接随钻打捞杯时,大钳不能咬在杯体上,并按规定扭矩进行上扣。

③ 下钻时控制上提高度,防随钻打捞杯内刮满泥砂。

④ 下钻到井底后,应根据落物的大小选择合适的排量,间断开泵循环 3~5 次,将落物冲到随钻打捞杯上方后,停泵使落物落入打捞杯中。

⑤ 起钻至套管鞋处,应减速上提,以防碰挂。

(4)维护保养:

① 卸下随钻打捞杯,清除落物并洗净。

② 随钻打捞杯两端螺纹涂上防腐脂并带上护丝。除锈涂漆后,摆放在通风干燥处。

4)一把抓

一把抓用来打捞钻头牙轮之类的落物。它具有结构简单、制造容易和使用方便的特点。一般是用套管割制而成,其结构如图 6-36 所示。靠近斜指部位要退火处理。

使用方法:下至井底稍微循环后,下探几个方位,在方入最多的方位,加压 1~2t 转动 3~4r,然后再加压 3~4t 转动 5~6r,在加压转动过程中若无蹩劲,而且悬重较快恢复,即是捞住的象征,则可起钻。

一把抓在井斜较大,起下钻遇阻遇卡的井不宜使用,以免在下钻途中将齿包拢。

5)磨鞋

如果使用打捞筒打捞不成功,可使用磨鞋进行磨铣,其结构如图 6-37 所示。它底部有辐射状牙齿,牙齿表面锥焊有硬质合金层,使用中执行 SY/T 5247《钻井井下故障处理推荐方法》。磨鞋可以和磁铁打捞器交替使用。一般在硬地层中使用磨鞋,效果都较好。

(1)磨鞋类型的选择:磨掉井下落物选用平底或凹底磨鞋。

(2)磨鞋尺寸的确定:裸眼井段使用的磨鞋外径应小于井径的 10%;套管内,磨鞋外径应小于套管内径 4~6mm。

(3)钻具组合宜采用:磨鞋 + 随钻打捞杯 + 钻铤 + 加重钻杆 + 钻杆 + (方钻杆)。

(4)磨鞋下井前检查:

① 连接螺纹完好,台肩面平整无损。

② 磨鞋水眼应畅通。

③ 按磨鞋的尺寸确定检查磨鞋直径。

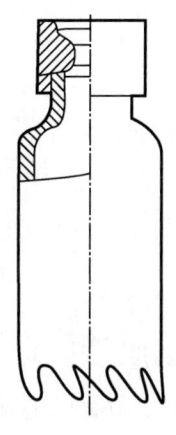

图 6-36　一把抓

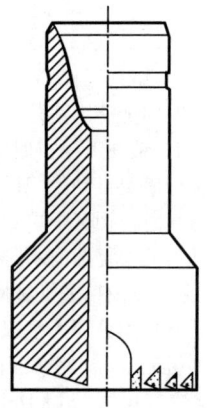

图 6-37　磨鞋

④ 套管内使用磨鞋时,不得使用外侧堆焊硬质合金的铣鞋。

(5)操作步骤:

① 磨铣作业前,应确保井眼畅通。

② 下钻至离井底 3~5m,开泵循环洗井 30min 左右后,转动并下放钻具至离井底 0.3m 止,冲洗鱼顶。如此反复 2~3 次。

③ 停泵,上提钻具 1~2m,等井口不返出钻井液后,慢放钻具,使平底或凹底磨鞋压住落物,开泵循环并磨铣。每磨铣 30min 左右,再采取停泵、上提、下放、压住、循环和磨铣的措施。

④ 磨铣参数:钻压 5~50kN,转速 20~70r/min,排量为钻进时的 80%。

⑤ 磨铣过程中送钻要均匀。

⑥ 在钻井液出口槽内放一磁性体,吸附铁屑。

⑦ 磨铣中发现速度变慢时,可上提钻具,使磨鞋离开落物 0.2~0.3m,下顿 1~2 次(顿力不大于 30kN)后继续磨铣,无铁屑返出或泵压上升,即可起钻。

⑧ 起钻至套管鞋时,应减速慢起,以防碰挂。

落物种类很多,打捞工具也是多种多样,除了上述几种常用工具外,有时还要根据落物的特殊形状,设计专门的打捞工具,如钢丝打捞筒等等。

参 考 文 献

[1] 周金葵,李效新. 钻井工程[M]. 北京:石油工业出版社,2007.
[2] 谷凤贤,刘桂和,周金葵. 钻井作业[M]. 北京:石油工业出版社,2011.
[3] 贾忠杰,刘桂和. 钻井工程实训指导[M]. 北京:石油工业出版社,2007.
[4] 王大勋. 钻采仪表及自动化[M]. 北京:石油工业出版社,2006.
[5] 中国石油天然气总公司劳资局. 钻井地质操作训练指导书[M]. 北京:石油工业出版社,1998.
[6] 蒋希文. 钻井事故与复杂问题[M]. 北京:石油工业出版社,2006.
[7] 李继志,陈荣振. 石油钻采机械概论[M]. 山东:中国石油大学出版社,2006.
[8] 中国石油天然气集团公司人事服务中心. 石油钻井工(上、下册)[M]. 山东:石油大学出版社,2004.
[9] 嵇彭年. 钻井机械[M]. 北京:石油工业出版社,1982.
[10] 中国石油天然气集团公司 HSE 指导委员会. 钻井作业 HSE 风险管理[M]. 北京:石油工业出版社,2001.
[11] 陈远儒,彭涌,胡可以,邓玉. 国际钻井作业英语情景会话[M]. 北京:石油工业出版社,2005.
[12] 周金葵. 钻井液工艺技术[M]. 北京:石油工业出版社,2009.
[13] 杨虎,王利国. 欠平衡钻井基础理论与实践[M]. 北京:石油工业出版社,2009.
[14] 孙松尧. 钻井机械[M]. 北京:石油工业出版社,2006.
[15] 穆剑. 钻井液及处理剂评价手册[M]. 北京:石油工业出版社,2007.
[16] 魏新勇. 深井钻井事故处理及案例分析[M]. 北京:石油工业出版社,2009.
[17] 程瑞亮. 石油钻井设备使用与维护[M]. 北京:石油工业出版社,2015.
[18] 赵留运. 石油钻井司钻[M]. 山东:中国石油大学出版社,2007.
[19] 孙宁. 钻井手册[M]. 北京:石油工业出版社,2013.
[20] 王胜启. 钻井监督技术手册[M]. 北京:石油工业出版社,2008.
[21] 鄢捷年. 钻井液工艺学[M]. 山东:中国石油大学出版社,2013.

附录 钻井施工过程中执行标准目录

1. 第一章 钻前准备执行标准

GB/T 20656	《石油天然气工业 新套管、油管和平端钻杆现场检验》
GB/T 3458	《钨粉》
GB/T 9444	《铸钢件磁粉检测》
GB/T 229	《金属材料 夏比摆锤冲击试验方法》
GB/T 24263	《石油钻井指重表》
GB/T 1801	《产品几何技术规范(GPS) 极限与配合 公差带和配合的选择》
GB/T 228.1	《金属材料 拉伸试验 第1部分:室温试验方法》
GB/T 17745	《石油天然气工业 套管和油管的维护与使用》
GB/T 231.3	《金属材料 布氏硬度试验 第3部分:标准硬度块的标定》
GB/T 5563	《橡胶和塑料软管及软管组合件 静液压试验方法》
GB/T 3851	《硬质合金 横向断裂强度测定方法》
GB/T 17744	《石油天然气工业 钻井和修井设备》
GB/T 3077	《合金结构钢》
GB/T 2967	《铸造碳化钨粉》
GB/T 19830	《石油天然气工业 油气井套管或油管用钢管》
GB/T 23505	《石油天然气工业 钻机和修井机》
GB 26859	《电业安全工作规程 电力线路部分》
GB 50150	《电气装置安装工程 电气设备交接试验标准》
GB 50202	《建筑地基工程施工质量验收标准》
SY/T 5383	《螺杆钻具》
SY 6516	《石油工业电焊焊接作业安全规程》
SY 5225	《石油天然气钻井、开发、储运防火防爆安全生产技术规程》
SY/T 5415	《钻头使用基本规则和磨损评定办法》
SY/T 5396	《石油套管现场检验、运输与贮存》
SY 6326	《石油钻机和修井机井架底座承载能力检测评定方法及分级规范》
SY/T 5369	《石油钻具的管理与使用 方钻杆、钻杆、钻铤》
SY/T 6860	《石油专用锥度螺纹校对量规校准方法》
SY/T 6408	《石油天然气钻采设备 钻井和修井井架、底座的检查、维护、修理与使用》
SY/T 5200	《钻柱转换接头》
SY/T 6509	《方钻杆》
SY/T 5547	《螺杆钻具使用、维修和管理》

续表

SY/T 5572	《钻井和修井用打捞工具分类与通用技术条件》
SY/T 5466	《钻前工程及井场布置技术要求》
SY/T 5144	《钻铤》
SY/T 5530	《石油钻机和修井机用水龙头》
SY/T 5170	《石油天然气工业用钢丝绳》
SY/T 6202	《钻井井场油、水、电及供暖系统安装技术要求》
SY 5974	《钻井井场、设备、作业安全技术规程》
SY/T 6276	《石油天然气工业 健康、安全与环境管理体系》
SY/T 6586	《石油钻机现场安装及检验》
SY/T 5146	《加重钻杆》
SY/T 5532	《石油钻井和修井用绞车》
SY/T 6417	《套管、油管和钻杆使用性能》
SY/T 5618	《套管用浮箍、浮鞋》
SY/T 5412	《下套管作业规程》
SY/T 5051	《随钻井眼修整工具》
SY/T 5164	《牙轮钻头》
SY/T 5217	《金刚石钻头》
SY/T 5374.1	《固井作业规程 第1部分:常规固井》
SY/T 6268	《油井管选用推荐作法》
SY/T 6355	《石油天然气生产专用安全标志》
企业标准	《吊式钻杆动力钳安装、操作维护保养规程》
企业标准	《钻机安装使用维护保养规程》
企业标准	《石油企业现场安全检查规范 第2部分:钻井作业》

2. 第二章 钻井液使用与维护执行标准

SY/T 5377	《钻井液参数测试仪器技术条件》
企业标准	《两性复合离子钻井液的使用技术条件》

3. 第三章 井控操作执行标准

GB/T 25429	《钻具止回阀规范》
GB/T 22513	《石油天然气工业 钻井和采油设备 井口装置和采油树》
GB/T 31033—2014	《石油天然气钻井井控技术规范》
SY/T 6616	《含硫油气井钻井井控装置配套、安装和使用规范》
SY/T 5964	《钻井井控装置组合配套、安装调试与维护》

续表

SY 5742	《石油与天然气井井控安全技术考核管理规则》
SY/T 5525	《旋转钻井设备 上部和下部方钻杆旋塞阀》
SY/T 7010	《井下作业用防喷器》
SY 5974	《钻井井场、设备、作业安全技术规程》
SY/T 5323	《石油天然气工业 钻井和采油设备 节流和压井设备》

4. 第四章 钻井施工执行标准

GB/T 20656	《石油天然气工业 新套管、油管和平端钻杆现场检验》
GB/T 22512.2	《石油天然气工业 旋转钻井设备 第2部分:旋转台肩式螺纹连接的加工与测量》
SY/T 5792	《侧钻井施工作业及完井工艺要求》
SY/T 5954	《开钻前验收项目及要求》
SY/T 5955	《定向井井身轨迹质量》
SY/T 5964	《钻井井控装置组合配套、安装调试与维护》
SY/T 5416.4	《定向井测量仪器测量及检验 第4部分:有线随钻类》
SY/T 5467	《套管柱试压规范》
SY/T 6543.1	《欠平衡钻井技术规范 第1部分:液相》
SY/T 5619	《定向井下部钻具组合设计方法》
SY/T 6543.2	《欠平衡钻井技术规范 第2部分:气相》
SY/T 5383	《螺杆钻具》
SY/T 6218	《套管段铣和定向开窗作业方法》
SY/T 5369	《石油钻具的管理与使用 方钻杆、钻杆、钻铤》
SY/T 5435	《定向井轨道设计与轨迹计算》
SY/T 5547	《螺杆钻具使用、维修和管理》
SY/T 6332	《定向井轨迹控制》
SY/T 6509	《方钻杆》
SY 5225	《石油天然气钻井、开发、储运防火防爆安全生产技术规程》
SY/T 6396	《丛式井平台布置及井眼防碰技术要求》
SY 5974	《钻井井场、设备、作业安全技术规程》
SY/T 5788.3	《油气井地质录井规范》
SY/T 6417	《套管、油管和钻杆使用性能》
SY/T 5593	《井筒取心质量规范》
SY/T 5347	《钻井取心作业规程》
SY/T 5416.1	《定向井测量仪器测量及检验 第1部分:随钻类》

续表

SY/T 5416.2	《定向井测量仪器测量及检验 第2部分:电子单多点类》
SY/T 5416.3	《定向井测量仪器测量及检验 第3部分:陀螺类》
SY/T 5216	《石油天然气工业 钻井和采油设备 钻井取心工具》
SY/T 5431	《井身结构设计方法》
SY/T 6268	《油井管选用推荐作法》
SY/T 5087	《硫化氢环境钻井场所作业安全规范》
SY/T 5088	《钻井井身质量控制规范》
SY/T 6277	《硫化氢环境人身防护规范》
企业标准	《井下作业现场施工准备质量要求》
企业标准	《钻井工程质量要求》
企业标准	《无线随钻测量仪(MWD)操作规程》
企业标准	《常规取心操作规程》
企业标准	《钻井施工作业HSE管理要求》
企业标准	《PDC钻头使用操作规程》
企业标准	《起下管杆柱作业规程》
企业标准	《定向井作业操作规程》
企业标准	《石油企业现场安全检查规范 第2部分:钻井作业》
企业标准	《液相欠平衡钻井技术规范》
企业标准	《含硫油气井钻井作业规程》
企业标准	《密集丛式井上部井段防碰设计与施工技术规范》

5. 第五章 固井与完井执行标准

GB/T 10238	《油井水泥》
SY/T 5956	《钻具报废技术条件》
SY/T 5374.2	《固井作业规程 第2部分:特殊固井》
SY/T 5396	《石油套管现场检验、运输与贮存》
SY/T 6592	《固井质量评价方法》
SY/T 5412	《下套管作业规程》
SY/T 5618	《套管用浮箍、浮鞋》
SY/T 5374.1	《固井作业规程 第1部分:常规固井》
SY/T 5678	《钻井完井交接验收规则》
企业标准	《注水泥胶塞》
企业标准	《固井施工》

6. 第六章 钻井事故及复杂情况预防与处理执行标准

标准号	标准名称
GB/T 229	《金属材料 夏比摆锤冲击试验方法》
GB/T 22512.2	《石油天然气工业 旋转钻井设备 第2部分:旋转台肩式螺纹连接的加工与测量》
GB/T 223.72	《钢铁及合金 硫含量的测定 重量法》
GB/T 5777	《无缝钢管超声波探伤检验方法》
GB/T 228.1	《金属材料 拉伸试验 第1部分:室温试验方法》
GB/T 230.2	《金属材料 洛氏硬度试验 第2部分:硬度计的检验与校准》
GB/T 3077	《合金结构钢》
GB/T 9253.2	《石油天然气工业 套管、油管和管线管螺纹的加工、测量和检验》
SY/T 5247	《钻井井下故障处理推荐方法》
SY/T 5067	《安全接头》
SY/T 5827	《解卡打捞工艺作法》
SY/T 6203	《油气井井喷着火抢险作法》
SY/T 5496	《石油天然气工业 钻井和采油设备 震击器及加速器》
企业标准	《井下落物打捞操作规程》